边坡稳定性非线性能耗分析理论

赵炼恒 李 亮 杨 峰 邓东平 张 锐 著

科 学 出 版 社
北 京

内 容 简 介

自能耗分析理论（极限分析理论）体系提出后，国内外对该方法一直给予了极高的关注度，也获得了巨大的研究进展。然而，在该方法的实用性上却还有较长的路要走，一方面与其出现和发展的时间较短有关，另一方面也与该方法研究的成熟度不足有关，其尚未拓展至较好地解决一些复杂条件下的工程实际问题。基于现有最新成果，本书开展了如下工作：围绕岩土边坡稳定性这一经典岩土工程问题，详细总结和细致推导现有极限分析上限理论在边坡工程的最新研究成果；结合工程实际，考虑可能出现的各种工况，将最新理论研究成果绘制成可供边坡工程设计计算实际应用的大量图表；开展了工程实例应用研究。

本书可供岩土工程领域的科研人员、工程技术人员及研究生参考使用。

图书在版编目(CIP)数据

边坡稳定性非线性能耗分析理论／赵炼恒等著．—北京：科学出版社，2019. 11

ISBN 978-7-03-056771-0

Ⅰ.①边… Ⅱ.①赵… Ⅲ.①边坡稳定性-研究 Ⅳ.①TV698. 2

中国版本图书馆 CIP 数据核字（2018）第 047885 号

责任编辑：张井飞 韩 鹏／责任校对：张小霞

责任印制：吴兆东／封面设计：耕者设计工作室

科 学 出 版 社出版

北京东黄城根北街 16 号

邮政编码：100717

http://www.sciencep.com

北京中石油彩色印刷有限责任公司 印刷

科学出版社发行 各地新华书店经销

*

2019 年 11 月第 一 版 开本：787×1092 1/16

2021 年 2 月第三次印刷 印张：19 1/4

字数：456 000

定价：178. 00 元

（如有印装质量问题，我社负责调换）

前　言

在工程实际中，自然边坡和人工边坡往往是具有一定安全储备的岩土构筑物，但会随着外界和内部条件的改变而发生失稳破坏。统计表明，我国地质灾害以滑坡灾害最为严重，2004～2018 年，全国滑坡地质灾害统计总数超过 21 万次，累计总滑坡灾害量占全国总地质灾害量的 72.5%。滑坡等地质灾害不仅造成了巨大的人员伤亡和财产损失，还带来了极为巨大的社会影响。为确保复杂多影响因素条件下岩土边坡构筑物功能的安全可靠，继续深入进行复杂条件下岩土边坡安全性能评价方面的研究具有重要意义。

通过把静力场和运动场结合，并提出极值原理，Drucker 和 Prager 建立了土体极限分析理论。陈惠发的专著《极限分析与土体塑性》（*Limit Analysis and Soil Plasticity*）全面阐述了采用极限上限定理来求解岩土构筑物临界平衡状态问题的原理和方法。本书则以岩土边坡稳定性为研究对象，以极限分析上限理论为研究手段，开展了理论推导、程序编制、计算分析、图表绘制、工程应用等工作，较为全面地研究了岩土边坡稳定性与加固设计计算等问题。首先介绍了极限上限分析的基本理论；系统考虑多复杂环境影响因素效应（超载效应、地震动力影响效应、水力效应、张拉裂缝效应、软弱界面效应，以及岩土材料非线性破坏准则等影响因素），开展了岩土边坡稳定性分析，给出了方便工程应用的多种复杂因素影响下的边坡稳定性设计计算图表；针对采用刚体平动或转动简单破坏机构难以分析复杂边坡的问题，开展了基于高阶单元网格自适应加密技术的边坡稳定性上限有限元分析；面向边坡加固设计计算，开展了基于失稳状态能耗最小原理的边坡加固能耗分析方法研究；在滑坡防治工程实际中，获得滑裂面抗剪强度参数合理取值是滑坡评估和处治工程设计的关键问题，本书提出了基于可靠度理论的滑坡抗剪强度参数反演能耗分析方法，并将研究成果应用于实际工程；通过引入边坡稳定性安全系数的不同计算策略，对不同评价策略获得的边坡安全系数进行了探讨。

本书成果得到了国家自然科学基金（项目编号：51078359、51208522、51478477）等科技项目的支持，在此表示衷心的感谢。

在本书撰写过程中，中国水利水电科学研究院陈祖煜院士，湖南大学陈昌富教授，中国公路学会罗强教授级高级工程师，西南交通大学张迎宾教授、何毅副教授，河海大学张飞博士，贵州省质安交通工程监控检测中心有限责任公司谭捍华教授级高级工程师，中铁七局集团有限公司赵志刚教授级高级工程师，贵州省交通运输厅邹飞教授级高级工程师，长沙理工大学黄阜副教授等给予了有益的指导和帮助。在此，对他们所给予的帮助与指导表示衷心的感谢。

本书是研究团队成员共同完成的研究成果。在撰写和整理成文过程中，团队硕士、博士研究生汤祖平、陈静瑜、唐高朋、程肖、谢荣福、曹景源、左仕、陈运鹏、夏鹏、皮晓清、郑响凑、孙鑫磊等参与了本书内容的整理工作，对他们的辛勤付出表示衷心的感谢。

鉴于现有资料和作者水平所限，书中难免存在不足之处，敬请读者批评指正。

作　者

2018 年 3 月 8 日于长沙

目　　录

第1章 绪　　论

1.1 引　　言

岩土边坡滑坡或失稳灾变属于一种由复杂环境荷载效应或人为因素引起的灾害现象，具有极大的灾害性，不仅会给人类生命安全带来威胁，而且对财产、环境、资源等具有破坏性。依据中国地质环境监测院持续发布的地质灾害通告（http://www.cigem.gov.cn/，中国地质环境信息网），国内地质灾害统计数据表明，我国地质灾害以滑坡灾害最为严重，2004～2018年全国滑坡地质灾害统计总数超过21万次，累计总滑坡灾害量占全国总地质灾害量的72.5%，每年滑坡灾害占当年全国地质灾害的比例均超过50%，最高达到86.1%。因此，作为岩土力学经典问题之一，边坡稳定性分析一直是土木工程防灾减灾领域的研究热点。

在工程实际中，自然边坡（侵蚀边坡、剥蚀边坡、滑坍边坡）和人工边坡（渠道、河岸岸坡，铁路、公路路堑，路基、建筑基坑及矿坑等）是具有一定安全储备的岩土构筑物，但它们会随着外界和内部条件的改变而发生失稳破坏，这些条件可能包括超载（卸载）、容重变化、水力影响效应变化（水力冲刷与淘蚀、孔隙水压力改变和地下水位升降等）、地震效应、机械潜蚀、化学潜蚀、蠕变等一类或几类共同作用。由于外界因素种类众多、内部条件非常复杂，国内外岩土边坡失稳灾变时有发生。为确保复杂多影响因素条件下岩土边坡构筑物功能的安全可靠，继续深入进行复杂条件下岩土边坡安全性能评价方面的研究具有重要意义。

目前，边坡稳定性的研究方法有很多，一般将其分为定性分析法、定量分析法等。定性分析法中主要有自然（成因）历史分析法、工程类比法、图解法等；定量分析法中有常用的极限平衡法及有限元方法。而随着极限分析法的不断迅速发展，其也成为边坡稳定性分析的常用方法之一。极限分析法从极大极小原理出发，运用上限解法和下限解法，放松极限荷载的某些约束条件，寻求问题的上限解和下限解，而问题的真正解答在上限解与下限解之间。通过把静力场和运动场结合起来并提出极值原理，Drucker 和 Prager 建立了土体极限分析理论，提出了基于塑性极限理论的极限分析方法，其可为稳定性分析问题提供贴近现实的理论解答，从而在求解土体极限平衡问题方面开辟了新途径。Roscoe 和其合作者关于各向同性强化土体塑性理论的论著及后来的发展与应用，标志着现代土体塑性理论发展的开始。陈惠发的专著《极限分析与土体塑性》（*Limit Analysis and Soil Plasticity*）进一步全面阐述了上限定理求解地基承载力、土压力和边坡稳定性的基本原理和方法，奠定了极限分析方法成为岩土工程结构领域有效计算手段的理论基础。

极限分析理论自提出以来得到了国际上众多岩土工程专家的普遍重视，已经开始由最初仅停留在理论研究的范围之内，逐渐应用于实际问题中。相比于极限平衡法和有限元方法，极限分析法具有独特优势，其物理意义非常明确，可避免复杂内力计算，直接从边坡临界状态的能耗平衡入手开展分析，求解得到岩土结构物破坏时极限荷载和安全系数界限值，因而具有良好的工程应用价值。

1.2 边坡稳定性能耗分析法

1.2.1 能耗分析法基本概念

由刚塑性材料构成的物体在外力不变情况下发生塑性流动的状态称为极限状态，它是结构物在破坏与未破坏之间的临界状态，其应该满足下述条件：①平衡条件；②边界条件；③屈服条件；④破坏机构条件。岩土材料没有唯一的极限荷载，借助于理想塑性材料的上下限定理，并考虑岩土材料的摩擦屈服特性及流动特性，可以推求极限荷载的近似值。当所得应力场严格满足静力相容条件时，其对应极限荷载即为下限解；当所得速度场严格满足机动（运动）相容条件时，其对应极限荷载即为上限解。完全满足上述4个条件的解答称为极限状态的完全解或真解，只满足部分条件的解答称为极限状态的近似解，如上、下限解。满足条件②、③和④的结构速度场为机动容许速度场，它是极限状态下速度场的上限解。

极限分析上限定理认为，在一个假设的满足速度边界条件和应变与速度相容条件的速度场中，由外荷载功率（等于所消耗的内力功率）所确定的荷载一定不小于实际破坏荷载。满足上述条件的速度场称为运动许可速度场。因此，如果能找到一个运动许可速度场，则土体内的塑性流动必将发生或早已发生。根据虚功率原理推导出上限定理为：与所有机动容许的塑性变形速度场相对应的荷载中，极限荷载最小。由此，基于虚功率原理，极限分析上限法根据外力做功和内部耗能相等的原理获得目标函数，并根据能量耗散最小化原理获得极限荷载的最小值，因而极限分析上限法也称为能耗（能量）分析法。

1.2.2 边坡稳定性能耗分析法的发展

目前，能耗分析法的发展可归纳为以下几个方向。

（1）*解析解答法*

面向实际工程应用，通过构建简单的破坏模式寻求简便实用的计算方法，以此获得问题的解析解答。该类方法上限破坏模式简单，可直接推导出仅含较少变量的简单目标表达式，且目标函数的优化求解过程简洁，称为解析解答法。该方法一直以来是能耗分析法的主流应用方法，且发展最为成熟，应用范围也最为广泛。

（2）*半解析解答法*

基于上限分析法，通过构建更为符合实际的破坏模式，以获得该问题更为准确的半解析数值计算结果。该类方法上限破坏模式随着分区数量的增加，目标表达式变得比较复杂，且含有多个变量，求解方法也由于所含优化变量个数较多而较为复杂，此时往往需要采用较为复杂的非线性规划数值方法求解，因而，可称之为半解析解答法。近年来，该方法得到了持续发展。

（3）数值解答法

由于问题的复杂性，全面满足多个条件的简单速度场难以建立，因而基于极限定理的有限元法成为近年来研究的一个热点。该方法能够克服人工机动场的困难和非准确性，同时，避免了经验公式和假定破坏模式的局限性，更有利于复杂条件下的岩土构筑物稳定性分析，现已成为极限分析领域最具有发展潜力的方法。

1.2.2.1　能耗分析法的解析解答法研究

在简单破坏模式下（直线或对数螺旋线机构），二维边坡的严格上限解答最早由 Chen 等（1969）给出，后来经 Chen 和 Giger（1971）、Chen 等（1975）、Michalowski（1984）、Chen（1990）等学者对此进一步发展，并以边坡临界高度（$H_{critical}$）和稳定系数 N_s 作为评定指标进行边坡稳定性分析。随后，大量学者进一步将简单破坏机构拓展应用于考虑各种因素的边坡稳定性分析中。一般情况下，评定指标仍然采用 $H_{critical}$ 或 N_s，与常用规范中推荐的稳定性安全系数（F_s）评定指标不统一，不便于量化评估边坡的稳定性程度。后续研究者如 Miller 和 Hamilton（1989，1990）、Michalowski（1995）开始将 Bishop（1955）提出的强度折减概念与极限分析上限定理相结合，采用 F_s 作为边坡稳定性的评定指标。

1.2.2.2　能耗分析法的半解析解答法研究

土工构筑物处于极限平衡状态时，其上限破坏模式有多种，各种常见破坏模式的最大区别在于形式的差别和分区数量上的不同。随着所构建破坏模式的复杂性增加，其符合工程实际的程度也越来越高，因而可能获得目标问题更为准确的计算结果。然而，随之而来的问题是数学计算模型的复杂性和求解难度的加大，往往需要采用较为复杂的非线性规划数值方法求解。随着计算机技术的快速发展和计算算法效率的提高，较为复杂的非线性规划数值方法求解已经不再是阻碍半解析解答法的主要瓶颈，因而近年来该方法也获得了持续进展。

Karal（1977）和 Izbicki（1981）较早采用了多竖直条块破坏机构进行简单边坡研究，后来，Michalowski（1995，2007）同样利用这种机构考虑复杂因素对边坡稳定性进行分析。陈祖煜等于 20 世纪 90 年代在二维边坡稳定性领域应用塑性力学上限定理对破坏模式进行了改进。该方法为了更好地符合岩土边坡破坏的实际情况，对滑动体采用斜条分进行离散，并假定这些倾斜土条的界面和滑体滑面都达到了极限状态。该方法的特点是从变形协调出发，通过对各条块建立许可的速度场，利用外力功率和内能耗散相等来求解相应给定破坏机构的加载系数或安全系数，然后应用最优化方法变换不同的破坏机构，进而确定对应于最小安全系数的临界滑裂面和斜分条模式。在此基础上，国内外大量学者也都对多条分或平动型二维边坡稳定性的能量分析方法做了颇有意义的研究。

上限法通过功能平衡的原理求解，其控制方程只有一个，而且不包含任何未知内力，将这一方法推广到三维领域时，与极限平衡法相比，其具有显著的优越性。Drescher

(1983) 较早基于能耗分析法研究了三维垂直切坡的稳定性。延续这种计算策略，Michalowski（1989）、Michalowski 和 Mayz（1990）也采用半解析解答法研究了三维边坡的稳定性。后来，Farzaneh 和 Askari（2003）采用能耗分析法研究了非均质三维边坡的稳定性。国内外众多学者在近年不断改进和完善了三维边坡的能耗分析法，使其能够应用于不同复杂条件下的三维边坡稳定性分析。

以上能量分析的半解析解答法中，二维破坏机构实际上是索科洛夫斯基理论（滑移线法）在一维条件下的简化。该方法的处理不仅避开了极限平衡分析法需要引入各种假定的问题，而且将一个矢量运算的问题（力的平衡）变成了一个标量运算的问题（功能平衡），使分析工作变得十分简单、实用，而计算结果仍然十分精确。杨峰等（2008，2010）、杨峰和阳军生（2013）、杨峰（2009）基于极限分析上限法，通过构建网格状刚性滑块体系，借助非线性优化程序求解均质各向同性地基的极限承载力，进行了颇有意义的研究。与已有研究成果的对比分析表明，该种允许滑动面和速度矢量沿破坏区域扇形过渡区的径向和切向发生变化的网格状刚性滑块体系实际是索科洛夫斯基理论（滑移线法）在二维条件下的简化，较现有各种一维条件简化破坏模式更优，因而能够获得该问题更为接近真解的上限解答，但该方法所构建的速度场具有一定局限性，尚需要进一步改进。目前，改进的二维破坏机构正逐步推广到如复杂条件地基承载力、土压力、边坡稳定性、隧道掌子面稳定性和围岩支护压力等领域中。

1.2.2.3 能耗分析法的数值解法研究

作为一个很有实用价值的固体力学分支，自著名的极限分析上限定理和下限定理建立以来，极限分析法的各种不同解法都取得了很大进展。极限分析数值解法可分为两类：一类是数学方法求解，这一研究方向是从纯数学的角度出发，进行极限分析的解法研究。例如，钱令希和钟万勰（1963）提出应用广义变分原理对极限分析的优化问题进行无约束处理，就是这一研究方向的代表。变分原理是求解极限分析问题的基本方法之一，国内外学者在这方面也有过较多的研究，该方法的理论研究一直在持续，但在实际复杂结构上得到真正实践的还较少。另一类是从力学及实际角度出发，主要是研究问题模型的建立方法，这一领域的研究特点则是利用岩土构筑物的力学特性与实际工程的紧密联系，对模型和一些约束条件进行简化并求解，如 Sloan（1988，1989）提出的一系列分步线性化屈服条件的计算方法及改进方法，近年来该方法得到了延续突破和完善。

从理论上讲，由平衡条件、屈服条件、流动法则和相应的边界条件，足以确定应力场、速度场和破坏荷载。但由于实际问题的复杂性，如复杂边界、多影响因素和多层土体等，构造合适的破坏模式变得相当困难。即便对于特定条件能够构建出较为精细的破坏模式，要求全面满足静力方程、运动方程，以及相应边界条件的解析和半解析解答，其求解过程往往也非常繁琐。随着现代计算技术的发展和有限单元法的推广应用，近年来基于极限定理的有限元法成为该领域研究的又一热点。通过与有限元法结合方式的不同，其又分为下限原理有限元法和上限原理有限元法。下限原理有限元法最早由 Lysmer（1970）提出，并且其分析了土力学中的二维问题，而 Anderheggen 和 Knopfel（1972）最早将上限定理与有限元法结合用以分析二维板问题。

自 Anderheggen 和 Knopfel（1972）在极限分析上限有限元领域所作的开创性贡献以来，上限原理有限元法得到了岩土工程领域专家的推崇。该方法能够克服人工机动场的困难和非准确性，同时，避免了经验公式或方法的局限性，更加有利于复杂条件下的土工构筑物分析。近年来，该领域的发展主要集中在单元离散的方式、屈服准则的处理、优化算法的选择和应用领域的拓展等几个方面。根据与上限原理结合的有限元形式的不同，可将能耗分析的数值解法分为刚体上限有限元法和上限有限元法。

刚体上限有限元法源于 Kawai（1978）提出的刚体弹簧元模型刚体有限元的建模思想。张雄等（1991，1992，1994）将刚体有限元法与极限分析相结合，并对其进行了发展和改进，应用于分析土工构筑物。后来，陈健等（2002，2003，2004）又对其进行了发展和改进，应用极限分析的上限定理，借助于刚体有限元和非线性数学规划来进行二维和三维边坡稳定性的评定分析。

为避免构建破坏模式的人为假定，并减少非线性规划模型的规模，董正筑和黄平（1992）、曹平和 Gussm（1999）、曹平（2001）基于 Gussmann（1982，1986，1992）于20世纪80年代提出了运动单元法，对岩土边坡稳定问题开展了有益探讨。与传统分析方法相比，基于滑移线划分运动单元的边坡稳定性分析无须对边坡最危险滑动面的几何形态、条块间的受力方式进行近似假设，适用性大幅提高。近几年杨峰等（2010，2014，2015）提出了非线性稳定性分析上限有限元运动单元法。通过融合运动单元法和上限有限元法各自的优点，建立起具有网格自适应与速度间断线优化重置特性的上限有限元运动单元法非线性规划数学模型，并开发了相应的非线性规划程序。然而，当前运动单元法研究中至少存在以下问题尚需要改进：① 假定运动单元为刚体，不能发生变形，单元体系适应变形的能力较弱，同等单元数量条件下计算结果难以最优；② 单元只能产生平移而不发生旋转，同样导致单元体系适应变形的能力较弱；③ 该方法在引入复杂边界、考虑岩土分层等复杂条件方面的理论研究刚刚起步，尚存在大量理论和实践问题有待深入探讨。

采用与有限元技术相结合的极限分析上限法是能耗分析法最具有潜力的方法，通过对可能被破坏的区域进行离散，以单元节点速度为主要优化变量，并将模型转化为线性或非线性规划数学模型进行求解，无须预先假定，即可自动搜索得到临界失稳状态下的速度场和应力场。因此，该方法是目前有效研究岩土工程稳定性问题的热点手段之一。Sloan（1988，1989）、Sloan 和 Kleeman（1995）则对上限有限元法做了具有开创性的研究工作，并通过持续研究使其成为代表严格塑性理论利用数值方法求解复杂稳定问题上限解的一种趋势。由于其具有优越性，近年来，上限定理有限元法在边坡稳定性方面的应用得到了长足发展。

除了二维边坡问题，极限分析上下限有限元法在三维边坡稳定性中的分析也到了较大发展，Farzaneh 和 Askari（2003）利用该方法进行了非均质三维边坡的稳定性分析。在 Lyamin 和 Sloan（2002）与 Krabbenhoft 等（2005）研究工作的基础上，Munoz 等（2008）、Li 等（2009）、Silva 和 Antão（2010）等利用极限分析上下限有限元数值解法，研究了三维均质和非均质的黏土边坡，并比较完善地给出了三维黏土边坡的稳定性系数图表。

1.2.2.4 优化算法研究

无论是解析解答法、半解析解答法，还是数值解答法，从力学及实际角度出发研究问题的模型建立方法，通过简化模型及一些约束条件进行求解都非常重要，这也是以上3个研究方向的侧重点之一。然而，以上3种方法的发展都离不开与优化方法（或规划方法）的结合。随着能耗分析法的发展，对于含优化变量较少的简单的解析分析法和改进的半解析法，通常采用较为简单的非线性优化算法便能够方便地获得较优的计算结果。如果研究方法中所含优化变量较多，如比较复杂的半解析解答法和数值解答法，采用以上方法或大规模线性非线性规划法则计算效率较低，难以应用到实际工程问题中，因而，算法研究也是能耗分析法的一个重要方向。

就极限分析数值解答法而言，无论是基于下限法、上限法，还是近似（混合）方法，大多数极限分析有限元优化形式的本质在于屈服条件的处理。尽管非线性屈服准则的线性化近似在简单变形模式下（二维和轴对称加载）容易实现，但由于线性化过程会产生大量的附加不等式约束，计算成本和耗时将大量增加。非线性规划可以避免屈服约束的线性化近似，在二维和三维情况下的应用更具有潜力，但比较复杂。

屈服准则线性近似处理是目前最常用的方法，通过线性化屈服函数，将极限分析归结于线性规划，其算法和程序非常成熟和有效。优化问题的规模取决于离散密度和屈服面的近似面数，因而，还需要通过先进的计算能力和大规模线性技术来克服。极限分析中常用的线性规划方法包括单纯形法及其修正方法、最陡边有效集法、拉格朗日增量法、内点法等。

近年来，为了提高计算的准确性，减少优化变量数量，避免屈服准则线性化过程产生的大量附加不等式约束条件和与之相应的计算成本，大量学者开始直接利用非线性屈服准则进行计算，与之相应的规划方法也由线性向非线性过渡。Zouain 等（1993）首次采用了非线性规划的可行方向法对较小规模的结构进行分析。Jiang 和 Magnan（1997）与 Lyamin（1999）等也采用了非线性规划算法进行了极限分析方面的研究；Andersen 等（1998）及 Christiansen 和 Andersen（1999）采用不同方式，基于内点法中的合适优化算法，利用总和最小法则求解极限分析问题。Lyamin 和 Sloan（2002）、Lyamin 等（2005）在 Zouain 等（1993）算法的基础上进行了修改，并将其应用于岩土力学的各种稳定问题。Krabbenhoft 和 Damkilde（2003）基于通用（光滑）的非线性屈服准则，提出了新的内点法算法。近期，非线性方法中的二次锥规划方法也大量被本领域专家应用，并研究了一系列工程问题的上、下限解答。

1.3 边坡稳定性能耗分析法的应用研究

1.3.1 基于强度折减技术的边坡稳定性能耗分析法

极限分析法应用于岩土边坡稳定性分析的有效性已经得到证实。早期基于极限分析法的边坡稳定性评定指标常采用 H_{critical} 或 N_s，与工程实践中常用的边坡 F_s 评定指标并不统一。由于 F_s 作为边坡稳定性的评定指标在认可度和应用上更具有广泛性，近年来也逐步采用将 Bishop（1955）提出的强度折减概念与极限分析上限定理相结合，采用 F_s 作为边坡稳定性的评定指标。

根据虚功原理和虚功率方程，能耗分析法的基本要点是：当滑动体滑动时，外力所做的功率等于内力（滑面上的阻力）所消耗的功率。极限分析法就是在许多可能的滑动机构中寻找一个使外荷载最小的临界滑动机构。实际上，根据功能守恒原理，这个临界滑动机构也是所有滑动机构中内部耗能最小的滑动机构。因而，基于上限定理的稳定性分析方法，最终形成一个求解目标函数（极限荷载、临界坡高或安全系数）的极小值问题。于是，在理想状态下，这个极值问题就会与以下概念联系起来：临界滑动机构、内部耗能最小，以及边坡安全系数、极限荷载、临界坡高或稳定性系数出现极值。用能耗分析法求解边坡稳定性问题的最终目的是寻找这个内部耗能最小的滑移机构，继而获得边坡安全系数、极限荷载、临界坡高或稳定性系数的极值。

然而，目前对于岩土材料抗剪强度参数如何折减的问题，众多学者还持有不同看法。强度折减法是否足够合理值得商榷，尽管在实际工程中可能出现因外界因素变化引起岩土体强度参数降低的情况，但多数情况下由强度折减法有限元得到的计算结果往往与原来岩土体实际受力状态并不相符。因此，对于一般意义上的强度折减法，其具体数值能否真实反映岩土工程发生失稳的临界状态值得深入研究。另外，岩土材料中黏聚力和内摩擦角对稳定性的贡献并不相同，按同一比例进行折减并不合理。实际计算发现，采用强度折减有限元法需要考虑对弹性模量和泊松比进行相应调整，否则在某些情况下塑性区将首先出现在计算区域的深处。然而，如何考虑弹性模量和泊松比的折减系数同样需要进一步研究。再者，对于诸如多层土体之类的复杂情况，如何进行强度折减仍然值得深入探讨。

1.3.2 复杂影响因素条件下边坡稳定性能耗分析法

影响岩土边坡稳定性的因素种类众多，一般将引起边坡失稳的复杂条件分为内在因素（组成边坡的地貌特征、岩土体的性质、地质构造、岩土体结构、岩体初始应力等）和外部因素（水力影响效应、地震、岩体风化程度、交通荷载、工程荷载条件和人为因素）两大类，并认为内在因素对边坡的稳定性起控制作用，外部因素起诱发破坏作用。在外因与内因的共同作用下，岩土构筑物发生灾变和坍塌。因而，在极限分析能量法中，如何考虑外因与内因的能耗效应，建立起服从虚功原理的力学和数学计算模型极为重要。

通常，对于外部因素，可以通过调整分析问题力学和数学计算模型的边界条件进行简化。对于内在因素，能量分析方法主要通过其破坏准则（抗剪强度参数）的引入进行综合考虑。目前，岩土边坡安全性能分析中一直广泛使用线性莫尔-库仑强度准则。然而，众多国内外学者的现场和室内大型剪切和三轴试验均表明，几乎所有的岩土材料强度具有显著的非线性。线性破坏准则假设会显著高估其材料抗剪强度，工程实际中只有采用非线性指标进行分析才能较好地反映岩土材料的真实力学性质，否则，往往导致理论结果与工程实际有很大出入，造成安全隐患和巨大的经济浪费。因而，为恰当评定非线性破坏准则对岩土构筑物稳定性的影响问题，寻求合适方法求解非线性破坏准则下岩土构筑物的稳定性问题是近年来岩土工程中的热点问题。

极限分析上限定理是针对服从相关联流动准则的材料而发展起来的，然而大量研究证实，岩土材料并不服从相关联流动准则，而应满足非相关联流动准则。Radenkovic（1961）、Collins（1969）、Mróz 和 Drescher（1969）、Chen（1975，1990）等，给出了把屈服准则相同但服从非相关联流动准则的材料联系起来的两个定理（其中之一为：服从非相关联流动准则的材料的实际破坏荷载必定小于或等于服从相关联流动准则的同样材料的实际破坏荷载）。根据该定理，采用相关联流动准则计算分析岩土构筑物的极限平衡状态，实际仍满足上限定理的基本概念。

近年来，岩土材料流动准则非相关性对边坡稳定性的影响得到了不少学者的重视。在前人研究的基础上，Drescher 和 Detournay（1993）认为可通过修正抗剪强度参数体现非关联流动准则，并给出了计算公式。Michalowski（1995，2005）对极限分析时岩土材料流动准则的非相关性问题提出了相似的建议。另外，研究表明，对于岩土边坡问题而言，一般条件下，边坡岩土体由于未受强烈的约束，流动准则的相关性和非相关性对边坡稳定性的影响并不是非常敏感。

1.3.3　复杂影响因素效应下边坡设计计算图表

简单人工边坡或外形简单的自然均质边坡，在线性莫尔-库仑破坏准则条件下，为避免工程应用中难以快速评估边坡稳定性的不足，已有不少学者采用稳定性设计图表的形式，给出不同参数条件下边坡稳定性评估的方法。现有的均质岩土边坡稳定性设计计算图表常常设计为两种类型：①出于节约用地等方面的考虑，对已知边坡倾角和岩土材料参数的边坡进行最大高度的设计，即确定土坡无支撑条件下由岩土自重引起边坡破坏的最小高度；②考虑安全系数余量，对既有已知高度、倾角和岩土材料参数的边坡进行稳定性评价。对于前者，即假定边坡安全系数恰好等于 1.0，进而确定边坡可以开挖的最大高度。对于后者，即获求边坡安全系数，进而与规范规定的最小值进行对比，从而保证边坡在施工和运营过程中的稳定性。

近年来，众多国内外学者对均质边坡稳定性设计图表开展了研究，可以分类如下。

1）滑裂面形态：一般采用圆弧、对数螺旋线或无限边坡的单位宽度直线简单破坏模式；

2）分析方法：一般采用极限平衡法、极限分析法、数值分析法；

3）分析模型：一般采用二维模型，近年来三维破坏模式研究也越来越多；

4）引入外部影响条件：通常引入孔隙水压力、地震、超载、坡表裂缝、地下水位效应、各向异性和非均匀性等几类影响因素；

5）坡体外形：一般为无限边坡、单级边坡、多级边坡三种形式。

1.3.4　支护加固效应下边坡稳定性能耗分析法

由于诱发岩土边坡失稳的原因众多，因此揭示岩土边坡发生失稳破坏的形成机理和规律，明确真实非线性强度准则条件下岩土边坡的破坏模式和破坏范围，对有效地指导工程技术人员进行设计、施工及加固有重要意义。

目前，广泛开展的各类设计方法主要以极限平衡法和有限单元法为主。多年来，边坡稳定性能耗分析法的发展更多集中于理论研究阶段，而在实际岩土构筑物稳定性上得到的应用还较少。近年来，考虑各种复杂外因和内因影响条件下边坡加固稳定性能量分析的计算模型仍在继续深入研究中，国内外开始有学者采用能量分析法分析一些常用加固方法的边坡稳定性问题。这些常用的加固方法主要包括土钉、锚杆、锚索、抗滑桩和加筋土等。以上常用加固技术条件下边坡稳定性的能量分析法均能为边坡加固设计计算提供参考，但综合考虑多种复杂因素，采用非线性能量耗散理论和强度折减技术，在完善多种常用修复技术的能量设计方法方面还有不少工作值得深入。

1.3.5　滑坡抗剪强度参数反演分析研究

无论是何种边坡稳定性分析方法，计算采用的岩土物理力学参数是否合理是计算评价准确性的关键。复杂条件下滑坡稳定性评估和加固设计研究中，参数的选取是重点也是难点。岩土材料本身特性的复杂性、不均匀性和随机性等多个因素导致岩土材料的抗剪强度参数只能综合给出，而综合给出的参数取值的适用性仍颇有争议。目前，获得岩土边坡材料抗剪强度参数的方法有以下几类。

1）室内试验（直剪、大中型三轴抗剪试验）和现场原位试验，试验方法易于操作，但试样在反映岩土材料组成和结构的原始性状方面只能迁就于试验能力，试验结果也往往不能完全表现出岩土材料对抗剪强度的贡献和结构特征的影响。

2）工程类比，根据以往同类工程，依据岩土体参数类比的经验确定岩土体参数。

3）数值试验，通过数值模拟得到试样的离散网格，再由假定的本构关系和离散网格进行数值三轴试验模拟，大多将岩土材料视为一种均质体处理，忽略了其材料组分和结构特征的各自贡献。

4）反演分析，基于滑坡稳定性评价与分析，多次反复试算并与实际工程地质情况对比达到基本吻合后确定，反演推求滑动面的综合抗剪参数，目前该方法多采用极限平衡理论（如传递系数法）。

试验法得到的岩土强度参数直观可靠，但由于滑体滑面多为非均质滑面，需要通过大量试验才能获得有效的统计结果。此外，试样的失真、滑带土的非均匀性、试验误差和试验结果的多样性等均会给试验成果的合理选用带来很大困难。采用原位试验及数值模拟试验都难以克服岩土材料介质随机性的难题。工程类比法是一种经验估算方法，由于滑坡的成因、结构条件、边界条件、岩土体性质及研究者经验等均存在一定的差异，工程类比法也难以准确地得出滑面岩土材料的抗剪强度参数。相对而言，滑面抗剪强度反算参数有合理的反演标准，且可以忽略介质不均匀性的影响，从而可以得出反映具体工程特点的滑面综合抗剪强度参数。在参考试验值和类比值前提下，对滑坡稳定性状态进行评估并反算验证，对于具有明显滑坡特征的边坡选取滑面抗剪强度参数具有工程实用意义。

1.4　本书主要研究内容与方法简介

1）采用能耗分析法，综合考虑多复杂环境影响因素效应（简单条件，超载与地震拟静力影响效应，地下水、河流水位和淘蚀效应等水力效应，各向异性与非均性效应、非规则几何坡面条件、张拉裂缝效应、软弱界面效应、坚硬界面效应等影响因素）开展岩土边坡稳定性分析。基于内外能耗守恒原理，通过推导给出多个因素影响效应下岩土边坡稳定性安全系数的数学解析表达式。

2）对于简单均质岩土边坡，借助稳定性设计计算图表，无须迭代计算即可迅速评估某一特定边坡的安全系数。基于能耗分析理论，假定边坡滑裂面为对数螺旋线形态，考虑多复杂影响因素进行能耗计算，并获得边坡稳定性安全系数的计算表达式，编制了相应非线性规划程序。在此基础上，参照已有简单均质边坡稳定性设计图表，给出更为简洁、更加方便应用的边坡稳定性设计计算图表。

3）线性莫尔-库仑破坏准则被广泛应用于岩土边坡稳定性分析当中。然而，大量试验测试表明，几乎所有岩土材料的破坏包络线均呈现曲线状，尤其是边坡稳定性分析所涉及的低应力范围内，岩土材料非线性强度特征更加明显。近年来，基于岩土材料非线性强度准则的稳定性分析研究成为热点。据此，基于岩土材料非线性强度特征和非关联流动准则，开展了岩土材料破坏准则非线性特性下的边坡稳定性分析。

4）地震动力作用下的边坡稳定性评价指标主要有两种：边坡安全系数和边坡永久位移。边坡永久位移量化了边坡受损程度，可为坡体稳定性判识提供一种可靠依据，进而为边坡工程抗震设计提供支撑。真实地震动力效应同时包含竖向地震动与水平向地震动两个方向，关于竖向地震动效应对边坡抗震性能影响的研究日益受到重视和关注。考虑竖向地震动与水平向地震动的叠加效应，基于极限分析上限法和强度折减技术，结合 Newmark“滑块模型”概念，提出一种基于真实水平加速度-时程和竖向加速度-时程曲线耦合的边坡永久位移计算方法。

5）刚性块体极限分析上限法是岩土构筑物稳定性分析计算的常用方法，但该方法需要预先假定由刚性块体组成的破坏模式，其应用难点在于不同分析对象均需要建立合适的破坏模式，其几何和速度关系式推导与分析过程相当繁琐。结合基于非结构化网格的六节点三角形单元上限有限元，引入单元耗散能密度的权重指标作为网格自适应加密评判准则，兼顾单元尺度与塑性应变量值，建立了边坡稳定性上限有限元线性规划模型；进一步明确了边坡稳定性强度折减技术的计算实施流程。通过一系列含软弱夹层边坡稳定性经典算例的分析验证，说明了基于高阶单元网格自适应加密技术的边坡稳定性上限有限元分析方法的正确性。

6）滑坡抗剪强度参数的合理选取是准确分析边坡稳定性并进行滑坡防治设计的关键，直接关系到滑坡治理工程的安全性和经济性。参数反演分析是滑面综合抗剪强度参数估算的常用方法，对于具有明显滑坡特征的边坡滑面参数选取具有重要借鉴意义。基于边坡滑塌极限平衡状态，提出了基于可靠度理论的路基边坡滑塌抗剪强度参数反演能耗分析法，为滑裂面抗剪强度参数准确确定及滑坡灾害治理提供了新途径。

7）通过引入加固效应的能耗效应，近年能耗分析法已经逐步拓展至加固边坡的稳定性分析问题中。面向工程实际应用，基于强度折减技术和极限分析上限理论，根据失稳状态耗能最小原理发展了边坡加固设计的能量分析法（加筋土、锚板墙、抗滑桩、锚索杆）。并结合工程实际，提出了路基边坡常见的简化加固设计方法和流程，可为能耗分析法的实用化提供有益参考。

8）引起边坡失稳的影响因素繁多，根据工程实际情况重点分析主要诱因对边坡稳定性的影响具有工程实用价值。考虑多复杂影响因素，并结合岩土材料抗剪强度的真实线性、非线性特征，尝试引入不同安全系数计算策略（分为改变潜在滑裂面抗剪强度参数和改变潜在滑裂面应力状态两类）对边坡稳定性进行评估，由此分析了不同评价策略计算边坡安全系数的差异，以期为岩土边坡防灾减灾提供有益参考。

第2章　极限分析上限法基本理论

2.1　本章概述

在岩土工程实践中，通常需要进行岩土构筑物临界极限状态分析，如边坡稳定性、隧道围岩或掌子面稳定性、主被动土压力、地基极限承载力等。此时，在工程中最关心的并不是岩土体内部应力场、位移场等量值的具体大小及分布情况，而是需要解决岩土体是否稳定及相应安全程度的问题。同时，岩土构筑物临界极限状态条件下的破坏模式和破坏范围也是值得关心的问题。对于此类问题，可通过塑性力学中的极限分析上限方法，有效得到岩土构筑物发生失稳临界状态时对应的极限荷载和破坏模式。

极限分析法创立于20世纪50年代，20世纪70年代后得到迅速发展，至今仍然是广大学者研究的热门课题。极限分析法的最大优点是：不论结构的几何形状和荷载情况多么复杂，总可以求得一个能用于实际的极限荷载值。该优点具有重要意义，使极限分析法正在成为工程技术人员处理岩土构筑物稳定性分析问题的有力工具。

鉴于所有工程问题本身均具有强烈的不确定性，极限分析法获得数值分析结果的近似性并不是其主要缺点。主要困难在于极限分析法中基于理想弹塑性或刚塑性假定的材料与真实材料性能的差异性。实际岩土材料一般具有应变硬化或软化性质且具有摩擦屈服特性，因此，材料力学性能假设的合理性决定了极限分析理论的有效性。本书在叙述极限分析上限方法在边坡稳定性分析中的应用之前，首先介绍极限分析的相关基本理论。

2.2　极限分析的基本理论

2.2.1　理想弹塑性假设和库仑屈服准则

岩土工程稳定性问题往往归结为求解复杂边界条件下的静力学问题。对于给定的工程，平衡条件、应变相容条件及材料的应力–应变特性这3个条件就足够决定破坏前的应力和位移的分布。然而，实际岩土体的应力–应变特性相当复杂且与荷载历史有关，即必须采用塑性增量理论去分析。为了分析的简化，需要对实际的岩土材料做出理想弹塑性假设。

图2-1为岩土材料在纯剪切或三轴压缩试验中的应力–应变曲线。实际岩土体的应力–应变关系如图2-1中实线所示。应力–应变最初为线性关系，随着荷载的不断增加，逐渐变为非线性关系，直至达到峰值即屈服，之后产生软化现象并最终达到残余应力。

极限分析法忽略了土体真实应力–应变关系中的应变强化或软化特性，而直接简化为

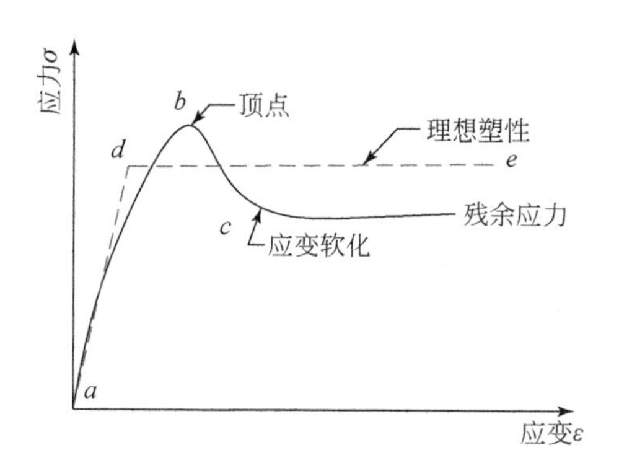

图2-1　实际岩土材料和理想塑性材料的应力-应变关系

图示的两段直线，即假定岩土材料在较小的应力条件下保持线弹性应力-应变关系。当应力达到定值后，应变无限制增大，即所谓的无限制的塑性流动状态，此时对应的荷载即极限荷载。这种在常应力下有连续塑性特性的假想材料称为理想塑性材料。

由于岩土工程问题往往是塑性力学问题，了解材料从弹性状态变为屈服状态（水平线 *de* 表示的状态）的条件是相当关键的。这种满足屈服状态的条件称为屈服准则。

屈服准则的形式有很多，常用的屈服准则包括屈斯加（Tresca）屈服准则、米赛斯（Von Mises）屈服准则、德鲁克-普拉格（Drucke-Prager）屈服准则和莫尔-库仑（Mohr-Coulomb）屈服准则。其中莫尔-库仑屈服准则是岩土材料中常用的屈服准则之一。极限分析法也采用莫尔-库仑屈服准则进行研究。

对于一维问题，如研究速度间断线上产生的流动，莫尔-库仑准则的表达式为

$$\tau=c+\sigma\tan\varphi \tag{2-1}$$

式中，c 为岩土体材料的黏聚力；φ 为岩土体材料的内摩擦角；σ 与 τ 分别为滑移面上的正应力与切应力。

对于平面问题，如研究单元内部的塑性流动，莫尔-库仑准则的表达形式为

$$\sigma_1=\sigma_3\tan^2\left(\frac{1}{4}\pi+\frac{1}{2}\varphi\right)+2c\tan\left(\frac{1}{4}\pi+\frac{1}{2}\varphi\right) \tag{2-2}$$

式中，σ_1、σ_3分别为最大主应力和最小主应力；c 为岩土体材料的黏聚力；φ 为岩土体材料的内摩擦角。

在复杂应力条件下，当应力 σ_{ij}的各个分量（σ_x，σ_y，σ_z，τ_{xy}，τ_{yz}，τ_{zx}）达到由屈服函数 f 确定的在应力空间中的屈服曲面上时，该点将发生塑性流动。对于理想弹塑性材料，屈服函数 f 由应力 σ_{ij}的各个分量决定而不是由应变 ε_{ij}的各个分量（ε_x，ε_y，ε_z，ε_{xy}，ε_{yz}，ε_{zx}）决定。塑性流动发生时屈服函数必须满足：

$$f(\sigma_{ij})=0 \tag{2-3}$$

应力状态 $f(\sigma_{ij})>0$ 表明材料处于塑性流动状态（破坏），而应力状态 $f(\sigma_{ij})<0$ 意味着仍处于弹性状态。

2.2.2　土体变形流动法则的概念

对于各向同性材料，提出主应变率轴与主应力轴的一致性假设，即每个 σ_{ij}轴是相应

应变率分量 $\dot{\varepsilon}_{ij}$ 的轴。因此，一个点即确定了一个塑性应变率状态。图 2-2 给出了这种应力应变率相结合的图形。

从图 2-2 中可清楚地看出流动法则的几何意义，即表示塑性应变率状态的向量，其方向朝外且垂直于屈服面。

与塑性材料相关联的塑性应变率向量 $\dot{\varepsilon}_{ij}$ 对屈服面 $f(\sigma_{ij})=0$ 的这种正交性是流动法则的直接结果，它不仅适用于塑性材料，而且在适当的荷载空间下也适用于由塑性材料制成的结构。在许多情况下，屈服面可能有拐角或尖角，在拐角处，法线方向并不是唯一的，如图 2-2 中的 B 点。对于这种情况，流动法则只要求在相交的表面外法线所确定的扇形区内，塑性应变率向量的方向可以是任意的。塑性应变率的这种非唯一性对极限分析并不造成障碍。图 2-2 中给出了屈服和流动关系的图形，在 A 点屈服面是圆滑的，具有唯一的确定法线，所以塑性应变率向量在塑性应力状态 $\boldsymbol{\sigma}_{ij}^{A}$ 处垂直于屈服面。在有拐角的 B 点，应力状态为 $\boldsymbol{\sigma}_{ij}^{B}$，塑性应变率向量的方向在相邻两表面的两法线之间可以是任意的。由相应屈服函数的正交性条件得到的应力–应变率关系，可以写成下述一般形式：

$$\dot{\boldsymbol{\varepsilon}}_{ij}=\lambda\frac{\partial f}{\partial\boldsymbol{\sigma}_{ij}} \tag{2-4}$$

式中，λ 为比例系数，$\lambda\geqslant0$。

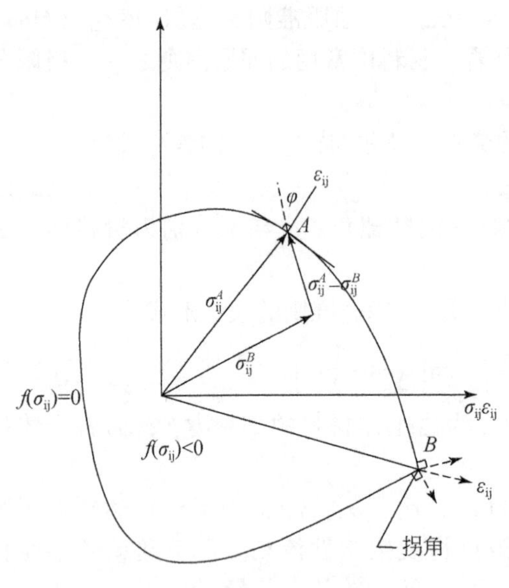

图 2-2　屈服面和流动法则示意图

图 2-2 中所示的凸形屈服面为非对称形状，但不对称和拉伸屈服应力与压缩屈服应力是否相等，对极限分析定理的证明均没有直接关系。对屈服面形状的关键性要求是屈服面必须呈凸形，也就是说，整个屈服面位于与屈服面相切的任一平面的一侧。

假设应力状态 $\boldsymbol{\sigma}_{ij}^{A}$ 是屈服面上的一个点，而 $\boldsymbol{\sigma}_{ij}^{B}$ 是屈服面上或屈服面以内的其他任意点，表示这些应力状态的向量和向量（$\boldsymbol{\sigma}_{ij}^{A}-\boldsymbol{\sigma}_{ij}^{B}$）如图 2-2 所示。可以看出，对于凸形屈服面，向量（$\boldsymbol{\sigma}_{ij}^{A}-\boldsymbol{\sigma}_{ij}^{B}$）与法向向量 $\dot{\varepsilon}_{ij}=\lambda\partial f/\partial\boldsymbol{\sigma}_{ij}$ 的数积不可能为负，因为这两个向量的夹角 φ 不可能大于 90°。因此，屈服面的凸形性质与塑性变形的流动法则结合在一起，要求：

$$(\boldsymbol{\sigma}_{ij}^{A}-\boldsymbol{\sigma}_{ij}^{B})\ \dot{\varepsilon}_{ij}\geqslant0 \tag{2-5}$$

如果应力状态 $\boldsymbol{\sigma}_{ij}^{B}$ 在屈服面以内，即 $f(\boldsymbol{\sigma}_{ij}^{B})<0$，则式（2-5）取等号。

2.2.3　最大虚功率原理和虚功原理

虚功原理要求几何关系满足小变形假设，也就是说，可以利用变形前的几何条件计算变形后的平衡方程，忽略由变形引起的几何形状改变的影响。

如图2-3所示，虚功原理和虚功率原理是相对于整个变形体而言的，以说明两种彼此独立没有联系的静力场与速度场之间的关系。其中A为整个表面，V为变形体整个体积，T_i和F_i分别为变形体所受到的面力和体力，μ_i^*为运动许可的位移场，$\dot{u}_i^*$为速度场。虚功原理可表述为，任何一组与静力许可的应力场σ_{ij}平衡的外荷载T_i和F_i，对任何运动许可的位移场μ_i^*所做的虚功等于静力场σ_{ij}对虚应变率ε_{ij}^*所做的虚功。虚功方程如下：

$$\int_A T_i u_i^* \mathrm{d}A + \int_V F_i u_i^* \mathrm{d}V = \int_V \sigma_{ij}\varepsilon_{ij}^* \mathrm{d}V \tag{2-6}$$

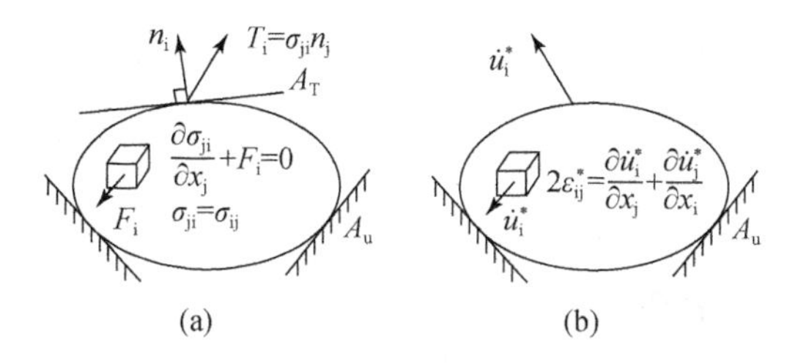

图2-3　静力许可的应力场（a）和运动许可的速度场（b）

虚功率原理可表述为，任何一组与静力许可的应力场σ_{ij}平衡的外荷载T_i和F_i，对任何运动许可的速度场$\dot{u}_i^*$所做的虚外功功率等于静力场σ_{ij}对虚应变率ε_{ij}^*所做的虚内功功率。虚功率原理的证明方法与弹性力学中的虚功原理证明方法完全相同，只需要将虚位移换成虚速度即可。虚功率方程为

$$\int_A T_i \dot{u}_i^* \mathrm{d}A + \int_V F_i \dot{u}_i^* \mathrm{d}V = \int_V \sigma_{ij}\dot{\varepsilon}_{ij}^* \mathrm{d}V \tag{2-7}$$

如图2-3（a）所示，一个静力许可的应力场应该满足以下条件。

1）在变形体表面，满足应力边界条件：

$$T_i = \sigma_{ji} n_j \tag{2-8}$$

2）在变形体内部，满足平衡条件：

$$\begin{cases} \dfrac{\partial \sigma_{ji}}{\partial x_j} + F_i = 0 \\ \sigma_{ji} = \sigma_{ij} \end{cases} \tag{2-9}$$

3）在变形体内部不违反屈服条件：

$$f(\sigma_{ij}^0) \leqslant 0 \tag{2-10}$$

式中，n_j为应力边界A_T上某一表面微元的单位外法线向量。

满足上述条件的静力场有很多，但荷载作用下的真实应力场只是其中的一个。

如图2-3（b）所示，应变率$\dot{\varepsilon}_{ij}^*$和速度场$\dot{u}_i^*$是与面力T_i和体力F_i作用满足运动许可的应变率场和速度场，其满足以下条件。

1）在变形体内必须满足应变率与速度的几何相容条件：

$$2\dot{\varepsilon}_{ij}^* = \frac{\partial \dot{u}_i^*}{\partial x_j} + \frac{\partial \dot{u}_j^*}{\partial x_i} \tag{2-11}$$

2）满足外力功率大于或等于零的条件：

$$\int_A T_i \dot{u}_i^* \, dA + \int_V F_i \dot{u}_i^* \, dV \geqslant 0 \tag{2-12}$$

3）在边界 A_T上满足速度边界条件，在边界 A_u上满足位移边界条件。

符合上述条件的运动许可的速度场和相应的应变率场有很多，但真实的速度场和相应的应变率场只是其中的一个。按照相关联流动法则，由 $\dot{\varepsilon}_{ij}^*$ 的方向可以确定屈服面上 $\sigma_{ij}{}^*$ 为速度场应力。显然，这种从属于速度场的应力场不一定满足静力平衡条件与力的边值条件。

由极限荷载满足的条件及上述关于静力许可的应力场与运动许可的速度场可知，极限荷载作用下的应力场必是一个静力许可的应力场，相应的速度场或应变率场也必然是一个运动许可的速度场。

在进行极限分析时，通常利用应力间断和速度间断来简化计算。在允许间断线存在的情况下，虚功率方程的形式有所修正。

一般情况下，作用在应力间断线两侧的作用力和反作用力大小相等且方向相反，而应力间断线上的速度场必定是连续的，因此，间断面两侧的作用力在虚功率方程中相互抵消。因此，应力间断线对虚功率方程没有影响。

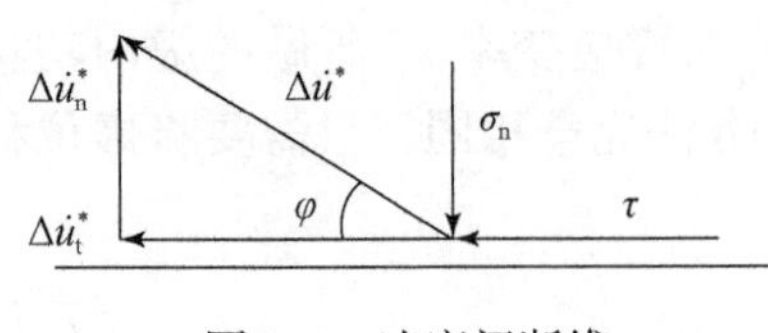

图 2-4　速度间断线

当存在速度间断线时，虚功率方程将有所变化。设物体中存在一个速度间断线 S_D，在间断面上某一点作用有由静力场 σ_{ij}确定的正应力 σ_n和剪应力 τ；速度场在间断面的速度不连续量为 $\Delta\dot{u}^*$，$\Delta\dot{u}^*$沿速度间断面的法向和切向分解为 $\Delta\dot{u}_n^*$ 和 $\Delta\dot{u}_t^*$，如图 2-4 所示。

因为间断线上速度有变化，所以需要消耗塑性功率，单位宽度且长度为 ds 的间断线耗散的塑性功率为

$$dD = (\tau \cdot \Delta\dot{u}_t^* + \sigma_n \cdot \Delta\dot{u}_n^*)\,ds = (\tau - \sigma_n \tan\varphi)\Delta\dot{u}_t^*\,ds \tag{2-13}$$

在整个速度间断线 S_D上耗散的塑性功率为

$$D = \int_{S_D} (\tau - \sigma_n \tan\varphi)\Delta\dot{u}_t^*\,ds \tag{2-14}$$

将式（2-14）代入式（2-7）可得到存在间断面时的虚功率方程：

$$\int_A T_i \dot{u}_i^* \, dA + \int_V F_i \dot{u}_i^* \, dV = \int_V \sigma_{ij}\dot{\varepsilon}_{ij}^* \, dV + \int_{S_D} (\tau - \sigma_n \tan\varphi)\Delta\dot{u}_t^*\,ds \tag{2-15}$$

对于 φ–c 材料而言，当材料在不连续面上达到屈服应力状态时，则有 $\tau = \sigma_n \tan\varphi + c$，将其代入式（2-15）得

$$\int_A T_i \dot{u}_i^* \, dA + \int_V F_i \dot{u}_i^* \, dV = \int_V \sigma_{ij}\dot{\varepsilon}_{ij}^* \, dV + \int_{S_D} c\Delta\dot{u}_t^*\,ds \tag{2-16}$$

式（2-16）说明，极限状态下沿不连续面耗散的摩擦塑性功率正好与材料剪胀而释放的塑性应变能率相抵消。

2.2.4　小变形假设

小变形假设认为连续体发生变形时，变形后和变形前的尺寸变化很小，可将变形前的几何条件作为变形后的几何条件进行计算而不致产生较大的误差。在数值计算中表现为坐标系统无需更新。

如图2-1所示，当连续体达到无限制塑性流动状态（图中 d 点）之后，应力基本保持不变而应变在继续增长，意味着随着时间的推移，变形会不断增大。而当变形体刚处于 d 点时，塑性流动刚刚发生，此时对应的应变为弹性量级。极限分析法只考虑该临界状态，弹性变形忽略不计（刚塑性），同时变形体满足小变形假定。

在进行极限荷载的推导和极限荷载的唯一性证明时，需要利用虚功原理和虚功率原理，只有在小变形假设的条件下这两个原理才成立。

2.2.5　极限状态应变率

在土体塑性极限分析中，因为只考虑刚达到屈服时土体的状态，即符合小变形假设，在这种情况下，应变增量与应变速率这两个概念是一致的。

设变形体在极限荷载作用下，应力增量 $\dot{\sigma}_{\mathrm{ij}}^{c}$ 和应变增量 $\dot{\varepsilon}_{\mathrm{ij}}^{c}$ 及连续的速度 $\dot{u}_{\mathrm{i}}^{c}$，达到破坏的瞬时的外力由体力增量 $\dot{F}_{\mathrm{i}}^{c}$ 和面力增量 $\dot{T}_{\mathrm{i}}^{c}$ 组成。在表面积 A_{T} 上规定每个分量 $\dot{T}_{\mathrm{i}}^{c}$ 的值，在面积 A_{u} 上规定所有的速度 $\dot{u}_{\mathrm{i}}^{c}$ 为零。上标 c 表示所有量在破坏时的实际状态。将以上变量代入虚功率方程可得

$$\int_{A_{\mathrm{T}}}\dot{T}_{\mathrm{i}}^{c}\dot{u}_{\mathrm{i}}^{c}\mathrm{d}A+\int_{A_{\mathrm{u}}}\dot{T}_{\mathrm{i}}^{c}\dot{u}_{\mathrm{i}}^{c}\mathrm{d}A+\int_{V}\dot{F}_{\mathrm{i}}^{c}\dot{u}_{\mathrm{i}}^{c}\mathrm{d}V=\int_{V}\dot{\sigma}_{\mathrm{ij}}^{c}\dot{\varepsilon}_{\mathrm{ij}}^{c}\mathrm{d}V \tag{2-17}$$

在极限荷载作用下，处处有 $\dot{F}_{\mathrm{i}}^{c}=0$，在 A_{T} 上 $\dot{T}_{\mathrm{i}}^{c}=0$，在 A_{u} 上 $\dot{u}_{\mathrm{i}}^{c}=0$，所以式（2-17）左边为零。由于总应变增量 $\dot{\varepsilon}_{\mathrm{ij}}^{c}$ 由弹性和塑性两部分组成，即 $\dot{\varepsilon}_{\mathrm{ij}}^{c}=\dot{\varepsilon}_{\mathrm{ij}}^{ec}+\dot{\varepsilon}_{\mathrm{ij}}^{pc}$，所以：

$$\int_{V}\dot{\sigma}_{\mathrm{ij}}^{c}(\dot{\varepsilon}_{\mathrm{ij}}^{ec}+\dot{\varepsilon}_{\mathrm{ij}}^{pc})\mathrm{d}V=0 \tag{2-18}$$

根据理想塑性假定和相关联流动法则，有 $\dot{\sigma}_{\mathrm{ij}}^{c}\dot{\varepsilon}_{\mathrm{ij}}^{pc}=0$，于是

$$\int_{V}\dot{\sigma}_{\mathrm{ij}}^{c}\dot{\varepsilon}_{\mathrm{ij}}^{ec}\mathrm{d}V=0 \tag{2-19}$$

对于任何弹性材料，当 $\dot{\sigma}_{\mathrm{ij}}^{c}\neq0$ 时，$\dot{\sigma}_{\mathrm{ij}}^{c}\dot{\varepsilon}_{\mathrm{ij}}^{ec}$ 是正值，所以式（2-19）要求在变形体内 $\dot{\sigma}_{\mathrm{ij}}^{c}=0$，也就是在极限状态下，应力状态无变化，相应地没有弹性应变产生，变形为纯塑性变形。这表明当变形体在极限荷载作用下并达到无限制的塑性流动状态时，维持极限荷载数值不变，所有应力均保持不变，仅产生塑性应变增量。这时采用理想弹塑性模型和采用理想刚塑性模型是一致的。

在极限状态下，屈服应力和塑性应变之间没有直接的相互关系。需要确定的不是应变，而是应变相对于时间而增长的比率，即应变率。应变率的绝对值也不需要确定，只需要了解塑性区内相对于应变率分量值，它决定应变率矢量的方向和塑性区土体变形的形

状。我们所关心的是位移速度分量的相对大小，因为它决定速度矢量的方向，也就是表示塑性区内各质点运动的速度矢量的图形，即速度场。

2.2.6 极限分析上限定理

极限上限定理可叙述为，在所有与运动许可的速度场和应变率场相对应的荷载中，极限荷载最小，或者说按运动许可的速度场与应变率场求得的极限荷载 p_u^+ 都大于真正的极限荷载 p_u，即 $p_u \leqslant p_u^+$，所以称为极限上限定理。该原理可以证明如下。

对机动许可的速度场 $\dot{u}_i^*$ 和应变率场 $\dot{\varepsilon}_{ij}$，以及相应的机动场应力 σ_{ij}^* 和与极限荷载 p_u 对应的真实应力场 σ_{ij} 分别使用虚功率原理：

$$\int_{S_p} p_u^+ \dot{u}_i^* \mathrm{d}S = \int_V \sigma_{ij}^* \dot{\varepsilon}_{ij} \mathrm{d}V + \varepsilon \int_{S_d} c \Delta \dot{u}_t^* \mathrm{d}S \tag{2-20}$$

$$\int_{S_p} p_u \dot{u}_i^* \mathrm{d}S = \int_V \sigma_{ij} \dot{\varepsilon}_{ij} \mathrm{d}V + \varepsilon \int_{S_d} (\tau^0 - \sigma_n^0 \tan\varphi) \Delta \dot{u}_t^* \mathrm{d}S \tag{2-21}$$

σ_{ij}^* 和 ε_{ij}^* 为符合塑性速率本构关系的应力与应变率，处于极限状态，所以不连续面上内能耗散率应取式（2-16）的形式，而机动场的速度不连续面上的剪应力不一定能达到屈服应力状态，所以不连续面上的能量耗散率应当取（2-15）的形式。对式（2-20）和式（2-21）做差，可得

$$\int_{S_p} (p_u^+ - p_u) \dot{u}_i^* \mathrm{d}S = \int_V (\sigma_{ij}^* - \sigma_{ij}) \dot{\varepsilon}_{ij} \mathrm{d}V + \varepsilon \int_{S_d} [c - (\tau^0 - \sigma_n^0 \tan\varphi)] \Delta \dot{u}_t^* \mathrm{d}S \tag{2-22}$$

σ_{ij}^* 和 ε_{ij}^* 为符合本构关系的应力和应变，所以按照最大塑性功率原理有 $(\sigma_{ij}^* - \sigma_{ij}) \dot{\varepsilon}_{ij} \geqslant 0$，所以式（2-21）右边第一项不为负，在速度不连续面上有 $\tau^0 \leqslant \tau_f$，即 $[c - (\tau^0 - \sigma_n^0) \tan\varphi] \geqslant 0$，且切向速度不连续量 $\Delta \dot{u}_t^*$ 与不连续面切向的剪应力方向一致，所以式（2-22）右边第二项也不会为负，从而式（2-22）左边也不为负，即

$$\int_{S_p} (p_u^+ - p_u) \dot{u}_i^* \mathrm{d}S \geqslant 0 \tag{2-23}$$

$$\text{或}\ p_u \leqslant p_u^+ \tag{2-24}$$

这就证明了上限定理。显然上限解越小越接近真实荷载。

根据上限定理可以做出一些推论，因为对于改变了的情况，原来的应力分布仍是可以采用的。

推论一：如果几何形状基本不变，则初始应力或变形对塑性极限荷载没有影响。

推论二：如果不考虑作用荷载的位置，则增加物体材料不会导致更低的破坏荷载。

推论三：在物体任何区域内增加（降低）材料的屈服强度，不可能使物体弱化（强化）。

我们可以从反面来叙述后两个推论，即靠增加局部屈服强度或增加材料未必能够提高弹性-理想塑性物体的强度。推论三还可以表示为另外的形式，这种形式在计算中是很有实际用处的。

推论四：用外接或外切于实际屈服面的凸形曲面所算得的极限荷载是实际极限荷载的一个上限，而用内接或内切面算得的极限荷载是实际破坏荷载的一个下限。

2.2.7 服从非相关流动法则材料的极限定理

在进行上限定理的推导过程中，为了保证极限荷载的唯一性，需要假定土体服从相关联流动法则。此时，土体的剪胀角 ψ 等于内摩擦角 φ。然而，试验表明土体发生破坏时的剪胀现象明显小于按照相关联流动法则的预测量。尤其是紧密砂土，其内摩擦角较大，当 $\psi=\varphi$ 时，得到的体积膨胀量较大。实际上，ψ 一般小于 φ。

为了使上限法能够用于计算非关联流动法则条件下的土体的稳定性问题，Davis（1968）提出将土体强度参数 c 和 φ 按照式（2-25）转换为 c^* 和 φ^*：

$$
\begin{cases}
c^*=c\dfrac{\cos\varphi\cos\psi}{1-\sin\varphi\sin\psi} \\
\tan\varphi^*=\tan\varphi\dfrac{\cos\varphi\cos\psi}{1-\sin\varphi\sin\psi}
\end{cases}
\tag{2-25}
$$

由式（2-25）可以看出，当剪胀角 $\psi=\varphi$ 时，$c_k=c$，$\varphi_k=\varphi$，土体黏聚力和内摩擦角未变化；当 $\psi=0$ 时，$c^*=c\cos\varphi\leqslant c$，$\tan\varphi^*=\sin\varphi\leqslant\tan\varphi$，即土体黏聚力和内摩擦角做了相应的折减，且土体内摩擦角越大，折减越多。采用折减后的 c^* 和 φ^*，即可考虑剪胀角 ψ 对上限解和塑性流动速度场的影响。关于剪胀角对边坡稳定性的影响问题，Chen（1975，1990）、Drescher 和 Detournay（1993）、Michalowski（1995，2005）及后续研究者均通过研究后认为，对于边坡之类的问题，当边界条件对破坏模式的约束并不强烈时，剪胀角对计算结果的影响并不明显。

2.3 本章小结

本章主要阐述了极限分析的基本理论，包括理想弹塑性假设和库仑屈服准则、土体变形流动法则的概念、最大功率原理和虚功原理、小变形假设、极限状态应变率、极限分析上限定理和服从非相关流动法则材料的极限定理。

第3章 边坡上限破坏机构构建与稳定性分析

3.1 本章概述

本章基于强度折减技术，采用极限分析上限法进行边坡稳定性分析，以边坡安全系数（F_s）为评定指标对边坡稳定性进行评价。首先对强度折减技术进行简单介绍。然后讨论不同破坏机构下边坡稳定性的能耗分析法，包括对数螺旋线破坏机构、对数螺旋线破坏机构的特例（纯黏土边坡、纯砂土边坡、长大边坡、无限表层破坏边坡）、竖直条分破坏机构、倾斜条分破坏机构、含软弱夹层的边坡组合破坏机构等。基本方法为：基于极限分析上限理论，根据内外能耗相等原理获得F_s的上限目标函数；通过编写优化计算程序，采用非线性规划方法对目标函数进行能量耗散最小化意义上的优化迭代计算。最后给出了均质边坡稳定性设计计算图表。

3.2 强度折减技术

强度折减法最早由 Bishop 于 1955 年提出。Zienkiewicz 等（1975）把抗剪强度折减系数定义为，在外荷载保持不变的情况下，边坡内土体所发挥的最大抗剪强度与外荷载在边坡内所产生的实际剪应力之比。1996 年 Duncan 指出F_s即导致稳定状态边坡出现失稳的剪切强度折减系数。强度折减技术的原理就是将土体参数（c，φ）值同时除以一个折减系数F_s，得到一组新的（c，φ）值，然后作为新的材料参数进行试算，当边坡处于临界状态时，边坡土体即发生剪切失稳破坏，对应的F_s被称为边坡安全系数。

经过折减的剪切强度参数c_f和φ_f变为

$$\begin{cases} c_f = c/F_s \\ \varphi_f = \arctan(\tan\varphi / F_s) \end{cases} \tag{3-1}$$

式中，F_s定义为剪切强度折减系数；c 和 φ 为原始抗剪强度参数；c_f和φ_f为折减后的抗剪强度参数。采用这一方法时，F_s以隐式出现在求解的方程式中，计算时常需要进行迭代。

对于具有某一特定已知参数的边坡而言，边坡稳定性极限分析上限法分析过程为：如果能找到一种机动许可的速度场，使得外荷载所做的功率等于内能耗散率，此时边坡恰好达到临界极限状态（发生剪切失稳破坏），则相应坡高即土坡临界高度H_{cr}的上限，相应地，无量纲系数$N_s = \gamma H_{cr}/c$为稳定系数上限。将边坡稳定性极限分析上限法与强度折减技术相结合，在一定条件下（坡高H、坡顶倾角α、坡趾倾角β、岩土体容重γ等已知），当原始强度指标（c，φ）进行折减计算后，边坡的临界自稳高度（H_{cr}）等于实际边坡高度（H）时，边坡处于临界极限平衡状态。此时，$H_{cr}=H$ 可视为边坡处于临界失稳状态的评判标准，原始强度指标的折减系数即该边坡的安全系数F_s。上述过程中，对滑动土体的抗剪强度进行折减，实际上就是对滑面土体的强度参数进行折减，使滑面上的内部耗能减小，并使其达到与外力做功相等的临界状态。

3.3　对数螺旋线破坏机构

本节在采用极限分析上限法对简单边坡进行稳定性分析时，应用了如下假设：① 简单坡足够长，本问题可当作平面应变问题进行分析；② 边坡岩土体为理想刚塑性体，破坏时服从线性莫尔-库仑破坏准则，并遵循相关联流动法则；③ 实施强度折减技术时仅对抗剪强度指标进行折减，上限法能耗计算模式与既有上限方法一致。

3.3.1　过坡趾破坏机构

已有研究成果表明（Chen，1975；Dawson 等，1999），简单边坡的破坏面更接近对数螺旋面形状，因而在简单边坡上限分析中也较常采用这种旋转破坏机构。图 3-1 显示了一个旋转间断机构，其破坏面假设通过坡趾。

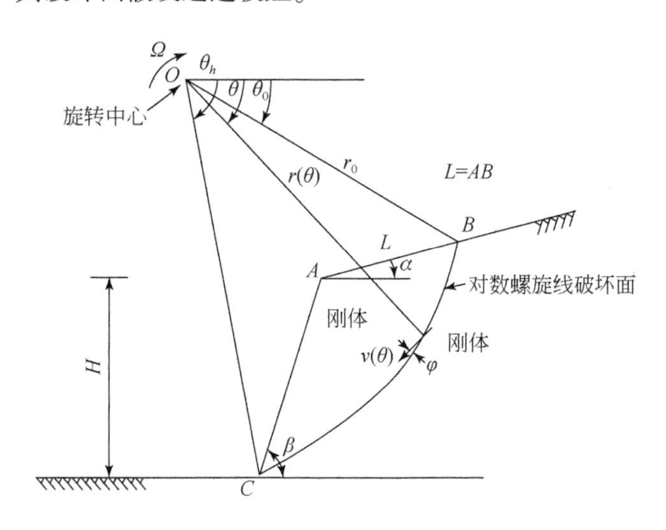

图 3-1　边坡稳定性的破坏机构（破坏面通过坡趾）

三角形区 ABC 绕旋转中心 O 相对对数螺旋面 BC 以下的静止材料做刚体旋转，而 BC 是一个速度间断面。因此，假想机构可以由图中 2 个变量 θ_h、θ_0确定。由几何关系可知，H/r_0、L/r_0可以通过变量 θ_h、θ_0表示：

$$\frac{H}{r_0}=\frac{\sin\beta}{\sin(\beta-\alpha)}[\sin(\theta_h+\alpha)\mathrm{e}^{(\theta_h-\theta_0)\tan\varphi}-\sin(\theta_0+\alpha)] \tag{3-2}$$

$$\frac{L}{r_0}=\frac{\sin(\theta_h-\theta_0)}{\sin(\theta_h+\alpha)}-\frac{\sin(\theta_h+\beta)[\sin(\theta_h+\alpha)\mathrm{e}^{(\theta_h-\theta_0)\tan\varphi}-\sin(\theta_0+\alpha)]}{\sin(\theta_h+\alpha)\sin(\beta-\alpha)} \tag{3-3}$$

（1）外功率计算

假设 OBC、OBA、OAC 区土体自重所做功率分别为 W_1、W_2、W_3，则 $W_1-W_2-W_3$即

ABC 区域的重力功率：

$$W_1-W_2-W_3=\gamma r_0^3\Omega(f_1-f_2-f_3) \tag{3-4}$$

式中，r_0为 *OB* 长度；γ 为岩土容重；Ω 为 *ABC* 区的角速度，函数f_1、f_2、f_3的定义如下。

$$f_1(\theta_h,\theta_0)=\frac{(\sin\theta_h+3\tan\varphi\cos\theta_h)\mathrm{e}^{3(\theta_h-\theta_0)\tan\varphi}-(3\tan\varphi\cos\theta_0+\sin\theta_0)}{3(1+9\tan^2\varphi)} \tag{3-5}$$

$$f_2(\theta_h,\theta_0)=\frac{1}{6}\frac{L}{r_0}\left(2\cos\theta_0-\frac{L}{r_0}\cos\alpha\right)\sin(\theta_0+\alpha) \tag{3-6}$$

$$f_3(\theta_h,\theta_0)=\frac{\mathrm{e}^{(\theta_h-\theta_0)\tan\varphi}\left[\sin(\theta_h-\theta_0)-\frac{L}{r_0}\sin(\theta_h+\alpha)\right]\left[\cos\theta_0-\frac{L}{r_0}\cos\alpha+\cos\theta_h\mathrm{e}^{(\theta_h-\theta_0)\tan\varphi}\right]}{6} \tag{3-7}$$

（2）内部耗损率计算

内部耗损率发生在间断面 *BC* 上。沿该面能量耗损率的微分，可以由该面的微分面积 $r\mathrm{d}\theta/\cos\varphi$ 与黏聚力 c 及与跨该面的切向间断速度 $v\cos\varphi$ 连乘得到。沿整个间断面积分，即得到总的内部能量耗损率：

$$\int_{\theta_0}^{\theta_h}c(v\cos\varphi)\frac{r\mathrm{d}\theta}{\cos\varphi}=\frac{cr_0^2\Omega}{2\tan\varphi}\left[\mathrm{e}^{2(\theta_h-\theta_0)\tan\varphi}-1\right] \tag{3-8}$$

（3）边坡临界高度计算

使得外荷载所做的功率等于内能耗散率，即有

$$H_{\mathrm{cr}}=\frac{c}{\gamma}N_{\mathrm{s}} \tag{3-9}$$

其中，

$$N_{\mathrm{s}}=\frac{\sin\beta\left[\mathrm{e}^{2(\theta_h-\theta_0)\tan\varphi}-1\right]}{2\sin(\beta-\alpha)\tan\varphi(f_1-f_2-f_3)}\left[\sin(\theta_h+\alpha)\mathrm{e}^{(\theta_h-\theta_0)\tan\varphi}-\sin(\theta_0+\alpha)\right] \tag{3-10}$$

根据极限分析上限定理，式（3-10）给出了边坡临界高度 H_{cr}的一个上限。当 θ_h、θ_0 满足条件：

$$\frac{\partial f}{\partial\theta_h}=0 \text{ 和 } \frac{\partial f}{\partial\theta_0}=0 \tag{3-11}$$

时，函数 N_{s}取得一个最小值，进而得到边坡临界高度 H_{cr}的一个最小上限。

3.3.2 过坡趾以下破坏机构

3.3.2.1 破坏模式

以通过坡趾以下的对数螺旋线旋转间断机构为例进行分析，如图 3-2 所示。

刚性块体 *ABC′CA* 绕旋转中心 *O* 相对对数螺旋面 *BC′*以下的静止材料做刚体旋转，*BC′*是速度间断面。因此，假想破坏机构可以由变量 θ_h、θ_0、β'确定。由几何关系可知，H/r_0、L/r_0可以通过变量 θ_h、θ_0、β'表示：

$$\frac{H}{r_0}=\frac{\sin\beta'}{\sin(\beta'-\alpha)}[\sin(\theta_h+\alpha)e^{(\theta_h-\theta_0)\cdot\tan\varphi}-\sin(\theta_0+\alpha)] \tag{3-12}$$

$$\frac{L}{r_0}=\frac{\sin(\theta_h-\theta_0)}{\sin(\theta_h+\alpha)}-\frac{\sin(\theta_h+\beta')}{\sin(\theta_h+\alpha)\sin(\beta'-\alpha)}[\sin(\theta_h+\alpha)e^{(\theta_h-\theta_0)\tan\varphi}-\sin(\theta_0+\alpha)] \tag{3-13}$$

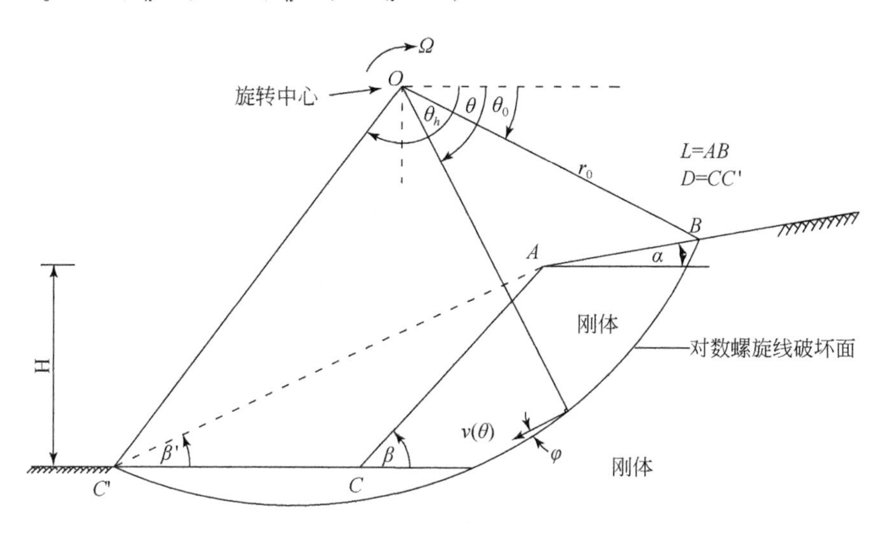

图3-2　边坡稳定性的破坏机构

3.3.2.2　能耗计算

在仅考虑自重条件下，图3-2所示的破坏机构能耗计算包括两个方面：重力做功和滑面内能耗散。

(1) 重力做功

假设 $OBC'O$、$OABO$、$OAC'O$、$ACC'A$ 区土重所做功率分别为 W_1、W_2、W_3、W_4，则 $W_{soil}=W_1-W_2-W_3-W_4$ 即 $ABC'CA$ 区域重力功率：

$$W_{soil}=W_1-W_2-W_3-W_4=\gamma r_0^3\Omega(f_1-f_2-f_3-f_4) \tag{3-14}$$

式中，r_0为 OB 长度；γ 为岩土容重；Ω 为 $ABC'CA$ 区的角速度；函数 $f_1\sim f_4$为与 θ_h、θ_0、α、β、β'、φ 相关的函数，具体表达式如下（Chen，1975）：

$$f_1=\frac{(\sin\theta_h+3\tan\varphi\cos\theta_h)e^{3(\theta_h-\theta_0)\tan\varphi}-(3\tan\varphi\cos\theta_0+\sin\theta_0)}{3(1+9\tan^2\varphi)} \tag{3-15}$$

$$f_2=\frac{1}{6}\frac{L}{r_0}\left(2\cos\theta_0-\frac{L}{r_0}\cos\alpha\right)\sin(\theta_0+\alpha) \tag{3-16}$$

$$f_3=\frac{e^{(\theta_h-\theta_0)\tan\varphi}}{6}\left[\sin(\theta_h-\theta_0)-\frac{L}{r_0}\sin(\theta_h+\alpha)\right]\left\{\cos\theta_0-\frac{L}{r_0}\cos\alpha+\cos\theta_h e^{(\theta_h-\theta_0)\tan\varphi}\right\} \tag{3-17}$$

$$f_4=\left(\frac{H}{r_0}\right)^2\frac{\sin(\beta-\beta')}{2\sin\beta\sin\beta'}\left[\cos\theta_0-\frac{L}{r_0}\cos\alpha-\frac{1}{3}\frac{H}{r_0}(\cot\beta+\cot\beta')\right] \tag{3-18}$$

当 $\beta'=\beta$ 时，$f_4(\theta_h,\ \theta_0)=0$，此时滑动面通过坡趾点 C。

(2) 滑面内能耗散

内部耗损率发生在间断面 BC' 上。沿该面的能量耗损率的微分，可以由该面的微分面

积 $r\mathrm{d}\theta/\cos\varphi$ 与黏聚力 c 及与跨该面的切向间断速度（$v\cos\varphi$）的连乘积得到。沿整个间断面积分，即得到总的内部能量耗损率：

$$\int_{\theta_0}^{\theta_h} c(v\cos\varphi)\frac{r\mathrm{d}\theta}{\cos\varphi}=\frac{cr_0^2\Omega}{2\tan\varphi}\left[\mathrm{e}^{2(\theta_h-\theta_0)\tan\varphi}-1\right] \tag{3-19}$$

3.3.2.3 稳定性分析

根据上限法能耗计算过程，使外荷载所做的功率等于内能耗散率，可求得边坡的临界高度 $H_{\mathrm{cr}}(\theta_h,\ \theta_0、\alpha、\beta、\beta'、c、\varphi)$：

$$H_{\mathrm{cr}}=\frac{c}{\gamma}\frac{\sin\beta'\left[\mathrm{e}^{2(\theta_h-\theta_0)\tan\varphi}-1\right]\left[\sin(\theta_h+\alpha)\mathrm{e}^{(\theta_h-\theta_0)\tan\varphi}-\sin(\theta_0+\alpha)\right]}{2\sin(\beta'-\alpha)\tan\varphi(f_1-f_2-f_3-f_4)} \tag{3-20}$$

式中，f_1、f_2、f_3、f_4为与 θ_h、θ_0、α、β、β'、φ 相关的函数。

进而可以获得边坡的稳定系数 N_{s}（θ_h，θ_0、α、β、β'、φ）：

$$N_{\mathrm{s}}=\gamma H_{\mathrm{cr}}/c \tag{3-21}$$

在工程实际中，为保证实际边坡具有足够的安全储备，一般需要确定该边坡的安全系数（此时 α、β、γ、c、φ、H 均已知）。根据强度折减技术，为确定该边坡的稳定性安全系数，将原始抗剪强度指标 c、φ 按式（3-1）折减并代入式（3-20）中，且令折减计算后边坡的临界自稳高度等于原始高度（$H_{\mathrm{cr}}=H$），有

$$F_{\mathrm{s}}=\frac{c}{\gamma H}\frac{\mathrm{e}^{2(\theta_h-\theta_0)\tan\varphi_{\mathrm{f}}}-1}{2\tan\varphi_{\mathrm{f}}(f_1-f_2-f_3-f_4)}\left(\frac{H}{r_0}\right) \tag{3-22}$$

式中，$\varphi_{\mathrm{f}}=\arctan(\tan\varphi/F_{\mathrm{s}})$，且系数 f_1、f_2、f_3、f_4、H/r_0 中的内摩擦角 φ 均由 $\varphi_{\mathrm{f}}=\arctan(\tan\varphi/F_{\mathrm{s}})$ 代替。

根据极限分析上限定理，式（3-22）为给定实际边坡安全系数求解的上限方法表达式，式中 F_{s}是 θ_h、θ_0、β' 3 个未知参数的函数且隐含了折减系数 F_{s}。$\beta'\leqslant\beta$ 且当 θ_h、θ_0、β'满足条件

$$\partial f/\partial\theta_h=0,\ \partial f/\partial\theta_0=0,\ \partial f/\partial\beta'=0,\ H=H_{\mathrm{cr}} \tag{3-23}$$

时，函数$f(\theta_h,\ \theta_0,\ \beta',\ F_{\mathrm{s}})$ 取得一个极值，进而得到边坡安全系数 F_{s}的一个上限解答。将式（3-22）中的强度折减系数 F_{s}看作目标函数，寻求边坡安全系数的数学规划表达式为

$$\min\ F_{\mathrm{s}}=F_{\mathrm{s}}(\theta_0,\ \theta_h,\ \beta') \tag{3-24}$$

$$\text{s.t.}\begin{cases}H=H_{\mathrm{cr}}, & 0<\beta'<\beta\\ \theta_0<\theta_h<\pi, & 0<\theta_0<\pi/2\end{cases} \tag{3-25}$$

式中，H_{cr}为一定条件（α、β、γ、c、φ 为已知参数）下边坡的临界高度，$H=H_{\mathrm{cr}}$为获得特定边坡（α、β、γ、c、φ、H 为已知参数）安全系数 F_{s}上限解答的一个约束条件。由于安全系数 F_{s}实际上是一个隐函数，可以采用非线性规划方法（如序列二次优化法或内点优化法）对式（3-22）进行优化迭代计算。

通过迭代优化求得最危险滑裂面的角度参数 θ_0、θ_h和 β'后，通过式（3-26）便可绘制出边坡对数螺旋线破坏模式下土坡失稳时的潜在破坏面：

$$L=\left[\frac{\sin(\theta_h-\theta_0)}{\sin(\theta_h+\alpha)\cdot(H/r_0)}-\frac{\sin(\theta_h+\beta')}{\sin(\theta_h+\alpha)\cdot\sin(\beta')}\right]\cdot H \tag{3-26}$$

$$D=H\cdot\frac{\sin(\beta-\beta')}{\sin\beta\cdot\sin\beta'} \tag{3-27}$$

式中，L 为破坏面在顶部的水平长度，即 AB；D 为破坏面在坡趾下部的水平长度，即 CC'，如图3-2所示。

3.3.2.4　对比计算与参数分析

(1) 安全系数对比计算

本章方法和所编优化迭代程序的正确性可通过与已有的典型算例进行对比验证，对比计算结果列于表3-1中。

表3-1　典型算例安全系数计算结果对比1

算例	c /(kPa)	φ /(°)	γ /(kN/m³)	α /(°)	β /(°)	H /m	F_s		
							已有解答	年廷凯，2005	本书
算例1 (Zienkiewicz et al., 1975)	10	20	20	0	26.6	10	1.38 (摩擦圆法) 1.38~1.39 (有限元法)	1.370	1.368
算例2 (Matsui and San, 1992)	10	30	20	0	70	8	0.92 (简化Bishop法) 0.97 (强度折减有限元法)	0.945	0.844
算例3 (Dawson et al., 1999)	12.38	20	20	0	45	10	1.00 (极限分析法) 1.00 (有限差分法)	1.000	1.000
算例4 (赵尚毅等，2002)	42	17	25	0	45	20	1.36 (有限元法) 1.12 (有限元法) 1.062 (简化Bishop法) 1.115 (Spencer法)	1.067	1.068
算例5 (Hassiotis et al., 1997)	23.94	10	19.63	0	30	13.7	1.08 (摩擦圆法) 1.12 (简化Bishop法) 1.11 (极限分析法)	1.107	1.109
算例6 (年廷凯，2005)	20	15	18.5	0	45	8	1.40 (局部最小安全系数法) 1.45 (解析法) 1.32 (简化Bishop法) 1.34 (极限分析法)	1.36	1.342
算例7 (Zeng and Liang, 2002)	28.73	20	18.85	0	26.6	12.2	1.928 (普通条分法) 2.080 (简化Bishop法) 2.073 (Spencer法) 2.008 (Janbu法) 2.076 (Morgenstern–Price法) 2.097 (Zeng法)	2.022	1.996

对于一定条件的土坡，$H=8\text{m}$，$\gamma=18.5\text{kN/m}^3$，$\alpha=0°$，这3个参数固定，β分别为1：1和2：1，$c=5\sim30\text{kPa}$，$\varphi=10\sim20°$时，采用不同方法所得的安全系数结果对比见表3-2。

表3-2　典型算例安全系数计算结果对比2

序号	c /kPa	φ /(°)	γ /(kN/m³)	α /(°)	β/ ratio	H /m	F_s					
							Cao 和 Zaman，1999	Huang 和 Yamasaki，1993	Bishop，1955	Ausilio 等，2001	Agrahara，2007	本书
1	25	20	18.5	0	1：1	8	1.81	1.87	1.74	1.73	1.89	1.728
2	20	20	18.5	0	1：1	8	1.60	1.68	1.50	1.51	1.67	1.508
3	15	20	18.5	0	1：1	8	1.39	1.46	1.29	1.28	1.39	1.281
4	10	20	18.5	0	1：1	8	1.17	1.00	1.05	1.04	1.08	1.042
5	30	15	18.5	0	1：1	8	1.81	1.85	1.75	1.76	1.88	1.766
6	25	15	18.5	0	1：1	8	1.60	1.65	1.53	1.55	1.65	1.555
7	20	15	18.5	0	1：1	8	1.40	1.45	1.32	1.34	1.43	1.342
8	15	15	18.5	0	1：1	8	1.19	1.24	1.11	1.12	1.21	1.123
9	10	15	18.5	0	1：1	8	0.98	1.00	0.89	0.89	0.94	0.894
10	25	10	18.5	0	1：1	8	1.40	1.42	1.35	1.38	1.46	1.380
11	20	10	18.5	0	1：1	8	1.20	1.23	1.15	1.17	1.25	1.173
12	15	10	18.5	0	1：1	8	1.00	1.00	0.97	0.96	1.02	0.962
13	20	20	18.5	0	2：1	8	2.01	2.05	2.09	2.07	—	2.076
14	15	20	18.5	0	2：1	8	1.76	1.85	1.82	1.81	—	1.809
15	10	20	18.5	0	2：1	8	1.51	1.60	1.54	1.53	—	1.526
16	5	20	18.5	0	2：1	8	1.24	1.23	1.21	1.21	—	1.211
17	25	15	18.5	0	2：1	8	1.98	1.87	2.05	2.05	—	2.046
18	20	15	18.5	0	2：1	8	1.74	1.72	1.78	1.79	—	1.798
19	15	15	18.5	0	2：1	8	1.49	1.54	1.53	1.54	—	1.542
20	10	15	18.5	0	2：1	8	1.25	1.29	1.29	1.27	—	1.274
21	5	15	18.5	0	2：1	8	0.99	1.00	0.99	0.98	—	0.979
22	15	10	18.5	0	2：1	8	1.23	1.19	1.27	1.27	—	1.275
23	10	10	18.5	0	2：1	8	0.99	1.00	1.03	1.02	—	1.022

由表3-1和表3-2可知，本书方法与传统的极限平衡法（简化Bishop法、普通条分法、Janbu法、Spencer法、Morgenstern-Price法、极限分析法）和数值计算方法（有限差分法、有限元法）所获得的边坡安全系数的差别很小，可以说明本书方法是有效的。

（2）*破坏模式对比分析*

对于某简单路堤土坡，坡高$H=6\text{m}$，坡顶倾角$\alpha=0°$，坡趾倾角$\beta=55°$，土的容重$\gamma=18.6\text{kN/m}^3$，岩土体黏聚力$c=16.7\text{kN/m}^2$，岩土体内摩擦角$\varphi=12°$。采用不同计算方法获得的边坡安全系数和潜在滑动面对比如图3-3所示。

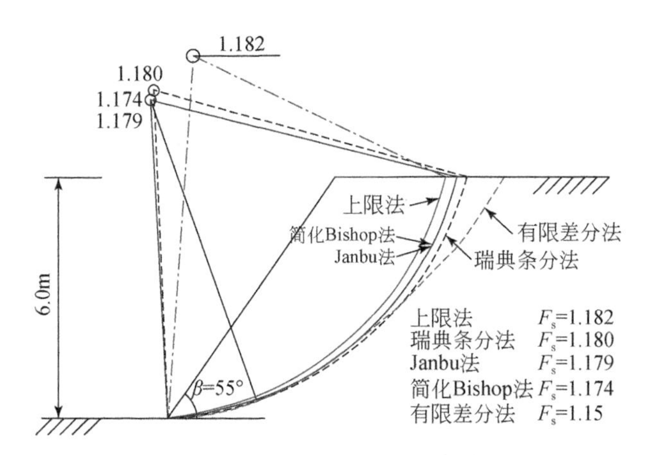

图3-3　不同方法边坡潜在滑动面对比示意图

由图3-3可知，刚体转动极限上限方法与传统的极限平衡法和数值计算方法所获得的边坡安全系数和潜在滑动面的差别均较小。

对于边坡稳定性分析来说，边坡的安全系数和最危险滑动面是其核心内容，上文中，本文边坡稳定性分析方法与常用方法在这两个核心内容的比较非常接近能够充分说明能耗分析法的正确性和可行性。

3.3.3　坚硬下卧层效应下边坡破坏

在工程实际中，岩土分层特性较为明显，边坡中含有坚硬下卧层或软弱界面均会对边坡稳定性产生影响。本节首先简单讨论坚硬下卧层所处位置对边坡稳定性的影响，软弱界面对破坏机构影响问题的讨论详见本章3.7节。假定坚硬下卧层水平（也可倾斜），根据潜在最危险滑裂面与坚硬下卧层的相对位置，可将其分为以下三类形态。

1）特定岩土材料条件下，坚硬下卧层较深，下卧层的存在不影响边坡稳定性，如图3-4（a）所示；

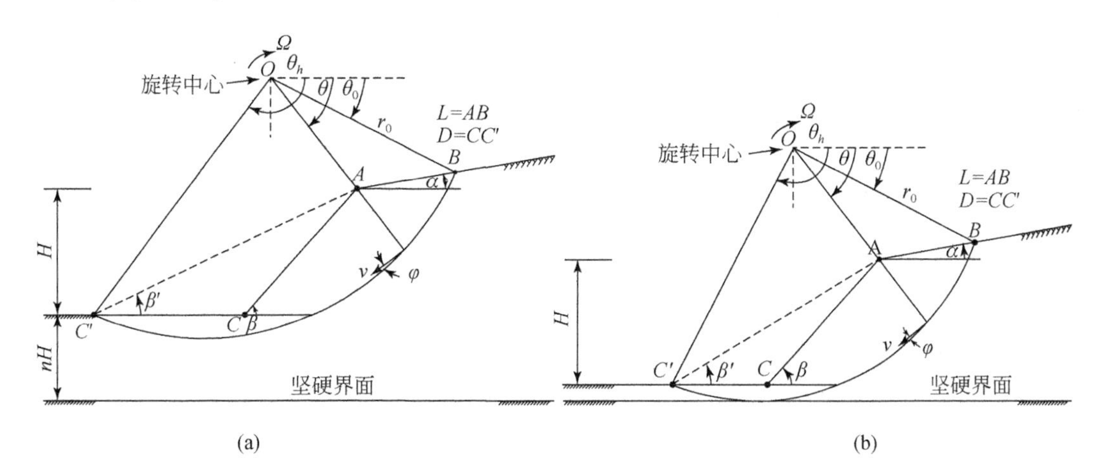

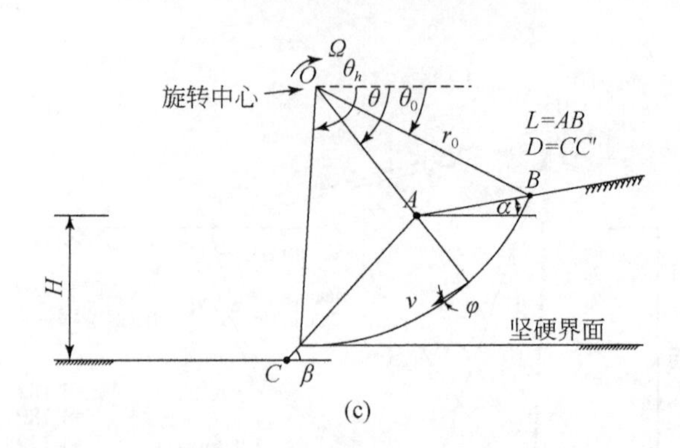

图 3-4 坚硬下卧层与边坡潜在最危险破坏面的相对位置

2）特定岩土材料条件下，坚硬下卧层较浅时，下卧层的存在影响边坡稳定性，最危险滑裂面最低点与坚硬下卧层相切，如图 3-4（b）所示；

3）特定岩土材料条件下，坚硬下卧层高于坡趾或恰好位于坡趾处，受下卧层存在的影响，最危险滑裂面出露端点与坚硬下卧层相切，如图 3-4（c）所示；

上述三种破坏形态的能耗计算与稳定性分析过程同前述章节一致，但必须增加坚硬下卧层与潜在最危险滑裂面相对位置的判别参数。

同时必须指出的是，当坚硬下卧层较浅时，下卧层的存在影响边坡稳定性，最危险滑裂面也可能呈现非完整的对数螺旋线形态，如与坚硬下卧层顶部平行而呈现复合破坏机构形态。对这种破坏模式的叙述可参考本章 3.7 节相关内容。

3.4 对数螺旋线破坏机构的特例

3.4.1 纯黏土边坡

当边坡岩土材料为纯黏土时，潜在滑裂面的对数螺旋面形状变为圆弧状，根据潜在滑裂面与坚硬界面的相互位置，以及滑裂面端点在坡表或坡趾的出露位置关系，可以分为以下 4 种破坏形态（图 3-5）。其中，第 4 种形态为坚硬界面对潜在滑裂面无影响且破坏范围非常大的情况，该破坏模式同时需要在边坡坡角小于一定值时出现，Taylor（1937）基于极限平衡理论的圆弧法指出其约为 53°，Chen（1975）基于极限分析理论也给出类似结论，后来 Michalowski（2002）对该模式进行了较为详细的极限分析上限分析。

同上，上述几种破坏形态的能耗计算与稳定性分析过程同前述章节一致，但必须增加坚硬下卧层与潜在最危险滑裂面相对位置的判别参数。

3.4.2 纯砂土边坡

岩土材料黏聚力较小的砂类岩土边坡以直线形态的滑动面发生失稳，且当黏聚力等于零时，其滑动面为直线。对于这一类边坡，假定边坡潜在破裂面为通过坡趾的直线，其破

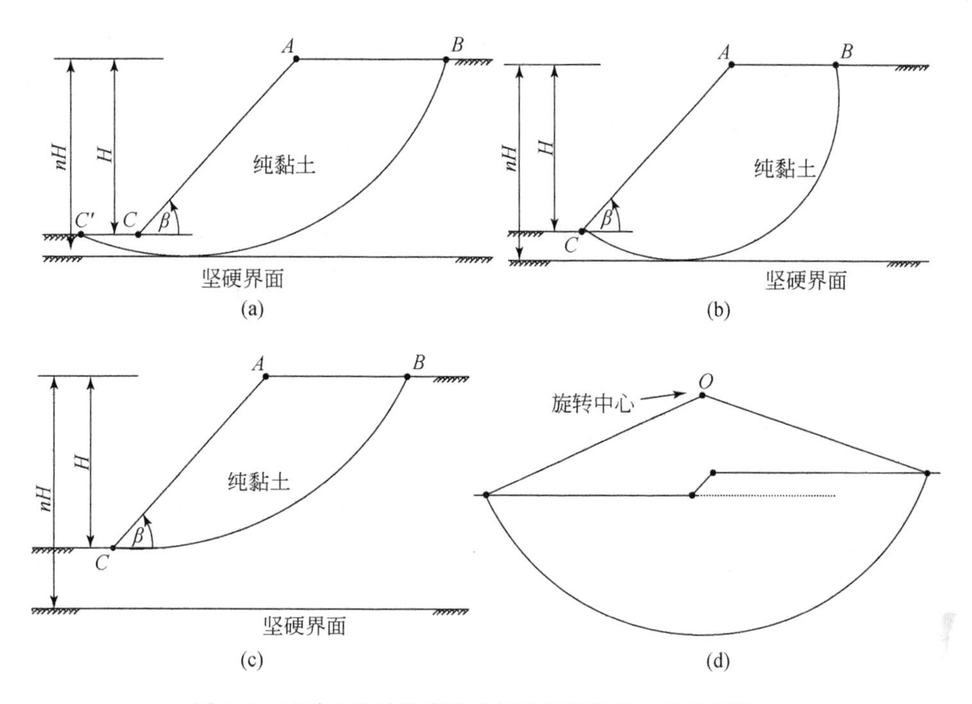

图3-5　纯黏土边坡稳定性分析破坏机构的4种破坏形态

坏机构示意图如图3-6所示。当土体沿直线破裂面向下滑动时，形成刚性楔体*ABC*，楔体的下滑速度为*V*，且与破裂面成φ角。外力做功等于刚性楔体自重与速度垂直分量的乘积。

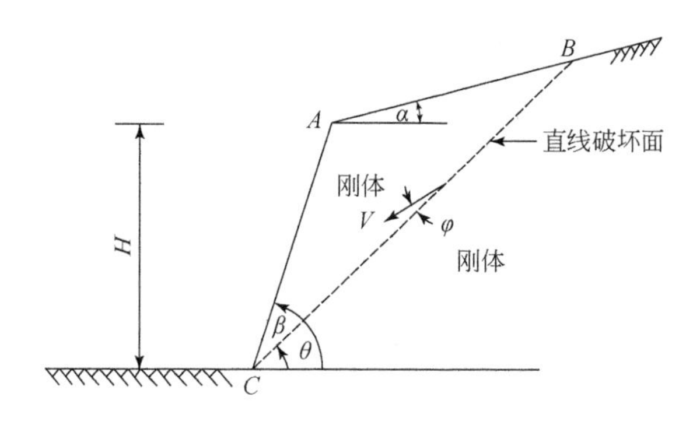

图3-6　直线破裂面屈服机构-速度场

$$W_{\text{external}}=WV_{\perp}=\left[\frac{1}{2}H^2\cot\theta-\frac{1}{2}H^2\cot\beta+\frac{1}{2}\frac{H^2(\cot\theta-\cot\beta)^2\cdot\sin\alpha\cdot\sin\theta}{\sin(\theta-\alpha)}\right]\cdot\sin(\theta-\varphi)\cdot\gamma\cdot V$$

$$=\frac{1}{2}\gamma H^2V\cdot(\cot\theta-\cot\beta)\left[1+\frac{(\cot\theta-\cot\beta)\cdot\sin\theta\cdot\sin\alpha}{\sin(\theta-\alpha)}\right]\cdot\sin(\theta-\varphi)\tag{3-28}$$

沿直线破裂面的内能耗散率等于黏聚力与速度在破裂面上分量的乘积：

$$W_{\text{internal}}=c\cdot\left[\frac{H}{\sin\theta}+\frac{H\cdot(\cot\theta-\cot\beta)}{\sin(\theta-\alpha)}\right]\cdot\cos\varphi\cdot V\tag{3-29}$$

$$W_{\text{external}}=W_{\text{internal}}\tag{3-30}$$

$$\frac{1}{2}\gamma H^2 V(\cot\theta-\cot\beta)\left[1+\frac{(\cot\theta\text{-}\cot\beta)\cdot\sin\alpha\cdot\sin\theta}{\sin(\theta-\alpha)}\right]\cdot\sin(\theta-\varphi)$$
$$=c\cdot\left[\frac{H}{\sin\theta}+\frac{H\cdot(\cot\theta\text{-}\cot\beta)\cdot\sin\alpha}{\sin(\theta-\alpha)}\right]\cdot\cos\varphi\cdot V \tag{3-31}$$

$$H=\frac{2c\cdot\cos\varphi[\sin(\theta-\alpha)+(\cot\theta\text{-}\cot\beta)\cdot\sin\alpha\cdot\sin\theta]}{\gamma(\cot\theta-\cot\beta)[\sin\theta\sin(\theta-\varphi)+\sin^2\theta\sin\alpha(\cot\theta\text{-}\cot\beta)]\cdot\sin(\theta-\varphi)} \tag{3-32}$$

滑动体处于极限状态时，$f(\theta)$ 应是最小值，令$\frac{\partial f(\theta)}{\partial\theta}=0$，可求得最危险潜在破裂面与水平面的夹角 θ。

3.4.3 局部失稳边坡

简单均质边坡的最危险滑动面往往通过坡顶，已有研究成果大多按照此模式构建破坏机构。但对于某些局部失稳边坡，滑动面两端均位于边坡表面，传统破坏模式机构难以适应此类边坡的计算分析。以对数螺旋线旋转机制为例，在重力作用下，其边坡局部失稳破坏机构如图 3-7 所示。

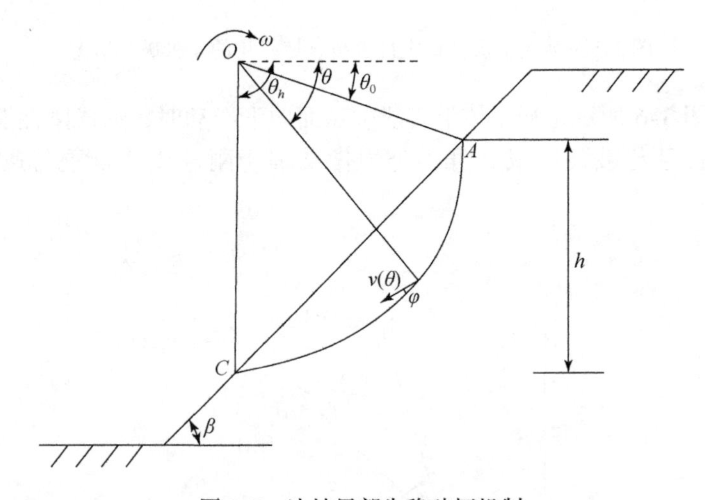

图 3-7　边坡局部失稳破坏机制

重力做功为对数螺旋线极径 OA、OC 与破坏面所围成的区域土重所做的功率 W_1减去三角形 OAC 区域的土重所做的功率 W_2：

$$W_1=\gamma r_0^3\omega f_1(\theta_0,\ \theta_h) \tag{3-33}$$

其中，

$$f_1=\frac{e^{3(\theta_h-\theta_0)\tan\varphi}(3\tan\varphi\cos\theta_h+\sin\theta_h)-3\tan\varphi\cos\theta_0-\sin\theta_0}{3(1+9\tan^2\varphi)} \tag{3-34}$$

三角形区域 OAC 土重所做的功率 W_2可由下式表示：

$$W_2=\gamma r_0^3\omega f_2(\theta_0,\ \theta_h) \tag{3-35}$$

其中，

$$f_2=\frac{1}{6}\mathrm{e}^{(\theta_h-\theta_0)\tan\varphi}\sin(\theta_h-\theta_0)\left[\mathrm{e}^{(\theta_h-\theta_0)\tan\varphi}\cos\theta_h+\cos\theta_0\right] \tag{3-36}$$

土体重力所做功率：

$$W_\mathrm{r}=W_1-W_2 \tag{3-37}$$

内部能耗发生在速度间断面 AC 上：

$$W_\mathrm{d}=c\omega r_0^2\frac{\mathrm{e}^{2\tan\varphi(\theta_h-\theta_0)}-1}{2\tan\varphi} \tag{3-38}$$

令外功率等于内部能耗，即 $W_\mathrm{u}+W_\mathrm{r}=W_\mathrm{d}$，得临界高度计算式：

$$h_\mathrm{cr}=\frac{c}{\gamma}\frac{e^{2\tan\varphi(\theta_h-\theta_0)}-1}{2\tan\varphi(f_1-f_2)}\left[\mathrm{e}^{(\theta_h-\theta_0)\tan\varphi}\sin\theta_h-\sin\theta_0\right] \tag{3-39}$$

令外功率等于内部能耗，将抗剪强度参数 c、φ 按式（3-1）进行折减，可求得边坡安全系数：

$$F_\mathrm{s}=\frac{c}{2\tan\varphi_\mathrm{f}}\frac{\mathrm{e}^{2(\theta_h-\theta_0)\tan\varphi_\mathrm{f}}-1}{\gamma h(f_1-f_2)}\frac{h}{r_0} \tag{3-40}$$

需要说明的是，局部失稳边坡常见于浸水边坡当中，在外部水位和地下水位变化的共同作用下，易引起局部破坏，有关水力影响效应下的局部边坡稳定性分析详见5.4.2节。

3.4.4　无限边坡

在我国南方，以及中南、西南部分地区，当山地边坡坡面残积土厚度远小于坡高，且坐落于较稳定的土层或基岩上时，其滑动面常与坡面和基岩表面平行，此破坏可视为无限边坡破坏或平面破坏。一般认为水力条件影响是导致边坡失稳的最主要和最普遍的环境因素，是这一类浅层滑坡最关键的触发因素。针对该问题，目前国外研究方法主要集中在极限平衡理论，通过水文模型结合无限边坡模型对边坡稳定性进行估算。

本节通过极限分析理论对稳态水文模型条件下无限边坡的失稳进行能耗分析。在平面应变假设下，截取无限边坡部分土体受与破裂面有一定倾角的渗流力影响的计算模型（图3-8）进行分析。

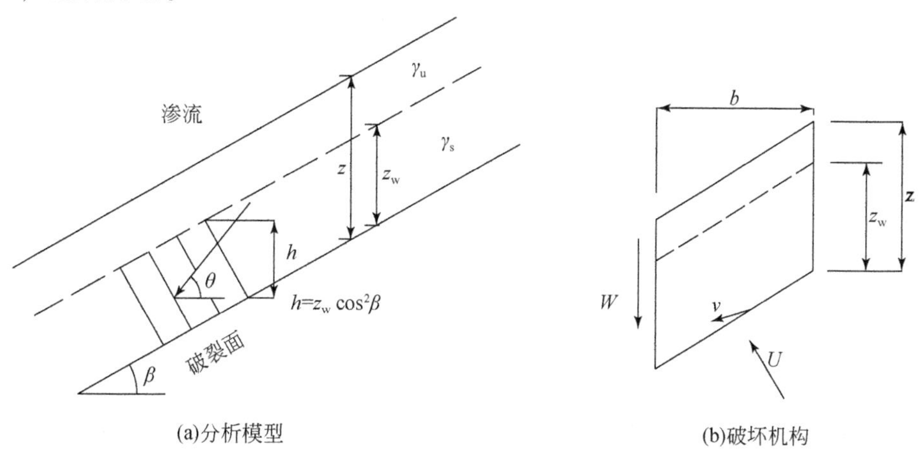

图3-8　无限边坡分析模型与破坏机构

并假定：

1）滑裂面和地下水位分别在坡面下深度为 z 和 z_w 处，且都平行于坡面；

2）滑坡土体均匀且各向同性，为弹性-理想塑性材料，屈服服从莫尔-库仑准则，并遵循相关联流动法则；

3）地下水位以下的土体完全饱和，重度以 γ_s 标识，地下水位以上的土体处于非饱和状态，重度以 γ_u 标识。

岩土材料重力做功：

$$W_1=[\gamma_u(z-z_w)+\gamma_s z_w]bv\sin(\beta-\varphi) \tag{3-41}$$

孔隙水压力做功：

$$U=\frac{\gamma_w b z_w v\sin\varphi\cos\theta}{\cos(\beta-\theta)} \tag{3-42}$$

间断面能量损耗：

$$W_2=\frac{cbv}{\cos\beta}\cos\varphi \tag{3-43}$$

结合强度折减技术，假定无限边坡在原始岩土抗剪强度参数 c、φ 同时折减 F_s 倍至 c_f、φ_f，无限边坡恰好过渡到临界极限平衡状态。将强度折减参数 $c_f=c/F_s$，$\varphi_f=\arctan(\tan\varphi/F_s)$，代入虚功原理等式 $W_1+U=W_2$，有

$$\gamma_u(z-z_w)\left(\sin\beta\cos\beta-\frac{\cos^2\beta\tan\varphi}{F_s}\right)+\gamma_s z_w\left(\sin\beta\cos\beta-\frac{\cos^2\beta\tan\varphi}{F_s}\right)+\frac{\gamma_w z_w\tan\varphi}{(1+\tan\beta\tan\theta)F_s}=\frac{c}{F_s} \tag{3-44}$$

公式化简为

$$F_s=\frac{c(\cot\beta+\tan\beta)}{[(z-z_w)\gamma_u+z_w\gamma_s]}+\left\{1-\frac{\gamma_w z_w(1+\tan^2\beta)}{[(z-z_w)\gamma_u+z_w\gamma_s](1+\tan\beta\tan\theta)}\right\}\frac{\tan\varphi}{\tan\beta} \tag{3-45}$$

整理得

$$F_s=\frac{c}{[(z-z_w)\gamma_u+z_w\gamma_s]}\cdot B+A\cdot\frac{\tan\varphi}{\tan\beta} \tag{3-46}$$

式中，

$$A=[1-r_u'(1+\tan^2\beta)] \tag{3-47}$$

$$r_u'=\frac{\gamma_w z_w}{[(z-z_w)\gamma_u+z_w\gamma_s](1+\tan\beta\tan\theta)} \tag{3-48}$$

$$B=\cot\beta+\tan\beta \tag{3-49}$$

3.5 竖直条分破坏机构

3.5.1 破坏机构

建立如图 3-9 所示的典型边坡及其滑裂面能耗分析模型。

如图 3-9 所示，将坡顶均分为 m 条，每条的宽度为d_1；坡面均分为 n 条，每条的宽度

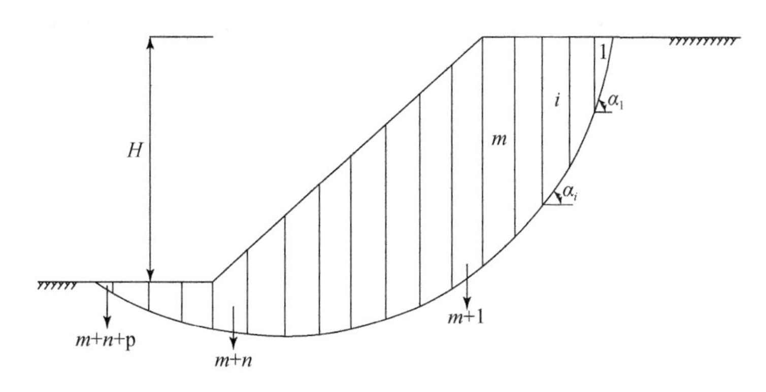

图 3-9　边坡竖直条分模型

为d_2；坡底均分为 p 条，每条的宽度为d_3；边坡的坡角为 β，各条块与水平面的夹角设为 α_i。

（1）任意条块的重力可表达如下

坡顶块体：

$$G_i = \frac{1}{2}\gamma d_1{}^2\tan\alpha_i + \gamma d_1{}^2\sum_{j=1}^{i-1}\tan\alpha_i \tag{3-50}$$

其中，$1 \leqslant i \leqslant m$。

坡面块体：

$$G_i = \frac{1}{2}\gamma d_2^2\tan\alpha_i + \gamma d_2\left(d_1\sum_{j=1}^{m}\tan\alpha_j + d_2\sum_{j=m+1}^{i-1}\tan\alpha_j\right) - \left(i - m - \frac{1}{2}\right)\gamma d_2{}^2\tan\beta \tag{3-51}$$

其中，$m+1 \leqslant i \leqslant m+n$。

坡底块体：

$$G_i = \gamma d_3\left(d_1\sum_{j=1}^{m}\tan\alpha_j + d_2\sum_{j=m+1}^{m+n}\tan\alpha_j + d_3\sum_{j=m+n+1}^{i-1}\tan\alpha_j - H\right) + \frac{1}{2}\gamma d_3{}^2\tan\alpha_i \tag{3-52}$$

其中，$m+n+1 \leqslant i \leqslant m+n+p$。

（2）多块体速度相容场

多块体速度相容场如图 3-10 所示。

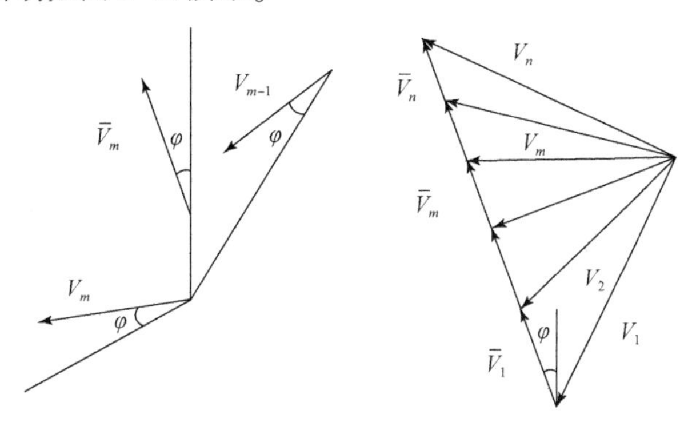

图 3-10　多块体速度相容场

多块体破裂面的速度为V_i，每个直线型滑裂面与多块体速度的夹角为 φ，所以可以得到任意多块体的速度表达式：

$$V_i = V_1 \frac{\sin(\alpha_1-\varphi)\tan\varphi+\cos(\alpha_1-\varphi)}{\cos(\alpha_i-\varphi)+\sin(\alpha_i-\varphi)\tan\varphi} \tag{3-53}$$

垂直条分间断面上的速度为

$$\bar{V}_i = \frac{V_i\sin(\alpha_i-\varphi)-V_{i+1}\sin(\alpha_{i+1}-\varphi)}{\cos\varphi} \tag{3-54}$$

3.5.2　能耗分析

(1) 外功率计算

作用在边坡上的外荷载只有重力，则外功率只有边坡重力提供，对应的外力功率可表达为

$$W_{\text{soil}} = \sum_{i=1}^{m+n+p} G_i V_i \sin(\alpha_i - \varphi) \tag{3-55}$$

(2) 内能耗散计算

内能耗散由速度间断面提供，包括两个方面：滑裂面上的能量耗散和垂直条分面上的能量耗散。

滑裂面上的能量耗散：

$$D_{\text{int1}} = c \cdot \cos\varphi\left(\sum_{i=1}^{m} V_i \frac{d_1}{\cos\alpha_i} + \sum_{i=m+1}^{m+n} V_i \frac{d_2}{\cos\alpha_i} + \sum_{i=m+n+1}^{m+n+p} V_i \frac{d_3}{\cos\alpha_i}\right) \tag{3-56}$$

垂直条分面上的能量耗散：　$$D_{\text{int2}} = c \sum_{i=1}^{m+n+p-1} \bar{V}_i t_i \cos\varphi \tag{3-57}$$

其中，t_i各块体垂直间断面的高度：

$$t_i = \begin{cases} d_1 \sum_{j=1}^{i} \tan\alpha_j (1 \leqslant i \leqslant m) \\ d_1 \sum_{i=1}^{m} \tan\alpha_i + d_2 \sum_{j=m+1}^{i} \tan\alpha_j - d_2(i-m)\tan\beta(m+1 \leqslant i \leqslant m+n) \\ d_1 \sum_{j=1}^{m} \tan\alpha_j + d_2 \sum_{j=m+1}^{m+n} \tan\alpha_j - H + d_3 \sum_{j=m+n+1}^{i-1} \tan\alpha_j (m+n+1 \leqslant i \leqslant m+n+p) \end{cases} \tag{3-58}$$

3.5.3　稳定性分析

将岩上材料按照式（3-1）进行折减，使边坡达到极限状态，令外荷载所做功率等于内能耗散率：

$$W_{\text{soil}} = D_{\text{int1}} + D_{\text{int2}} \tag{3-59}$$

即

$$\gamma(f_1+f_2+f_3)=c'[\cos\varphi'(f_4+f_5+f_6)+(f_7+f_8+f_9-H\cdot f_{10})] \tag{3-60}$$

其中，

$$f_1=\sum_{i=1}^{m}\left[\left(\frac{1}{2}d_1{}^2\tan\alpha_i+d_1{}^2\sum_{j=1}^{i-1}\tan\alpha_j\right)\frac{\sin(\alpha_i-\varphi')}{\cos(\alpha_i-\varphi')+\sin(\alpha_i-\varphi')\tan\varphi'}\right] \tag{3-61}$$

$$f_2=\sum_{i=m+1}^{m+n}\left\{\begin{aligned}&\left[\frac{1}{2}d_2{}^2\tan\alpha_i+d_2\left(d_1\sum_{j=1}^{m}\tan\alpha_j+d_2\sum_{j=m+1}^{i-1}\tan\alpha_j\right)-\left(i-m-\frac{1}{2}\right)d_2{}^2\tan\beta\right]\\&\cdot\frac{\sin(\alpha_i-\varphi')}{\cos(\alpha_i-\varphi')+\sin(\alpha_i-\varphi')\tan\varphi'}\end{aligned}\right\} \tag{3-62}$$

$$f_3=\sum_{i=m+n+1}^{m+n+p}\left\{\begin{aligned}&\left[d_3\left(d_1\sum_{j=1}^{m}\tan\alpha_j+d_2\sum_{j=m+1}^{m+n}\tan\alpha_j+d_3\sum_{j=m+n+1}^{i-1}\tan\alpha_j-H\right)+\frac{1}{2}d_3{}^2\tan\alpha_i\right]\\&\cdot\frac{\sin(\alpha_i-\varphi')}{\cos(\alpha_i-\varphi')+\sin(\alpha_i-\varphi')\tan\varphi'}\end{aligned}\right\} \tag{3-63}$$

$$f_4=d_1\sum_{i=1}^{m}\left[\frac{1}{\cos(\alpha_i-\varphi')+\sin(\alpha_i-\varphi')\tan\varphi'}\cdot\frac{1}{\cos\alpha_i}\right] \tag{3-64}$$

$$f_5=d_2\sum_{i=m+1}^{m+n}\left[\frac{1}{\cos(\alpha_i-\varphi')+\sin(\alpha_i-\varphi')\tan\varphi'}\cdot\frac{1}{\cos\alpha_i}\right] \tag{3-65}$$

$$f_6=d_3\sum_{i=m+n+1}^{m+n+p}\left[\frac{1}{\cos(\alpha_i-\varphi')+\sin(\alpha_i-\varphi')\tan\varphi'}\cdot\frac{1}{\cos\alpha_i}\right] \tag{3-66}$$

$$f_7=d_1\sum_{i=1}^{m}\left\{\left(\sum_{j=1}^{i}\tan\alpha_j\right)\cdot\left[\frac{\sin(\alpha_i-\varphi')}{\cos(\alpha_i-\varphi')+\sin(\alpha_i-\varphi')\tan\varphi}-\frac{\sin(\alpha_{i+1}-\varphi')}{\cos(\alpha_{i+1}-\varphi')+\sin(\alpha_{i+1}-\varphi')\tan\varphi'}\right]\right\} \tag{3-67}$$

$$f_8=\sum_{i=m+1}^{m+n}\left\{\begin{aligned}&\left[d_1\sum_{j=1}^{m}\tan\alpha_j+d_2\sum_{j=m+1}^{i}\tan\alpha_j-d_2(i-m)\tan\beta\right]\\&\cdot\left[\frac{\sin(\alpha_i-\varphi')}{\cos(\alpha_i-\varphi')+\sin(\alpha_i-\varphi')\tan\varphi}-\frac{\sin(\alpha_{i+1}-\varphi')}{\cos(\alpha_{i+1}-\varphi')+\sin(\alpha_{i+1}-\varphi')\tan\varphi'}\right]\end{aligned}\right\} \tag{3-68}$$

$$f_9=\sum_{i=m+n+1}^{m+n+p-1}\left\{\begin{aligned}&\left[d_1\sum_{j=1}^{m}\tan\alpha_j+d_2\sum_{j=m+1}^{m+n}\tan\alpha_j+d_3\sum_{j=m+n+1}^{i}\tan\alpha_j\right]\\&\cdot\left[\frac{\sin(\alpha_i-\varphi')}{\cos(\alpha_i-\varphi')+\sin(\alpha_i-\varphi')\tan\varphi}-\frac{\sin(\alpha_{i+1}-\varphi')}{\cos(\alpha_{i+1}-\varphi')+\sin(\alpha_{i+1}-\varphi')\tan\varphi'}\right]\end{aligned}\right\} \tag{3-69}$$

$$f_{10}=\sum_{i=m+n+1}^{m+n+p-1}\left[\frac{\sin(\alpha_i-\varphi')}{\cos(\alpha_i-\varphi')+\sin(\alpha_i-\varphi')\tan\varphi'}-\frac{\sin(\alpha_{i+1}-\varphi')}{\cos(\alpha_{i+1}-\varphi')+\sin(\alpha_{i+1}-\varphi')\tan\varphi'}\right] \tag{3-70}$$

式中，$c'=c/F_s$；$\varphi'=\arctan(\tan\varphi/F_s)$，$V_i$和$V_{i,i+1}$表达式中的$\varphi$均由$\varphi'$代替。将隐含在参数$c'$和$\varphi'$中的$F_s$作为未知量，式（3-70）可表达为$F_s$的函数$F_s(\alpha_i, c', \varphi')$，当$\alpha_i$，$c'$，$\varphi'$满足条件

$$\left.\begin{array}{l}\partial F_s/\partial\alpha_i=0\\ \partial F_s/\partial\varphi'=0\\ \partial F_s/\partial c'=0\end{array}\right\} \tag{3-71}$$

时，函数$F_s(\alpha_i, c', \varphi')$有极小值，进而得到$F_s$的一个上限解答。

实际在用竖直条分法生成滑动面时，应该注意滑动面符合的一些基本规律。这些规律有助于对模型程序化及提高程序的运行效率。

1）根据经验，滑动面的滑出段块体与x轴的夹角在一定的范围内，一般为0°～45°。

2）一般情况下，边坡的滑动面应该是一段光滑连续的曲线呈现向下凸形，因此要求：

$$0\leqslant\alpha_{i+1}-\alpha_i\leqslant\Delta\alpha \tag{3-72}$$

式中，$\Delta\alpha$可以根据具体情况取值，一般控制在1°～10°，且α_n不得大于90°。

引入MATLAB中求解单目标多变量非线性规划函数Fmincon函数，将求F_s极小值问题转化为约束非线性最优化问题：

$$\begin{cases}\min F_s=F_s\ (\alpha_i,\ c',\ \varphi') \\ \text{s. t.}\quad \begin{array}{l}0\leqslant\alpha_{i+1}-\alpha_i\leqslant\Delta\alpha\ \ (1°\leqslant\Delta\alpha\leqslant10°)\\ 0°<|a_1|\leqslant30°\\ a_n\leqslant90°\end{array}\end{cases} \tag{3-73}$$

采用非线性序列二次规划法（SQP）对式（3-73）进行求解，进而得到F_s的一个上限解答。

3.6　倾斜条分破坏机构

3.6.1　破坏机构

建立如图3-11所示的典型边坡及其滑裂面模型，假设边坡的高度为H，边坡坡趾角为β，边坡坡顶角为α，边坡的岩土体容重为γ。采用任意斜条分法将此边坡滑体划分为n个带有倾斜界面的块体，其中到坡顶O条块的数目为n_k。视每一条块为刚体，条底滑面和倾斜分界面为塑性区。对于第i个条块，条底长度为l_i，条块顶部长度为l_{A_i}，条底与水平线的夹角为α_i，其内摩擦角φ_i和黏聚力c_i满足非线性莫尔-库仑强度准则。第i个和第i+1个条块倾斜交界面的长度为$l_{i,i+1}$，交界面的等效内摩擦角和黏聚力分别为$\varphi_{i,i+1}$和$c_{i,i+1}$。

构建以点O为坐标原点的坐标系，如图3-11所示，用n+1个坐标点A_1，$O'(A_2)$，A_3-A_{n+1}之间的连线来构建边坡的坡面线；用n+1个坐标点B_1-B_{n+1}来模拟任意滑裂面的剖面线。滑裂面的滑入、滑出点的x坐标值（x_{n+1}，x_1）作为未知量，可由相应的边界取值

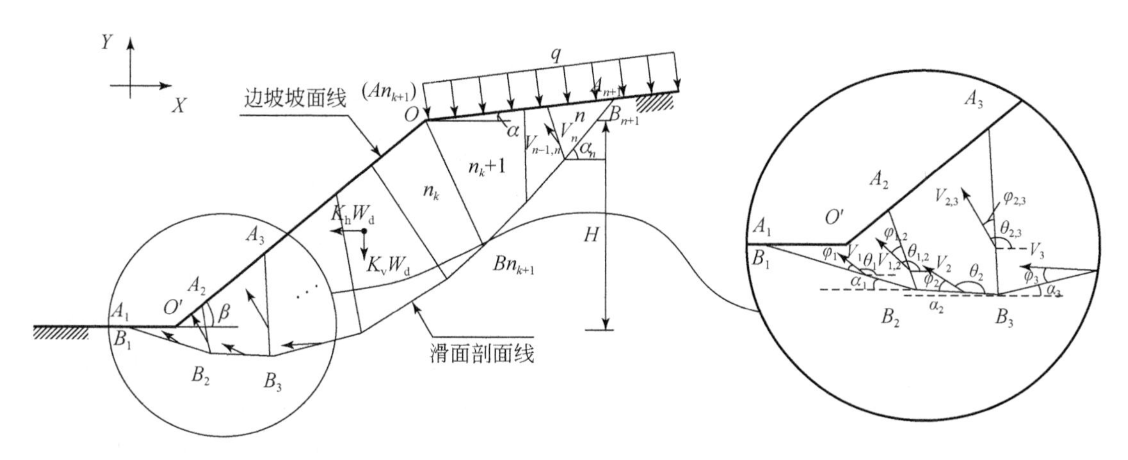

图3-11　斜条分破坏模式示意图

范围 $[x_{L_{n+1}}, x_{U_{n+1}}]$，$[x_{L_1}, x_{U_1}]$ 随机给出，其对应的 y 坐标也可以根据几何关系得出。其中，滑入、滑出点边界取值的上下限分别视边坡的情况而调整。

根据几何关系可获得边坡坡面线上的坐标点 $A_i(x_{A_i}, y_{A_i})$ 的坐标值：

$$\begin{cases} x_{A_i} = -H/\tan\beta + \sum_{1}^{i-1} l_{A_{i-1}} \cos\beta (i=2, \cdots, n_k+1) \\ y_{A_i} = x_{A_i}\tan\beta (i=2, \cdots, n_k+1) \end{cases} \tag{3-74}$$

$$\begin{cases} x_{A_i} = x_{A_{i-1}} + l_{i-1}\cos\alpha \ (i=n_k+2, \cdots, n+1) \\ y_{A_i} = y_{A_{i-1}} + l_{i-1}\sin\alpha \ (i=n_k+2, \cdots, n+1) \end{cases} \tag{3-75}$$

滑动面剖面线上 B_i（x_{B_i}，y_{B_i}）的坐标值为

$$\begin{cases} x_{B_i} = x_{B_1} + \sum_{2}^{i} l_{i-1}\cos(\alpha_{i-1}) (i=2, \cdots, n) \\ y_{B_i} = y_{B_1} + \sum_{2}^{n} l_{i-1}\sin(\alpha_{i-1}) (i=2, \cdots, n) \end{cases} \tag{3-76}$$

块体的面积 S_i 可以表示为

$$S_i = \frac{1}{2}(\overrightarrow{A_iA_{i+1}} \times \overrightarrow{A_iB_i} + \overrightarrow{B_{i+1}B_i} \times \overrightarrow{B_{i+1}A_i}) (i=1, \cdots, n) \tag{3-77}$$

如果滑出段 A_1-$A_2(O')$ 长度比较短，为计算方便，可以将块体 A_1-B_2-A_2（O'）-A_1 当作一个条块，则面积 S_i 可以表示为

$$\begin{cases} S_i = \frac{1}{2}(\overrightarrow{A_iA_{i+1}} \times \overrightarrow{A_iB_{i+1}} - \overrightarrow{OA_i} \times \overrightarrow{OA_{i+1}}) \ (i=1) \\ S_i = \frac{1}{2}(\overrightarrow{A_iA_{i+1}} \times \overrightarrow{A_iB_i} + \overrightarrow{B_{i+1}B_i} \times \overrightarrow{B_{i+1}A_i}) \ (i=2, \cdots, n) \end{cases} \tag{3-78}$$

相邻块体倾斜界面的长度 $l_{i,i+1}$ 可表示为

$$l_{i,i+1} = \sqrt{(x_{A_i} - x_{B_i})^2 + (y_{A_i} - y_{B_i})^2} \ (i=1, \cdots, n-1) \tag{3-79}$$

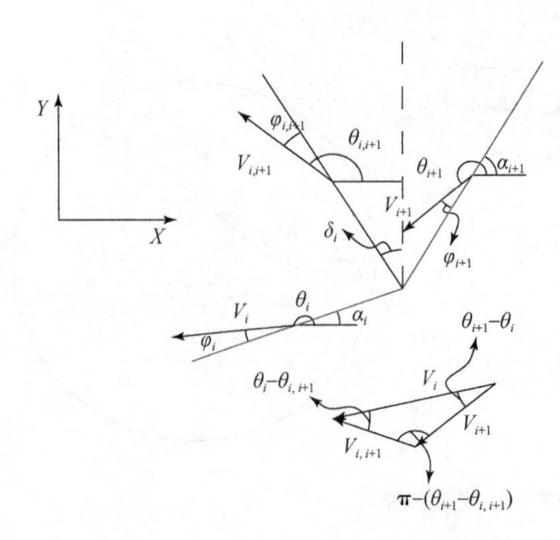

图 3-12　多块体边坡速度相容场示意图

由上限定理可知，在外力作用下，相邻破坏块体将分别产生一个塑性速度 V_i 和 V_{i+1}，其相邻块体的相对速度为 $V_{i,i+1}$。相关联流动法要求每个条块底部速度 V_i 与滑动面夹角为 φ_i，相邻块体倾斜界面的相对速度 $V_{i,i+1}$ 与倾斜面的夹角为 $\varphi_{i,i+1}$。相邻块体的移动不能重叠或分离，因此，有必要构建一个满足此位移协调条件的速度场 V_i、V_{i+1}、$V_{i,i+1}$。即 $V_{i,i+1}=V_{i+1}-V_i$，以如图 3-12 所示的相邻块体为例对此进行分析。

根据速度矢量闭合几何关系，推导得到各块体的速度表达式：

$$V_{i+1}=V_i\frac{\sin(\theta_i-\theta_{i,i+1})}{\sin(\theta_{i+1}-\theta_{i,i+1})} \tag{3-80}$$

各块体间倾斜界面相对速度为

$$V_{i,i+1}=V_i\frac{\sin(\theta_{i+1}-\theta_i)}{\sin(\theta_{i+1}-\theta_{i,i+1})} \tag{3-81}$$

式中，θ_i 和 $\theta_{i,i+1}$ 为速度 V_i 和 $V_{i,i+1}$ 与 X 轴的夹角，其定义为从 X 正方向开始，以反时针旋转为正，其中，

$$\theta_i=\pi+\alpha_i-\varphi_i \tag{3-82}$$

$$\theta_{i+1}=\pi+\alpha_{i+1}-\varphi_{i+1} \tag{3-83}$$

当 $\theta_i<\theta_{i+1}$ 时，下侧条块对上侧条块起阻碍作用，这种情况占滑坡分析中的多数：

$$\theta_{i,i+1}=\frac{\pi}{2}-\delta_{i,i+1}+\varphi_{i,i+1} \tag{3-84}$$

当 $\theta_i>\theta_{i+1}$ 时，下侧条块对上侧条块起促进作用，这种情况占滑坡分析中的少数：

$$\theta_{i,i+1}=\frac{3\pi}{2}-\delta_{i,i+1}-\varphi_{i,i+1} \tag{3-85}$$

式中，$\delta_{i,i+1}$ 为第 i 个块体和第 $i+1$ 个块体间倾斜界面与 Y 轴的夹角，定义为从正 X 轴顺时针向正 Y 轴转为正。

3.6.2　能耗分析

根据极限上限法建立能耗平衡方程，能耗计算包括两个方面：滑动土体机构外功率和滑动土体机构内部能耗。

（1）滑动土体机构内部能耗计算

内能耗散由各块体速度间断面提供，包括两个方面：底部滑裂面上和相邻条块之间的倾斜界面上的能量耗散。

第 i 个条块底部滑动面上的能耗所做功率为

$$W_{hi}=l_i c_i V_i \cos\varphi_i \tag{3-86}$$

条块底部滑动面能耗总和为

$$W_{hz}=\sum_{i=1}^{n} W_{hi}=\sum_{i=1}^{n} l_i c_i V_i \cos\varphi_i \tag{3-87}$$

第 i 个与第 $i+1$ 个块体之间倾斜界面上的能耗：

$$W_{ji}=l_{i,i+1} c_{i,i+1} V_{i,i+1} \cos\varphi_{i,i+1} \tag{3-88}$$

条块间的倾斜界面上能耗总和为

$$W_{jz}=\sum_{i=1}^{n-1} W_{ji}=\sum_{i=1}^{n-1} l_{i,\ i+1} c_{i,\ i+1} V_{i,\ i+1} \cos\varphi_{i,\ i+1} \tag{3-89}$$

因此，最终得到内部能耗为

$$W_n=W_{hz}+W_{jz} \tag{3-90}$$

(2) 滑动土体机构外功率计算

土体重力能耗所做功率总和为

$$W_{zz}=\sum_{i=1}^{n} S_i \gamma V_i \sin(\alpha_i-\varphi_i) \tag{3-91}$$

3.6.3 稳定性分析

引入强度折减技术，对岩土材料参数按照同一比例进行折减，使边坡达到极限状态。根据虚功率原理，使外功率等于内能耗散，有 $W_{zz}=W_n$ 成立：

$$\sum_{i=1}^{n} l_i c_{f_i} V_i \cos\varphi_{f_i}+\sum_{i=1}^{n-1} l_{i,\ i+1} c_{f_{i,\ i+1}} V_{i,\ i+1} \cos\varphi_{f_{i,\ i+1}}=\sum_{i=1}^{n} S_i \gamma V_i \sin(\alpha_i-\varphi_{f_i}) \tag{3-92}$$

式中，$c_{f_i}=c_i/F_s$；$c_{f_{i,i+1}}=c_{i,i+1}/F_s$；$\varphi_{f_i}=\arctan(\tan\varphi_i/F_s)$；$\varphi_{f_{i,i+1}}=\arctan(\tan\varphi_{i,i+1}/F_s)$；$V_i$ 和 $V_{i,i+1}$ 表达式中的 φ_i 和 $\varphi_{i,i+1}$ 均由 φ_{f_i} 和 $\varphi_{f_{i,i+1}}$ 代替。将隐含在参数 c_{f_i}、$c_{f_{i,i+1}}$、φ_{f_i} 和 $\varphi_{f_{i,i+1}}$ 中的 F_s 作为未知量，式（3-92）可表达为 F_s 的函数 $F_s(\alpha_i,\ c_{f_i},\ c_{f_{i,i+1}},\ \varphi_{f_i},\ \varphi_{f_{i,i+1}},\ l_i)$，当 α_i、c_i、$c_{i,i+1}$、φ_{f_i}、$\varphi_{f_{i,i+1}}$、l_i、l_{A_i} 满足条件

$$\left.\begin{aligned}\partial F_s/\partial\alpha_i=0\\ \partial F_s/\partial l_i=0\\ \partial F_s/\partial l_{A_i}=0\\ \partial F_s/\partial c_i=0\\ \partial F_s/\partial c_{i,i+1}=0\\ \partial F_s/\partial\varphi_i=0\\ \partial F_s/\partial\varphi_{i,i+1}=0\end{aligned}\right\} \tag{3-93}$$

时，函数 $F_s(\alpha_i,\ c_{f_i},\ c_{f_{i,i+1}},\ \varphi_{f_i},\ \varphi_{f_{i,i+1}},\ l_i,\ l_{A_i})$ 有极小值，进而得到 F_s 的一个上限解答。

实际在用斜条分法生成滑裂面时，应该注意滑裂面符合的一些基本规律。这些规律有

助于对模型程序化及提高程序的运行效率：

1）根据经验，滑裂面的滑出段块体与 x 轴的夹角在一定的范围内，一般为0°～45°。

2）一般情况下，边坡的滑裂面应该是一段光滑连续的曲线，且呈现向下凸形，因此要求：

$$0\leqslant\alpha_{i+1}-\alpha_i\leqslant\Delta\alpha \tag{3-94}$$

式中，$\Delta\alpha$ 可以根据具体情况取值，一般控制在1°～10°，且 α_n不得大于90°。

3）根据不同的破坏准则分析边坡稳定性时，条块的内摩擦角及相邻条块间倾斜界面的等效摩擦角都应该满足如下关系：

$$0\leqslant\varphi_i,\ \varphi_{i,i+1}\leqslant\varphi_k \tag{3-95}$$

式中，φ_k的值为 arctan（$c_0/m\sigma_0$）。

为方便编程求解，引入 MATLAB 中求解单目标多变量非线性规划函数 Fmincon 函数，将求 F_s极小值问题转化为约束非线性最优化问题：

$$\begin{cases}\min F_s=F_s\ (\alpha_i,\ c_{f_i},\ c_{f_{i,i+1}},\ \varphi_{f_i},\ \varphi_{f_{i,i+1}},\ l_i,\ l_{A_i})\\ \text{s. t.}\quad 0\leqslant\alpha_{i+1}-\alpha_i\leqslant\Delta\alpha\ (1^\circ\leqslant\Delta\alpha\leqslant10^\circ)\\ \qquad 0^\circ<|\alpha_1|\leqslant30^\circ\\ \qquad \alpha_n\leqslant90^\circ\\ \qquad 0\leqslant\varphi_i,\ \varphi_{i,i+1}\leqslant\varphi_k\end{cases} \tag{3-96}$$

采用非线性序列二次规划法（SQP）对上式进行求解，进而得到 F_s的一个上限解答。

特别地，当增加对块体竖直方向的约束使得 $\delta_{i,i+1}$等于零时，则多块体破坏机构则可以退化为3.5节的竖直条分破坏机构。

3.7 含软弱夹层边坡组合破坏机构

软弱夹层是岩土体中的不连续面，由于其物理力学性质差，不论厚薄都会给工程建设带来一系列问题，常成为地下洞室、边坡稳定、坝基、坝肩抗滑稳定等的控制性弱面。对于含软弱夹层的边坡，费先科在20世纪50年代考虑岩体中软弱夹层对滑动面的控制作用，提出了一套岩质边坡稳定性的计算分析方法，在研究和解决矿山边坡稳定性问题中得到了一定的应用。将极限分析法应用于含软弱夹层边坡稳定性分析评价中是一种新途径，它与传统的刚体极限平衡法有较大区别（刘小丽和周德培，2002；黄茂松等，2012；Huang et al.，2013）。

本节在采用极限分析上限理论对含软弱夹层边坡进行稳定性分析时，应用了如下假设：①边坡足够长，可将该问题当作平面应变问题进行分析；②边坡土体假定为理想刚塑性体，破坏时服从线性莫尔-库仑或非线性莫尔-库仑破坏准则，并遵循相关联流动法则；③假定软弱夹层较薄，不考虑夹层厚度对边坡稳定的影响。

3.7.1 转动-平动破坏机构

3.7.1.1 破坏机构

结合已有研究破坏机构，本节：①选择间断面 NF 上的中点速度（v_b）来建立滑动刚体 a 和 b 之间的速度联系；②假定 NF 与软弱夹层面的夹角为任意值 $\theta_h+\delta$，并把 θ_h 作为优化参数；③对于坡趾部位，采用简单的直线滑裂面代替难以确定旋转中心的对数螺旋线滑裂面，破坏机构如图 3-13 所示。

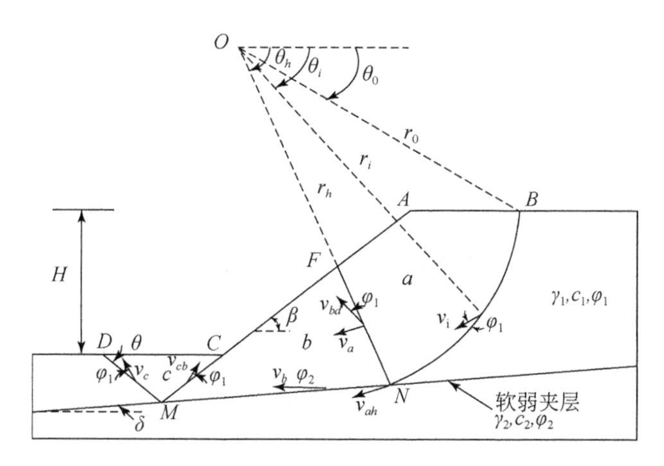

图 3-13　转动-平动组合破坏机构

3.7.1.2 几何关系

以 C 点为原点，假设软弱夹层直线 MN 为 $y=k_1x-b$，坡面直线 CA：$y=kx$，边坡的其他几何参数如图 3-13 所示，M 和 N 位于软弱夹层直线上，且坐标为（x_M，y_M）、（x_N，y_N），由几何关系可求得坐标点（x_M，y_M）、（x_F，y_F）。进一步，由各点的几何坐标求得各线段的长度（L_{MN}，L_{NF}，L_{CM}，L_{DM}，L_{AF}）和三角形的面积（A_b，A_c）。

3.7.1.3 速度关系

按照关联流动法则，滑动面相对速度方向与速度间断面夹角应为土体内的摩擦角，如图 3-13 所示，在间断面 BN、NF、MC、MD 上，滑动面相对速度方向与速度间断面夹角为 φ_1，而在间断面 MN 上夹角为 φ_2。假设块体 b 的速度为 v_b，其速度方向与水平线夹角为 $\delta-\varphi_2$，并以 v_b 为基础，根据速度相容关系推导其他块体及间断面的速度，速度矢量图如图 3-14 所示。

由图 3-14（a）及三角形的正弦定理可知：

$$\begin{cases} \dfrac{v_b}{\sin(\pi/2+\varphi_1)}=\dfrac{v_a}{\sin(\theta_h-\varphi_1+\varphi_2-\delta)} \\ \dfrac{v_b}{\sin(\pi/2+\varphi_1)}=\dfrac{v_{ba}}{\sin(\pi/2-\theta_h-\varphi_2+\delta)} \end{cases} \tag{3-97}$$

式中，θ_h和δ为几何角度参数，如图3-13所示；φ_1和φ_2分别为土体和软弱夹层的强度参数；v_a为NF的中点的速度，即$v_a=(r_h-L_{NF}/2)\ \Omega$（$\Omega$为块体$a$的旋转角速度）；$v_b$为滑动体$b$的速度。

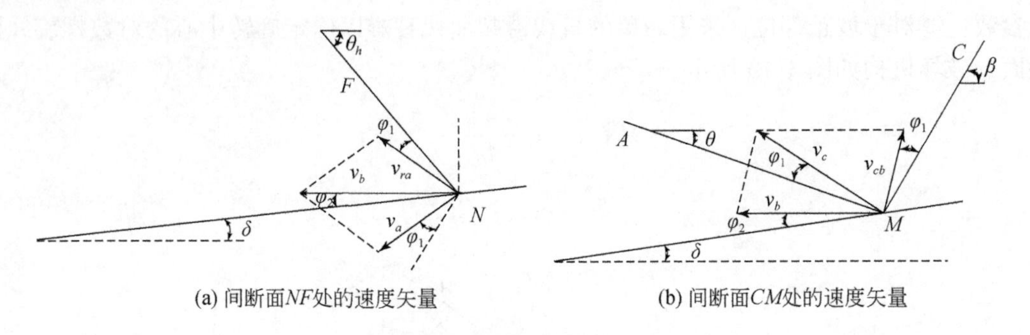

(a) 间断面NF处的速度矢量　　(b) 间断面CM处的速度矢量

图3-14　速度相容矢量关系

由图3-14（b）及三角形的正弦定理可知：

$$\begin{cases} \dfrac{v_b}{\sin(\pi-\theta-\beta-2\times\varphi_1)}=\dfrac{v_c}{\sin(\beta+\varphi_1+\varphi_2-\delta)} \\ \dfrac{v_b}{\sin(\pi-\theta-\beta-2\times\varphi_1)}=\dfrac{v_{cb}}{\sin(\theta+\varphi_1-\varphi_2+\delta)} \end{cases} \tag{3-98}$$

式中，θ和β为几何角度参数，如图3-13所示；φ_1和φ_2分别为土体和软弱夹层的强度参数；v_b为滑动体b的速度；v_c为滑动体c的速度。

3.7.1.4　能耗计算

（1）外功率

由于未考虑其他外力的影响，外功率只是由重力引起的，包括滑动体a，b，c的重力功率。如图3-13所示，重力功率为

$$W=W_a+W_b+W_c \tag{3-99}$$

其中，对于滑动体$ABNF$区直接求解外功率是非常困难的，可采用叠加法求解。

（2）内能耗散率

根据假设，内能耗散率包括土体间断面BN、MN、NF、CM、DM上的能量耗散率。总内能耗散率为

$$D=D_{BN}+D_{MN}+D_{NF}+D_{CM}+D_{DM} \tag{3-100}$$

3.7.1.5　稳定性分析

将土体强度参数（c_1，φ_1）和软弱层的强度参数（c_2，φ_2）折减F_s后代入以上各式，

然后将以上功率各式代入虚功原理表达式中，可以得到 F_s。F_s是 x_N、θ_0、θ_h、θ 4 个未知参数的函数f（x_N，θ_0、θ_h、θ），且隐含了 F_s。

3.7.2　直线滑动破坏机构

3.7.2.1　破坏机构

作为对比参考，本节同时提出一种简单的含软弱加层边坡破坏机构——直线滑动破坏机构（图3-15），该机构由三个平动刚性块体 a、b、c 构成。如图3-15所示，块体 a 为 $CBNF$，N 点位于软弱夹层面上。块体 b 为 MNF，MN 在软弱夹层面上。块体 c 为 AMO，M 为 CO 的延长线与软弱夹层的交点。

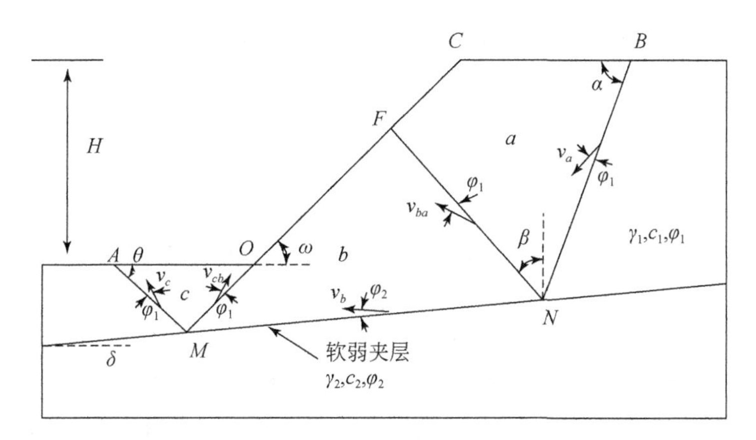

图3-15　直线滑动破坏机构

3.7.2.2　几何关系

以 O 为原点，假设软弱夹层直线为 $y=k_1x-b$，坡面直线 CO：$y=kx$；边坡的其他几何参数如图3-15所示，M 和 N 位于软弱夹层直线上，且坐标为（x_M，y_M）、（x_N，y_N），由几何关系可求得坐标点（x_M，y_M）、（x_F，y_F）。进一步，由各点的几何坐标求得各线段的长度（L_{MN}，L_{NF}，L_{MA}，L_{MO}，L_{NB}）和三角形的面积（A_a，A_b，A_c）。

3.7.2.3　速度关系

按照相关联流动法则，滑动面相对速度方向与速度间断面夹角应为土体内摩擦角，如图3-15所示，在间断面 BN、NF、MO、MA 上，滑动面相对速度方向与速度间断面夹角为 φ_1，而在间断面 MN 上夹角为 φ_2。假设块体 b 的速度为 v_b，其速度方向与水平线夹角为 $\delta-\varphi_2$，并以 v_b为基础，根据速度相容关系推导其他块体及间断面的速度，且速度矢量图如图3-16所示。

由图3-16（a）及三角形的正弦定理可知：

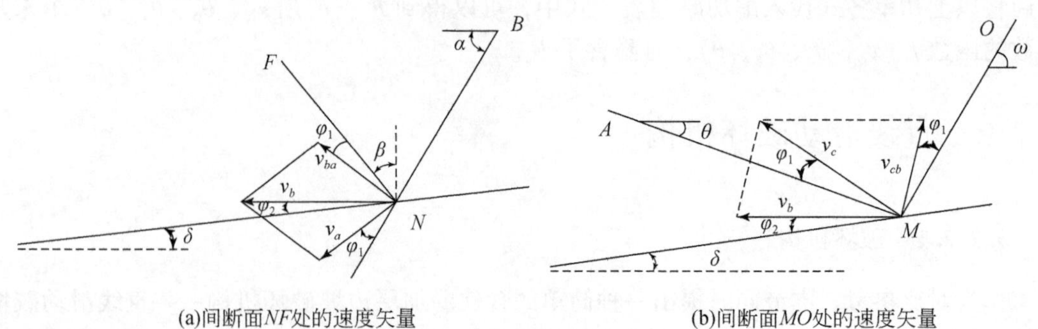

图 3-16　速度矢量相容关系

$$\begin{cases} \dfrac{v_b}{\sin(\pi/2-\alpha+\beta+2\times\varphi_1)}=\dfrac{v_a}{\sin(\pi/2-\beta-\varphi_1-\varphi_2+\delta)} \\ \dfrac{v_b}{\sin(\pi/2-\alpha+\beta+2\times\varphi_1)}=\dfrac{v_{ba}}{\sin(\alpha+\varphi_2-\varphi_1-\delta)} \end{cases} \tag{3-101}$$

由图 3-16（b）及三角形的正弦定理可知：

$$\begin{cases} \dfrac{v_b}{\sin(\pi-\theta-\omega-2\times\varphi_1)}=\dfrac{v_c}{\sin(\omega+\varphi_1+\varphi_2-\delta)} \\ \dfrac{v_b}{\sin(\pi-\theta-\omega-2\times\varphi_1)}=\dfrac{v_{cb}}{\sin(\theta+\varphi_1-\varphi_2+\delta)} \end{cases} \tag{3-102}$$

式中，α、β、δ、ω 和 θ 为几何角度参数，如图 3-15 所示；φ_1 和 φ_2 分别为土体和软弱夹层的强度参数；v_a 为滑动体 a 的速度；v_b 为滑动体 b 的速度；v_c 为滑动体 c 的速度。

3.7.2.4　能耗计算

（1）外功率

由图 3-15 可知，外功率做功主要包括 3 个块体 a、b、c 的重力做功，所以外功率为

$$W=W_a+W_b+W_c \tag{3-103}$$

（2）内能耗散率

内能耗散率包括土体间断面 NB、NF、MN、MA、MO 上的耗散率，所以内能耗散率为

$$N=N_{NB}+N_{NF}+N_{MN}+N_{MA}+N_{MO} \tag{3-104}$$

3.7.2.5　稳定性分析

将土体强度参数（c_1，φ_1）和软弱层的强度参数（c_2，φ_2）折减 F_s 后代入以上内功耗散率各式中，然后将以上功率各式代入虚功原理表达式中，可以得到 F_s，F_s 是 x_N、α、β、θ 4 个未知参数的函数 f（x_N，α，β，θ），且隐含了 F_s。

分析含软弱夹层边坡稳定性时，同时采用转动—平动组合破坏机构和传统转动破坏机构进行分析，取最小的安全系数作为边坡潜在最危险滑裂面对应的安全系数。

3.7.3　倾斜和竖直条分平动组合破坏机构

3.7.3.1　破坏机构

根据 3.7.2 小节中所提及的直线滑动破坏机构，本节采用更能拟合实际边坡破坏模式的斜条分平动破坏机构。对直线滑动破坏机构三个平动刚性块体 a、b、c 进行了进一步的任意斜条块体的划分，建立如图 3-17 所示的典型边坡及其滑裂面模型。假设边坡的高度为 H，边坡坡趾角为 β，边坡坡顶角为 α，边坡的岩土体容重为 γ。采用任意斜条分法将此边坡滑体划分为 n 个带有倾斜界面的块体，分别以滑裂面的两个控制点 R_1 和 R_2 及其对应的边坡剖面线上的点的连线作为 a、b、c 3 个块体集合的边界，a 块体划分为 n_a 条，b 块体划分为 n_b 条，c 块体划分为 n_c 条。视每一条块为刚体，条底滑面和倾斜分界面为塑性区。对于第 i 个条块，条底长度为 l_i，条块顶部长度为 l_{Ai}，条底与水平线的夹角为 α_i，其内摩擦角 φ_i 和黏聚力 c_i 满足非线性莫尔–库仑强度准则。第 i 个和第 $i+1$ 个条块倾斜交界面的长度为 $l_{i,i+1}$，交界面的等效内摩擦角和黏聚力分别为 $\varphi_{i,i+1}$，$c_{i,i+1}$。

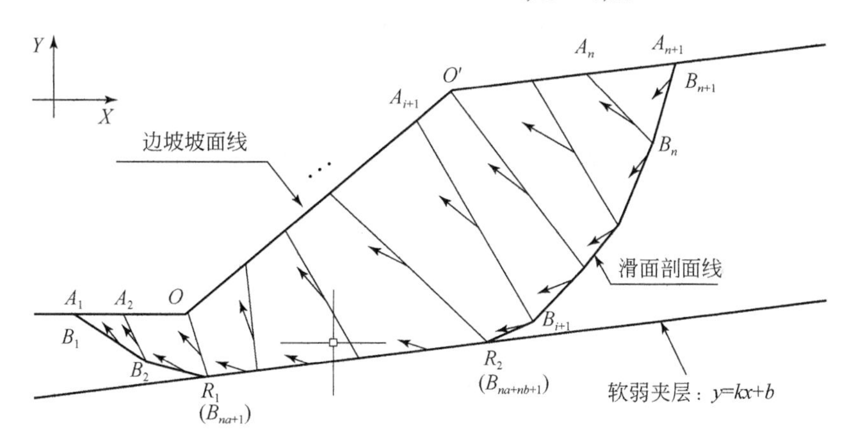

图 3-17　任意斜条块体的滑裂面模型

构建以点 O 为坐标原点的坐标系，如图 3-17 所示，用 $n+1$ 个坐标点 A_1、$O(A_2)$、A_3–A_{n+1} 之间的连线来构建边坡的坡面线；用 $n+1$ 个坐标点 B_1–B_{n+1} 来模拟任意滑裂面的剖面线。以滑裂面的滑入点、滑出点的在 X 坐标轴上的坐标值 x_{n+1}，x_1 作为未知量，可由相应的边界取值范围 $[x_{L_{n+1}}, x_{U_{n+1}}]$，$[x_{L_1}, x_{U_1}]$ 随机给出，其对应的 y 坐标也可以根据几何关系得出。同样，滑裂面与下卧软弱岩层的交点对应的 X 轴上的坐标值 x_{na+1} 和 $x_{na+nb+1}$ 可由相应的边界取值范围 $[x_{L_{na+1}}, x_{U_{na+nb+1}}]$，$[x_{L_{na+nb+1}}, x_{U_{na+nb+1}}]$ 随机给出，以上 4 个点的边界取值的上下限可视边坡的情况而调整。

3.7.3.2　能耗分析

考虑软弱夹层的边坡破坏模式，其几何参数的计算、速度场构建及能耗计算与 3.6 节类似，在此不再赘述。

3.7.3.3　稳定性分析

实际在用斜条分法生成滑裂面时，考虑到软弱夹层，需要对3.6节所提及的约束条件进行如下修改。

1）根据经验，滑裂面的滑出段块体与X轴的夹角在一定的范围内，一般为0°~45°。

2）根据实际破坏模式，a、c两段的滑裂面呈凸型，而b段的滑裂面正好是软弱界面，因此要求：

$$\begin{cases}0<a_{i+1}-a_i<\Delta\alpha(i=1,\cdots,n_a \text{ 或 } i=n_a+n_b,\cdots,n-1)\\ a_{i+1}-a_i=0(i=n_a,\cdots,n_a+n_b-1)\\ a_i=\beta'(i=n_a,\cdots,n_a+n_b)\end{cases} \tag{3-105}$$

式中，$\Delta\alpha$可以根据具体情况取值，一般控制在1°~10°，且α_n不得大于90°。

3）根据不同的破坏准则分析边坡稳定性时，条块的内摩擦角及相邻条块间倾斜界面的等效摩擦角都应该满足如下关系：

$$0\leqslant\varphi_i,\ \varphi_{i,i+1}\leqslant\varphi_k \tag{3-106}$$

式中，φ_k的值为$\arctan(c_0/m\sigma_0)$。

4）由几何关系可知，条块n_a到条块n_a+n_b的下边都落在软弱夹层上，因此，其坐标应该满足如下关系式：

$$y=k_1x-b \tag{3-107}$$

因此，在含软弱夹层的边坡稳定性分析中，将求F_s极小值问题转化为约束非线性最优化问题：

$$\begin{cases}\min F_s=F_s\ (\alpha_i,\ c_{f_i},\ c_{f_{i,i+1}},\ \varphi_{f_i},\ \varphi_{f_{i,i+1}},\ l_i,\ l_{A_i})\\ \text{s. t. } 0<a_{i+1}-a_i<\Delta\alpha(i=1,\ \cdots,\ n_a ori=n_a+n_b,\ \cdots,\ n-1)\\ a_{i+1}-a_i=0(i=n_a,\cdots,n_a+n_b-1)\\ a_i=\beta'(i=n_a,\ \cdots,\ n_a+n_b)\\ 0°<|a_1|\leqslant30°\\ 0\leqslant\varphi_i,\ \varphi_{i,i+1}\leqslant\varphi_k\\ y_{B_i}=k_1x_{B_i}-b\ \ (i=n_a+1,\ \cdots,\ n_a+n_b+1)\end{cases} \tag{3-108}$$

采用非线性序列二次规划法（SQP）对式（3-108）进行求解，进而得到F_s的一个上限解答。

特别地，当增加对块体竖直方向的约束，使得$\delta_{i,i+1}$等于零时，则多块体破坏机构则可退化为含软弱夹层的竖直条分破坏机构。

3.8　简单均质边坡稳定性设计计算图表

Taylor（1937）最早分别针对不排水黏土（黏聚力$c\neq0$，内摩擦角$\varphi=0$）和普通黏性土（黏聚力$c\neq0$，内摩擦角$\varphi\neq0$）给出了均质土坡稳定性设计（$N_s=c/\gamma HF_s$，其中γ为岩土重度，H为边坡高度，F_s为边坡稳定性安全系数）计算图表。在已知某些参数的条件下，方便通过查阅图表评估边坡的稳定状态。

稳定性系数（$N_s=c/\gamma HF_s$）的定义方式在不排水黏土边坡评估时无须迭代计算，但在普通黏性土（$c\neq0$，$\varphi\neq0$）边坡评估时却需要迭代计算。为了避免均质土坡评估采用稳定性系数（$N_s=c/\gamma HF_s$）需要迭代计算的不便，Bishop 和 Morgenstern（1960）、Bell（1966）、Singh（1970）、Chen（1975）、Cousins（1978）、Baker 和 Tanaka（1999）、Baker 等（2006）基于极限平衡或极限分析理论给出了各自的稳定性系数（$N_s=c/\gamma HF_s$）计算方法。Baker（2003a）对 Taylor 的研究成果进行完善，绘制出了可替代泰勒成果的稳定性设计计算图表，其优势在于根据给定的参数不仅可以得到稳定性系数，还可以得到与之对应的边坡临界滑裂破坏模式。Michalowski（2002，2010）、Michalouski 和 Martel（2011）应用 Bell（1966）和 Baker 和 Tanaka（1999）定义土质边坡稳定性设计（$N^*=c/\gamma H\tan\varphi$），采用极限分析理论给出了一系列计算图表，且利用该计算图表无须迭代计算。近期，Steward 等（2011）利用 SLOPE/W 软件，固定破裂面形态为圆弧滑裂面或直线、圆弧组合滑面，参照 Hoek 和 Bray（1981）给出的均质边坡稳定性设计图表，改进了 Taylor（1937）的均质土坡稳定性设计（$N_s=c/\gamma HF_s$）图表。该均质土坡稳定性设计图表最大的优点在于对于某一特定边坡无须迭代计算即可迅速获得其安全系数。

基于已有成果，结合本章相应章节稳定性分析，本节开展如下工作。

1）基于能耗分析理论，结合无限边坡稳定性分析算式，给出了水力影响效应下无限边坡稳定性设计图表；

2）基于能耗分析理论，对于均质不排水黏土简单边坡，假定边坡滑裂面为圆弧形态，参照 Taylor（1937）和 Steward 等（2011）给出的均质不排水黏土边坡稳定性设计图表，考虑下卧坚硬层对破坏模式的影响，给出了均质不排水黏土边坡的稳定性设计图表。

3）基于能耗分析理论，对于均质简单边坡，假定边坡滑裂面为更符合实际的对数螺旋线形态，参照 Hoek 和 Bray（1981）、Steward 等（2011）的成果，给出均质边坡稳定性设计计算图表。

3.8.1　无限边坡（c-φ）设计计算图表

岩土材料服从线性莫尔–库仑破坏准则时，根据 3.4.4 节静力稳态水文模型条件下无限边坡稳定性分析的通式解答式式（3-46）～式（3-49），分别绘制出参数 A、B 的设计计算图表，如图 3-18 所示。

（1）算例 1

假定无限边坡坡角 $\beta=25°$，无限边坡滑裂面位于坡面以下深度（z）2.5m，地下水位深度 $z_w=1.5$m，地下水渗流方向与坡面平行，即 $\theta=0°$，地下水位以下土体饱和重度 $\gamma_u=22\text{kN/m}^3$，地下水位以上土体非饱和重度 $\gamma_s=17\text{kN/m}^3$，无限边坡原始岩土抗剪强度参数 $c=15$kPa，$\varphi=20°$。

直接计算法：代入以上参数计算有 $r'_u=0.3$，$A=0.6348$，$B=2.6108$，则 $F_s=1.2787$。

查表法：计算知 $r'_u=0.3$，通过查阅设计计算图表，可知 $A=0.634$，$B=2.610$，则 $F_s=1.2779$。

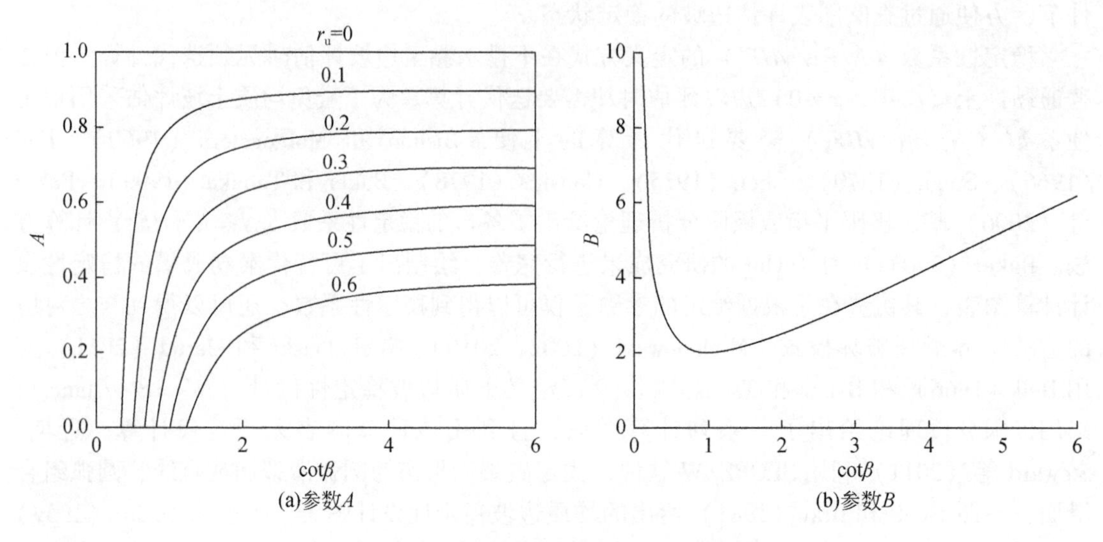

(a)参数A　(b)参数B

图 3-18　无限边坡稳定性设计计算图表

（2）算例 2

假定无限边坡坡角 $\beta=25°$，无限边坡滑裂面位于坡面以下深度（z）2.5m，地下水位深度 $z_w=1.5$m，地下水渗流方向与坡面存在夹角，即 $\theta=47°$，地下水位以下土体饱和重度 $\gamma_u=22\text{kN/m}^3$，地下水位以上土体非饱和重度 $\gamma_s=17\text{kN/m}^3$，无限边坡在原始岩土抗剪强度参数 $c=15$kPa，$\varphi=20°$。

直接计算法：代入以上参数计算有 $r'_u=0.2$，$A=0.7565$，$B=2.6108$，则 $F_s=1.3737$。

查表法：计算知 $r'_u=0.2$，通过查阅设计计算图表，可知 $A=0.756$，$B=2.610$，则$F_s=1.3731$。

3.8.2　纯黏性土边坡（c）设计计算图表

参见 3.3.3 节（坚硬界面效应下边坡稳定性分析）和 3.4.1 节（纯黏性土边坡）中对下卧坚硬岩土层对边坡滑裂面形态的影响分析，依据水平坚硬界面到坡顶之间的距离大小和岩土边坡的几何、物理力学参数之间的关系，引入比例参数 n_d（n_d=水平坚硬界面至坡顶的高度/边坡高度）。

为了评价纯黏土边坡稳定性，获得评价边坡安全储备的指标，得到纯黏土边坡稳定性设计计算图表，通常引入一个非量纲常数，边坡稳定系数 N_{ud}：

$$N_{ud}=\frac{\gamma H}{c_d}=\frac{\gamma H F_s}{c} \tag{3-109}$$

式中，γ 为岩土的重度；H 为边坡高度；c 为纯黏土的黏聚力；c_d为边坡处于临界破坏时纯黏土的黏聚力；F_s 为边坡稳定性安全系数，即把潜在纯黏性滑动土体的抗剪强度参数折减 F_s 倍，边坡恰好过渡到临界极限平衡状态。

不考虑外界条件影响效应，基于极限分析上限理论，编制非线性规划程序，绘制出常规条件下的均质黏土边坡设计计算图表，如图3-19所示。

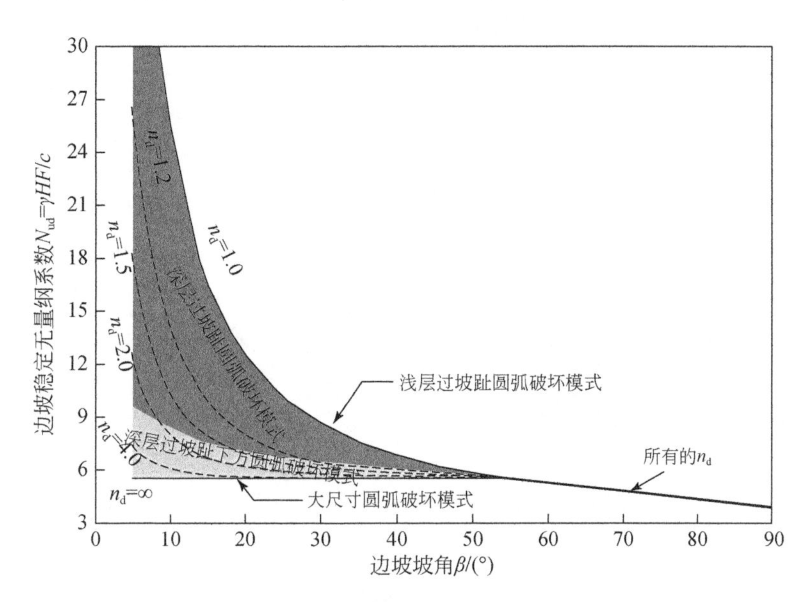

图3-19　常规条件下纯黏土边坡设计计算图表

图中浅色区域代表过坡趾下方的圆弧旋转破坏模式［图3-5(a)］，深色区域代表深层过坡趾的圆弧旋转破坏模式［图3-5(b)］；当β大于54°时（为方便起见定义这个角度为临界角），N仅与β有关，边坡破坏时均为通过坡趾的浅层圆弧旋转破坏模式［图3-5(c)］。当β小于54°时，只有当比例参数$n_d=1$时，边坡破坏模式才是如图3-5(c)所示的浅层过坡趾圆弧旋转破坏模式，且不考虑下卧岩层时，即比例参数$n_d=\infty$时，稳定系数N_{ud}为一定值5.52，不受β变化的影响；当β小于54°时，边坡破坏模式由n_d和β共同决定。

算例分析：存在如下边坡，$\beta=25°$，$H=6m$，在距坡顶9m处存在坚硬岩层，边坡的其他参数为，$\gamma=19kN/m^3$，$c=30kPa$。当$\beta=25°$和$n_d=1.5$时，由图3-19可得出$N_{ud}=6.32$，边坡的破坏面过坡趾下方，基于稳定性系数定义公式（$N=c/\gamma HF$）可知：

$$N_{ud}=\frac{\gamma HF_s}{c}=\frac{19\times6\times F_s}{30}=6.32$$

可得$F_s=1.663$。

3.8.3　均质边坡（c-φ）设计计算图表

Taylor（1937）最早给出了均质土坡稳定性设计计算图表，但其稳定性系数（$N=c/\gamma HF$）定义进行不排水黏土边坡评估时无须迭代计算，但在普通黏性土（$c\neq0$，$\varphi\neq0$）边坡评估时却需要迭代计算。

后来，为了避免均质土坡评估采用稳定性系数需要迭代计算的不便，众多学者和工程技术人员对该设计计算图表进行了修正和完善。本节设计计算图表同样参照Hoek和Bray

(1981)、Steward 等（2011）的边坡稳定性设计计算图表，基于强度折减技术，仅考虑重力做功效应，均质边坡（c-φ）设计计算图表如图 3-20 所示。

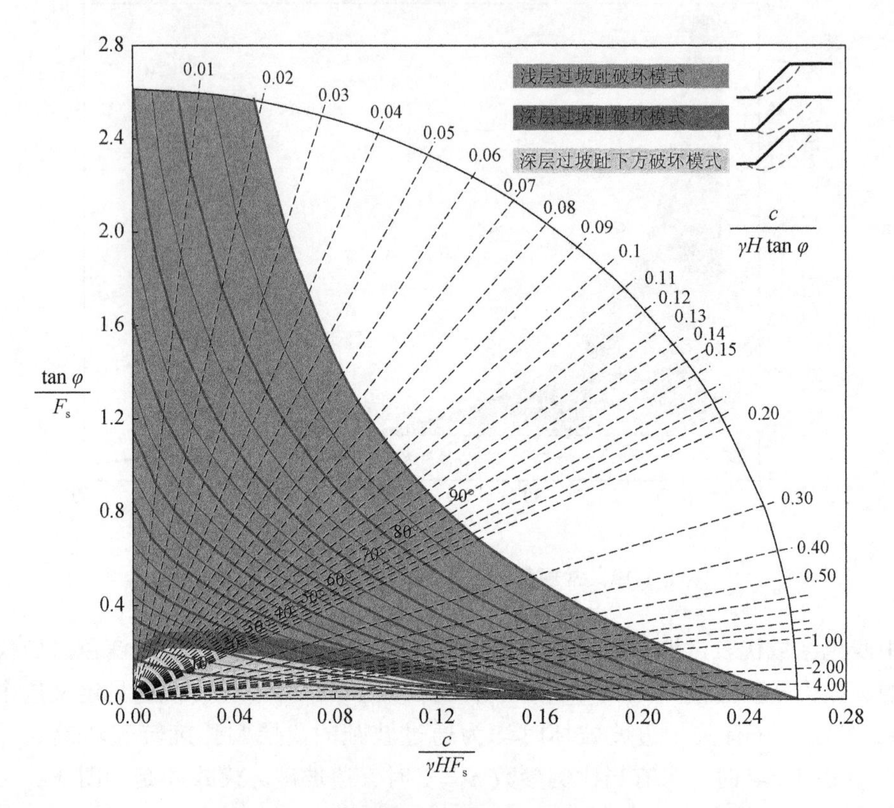

图 3-20　常规条件下均质边坡设计计算图表

该图表利用序列二次规划法编制规划程序，对均质边坡安全系数的目标函数进行优化计算；大约 4000 组 $c/\gamma HF_s$、$\tan\varphi/F_s$、$c/\gamma H\tan\varphi$ 数据被优化计算出来，并绘制了该设计计算图表。

图 3-20 表明，边坡破坏模式绝大部分是浅层过坡趾对数螺旋线破坏模式；随着 β 的增大，绝大部分出现浅层过坡趾对数螺旋线破坏模式；随着 β 和强度参数的减小，才会出现深层过坡趾对数螺旋线破坏模式及过坡趾下方对数螺旋线破坏模式。

算例分析：在仅考虑自重条件下，$\beta=45°$，$H=8\text{m}$，边坡的其他参数为，$\gamma=18.5\text{kN/m}^3$，$c=20\text{kPa}$，$\varphi=15°$，根据计算公式有

$$\frac{c}{\gamma H\tan\varphi}=\frac{20}{18.5\times8\times\tan 15°}=0.5043$$

联合 $\beta=45°$，从图 3-20 中可查得

$$\frac{\tan\varphi}{F_s}=0.1998,\quad \frac{c}{\gamma HF_s}=0.1008$$

由以上两式可分别得到：$F_s=1.3406$，$F_s=1.3410$。

这两个安全系数差别很小，可以相互验证其正确性，在工程上我们可以认为两者是一致的。

3.9　本章小结

本章首先介绍了能耗分析法中强度折减技术的引入方法。推导了简单外形边坡采用不同破坏机构，包括对数螺旋线破坏机构、对数螺旋线破坏机构的特例（纯黏土边坡圆弧破坏机构、纯砂土边坡直线破坏机构、长大边坡局部失稳对数螺旋线破坏机构、无限边坡表层破坏单位宽度条块破坏机构）、竖直条分破坏机构、倾斜条分破坏机构、含软弱夹层边坡组合破坏机构等，推导了边坡稳定性能耗分析的计算表达式。给出了方便工程应用的无限边坡、纯黏土边坡和黏性土边坡稳定性设计计算图表，并通过算例展现了稳定性设计计算图表的应用示例。

第4章　非规则坡面形态边坡稳定性分析

4.1　本章概述

在工程实际中，岩土边坡坡面并非规则形态。针对这一类型边坡，本章基于能耗分析法，回顾了竖直条分和倾斜条分两种条分破坏机构的构建方式，给出了相应安全系数的求解公式。同时，通过假定对数螺旋线滑裂面形态，给出了非规则几何坡面均质边坡安全系数计算的一般表达式，并以工程中常见台阶边坡为例，进行了边坡整体稳定性与局部稳定性分析，进一步给出了基于强度折减技术的台阶边坡稳定性设计计算图表。基于该图表可以快速计算均质台阶边坡的安全系数，有利于快速评判台阶边坡的稳定性安全储备状态。

4.2　非规则几何坡面边坡条分破坏机构

4.2.1　竖直条分破坏机构

4.2.1.1　破坏机构

非规则几何坡面边坡的垂直分条折线型滑面边坡破坏机构如图4-1所示。边坡按照折线坡面或滑面的转折点垂直离散为一系列条块，视每一条块为刚体，滑面和条块间错动的部位视为塑性剪切带。

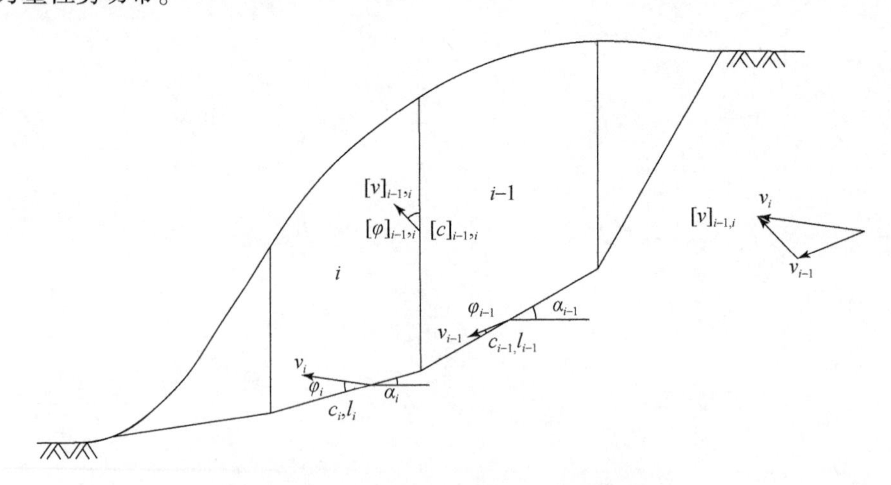

图4-1　垂直分条折线型滑面边坡破坏机构

土坡处于极限破坏状态，合理的运动方向是沿滑面向下，相关联流动法则要求各土条滑面上的速度与滑面成 φ 角。相邻土条滑面上的速度矢量 v_i、v_{i-1} 的矢差引起第 i 个与第 $i-1$ 个相邻土条的相对速度 $[v]_{i-1,i}$，且由 v_i、v_{i-1}、$[v]_{i-1,i}$ 组成的速度矢量形成闭合的速度场，如图 4-2 所示。

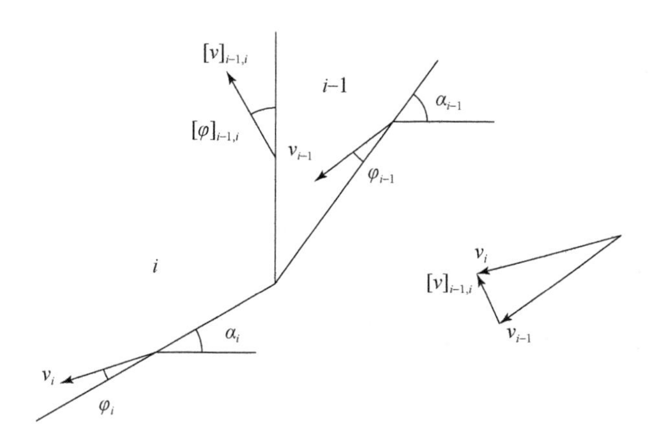

图 4-2　速度矢径及速度矢量图

根据速度矢量闭合几何关系可以推导出相邻垂直条块的速度递推公式，如下：

$$v_i = v_{i-1}\frac{\cos(\alpha_{i-1}-\varphi_{i-1}-[\varphi]_{i-1,i})}{\cos(\varphi_i+[\varphi]_{i-1,i}-\alpha_i)} \tag{4-1}$$

$$[v]_{i-1,i} = v_i\frac{\sin(\varphi_i-\varphi_{i-1}-\alpha_i+\alpha_{i-1})}{\cos(\alpha_{i-1}-\varphi_{i-1}-[\varphi]_{i-1,i})} \tag{4-2}$$

式中，v_i、v_{i-1} 为土条滑面的速度；α_i、α_{i-1} 为土条滑面的倾角；φ_i、φ_{i-1} 为土条滑面的内摩擦角；$[\varphi]_{i-1,i}$、$[v]_{i-1,i}$ 为条间竖向速度间断面的内摩擦角及相对速度。

4.2.1.2　能耗分析

由岩土塑性力学可知，土坡的滑移面是速度间断面，相邻土条的速度差使条间产生竖向速度间断面，沿速度间断面将有内能的耗散，但条块内的内能耗散为零。速度间断面单位面积内能耗散公式为

$$D = cv\cos\varphi \tag{4-3}$$

式中，c、φ 为沿速度间断面土的抗剪强度参数；v 为速度间断面上的速度。

内部能量耗损率为

$$D_{内} = \sum_{i=1}^{n} l_i c_i v_i \cos\varphi_i + \sum_{i=2}^{n} [h]_{i-1,\ i}[v]_{i-1,\ i}\cos[\varphi]_{i-1,\ i} \tag{4-4}$$

式中，l_i、h_i 分别为第 i 个土条滑面长度和土条竖向间断面高度；n 为土条的数目；其他符号意义同前。

在仅考虑自重作用下，作用在边坡计算模型的外力仅为自重，外力功率 $W_{外}$ 为

$$W_{外} = W_{\text{gravity}} \tag{4-5}$$

其中，

$$W_{\text{gravity}} = \sum_{i=1}^{n} W_i v_i \sin(\alpha_i - \varphi_i) \tag{4-6}$$

式中，W_i为第 i 个土条的土体自重。

当土坡处于极限状态时，根据内外功率相等的条件（$D_{内} = W_{外}$），即可建立虚功率方程。

4.2.1.3　稳定性分析

根据 Bishop（1955）提出的边坡稳定安全系数定义，土坡某一滑裂面上的抗剪强度参数按同一比例降低为 c/F_s和 $\tan\varphi/F_s$［见第 3 章式（3-1）］，则土体将沿此滑裂面达到极限平衡状态。式（4-5）中的 c、φ 值在强度折减后取极限状态时的 c_f、φ_f值，将第 3 章式（3-1）代入虚功率方程中整理后可得

$$F_s = \frac{\sum_{i=1}^{n} l_i c_i v_i \cos\varphi_{f_i} + \sum_{i=2}^{n} [h]_{i-1,\,i} [c]_{i-1,\,i} [v]_{i-1,\,i} \cos[\varphi]_{f(i-1,\,i)}}{\sum_{i=1}^{n} v_i W_i \sin(\alpha_i - \varphi_{f_i})} \tag{4-7}$$

式中，$\varphi_{f_i} = \tan^{-1}(\tan\varphi_i/F_s)$；$[\varphi]_{f(i,i-1)} = \tan^{-1}(\tan[\varphi]_{i,i-1}/F_s)$。

式（4-7）中安全系数以隐式出现，在计算时需要迭代公式中 v_i、$[v]_{i-1,i}$，可以根据式（4-1）和式（4-2）进行消除。当仅考虑均质边坡时，式（4-7）可以简化为

$$F_s = \frac{\sum_{i=1}^{n} l_i v_i c\cos\varphi_f + \sum_{i=2}^{n} [h]_{i-1,\,i} [v]_{i-1,\,i} c\cos\varphi_f}{\sum_{i=1}^{n} v_i W_i \sin(\alpha_i - \varphi_f)} \tag{4-8}$$

此时，$\varphi_f = \tan^{-1}(\tan\varphi/F_s)$。

4.2.2　倾斜条分破坏机构

4.2.2.1　破坏机构

Donald 和 Chen（1997）对 Sarma 法从理论背景到解题方法方面做出了一系列改进［详细推导过程见 Donald 和 Chen（1997）、陈祖煜（2003）］。同时将 Sarma 法纳入塑性力学上限定理的理论框架中，多块体破坏模式的 Sarma 法破坏模式如图 4-3 所示。在以下叙述中，凡带下标“e”者，意味该物理量包含的 c 和 $\tan\varphi$ 均已经采用 F_s进行了折减。对图 4-3 中的多块体破坏模式进行改进 Sarma 法计算的步骤如下。

条块速度 v_k 和条块间相对速度 v_k^j 计算：从第一个界面开始，第 k 个界面右边条块的速度都可以表示为第一个条块的速度 v_1 的函数：

$$v_k = \kappa v_1 \tag{4-9}$$

其中，

$$\kappa = \prod_{i=1}^{k} \frac{\sin(\alpha_i^l - \varphi_{ei}^l - \theta_i^l)}{\sin(\alpha_i^r - \varphi_{ei}^r - \theta_i^r)} \tag{4-10}$$

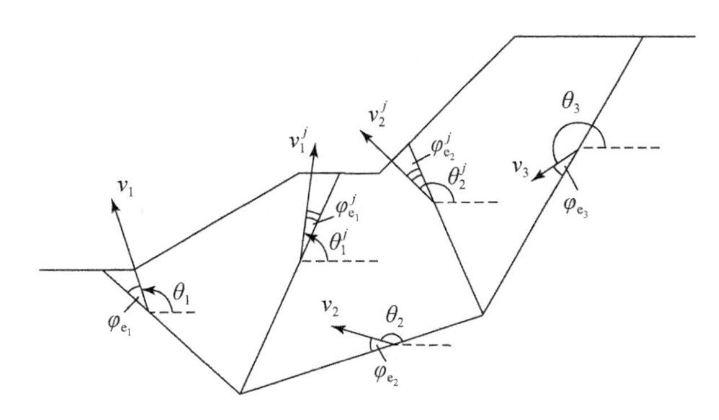

图 4-3　改进 Sarma 法多块体破坏机构（Donald 和 Chen，1997；陈祖煜，2003）

如果将第一个条块的速度 v_1 的值定义为 1，则

$$v_k=\kappa \tag{4-11}$$

定义编号为 k 的条块右侧面的条块间相对速度为 v_k^j：

$$v_k^j=v_k\frac{\sin\ (\theta_{k+1}-\theta_k)}{\sin\ (\theta_{k+1}-\theta_j)}=\kappa\frac{\sin\ (\theta_{k+1}-\theta_k)}{\sin\ (\theta_{k+1}-\theta_j)} \tag{4-12}$$

式中，θ_k，θ_{k+1}和 θ_j 分别为左、右条块和界面的速度与 x 轴的夹角，均定义为从 x 正方向开始，逆时针旋转为正，同时 $0\leqslant\theta\leqslant2\pi$。

4.2.2.2　能耗分析

（1）外力做功

作用在土条上的外力有：①自重 ΔW；②水平地震力 $\eta'\Delta W$；③表面荷载 T_x 和 T_y（其正方向定义为与 x 轴、y 轴相反）。三种体积力做功为

$$\Delta U=[(\Delta W+T_y)\sin(\alpha-\varphi_e')+(\eta'\Delta W+T_x)\cos(\alpha-\varphi_e')]v_k \tag{4-13}$$

（2）内能耗散

内能耗散由两部分组成。

1）沿某一条块的底滑面的内能耗散由下式决定：

$$\Delta D^s=(c_e'\cos\varphi_e'-u\sin\varphi_e')\sec\alpha\Delta x v_k \tag{4-14}$$

2）沿相邻土条块界面的内能耗散

处于第 k 个界面的内能耗散按下式计算：

$$\Delta D_k^j=-(c_e^j\cos\varphi_e^j-u^j\sin\varphi_e^j)_k L_k v_k^j=-(c_e^j\cos\varphi_e^j-u^j\sin\varphi_e^j)_k\csc(\alpha^r-\varphi_e^r-\theta_j)_k\sin(\Delta\alpha-\Delta\varphi_e')_k v_k L_k \tag{4-15}$$

式中，L_k 为第 k 个界面的长度；$\Delta\alpha$ 和 $\Delta\varphi_e'$分别为 α 和 φ_e'从条块左侧过渡到右侧的增量。

4.2.2.3　稳定性分析

根据外力做功和内能耗散相等的原则，建立在上限解基础上的多块体模式 Sarma 法计算公式如下：

$$\sum_{k=1}^{n}\kappa[(c'_e\cos\varphi'_e - u\sin\varphi'_e)\sec\alpha\Delta x - (\Delta W + T_y)\sin(\alpha - \varphi'_e) - (\eta'\Delta W + T_x)\cos(\alpha - \varphi'_e)]_k$$
$$-\sum_{k=1}^{n-1}\kappa(c'^j_e\cos\varphi^j_e - u^j\sin\varphi^j_e)_k\csc(\alpha^r - \varphi^r_e - \theta_j)_k\sin(\Delta\alpha - \Delta\varphi'_e)_k L_k = 0 \tag{4-16}$$

式（4-16）中仅包含一个未知量，即隐含于 c'_e和 $\tan\varphi'_e$中的安全系数 F_s，可通过迭代优化求解。

4.3　非规则几何坡面边坡对数螺旋线破坏机构

对于具有非规则几何坡面的各向同性均质边坡，本节假定其潜在最危险滑裂面为一对数螺旋线形态，依据极限分析上限法基本原理进行边坡稳定性分析。

4.3.1　非规则几何坡面边坡稳定性上限分析

4.3.1.1　破坏模式

如图 4-4 所示，刚体块 $OBA^0A^1A^2A^nC'O$ 绕旋转中心 O 作刚体旋转，以对数螺旋面 BC' 分界，其下的土体保持静止。BC'为一厚度不计的薄层，可理解为速度间断面。因此，假想机构可以由变量 θ_h、θ_0、D/r_0 确定。该边坡为多级边坡，一共有 n+1 级边坡，按从上而下的顺序在图 4-4 中标出，其中从边坡 A^1A^2 到 $A^{n-1}A^n$，中间略去了 n–3 个边坡。由几何关系可知，比值 H/r_0、L/r_0 和 N/r_0 可表成示为

$$\frac{H}{r_0}=\sin\theta_h\exp[(\theta_h-\theta_0)\tan\varphi]-\sin\theta_0 \tag{4-17}$$

$$\frac{L}{r_0}=\cos\theta_0-\cos\theta_h\exp[(\theta_h-\theta_0)\tan\varphi]-\frac{D}{r_0}-\frac{H}{r_0}\Big(\sum_{i=0}^{n-1}(a_i\cot\beta_i)\Big) \tag{4-18}$$

$$\frac{N}{r_0}=\exp\left[\left(\frac{\pi}{2}+\varphi-\theta_0\right)\tan\varphi\right]\cos\varphi-\sin\theta_0-\frac{H}{r_0} \tag{4-19}$$

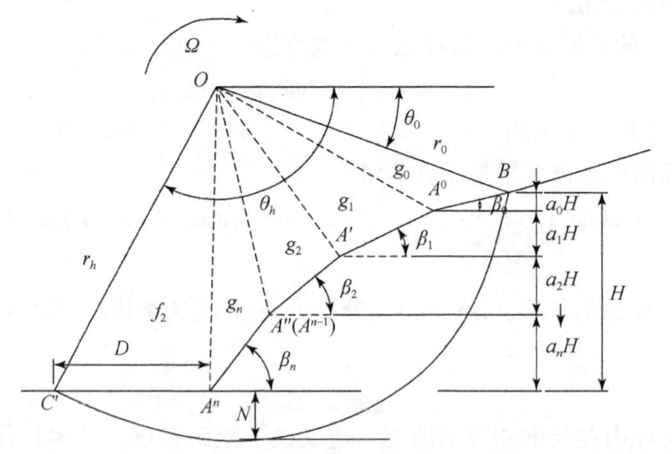

图 4-4　非规则几何坡面边坡破坏机构

式中，α_i、β_i 分别对应的是第 i 个边坡的深度系数和坡角。

4.3.1.2　能耗计算

在仅考虑土体自重的情况下，根据极限上限法建立能耗平衡方程，能耗计算包括两个方面：

重力对刚体做的功和滑动面内部能耗。

（1）重力做功（外功率）

先求出各斜坡与旋转中心区域，OBA^0O，OA^0A^1O，OA^1A^2O，…，$OA^{n-1}A^nO$，$OA^nC'O$ 自重所做的功，W_0，W_1，W_2，…，W_n，W_2'，于是重力对刚体块 A-B-C-C'-A 做的功为

$$W_{\text{out}} = W_z - (W_0 + W_1 + W_2 + \cdots + W_n + W'_2) = \gamma r_0^3 \Omega\{f_1 - [g_0 + \sum_{i=1}^{n} g_i + f_2]\} \tag{4-20}$$

其中，

$$f_1 = \frac{(3\tan\varphi\cos\theta_h + \sin\theta_h)\mathrm{e}^{3(\theta_h-\theta_0)\tan\varphi} - (3\tan\varphi\cos\theta_0 + \sin\theta_0)}{3(1+9\tan^2\varphi)} \tag{4-21}$$

$$g_0 = \frac{1}{6}\frac{L}{r_0}(2\cos\theta_0 - \frac{L}{r_0}\cos\beta_0)\sin(\theta_0+\beta_0) \tag{4-22}$$

$$f_2 = \frac{1}{6}\frac{D}{r_0}\sin\theta_h\{2\cos\theta_h\exp[(\theta_h-\theta_0)\tan\varphi] + \frac{D}{r_0}\}\exp[(\theta_h-\theta_0)\tan\varphi] \tag{4-23}$$

OA^0A^1O，OA^1A^2O，…，$OA^{n-1}A^nO$ 区域内自重做的功的表达式都可以用以下形式表示：

$$\begin{aligned} g_n = \frac{1}{3}\frac{a_nH}{r_0}\Big\{\left(\frac{H}{r_0}\right)^2\Big\{[\sum_{i=0}^{n-1}(a_i\cot\beta_i)]^2 - \frac{a_n}{2}\cot^2\beta_n\sum_{i=0}^{n-1}a_i \\ - \cot\beta_n\sum_{i=0}^{n-1}a_i\sum_{i=0}^{n-1}(a_i\cot\beta_i) + \frac{1}{2}\cot\beta_n a_n\sum_{i=0}^{n-1}(a_i\cot\beta_i)\Big\} \\ + \frac{H}{r_0}[\cos\theta_0\cot\beta_n\sum_{i=0}^{n-1}a_i - \cot\beta_n\sin\theta_0\sum_{i=0}^{n-1}(a_i\cot\beta_i) \\ - \frac{a_n}{2}\cot^2\beta_n\sin\theta_0 - \cos\theta_0\sum_{i=0}^{n-1}(a_i\cot\beta_i) - \frac{a_n}{2}\cos\theta_0\cot\beta_n \\ - \cos\theta_0\sum_{i=0}^{n-1}(a_i\cot\beta_i)] + \sin\theta_0\cos\theta_0\cot\beta_n + \cos^2\theta_0\Big\} \end{aligned} \tag{4-24}$$

（2）滑动面内能耗散

内部能耗发生在速度间断面 AB 上，沿该假定滑动面的能量耗损微分可以由该面的微分面积 $rd\theta/\cos\varphi$ 与黏聚力 c，以及与间断面的切向间断速度 $V\cos\varphi$ 的连乘计算：

$$\int_{\theta_0}^{\theta_h} c(V\cos\varphi)\frac{r\mathrm{d}\theta}{\cos\varphi} = \frac{cr_0^2\Omega}{2\tan\varphi}\{\mathrm{e}^{2(\theta_h-\theta_0)\tan\varphi} - 1\} \tag{4-25}$$

4.3.1.3　稳定性分析

根据能耗分析法基本原理，结合强度折减技术，使外荷载所做的功率等于内能耗散

率，可得到边坡安全系数计算式：

$$F_s = \frac{c}{\gamma H} \frac{e^{2(\theta_h-\theta_0)\tan\varphi} - 1}{2\tan\varphi\{f_1 - [g_0 + \sum_{i=1}^{n} g_i + f_2]\}} \left(\frac{H}{r_0}\right) \tag{4-26}$$

4.3.2　多台阶边坡稳定性上限分析

下面以工程常见的三台阶边坡为例进行分析说明。

4.3.2.1　破坏机构

三台阶边坡稳定性对数螺旋破坏机构如图 4-5 所示。

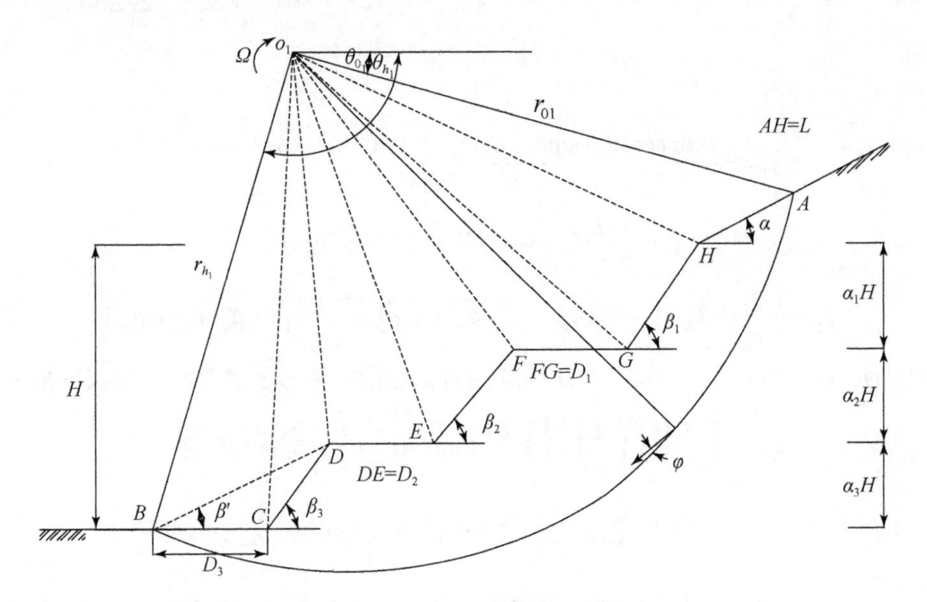

图 4-5　多台阶边坡破坏机构

4.3.2.2　外功率计算

（1）边坡整体失稳

滑动土体自重所做的外功率为

$$W_{ext} = W_{soil} = \gamma \cdot r_{01}^3 \Omega(f_1 - f_2 - f_3 - f_4 - f_5 - f_6 - f_7 - f_8) \tag{4-27}$$

其中，

$$f_1 = \frac{(\sin\theta_{h_1} + 3\tan\varphi\cos\theta_{h_1}) \cdot e^{3(\theta_{h_1}-\theta_{01})\tan\varphi} - (3 \cdot \tan\varphi \cdot \cos\theta_{01} + \sin\theta_{01})}{3(1+9 \cdot \tan^2\varphi)} \tag{4-28}$$

$$f_2 = \frac{1}{6}\frac{L}{r_0}[\sin(\alpha+\theta_{01})]\left(2\cos\theta_{01} - \frac{L}{r_{01}}\cos\alpha\right) \tag{4-29}$$

$$f_3=\frac{\alpha_1}{6}\left(\frac{H}{r_{01}}\right)\left[\cos\theta_{01}-(\cos\alpha)\left(\frac{L}{r_{01}}\right)+\sin\theta_{01}\cot\beta_1+\cot\beta_1\left(\frac{L}{r_{01}}\right)\sin\alpha\right]$$
$$\times\left[2\cos\theta_{01}-2\cos\alpha\left(\frac{L}{r_{01}}\right)-\alpha_1\cot\beta_1\left(\frac{H}{r_{01}}\right)\right] \tag{4-30}$$

$$f_4=\frac{1}{6}\left(\frac{D_1}{r_{01}}\right)\left[\sin\theta_{01}+\frac{L}{r_{01}}\sin\alpha+\alpha_1\left(\frac{H}{r_{01}}\right)\right]\left[\begin{array}{l}2\cos\theta_{01}-2\cos\alpha\left(\frac{L}{r_{01}}\right)\\-2\alpha_1\cot\beta_1\left(\frac{H}{r_{01}}\right)-\frac{D_1}{r_{01}}\end{array}\right] \tag{4-31}$$

$$f_5=\frac{\alpha_2}{6}\left(\frac{H}{r_{01}}\right)\left\{\left[\cos\theta_{01}-\cos\alpha\left(\frac{L}{r_{01}}\right)-\alpha_1\cot\beta_1\left(\frac{H}{r_{01}}\right)-\left(\frac{D_1}{r_{01}}\right)\right.\right.$$
$$\left.+\sin\theta_{01}\cot\beta_2+(\sin\alpha)\left(\frac{L}{r_{01}}\right)\cot\beta_2+\alpha_1\cot\beta_2\left(\frac{H}{r_{01}}\right)\right]$$
$$\left.\times\left[2\cos\theta_{01}-2\cos\alpha\left(\frac{L}{r_{01}}\right)-2\alpha_1\cot\beta_1\left(\frac{H}{r_{01}}\right)-2\left(\frac{D_1}{r_{01}}\right)-\alpha_2\cot\beta_2\left(\frac{H}{r_{01}}\right)\right]\right\} \tag{4-32}$$

$$f_6=\frac{1}{6}\left(\frac{D_2}{r_{01}}\right)\left\{\begin{array}{l}\left[\sin\theta_{01}+\frac{L}{r_{01}}\sin\alpha+(\alpha_1+\alpha_2)\left(\frac{H}{r_{01}}\right)\right]\cdot\\\left[2\cos\theta_{01}-2\left(\frac{L}{r_{01}}\right)\cos\alpha-2\alpha_1\cot\beta_1\left(\frac{H}{r_{01}}\right)-2\frac{D_1}{r_{01}}-\alpha_2\left(\frac{H}{r_{01}}\right)\cot\beta_2-\frac{D_2}{r_{01}}\right]\end{array}\right\} \tag{4-33}$$

$$f_7=\frac{\alpha_3}{6}\frac{H}{r_{01}}\left\{\begin{array}{l}\cos\theta_{01}-\frac{L}{r_{01}}\cos\alpha-\alpha_1\frac{H}{r_{01}}\cot\beta_1-\frac{D_1}{r_{01}}-\alpha_2\frac{H}{r_{01}}\cot\beta_2-\frac{D_2}{r_{01}}\\+\cot\beta'\left[\sin\theta_{01}+\frac{L}{r_{01}}\sin\alpha+(\alpha_1+\alpha_2)\frac{H}{r_{01}}\right]\end{array}\right\}$$
$$\times\left\{2\cos\theta_{h_1}\exp[(\theta_{h_1}-\theta_{01})\tan\varphi]+\alpha_3\frac{H}{r_{01}}\cot\beta'\right\} \tag{4-34}$$

$$f_8=\frac{\alpha_3 D_3}{6}\frac{H}{r_{01}}\frac{H}{r_0}\left\{3\cos\theta_{h_1}\exp[(\theta_{h_1}-\theta_{01})\tan\varphi]+\frac{D_3}{r_{01}}+\alpha_3\frac{H}{r_{01}}\cot\beta'\right\} \tag{4-35}$$

$$\frac{H}{r_{01}}=\frac{\sin(\theta_{h_1}+\alpha)e^{(\theta_{h_1}-\theta_{01})\tan\varphi}-\sin(\theta_{01}+\alpha)+\frac{(D_1+D_2)}{r_{01}}\sin\alpha}{\cos\alpha-(\alpha_1\cot\beta_1+\alpha_2\cot\beta_2+\alpha_3\cot\beta')\sin\alpha} \tag{4-36}$$

$$\frac{L}{r_{01}}=\frac{1}{\sin\alpha}\left\{\sin\theta_{h_1}\exp[(\theta_{h_1}-\theta_{01})\tan\varphi]-\sin\theta_{01}-\frac{H}{r_{01}}\right\} \tag{4-37}$$

$$\frac{D_3}{r_{01}}=\alpha_3(\cot\beta'-\cot\beta_3)\frac{H}{r_{01}} \tag{4-38}$$

（2）边坡局部失稳

边坡失稳并不一定是连续性破坏，也可能存在先在一局部处达到极限状态，然后向其他部位扩展的渐进失稳破坏情况。坡度上陡下缓，坡体不规则，可能存在局部滑动先于沿滑带整体滑动的失稳情况，因此，在考虑边坡的失稳时有必要考虑边坡的局部失稳。

滑坡体局部滑移模式由主剖面通过软件自动搜索最危险面得到滑移边界。采用搜索计算法确定最危险滑动面的位置，即分别对多个可能的滑动面进行计算，找出稳定性最差的面作为可能产生滑移的滑动面。

1）当三级边坡发生局部失稳时（图 4-6 中的滑裂面①所示），其外功率的推导公式如下。

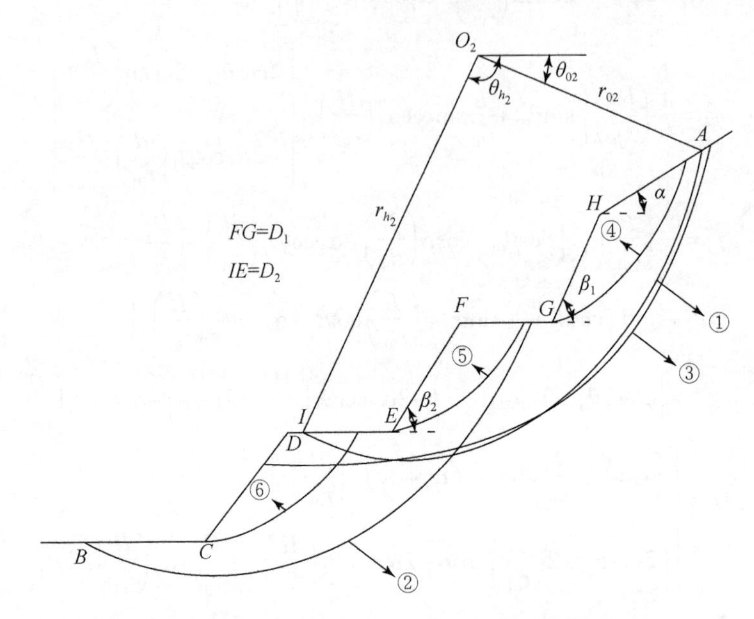

图 4-6　多台阶边坡局部失稳破坏机构

$$W_{soil}=\gamma\cdot r_{02}^3\cdot\Omega\cdot(f_1'-f_2'-f_3'-f_4'-f_5'-f_6') \tag{4-39}$$

$$f_1'=\frac{(3\tan\varphi\cos\theta_{h_2}+\sin\theta_{h_2})e^{3(\theta_{h_2}-\theta_{02})\tan\varphi}-(3\tan\varphi\cos\theta_{02}+\sin\theta_{02})}{3(1+9\tan^2\varphi)} \tag{4-40}$$

$$f_2'=\frac{L}{r_{02}}\frac{\sin(\theta_{02}+\alpha)}{6}\left(2\cos\theta_{02}-\cos\alpha\frac{L}{r_{02}}\right) \tag{4-41}$$

$$\begin{aligned}f_3'=&\frac{\alpha_1}{6}\left(\frac{H}{r_{02}}\right)\left[\cos\theta_{02}-\cos\alpha\left(\frac{L}{r_{02}}\right)+\sin\theta_{02}\cot\beta_1+\sin\alpha\cot\beta_1\left(\frac{L}{r_{02}}\right)\right]\\&\times\left[2\cos\theta_{02}-2\cos\alpha\left(\frac{L}{r_{02}}\right)-\alpha_1\cot\beta_1\left(\frac{H}{r_{02}}\right)\right]\end{aligned} \tag{4-42}$$

$$f_4'=\frac{1}{6}\left(\frac{D_1}{r_{02}}\right)\left[\sin\theta_{02}+\frac{L}{r_0}\sin\alpha+\alpha_1\left(\frac{H}{r_{02}}\right)\right]\left[\begin{aligned}&2\cos\theta_{02}-2\cos\alpha\left(\frac{L}{r_{02}}\right)\\&-2\alpha_1\cot\beta_1\left(\frac{H}{r_{02}}\right)-\frac{D_1}{r_{02}}\end{aligned}\right] \tag{4-43}$$

$$f_5'=\frac{\alpha_2}{6}\frac{H}{r_{02}}\left[\begin{aligned}&\cos\theta_{02}-\frac{L}{r_{02}}\cos\alpha-\alpha_1\frac{H}{r_{02}}\cot\beta_1-\frac{D_1}{r_{02}}\\&+\cot\beta'\left(\sin\theta_{02}+\frac{L}{r_{02}}\sin\alpha+\alpha_1\frac{H}{r_{02}}\right)\end{aligned}\right]\left[\begin{aligned}&2\cos\theta_{h_2}e^{(\theta_{h_2}-\theta_{02})\tan\varphi}\\&+\alpha_2\frac{H}{r_{02}}\cot\beta'\end{aligned}\right] \tag{4-44}$$

$$f_6' = \frac{\alpha_2 D_2 H}{6\, r_{02} r_{02}} \left\{ 3\cos\theta_{h_2} e^{(\theta_{h_2}-\theta_{02})\tan\varphi} + \frac{D_2}{r_{02}} + \alpha_2 \frac{H}{r_{02}} \cot\beta' \right\} \tag{4-45}$$

$$\frac{H}{r_{02}} = \frac{\left\{ (\sin\theta_{h_2} + \cos\theta_{h_2}\sin\alpha)\ e^{(\theta_{h_2}-\theta_{02})\tan\varphi} - (\sin\theta_{02} + \cos\theta_{02}\sin\alpha)\ + \frac{D_1}{r_{02}}\sin\alpha \right\}}{\cos\alpha - (\alpha_1\cot\beta_1 + \alpha_2\cot\beta')\ \sin\alpha} \tag{4-46}$$

$$\frac{L}{r_{02}} = \frac{1}{\sin\alpha} \left\{ \sin\theta_{h_2} \exp\left[(\theta_{h_2} - \theta_{02})\ \tan\varphi \right] - \sin\theta_{02} - \frac{H}{r_{02}} \right\} \tag{4-47}$$

$$\frac{D_2}{r_{02}} = \alpha_2 \frac{H}{r_{02}} (\cot\beta' - \cot\beta_2) \tag{4-48}$$

2）当三级边坡发生局部失稳时（图4-6中的滑裂面②所示），其外功率的推导公式只需上述部分公式中 α 的值取为零。

3）当三级边坡发生局部失稳时（图4-6中的滑裂面③所示），由能耗最小原理可知，此种情况发生的可能性小。

4）当三级边坡发生局部失稳时（图4-6中的滑裂面④⑤⑥所示），其外功率的推导公式见第3章3.3节的分析。

4.3.2.3　内部能量耗损率

总的内部能量耗损率为

$$\int_{\theta_0}^{\theta_h} c(V\cos\varphi)\frac{r\cdot \mathrm{d}\theta}{\cos\varphi} = \frac{c\cdot r_0^2\cdot \Omega}{2\tan\varphi}\cdot\{e^{2(\theta_h-\theta_0)\tan\varphi} - 1\} \tag{4-49}$$

4.3.2.4　稳定性分析

（1）三级边坡发生整体失稳

根据上限法能耗计算过程，使外荷载所做的功率等于内能耗散率，并结合强度折减技术将原始抗剪强度指标 c、φ 按强度折减技术折减，并代入上述相关计算式中，且令强度折减后边坡的临界自稳高度等于原始高度（$H_{cr}=H$）有

$$F_s = \frac{c}{\gamma H}\cdot\frac{e^{2(\theta_h-\theta_0)\tan\varphi_f} - 1}{2\cdot\tan\varphi_f\cdot(f_1-f_2-f_3-f_4-f_5-f_6-f_7-f_8)}\cdot\left(\frac{H}{r_0}\right) \tag{4-50}$$

（2）三级边坡发生局部二级失稳

同理，当三级边坡的中上边坡或中下边坡发生局部失稳时：

$$F_s = \frac{c}{\gamma H}\cdot\frac{e^{2(\theta_h-\theta_0)\tan\varphi_f} - 1}{2\cdot\tan\varphi_f\cdot(f_1'-f_2'-f_3'-f_4'-f_5'-f_6')}\cdot\left(\frac{H}{r_0}\right) \tag{4-51}$$

（3）三级边坡发生局部一级失稳

同本章4.3.1节分析。

4.4 强度和几何参数对边坡安全系数与滑裂面的影响

4.4.1 强度和几何参数对边坡安全系数与滑裂面的影响

4.4.1.1 无量纲参数 $\eta_{c\varphi}$

Jiang 和 Yamagami（2006）及 Timothy 等（2005）的研究认为，对于某特定边坡，如果其几何形状、岩土重度和孔隙水压力分布固定，则边坡临界滑动面的位置仅与参数 $c_r/\tan\varphi_r$ 有关（c_r 和 φ_r 分别是临界失稳条件下边坡黏聚力和内摩擦角）。换言之，研究黏聚力 c、内摩擦角 φ 对边坡滑动面的影响，只需要对比临界失稳状态下边坡黏聚力 c_r 和内摩擦系数 $\tan\varphi_r$ 的比值即可。

为了方便描述，假定 c_r 和 φ_r 为定值，则存在 F_{cs} 和 $F_{\varphi s}$ 满足下式：

$$c_r = c_i / F_{cs} \tag{4-52}$$

$$\tan\varphi_r = \tan\varphi_i / F_{\varphi s} \tag{4-53}$$

将式（4-52）除以式（4-53），并变换得

$$\frac{F_{cs}}{F_{\varphi s}} = \frac{c_i}{\tan\varphi_i} \cdot \frac{\tan\varphi_r}{c_r} \tag{4-54}$$

类似已有文献，同样借鉴 Taylor 对安全系数的定义，引入无量纲参数 $\eta_{c\varphi} = c_r/(\gamma h \tan\varphi_r)$，其中，$\gamma$ 为岩土重度，h 为边坡高度。将其代入式（4-54）得

$$\frac{F_{cs}}{F_{\varphi s}} = \frac{c_i}{\tan\varphi_i} \cdot \frac{1}{\gamma h \eta_{c\varphi}} \tag{4-55}$$

当 $F_{cs}/F_{\varphi s}=1$，即 $\eta_{c\varphi}=c_i/(\gamma h \tan\varphi_i)$ = const 时，任意黏聚力 c_i、内摩擦角 φ_i 对应的边坡滑动面位置均相同。因此，对于任意边坡，只需其黏聚力 c_i 和内摩擦角 φ_i 满足 $\eta_{c\varphi}=c_i/(\gamma h \tan\varphi_i)$ = const，则其对应滑动面相同，即简单边坡滑动面位置分布仅与岩土参数黏聚力 c 和内摩擦角 φ 组成的无量纲参数 $\eta_{c\varphi}$ 有关，但仅限于单级简单边坡的算例分析。本书将进一步探讨整体失稳条件下均质多级边坡滑动面位置分布与岩土参数之间的关系。

4.4.1.2 算例分析

以均质多级边坡为研究对象，保持边坡几何形状和岩土体重度 γ 不变，分别改变黏聚力 c 和内摩擦角 φ，得到不同的计算方案。讨论 $\eta_{c\varphi}$ 分别为常数和变值情况下，边坡安全系数和滑动面位置变化情况，令

$$c_i = K_c c \tag{4-56}$$

$$\tan\varphi_i = K_\varphi \tan\varphi \tag{4-57}$$

式中，c_i 和 φ_i 分别为第 i 个方案中边坡岩土体的黏聚力和内摩擦角；K_c 和 K_φ 分别为黏聚力 c 和内摩擦角 φ 的变化系数。

（1）算例 1：二级台阶边坡（$a_1=a_2$，$\beta_1=\beta_2$）

假定某二级土质边坡，边坡高 $H=16$m，各级坡高比 $a_1=a_2=0.5$，各级边坡坡趾倾角

$\beta_1=\beta_2=45°$，坡顶倾角 $\alpha=0°$，台阶宽 $D=3\text{m}$，岩土容重 $\gamma=18.5\text{kN/m}^3$，岩土体黏聚力 $c=28\text{kPa}$，岩土体内摩擦角 $\varphi=25°$。

1）$\eta_{c\varphi}$不变的情况

$K_c=K_\varphi$变化范围为0.4～2.0，得到相应的参数 $\eta_{c\varphi}$、L、$\tan\varphi/F_s$和 F_s（表4-1），绘制滑动面分布图（图4-7）。

表4-1　L、$\tan\varphi/F_s$和 F_s随 $\eta_{c\varphi}$的变化情况

方案	K_c	K_φ	$\eta_{c\varphi}$	F_s	$\tan\varphi/F_s$	L
1	0.4	0.4	0.2029	0.5582	0.3345	4.7407
2	0.8	0.8	0.2029	1.1151	0.3345	4.7649
3	1.0	1.0	0.2029	1.3963	0.3345	4.7556
4	1.2	1.2	0.2029	1.6751	0.3345	4.7572
5	1.6	1.6	0.2029	2.2334	0.3345	4.7397
6	2.0	2.0	0.2029	2.7892	0.3345	4.7494

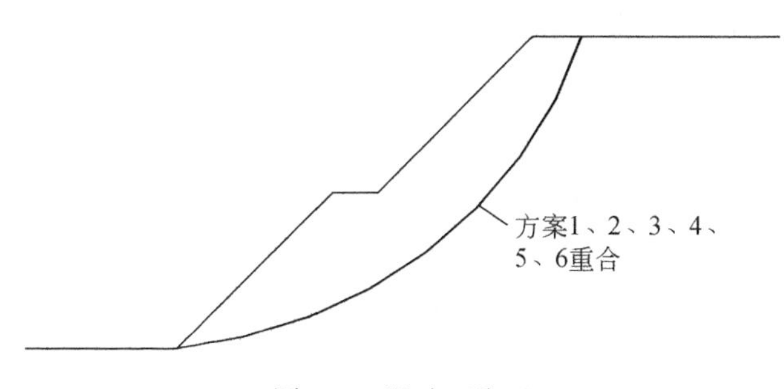

图4-7　滑动面位置

从表4-1和图4-7可以看出，K_c和 K_φ同比增大时，即黏聚力 c 和内摩擦角 φ 同比增大过程中，$\eta_{c\varphi}$保持不变，F_s 增大，滑体滑出点与坡肩距离 L 几乎不变，$\tan\varphi/F_s$为常数，边坡滑动面位置保持不变。

2）$\eta_{c\varphi}$逐渐增大的情况

K_c和 K_φ分别变化范围为0.4～2.0，得到相应的参数 $\eta_{c\varphi}$、L、$\tan\varphi/F_s$和 F_s（表4-2），绘制滑动面分布图（图4-8）。

表4-2　L、$\tan\varphi/F_s$和 F_s随 $\eta_{c\varphi}$变化情况

方案	K_c	K_φ	$\eta_{c\varphi}$	F_s	$\tan\varphi/F_s$	L
1	0.4	1.0	0.0811	0.9502	0.4907	2.9198
2	1.0	2.0	0.1014	2.0619	0.4523	3.3117
3	1.0	1.6	0.1268	1.8055	0.4132	3.7485
4	0.8	1.0	0.1623	1.2562	0.3712	4.3264
5	1.0	0.8	0.2536	1.2491	0.2987	5.3923
6	1.6	1.0	0.3246	1.7876	0.2609	6.0560

续表

方案	K_c	K_φ	$\eta_{c\varphi}$	F_s	$\tan\varphi/F_s$	L
7	2.0	1.0	0.4057	2.0497	0.2275	6.5306
8	1.0	0.4	0.5071	0.9540	0.1955	7.0007

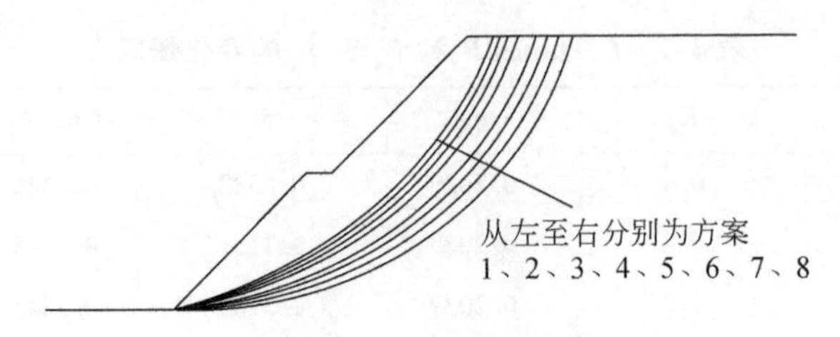

图 4-8 滑动面位置

从表 4-2 和图 4-8 可以得出，当 $\eta_{c\varphi}$ 逐渐增大时，坡顶滑出点与坡肩距离 L 逐渐增大，$\tan\varphi/F_s$ 逐渐减小，边坡滑动面由近坡面逐渐向边坡内部移动。

（2）算例 2：二级台阶边坡（$a_1 \neq a_2$，$\beta_1 \neq \beta_2$）

假定某二级土质边坡，边坡高 $H=15\text{m}$，各级坡高比分别为 $a_1=1/3$，$a_2=2/3$，各级边坡坡趾倾角 $\beta_1=35°$，$\beta_2=45°$，坡顶倾角 $\alpha=0°$，台阶宽 $D=3\text{m}$，岩土容重 $\gamma=18.7\text{kN/m}^3$，岩土体黏聚力 $c=25\text{kPa}$，岩土体内摩擦角 $\varphi=20°$。

1）$\eta_{c\varphi}$ 不变的情况

$K_c=K_\varphi$ 变化范围为 0.4～2.0，得到相应的参数 $\eta_{c\varphi}$、L、$\tan\varphi/F_s$ 和 F_s（表 4-3），绘制滑动面分布图（图 4-9）。

表 4-3 L、$\tan\varphi/F_s$ 和 F_s 随 $\eta_{c\varphi}$ 变化情况

方案	K_c	K_φ	$\eta_{c\varphi}$	F_s	$\tan\varphi/F_s$	L
1	0.4	0.4	0.2449	0.4972	0.2928	3.8687
2	0.8	0.8	0.2449	0.9944	0.2928	3.8631
3	1.0	1.0	0.2449	1.2430	0.2928	3.8697
4	1.2	1.2	0.2449	1.4816	0.2928	3.8672
5	1.6	1.6	0.2449	1.9887	0.2928	3.8683
6	2.0	2.0	0.2449	2.4859	0.2928	3.8708

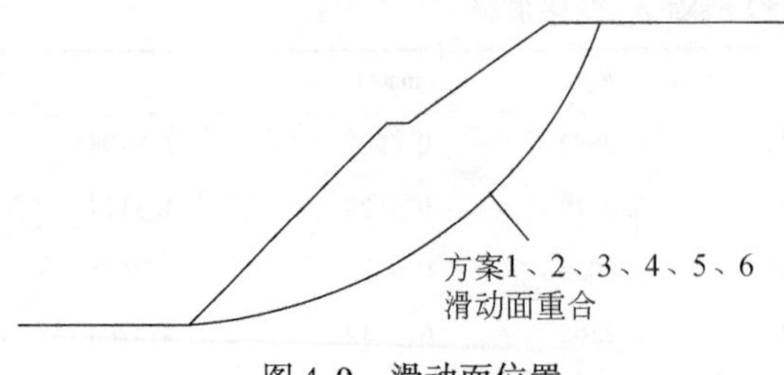

图 4-9 滑动面位置

从表 4-3 及图 4-9 可以看出，K_c 和 K_φ 同比增大时，即黏聚力 c 和内摩擦角 φ 同比增大过程中，$\eta_{c\varphi}$ 保持不变，F_s 增大，滑体滑出点与坡肩距离 L 几乎不变，$\tan\varphi/F_s$ 为常数，边坡滑动面位置保持不变。

2）$\eta_{c\varphi}$逐渐增大的情况

K_c，K_φ分别变化范围为0.4～2.0，得到相应的参数 $\eta_{c\varphi}$、L、$\tan\varphi/F_s$和 F_s（表4-4），绘制滑动面分布图（图4-10）。

表 4-4　L、$\tan\varphi/F_s$和 F_s随 $\eta_{c\varphi}$变化情况

方案	K_c	K_φ	$\eta_{c\varphi}$	F_s	$\tan\varphi/F_s$	L
1	0.4	1.0	0.0979	0.8328	0.4371	2.0140
2	1.0	2.0	0.1224	1.8140	0.4013	2.4216
3	0.8	1.0	0.1959	1.1135	0.3269	3.3566
4	1.0	1.0	0.2449	1.2430	0.2928	3.8697
5	1.0	0.8	0.3061	1.1194	0.2601	4.4017
6	1.6	1.0	0.3918	1.6113	0.2259	5.0039
7	2	1.0	0.4897	1.8140	0.1971	5.5811
8	1.0	0.4	0.6122	0.8545	0.1704	6.1269

由表4-4和图4-10可以得出，当 $\eta_{c\varphi}$逐渐增大时，坡顶滑出点与坡肩距离 L 逐渐增大，$\tan\varphi/F_s$逐渐减小，边坡滑动面由近坡面逐渐向边坡内部移动。

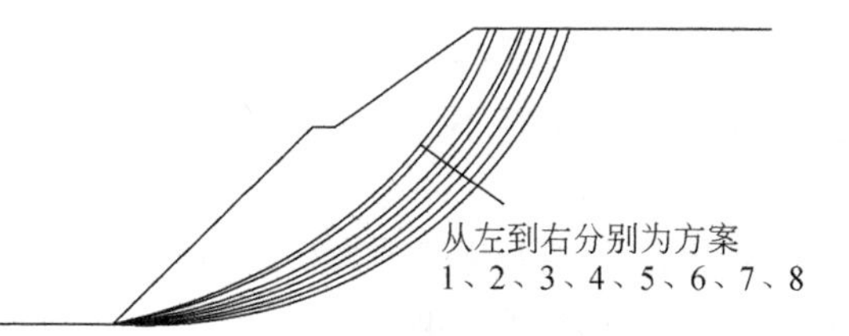

图4-10　滑动面位置

分析对比表4-1～表4-4和图4-10可以看出，二级边坡滑动面位置分布仅受无量纲参数 $\eta_{c\varphi}$的影响，单一的黏聚力 c 或内摩擦角 φ 无法表征岩土参数与边坡临界滑动面位置之间的关系。$\eta_{c\varphi}$一定时，滑动面位置不变；$\eta_{c\varphi}$增大时，滑动面位置逐渐深入边坡内部，滑体滑出点与坡肩距离增大，滑体变缓且体积增大。

（3）算例3：三级台阶边坡（$a_1=a_2=a_3$，$\beta_1=\beta_2=\beta_3$）

假定某三级土质边坡，边坡高 $H=24$m，各级坡高比 $a_1=a_2=a_3=1/3$，各级边坡坡趾倾角 $\beta_1=\beta_2=\beta_3=45°$，坡顶倾角 $\alpha=0°$，各级台阶宽 $D_1=D_2=3$m，岩土容重 $\gamma=18.5$kN/m^3，岩土体黏聚力 $c=28$kPa，岩土体内摩擦角 $\varphi=25°$。

1）$\eta_{c\varphi}$不变的情况

$K_c=K_\varphi$变化范围为0.2～2.0，得到相应的参数 $\eta_{c\varphi}$、L、$\tan\varphi/F_s$和 F_s（表4-5），绘制滑动面分布图（图4-11）。

表 4-5　L、$\tan\varphi/F_s$和 F_s随 $\eta_{c\varphi}$变化情况

方案	K_c	K_φ	$\eta_{c\varphi}$	F_s	$\tan\varphi/F_s$	L
1	0.4	0.4	0.1352	0.4636	0.4024	5.8774
2	0.8	0.8	0.1352	0.9272	0.4024	5.8632
3	1.0	1.0	0.1352	1.1581	0.4024	5.8550

续表

方案	K_c	K_φ	$\eta_{c\varphi}$	F_s	$\tan\varphi/F_s$	L
4	1.2	1.2	0.1352	1.3896	0.4024	5.8769
5	1.6	1.6	0.1352	1.8539	0.4024	5.8670
6	2.0	2.0	0.1352	2.3163	0.4024	5.8659

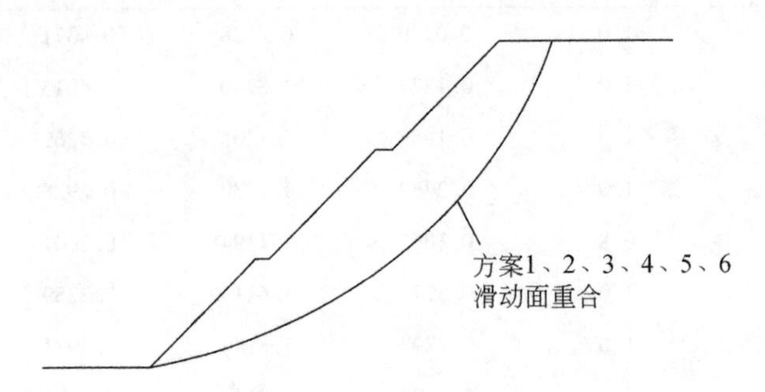

图 4-11 滑动面位置

由表4-5和图4-11可以看出，K_c和K_φ同比增大时，即黏聚力c和内摩擦角φ同比增大过程中，$\eta_{c\varphi}$保持不变，F_s增大，$\tan\varphi/F_s$为常数，边坡滑动面位置保持不变。

2）$\eta_{c\varphi}$逐渐增大的情况

K_c和K_φ分别变化范围为0.4～2.0，得到相应的参数$\eta_{c\varphi}$、L、$\tan\varphi/F_s$和F_s（表4-6），绘制滑动面分布图（图4-12）。

表 4-6 L、$\tan\varphi/F_s$和F_s随$\eta_{c\varphi}$变化情况

方案	K_c	K_φ	$\eta_{c\varphi}$	F_s	$\tan\varphi/F_s$	L
1	0.4	1.0	0.0541	0.8338	0.5592	3.4527
2	1.0	2.0	0.0676	1.7885	0.5215	3.9288
3	1.0	1.6	0.0845	1.5449	0.4829	4.4125
4	0.8	1.0	0.1082	1.0580	0.4407	5.2034
5	1.2	1.0	0.1623	1.2557	0.3713	6.3522
6	1.0	0.8	0.1690	1.1034	0.3621	6.6419
7	1.6	1.0	0.2164	1.4409	0.3236	7.0048
8	1.0	0.4	0.3381	0.7446	0.2505	8.2439

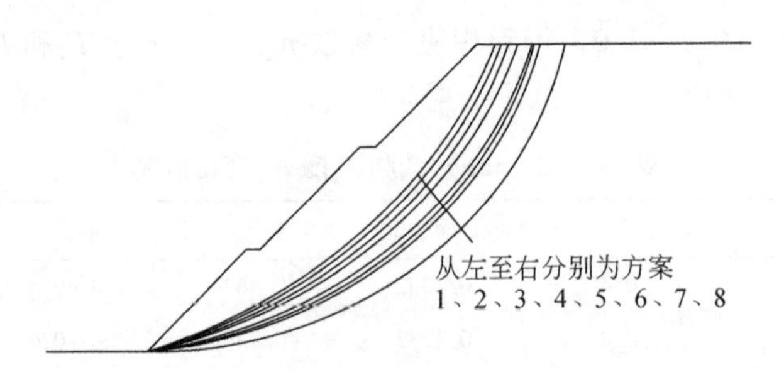

图 4-12 滑动面位置

由表4-6和图4-12可以看出，$\eta_{c\varphi}$逐渐增大时，坡顶滑出点与坡肩距离L逐渐增大，$\tan\varphi/F_s$逐渐减小，边坡滑动面由近坡面逐渐向边坡内部移动。

（4）算例4：三级台阶边坡（$a_1 \neq a_2 = a_3$，$\beta_1 \neq \beta_2 \neq \beta_3$）

假定某三级土质边坡，边坡高$H=25\text{m}$，各级坡高比$a_1=1/5$，$a_2=a_3=2/5$，各级边坡坡趾倾角$\beta_1=45°$，$\beta_2=35°$，$\beta_3=30°$，坡顶倾角$\alpha=0°$，各级台阶宽$D_1=D_2=4\text{m}$，岩土容重$\gamma=18.7\text{kN/m}^3$，岩土体黏聚力$c=40\text{kPa}$，岩土体内摩擦角$\varphi=25°$。

1）$\eta_{c\varphi}$不变的情况

$K_c=K_\varphi$变化范围为0.2～2.0，得到相应的参数$\eta_{c\varphi}$、L、$\tan\varphi/F_s$和F_s（表4-7），绘制滑动面分布图（图4-13）。

表4-7　L、$\tan\varphi/F_s$和F_s随$\eta_{c\varphi}$变化情况

方案	K_c	K_φ	$\eta_{c\varphi}$	F_s	$\tan\varphi/F_s$	L
1	0.4	0.4	0.1835	0.5779	0.3228	6.0165
2	0.8	0.8	0.1835	1.1558	0.3228	6.0127
3	1.0	1.0	0.1835	1.4444	0.3228	6.0273
4	1.2	1.2	0.1835	1.7335	0.3228	6.0324
5	1.6	1.6	0.1835	2.3116	0.3228	6.0867
6	2.0	2.0	0.1835	2.8903	0.3228	6.0526

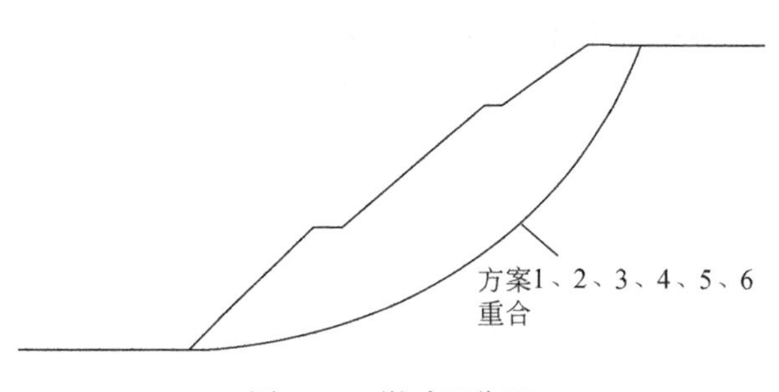

图4-13　滑动面位置

由表4-7和图4-13可以看出，K_c和K_φ同比增大时，即黏聚力c和内摩擦角φ同比增大过程中，$\eta_{c\varphi}$保持不变，F_s增大，$\tan\varphi/F_s$为常数，边坡滑动面位置保持不变。

2）$\eta_{c\varphi}$逐渐增大的情况

K_c和K_φ分别变化范围为0.4～2.0，得到相应的参数$\eta_{c\varphi}$、L、$\tan\varphi/F_s$和F_s（表4-8），绘制滑动面分布图（图4-14），方案8滑动面过坡趾下方。

表4-8　L、$\tan\varphi/F_s$和F_s随$\eta_{c\varphi}$变化情况

方案	K_c	K_φ	$\eta_{c\varphi}$	F_s	$\tan\varphi/F_s$	L
1	0.4	1.0	0.0734	1.0206	0.4569	3.0587
2	1.0	1.6	0.1019	1.9001	0.4047	4.3233
3	0.7	1.0	0.1284	1.2404	0.3759	4.7460
4	1.0	1.0	0.1835	1.4444	0.3228	6.0273

续表

方案	K_c	K_φ	$\eta_{c\varphi}$	F_s	$\tan\varphi/F_s$	L
5	1.0	0.8	0.2294	1.2844	0.2904	6.7406
6	1.6	1.0	0.2936	1.8233	0.2557	7.7973
7	2	1	0.3670	2.0612	0.2262	8.5889
8	1.0	0.4	0.4587	0.9726	0.1918	10.4909

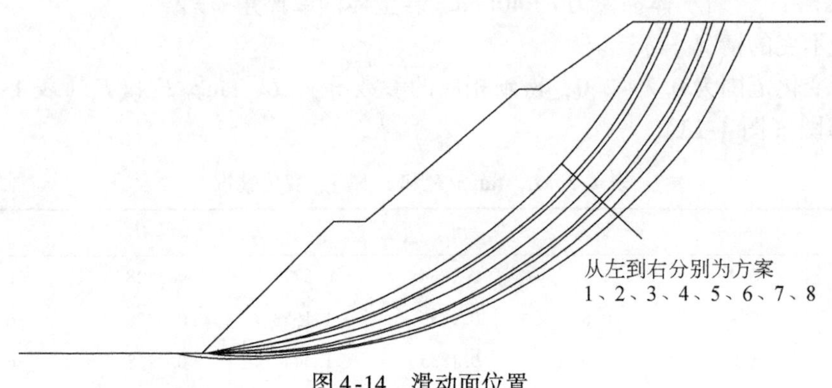

图 4-14　滑动面位置

由表 4-8 和图 4-11 可以看出，当 $\eta_{c\varphi}$ 逐渐增大时，坡顶滑出点与坡肩距离 L 逐渐增大，$\tan\varphi/F_s$ 逐渐减小，边坡滑动面由近坡面逐渐向边坡内部移动。

分析对比表 4-5 ~ 表 4-8 和图 4-11 ~ 图 4-14 可以看出，三级边坡滑动面位置分布仅受无量纲参数 $\eta_{c\varphi}$ 的影响，单一的黏聚力 c 或内摩擦角 φ 并不能表征临界滑动面位置。$H_{c\varphi}$ 一定时，滑动面位置不变；$\eta_{c\varphi}$ 增大时，滑动面位置逐渐深入边坡内部，滑体滑出点与坡肩距离增大，滑体变缓且体积增大。

（5）快速确定边坡安全系数的 $\eta_{c\varphi}$-$\tan\varphi/F_s$ 曲线图

基于以上算例分别绘制二级边坡和三级边坡 $\eta_{c\varphi}$-$\tan\varphi/F_s$ 图形（图 4-15 和图 4-16）。

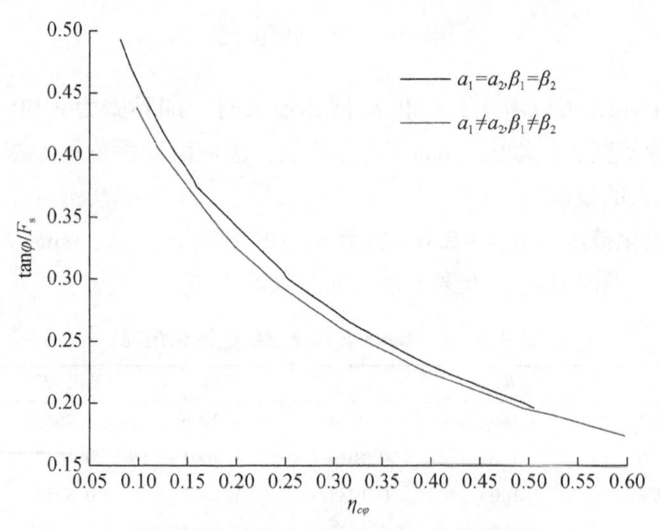

图 4-15　二级边坡 $\eta_{c\varphi}$-$\tan\varphi/F_s$ 曲线图

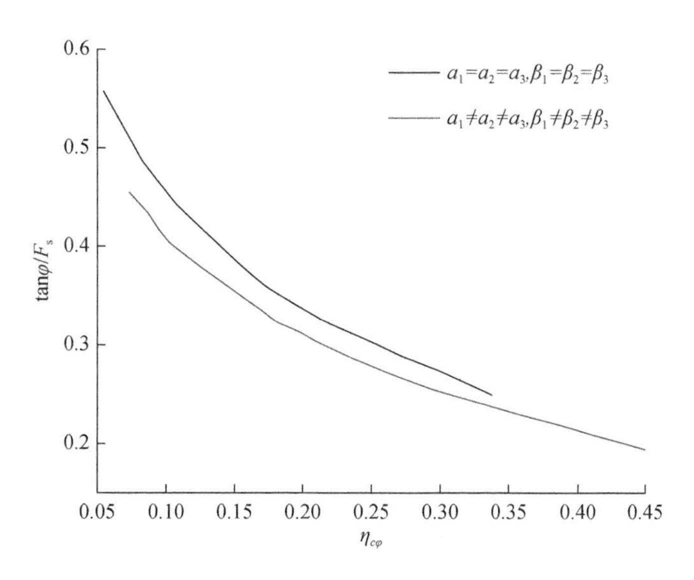

图4-16　三级边坡 $\eta_{c\varphi}$-$\tan\varphi/F_s$ 曲线图

分析图4-15～图4-16和表4-1～表4-8，无量纲参数 $\eta_{c\varphi}$ 控制 $\tan\varphi/F_s$ 的变化。当 $\eta_{c\varphi}$ 为定值时，$\tan\varphi/F_s$ 不发生变化；当 $\eta_{c\varphi}$ 增大时，$\tan\varphi/F_s$ 减小。基于 $\eta_{c\varphi}$-$\tan\varphi/F_s$ 曲线图可以快速确定 F_s。

对照算例1，当 $\eta_{c\varphi}=0.2$ 时，查图4-15可知 $\tan\varphi/F_s=0.34$，边坡内摩擦角 $\varphi=25°$，则 $F_s=1.3715$。

对照算例4，当 $\eta_{c\varphi}=0.15$ 时，查图4-16可知 $\tan\varphi/F_s=0.39$，边坡内摩擦角 $\varphi=25°$，则 $F_s=1.1957$。

当多级边坡几何形状一定时，$\tan\varphi/F_s$ 随 $\eta_{c\varphi}$ 的增大而减小具有明确的规律性，基于多级边坡 $\eta_{c\varphi}$-$\tan\varphi/F_s$ 曲线图可以快速确定多级 F_s。

4.4.2　工程应用研究

Klar 等基于极限平衡法提出了快速计算均质单级边坡安全系数的图解法（图4-17），g 曲线是边坡处于极限平衡状态时（即 $F_s=1$ 时）$\tan\varphi$ 和 $c/\gamma H$ 的关系曲线。若边坡无量纲参数组合（$c/\gamma H$，$\tan\varphi$）在 g 曲线上，则边坡处于临界失稳状态，（$c/\gamma H$，$\tan\varphi$）在 g 曲线上方的边坡是稳定的。直线 OA 斜率为无量纲参数 $\lambda_{c\varphi}$，同一条 OA 直线上的（$c/\gamma H$，$\tan\varphi$）对应的边坡 $\lambda_{c\varphi}$ 相等，边坡失稳面相同。Klar 基于 g 曲线和直线 OA 的几何关系快速、精确地计算边坡安全系数：

$$F_s=\frac{a}{b}=\frac{x_1}{x_1}=\frac{y_1}{y_2} \tag{4-58}$$

式中，a 为 OA 的模长，b 为原点至点（x_2，y_2）的长度，x_1、y_1、x_2、y_2 分别为 A 点和 OA 与 g 曲线交点的横纵坐标。式（4-58）定义的安全系数 F_s 与强度折减原理定义的 F_s 在数值上相等，均等于边坡岩土体原始抗剪强度参数与极限平衡状态边坡抗剪强度参数比值。

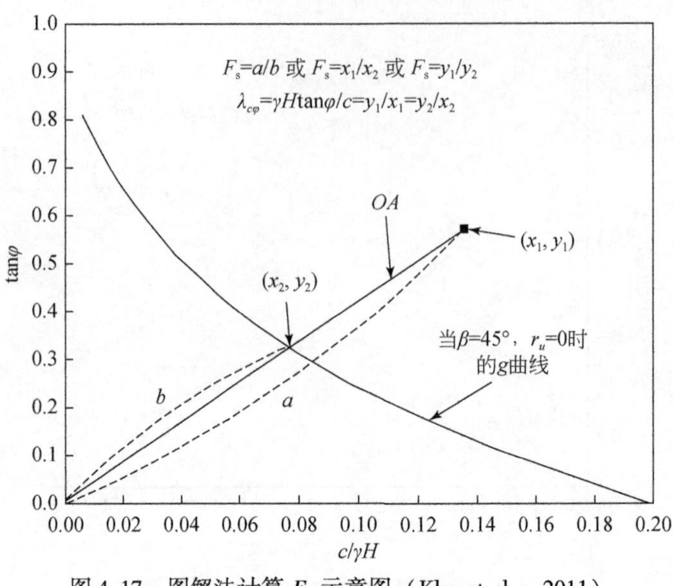

图 4-17　图解法计算 F_s 示意图（Klar et al.，2011）

与 Sun 和 Klar 的研究类似，台阶边坡的无量纲参数组合（$c/\gamma H$，$\tan\varphi$）也存在相同的 g 曲线关系。假定在台阶边坡整体失稳条件下，边坡滑动面位置仅与无量纲参数 $\lambda_{c\varphi}$ 相关。绘制台阶边坡的 g 曲线和直线 OA 就能根据式（4-58）快速计算台阶 F_s。

4.5　均质台阶边坡稳定性设计计算图表

4.5.1　简单条件单级边坡设计计算图表

利用序列二次规划法和内点法编制规划程序，分别绘制均质单级边坡（坡角分别为 30°、45°、60°、75°、90°）设计计算图表，如图 4-18 所示。

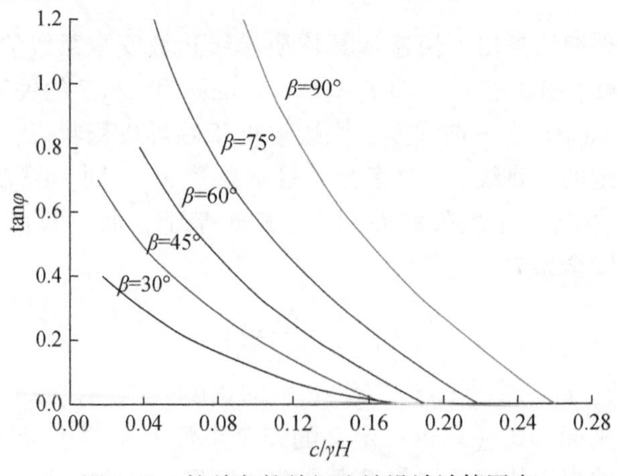

图 4-18　简单条件单级边坡设计计算图表

4.5.2　简单条件二级边坡设计计算图表

根据 4.2 节对非规则几何坡面均质边坡的稳定性分析，推导均质二级边坡稳定性分析公式，并依此对均质二级台阶边坡进行大量参数分析，绘制二级台阶边坡设计计算图表，如图 4-19 所示。为方便描述边坡的几何形状，坡高比 a_1、a_2 由边坡总高度 H 和每级边坡高度 h 给出（$a_1/a_2=0.5$ 为 $H=1.5h$，$a_1/a_2=1.0$ 为 $H=2h$），下文做同样处理。边坡台阶宽 b 以工程常见的台阶宽为例（2m、3m、4m），边坡各级坡角相等并以工程常见的坡角为例（30°、45°、60°、75°、90°）。图表分别以无量纲 $c/\gamma H$ 和 $\tan\varphi$ 作为坐标轴，避免了单一参数边坡总高度 H、黏聚力 c 或岩土重度 γ 对图表的影响。

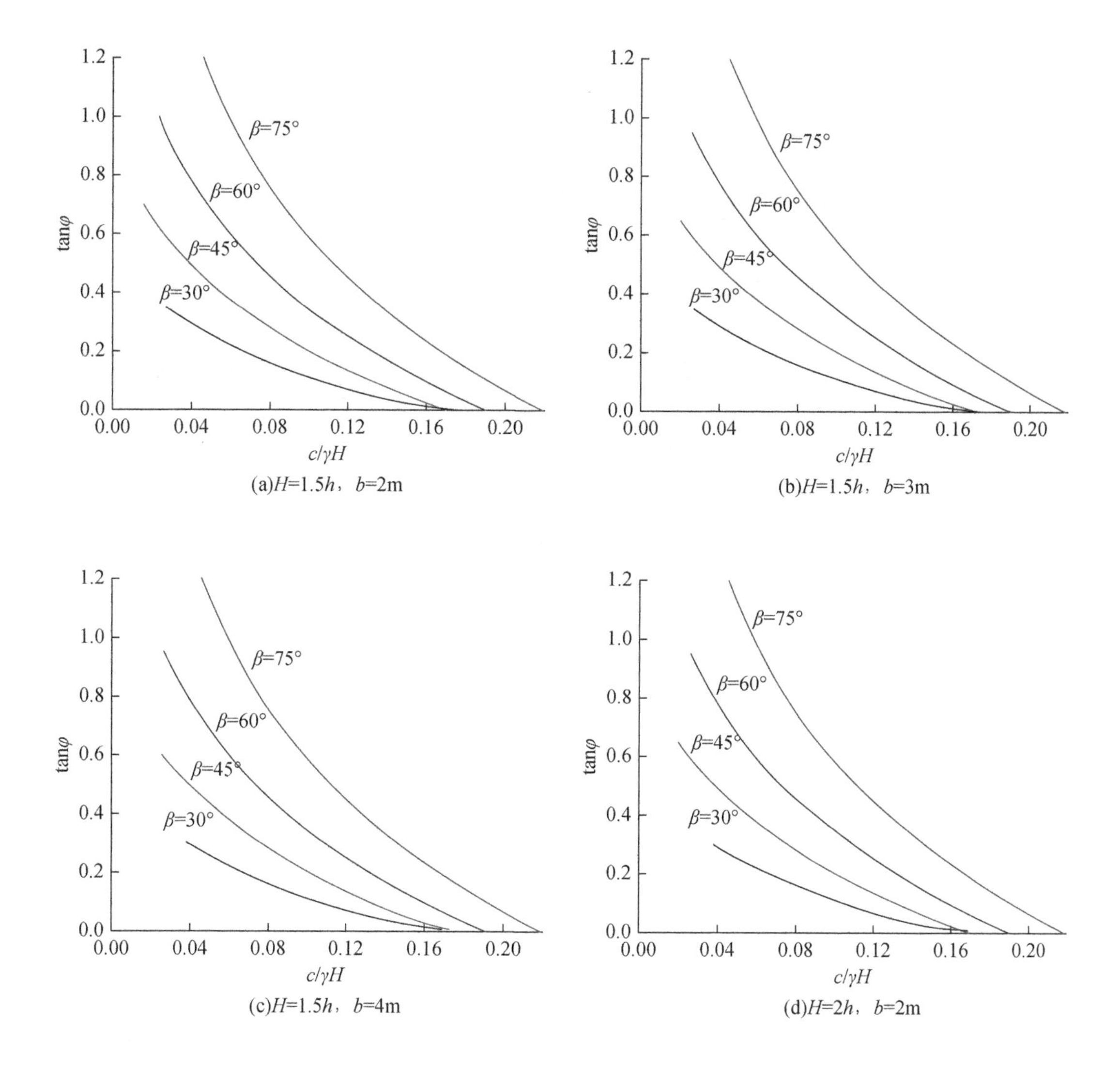

(a)$H=1.5h$，$b=2$m

(b)$H=1.5h$，$b=3$m

(c)$H=1.5h$，$b=4$m

(d)$H=2h$，$b=2$m

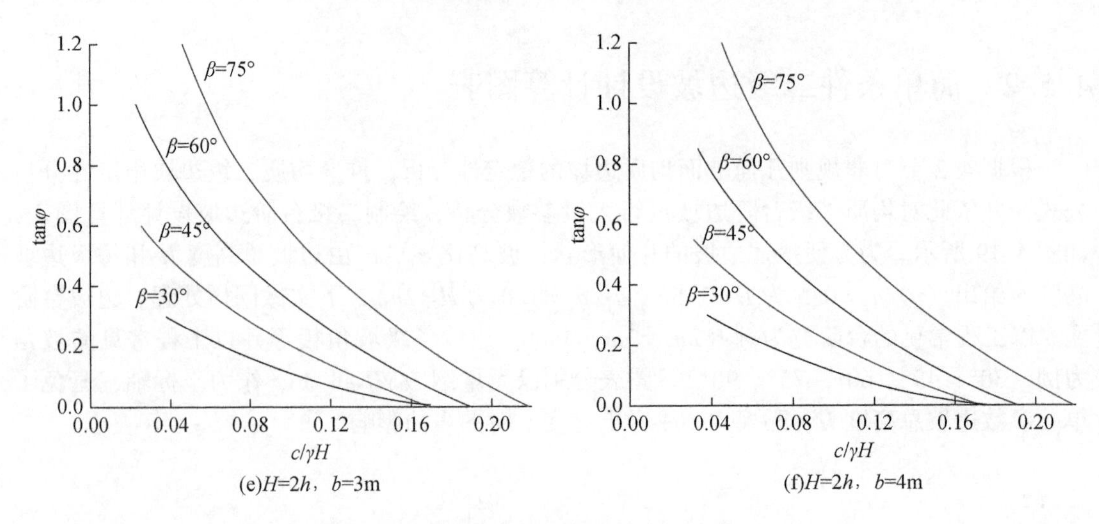

图 4-19　简单条件二级边坡设计计算图表

4.5.3　简单条件三级边坡设计计算图表

根据 4.2 节对非规则几何坡面均质边坡的稳定性分析，推导均质三级边坡稳定性分析公式，并依此对均质三级边坡开展大量参数分析，绘制其边坡设计计算图表，如图 4-20 所示。$H=2.5h$ 表示 $a_1/a_3=0.5$，$a_2=a_3$，$H=3h$ 表示 $a_1=a_2=a_3$（a_1、a_2、a_3如图 4-5 所示）。

4.5.4　简单条件四级边坡设计计算图表

根据 4.2 节对非规则几何坡面均质边坡的稳定性分析，推导均质三级边坡稳定性分析公式，并依此对均质三级边坡开展大量参数分析，绘制其边坡设计计算图表，如图 4-21 所示。$H=3.5h$ 表示 $a_1/a_4=0.5$，$a_2=a_3=a_4$，$H=4h$ 表示 $a_1=a_2=a_3=a_4$（a_1、a_2、a_3、a_4 如图 4-5 所示）。

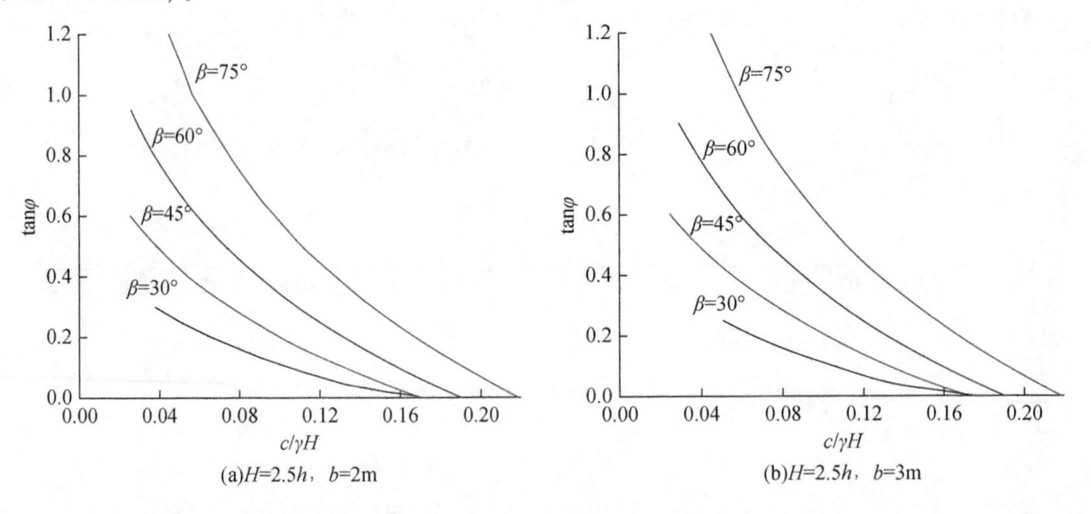

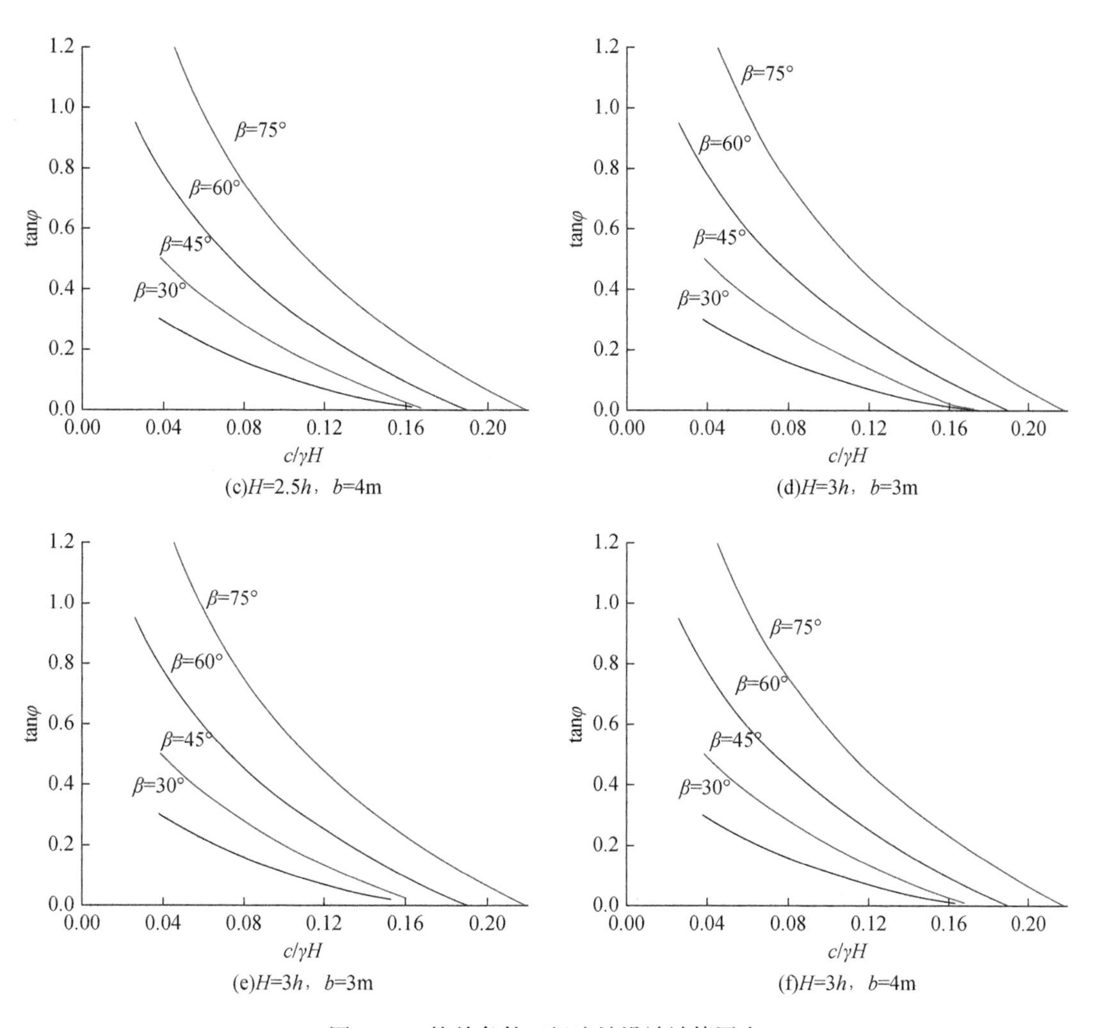

(c)H=2.5h，b=4m　(d)H=3h，b=3m

(e)H=3h，b=3m　(f)H=3h，b=4m

图 4-20　简单条件三级边坡设计计算图表

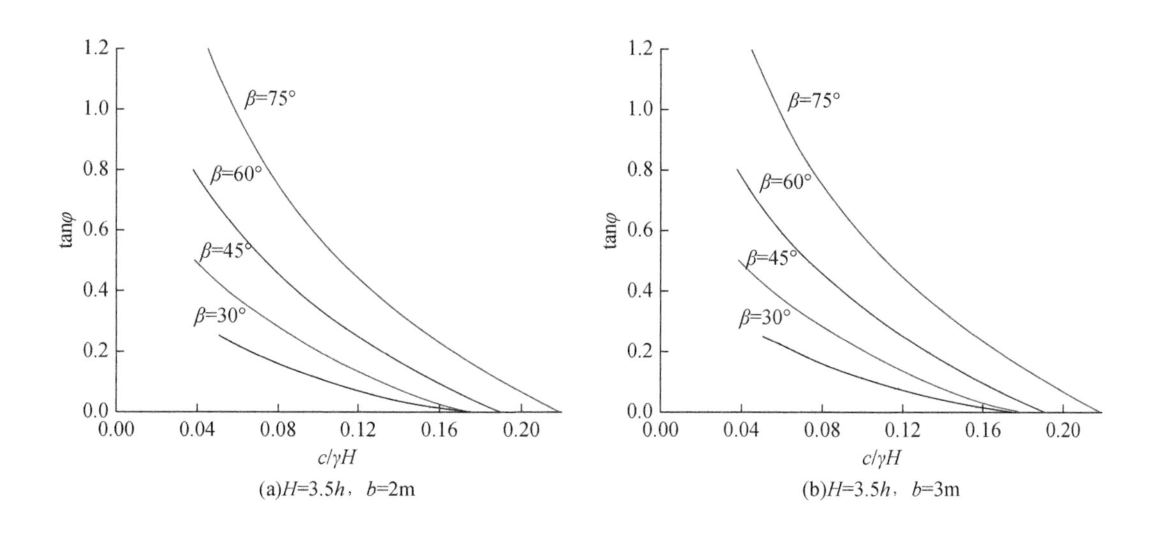

(a)H=3.5h，b=2m　(b)H=3.5h，b=3m

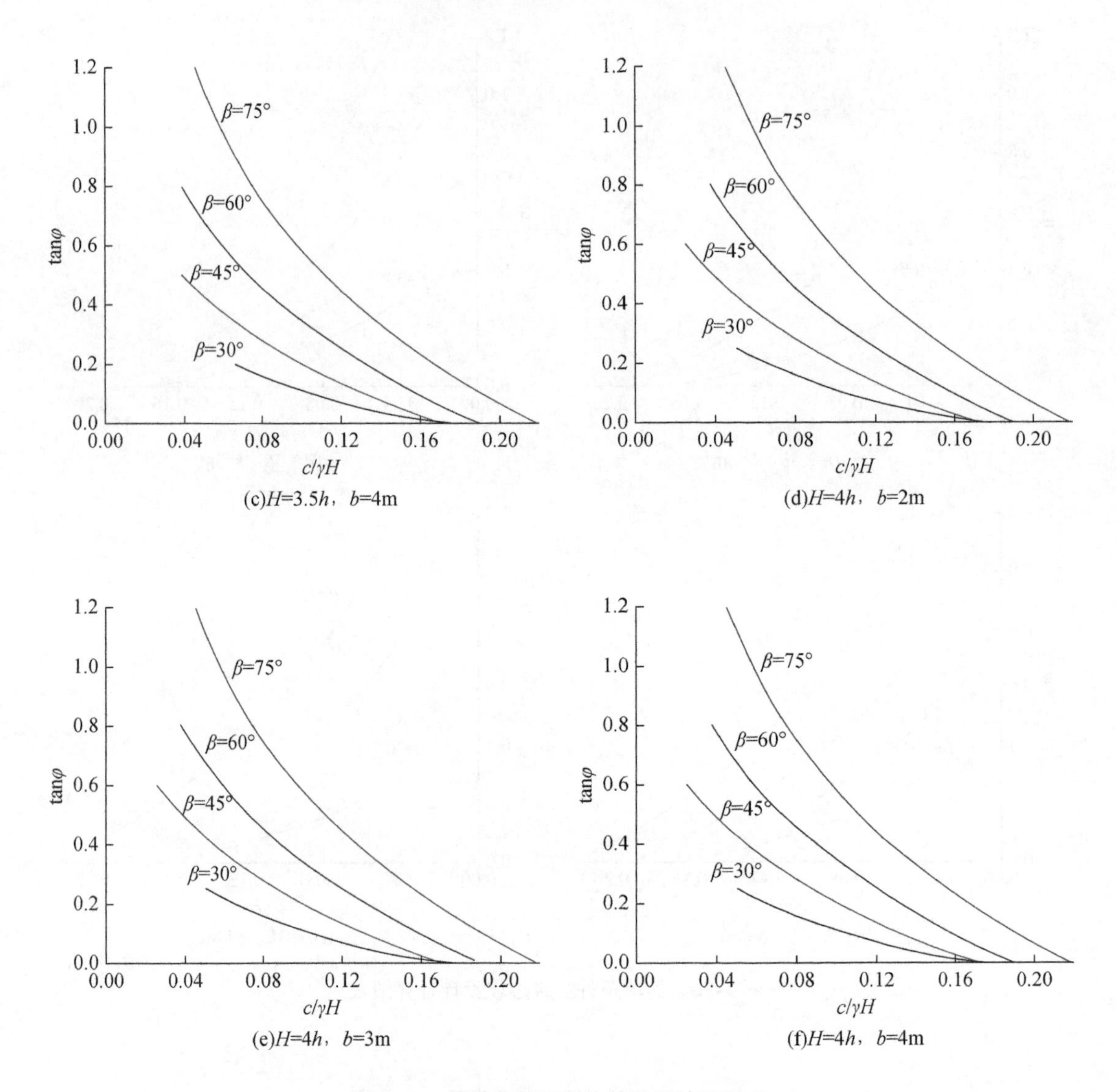

图 4-21　简单条件四级边坡设计计算图表

4.5.5　简单条件五级边坡设计计算图表

根据 4.2 节对非规则几何坡面均质边坡的稳定性分析，推导均质三级边坡稳定性分析公式，并依此对均质三级边坡开展大量参数分析，绘制其边坡设计计算图表，如图 4-22 所示。$H=4.5h$ 表示 $a_1/a_5=0.5$，$a_2=a_3=a_4=a_5$，$H=5h$ 表示 $a_1=a_2=a_3=a_4=a_5$（a_1、a_2、a_3、a_4、a_5如图 4-5 所示）。

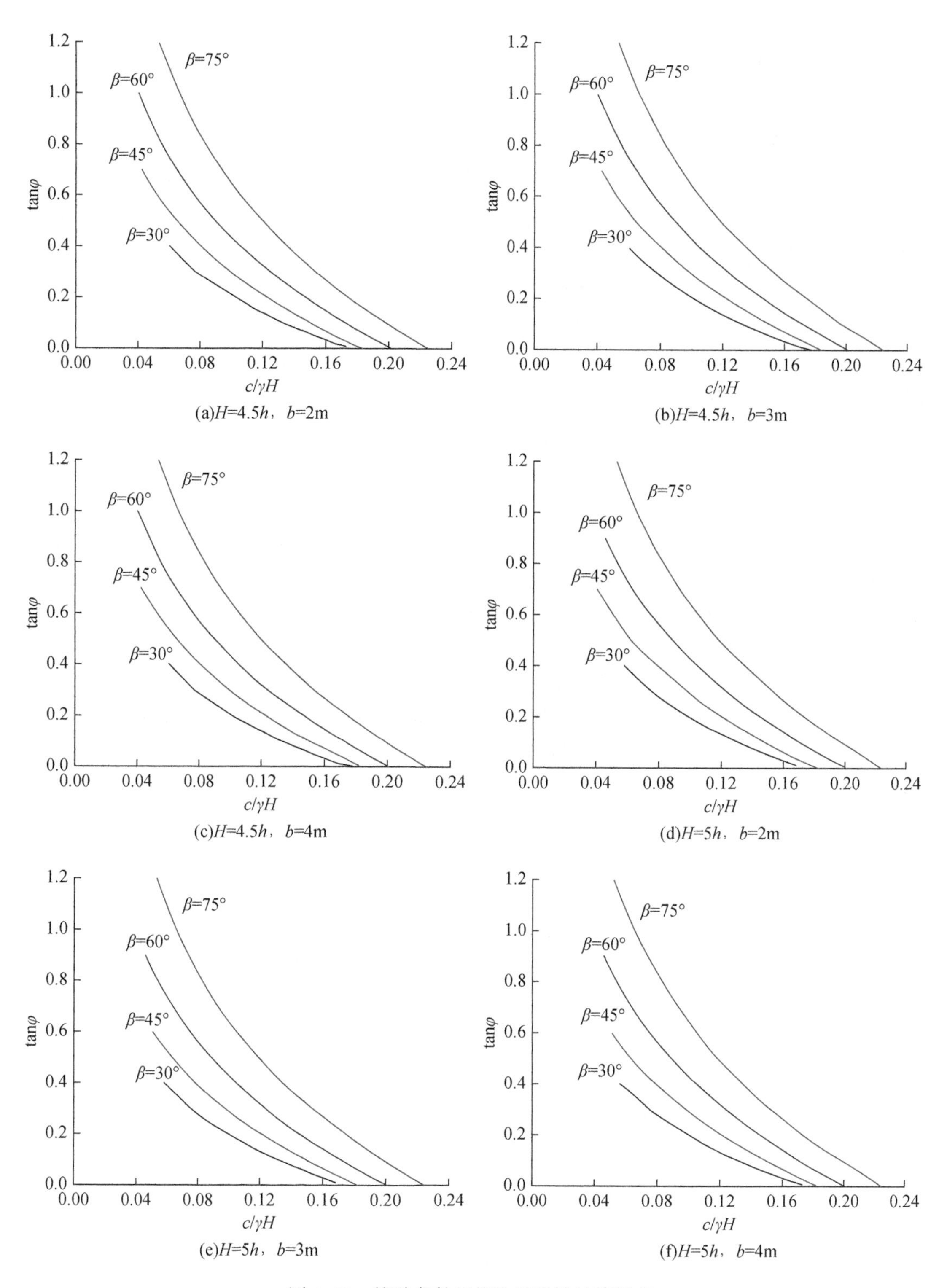

(a)H=4.5h，b=2m

(b)H=4.5h，b=3m

(c)H=4.5h，b=4m

(d)H=5h，b=2m

(e)H=5h，b=3m

(f)H=5h，b=4m

图 4-22　简单条件五级边坡设计计算图表

4.5.6 算例说明

(1) 二级边坡台阶算例

某二级边坡总坡高 $H=16\text{m}$，各级边坡坡高比 $a_1/a_2=0.5$（即 $H=1.5h$），各级边坡坡趾倾角 $\beta_1=\beta_2=30°$，坡顶倾角 $\alpha=0°$，台阶宽 $D=3\text{m}$。岩土容重 $\gamma=17.8\text{kN/m}^3$，黏聚力$c=20\text{kPa}$，内摩擦角 $\varphi=15°$。则无量纲参数：

$$\frac{c}{\gamma H}=\frac{20}{17.8\times16}=0.0702 \quad \tan\varphi=0.2680$$

点 A 坐标为（0.0702，0.2680）。查图 4-19（b），直线 OA 与 g 曲线相交于点（0.0998，0.3449），则该边坡安全系数：

$$F_s=\frac{0.1054}{0.0998}=1.0561$$

(2) 三级边坡台阶算例

某三级边坡总坡高 $H=18\text{m}$，各级边坡坡高比 $a_1/a_3=0.5$，$a_2=a_3$（即 $H=2.5h$），各级边坡坡趾倾角 $\beta_1=\beta_2=\beta_3=60°$，坡顶倾角 $\alpha=0°$，台阶宽 $D=2\text{m}$。岩土容重 $\gamma=18.5\text{kN/m}^3$，黏聚力 $c=34\text{kPa}$，内摩擦角 $\varphi=25°$。则无量纲参数：

$$\frac{c}{\gamma H}=\frac{34}{18.5\times18}=0.1021 \quad \tan\varphi=0.4663$$

即点 A 坐标为（0.1021，0.4663）。根据图 4-20（a），直线 OA 与 g 曲线相交于点（0.0889，0.4066），则该边坡安全系数：

$$F_s=\frac{0.4663}{0.4066}=1.1468$$

(3) 四级边坡台阶算例

某四级边坡总坡高 $H=28\text{m}$，各级边坡坡高比 $a_1=a_2=a_3=a_4$（即 $H=4h$），各级边坡坡趾倾角 $\beta_1=\beta_2=\beta_3=\beta_4=45°$，坡顶倾角 $\alpha=0°$，台阶宽 $D=4\text{m}$。岩土容重 $\gamma=20\text{kN/m}^3$，黏聚力 $c=50\text{kPa}$，内摩擦角 $\varphi=28°$。则无量纲参数：

$$\frac{c}{\gamma H}=\frac{50}{20\times28}=0.0893 \quad \tan\varphi=0.5317$$

即点 A 坐标为（0.0893，0.5317）。根据图 4-21（f），直线 OA 与 g 曲线相交于点（0.0617，0.3673），则该边坡安全系数：

$$F_s=\frac{0.0893}{0.0617}=1.447$$

(4) 五级边坡台阶算例

某五级边坡总坡高 $H=30\text{m}$，各级边坡坡高比 $a_1=a_2=a_3=a_4=a_5$（即 $H=5h$），各级边坡坡趾倾角 $\beta_1=\beta_2=\beta_3=\beta_4=\beta_4=75°$，坡顶倾角 $\alpha=0°$，台阶宽 $D=3\text{m}$。岩土容重 $\gamma=16.7\text{kN/m}^3$，黏聚力 $c=55\text{kPa}$，内摩擦角 $\varphi=35°$。则无量纲参数：

$$\frac{c}{\gamma H}=\frac{55}{16.7\times30}=0.1098 \quad \tan\varphi=0.7002$$

即点 A 坐标为（0.1098，0.7002）。根据图 4-22（e），直线 OA 与 g 曲线相交于点（0.1004，0.6385），则该边坡安全系数：

$$F_s=\frac{0.7002}{0.6385}=1.0959$$

4.6　本章小结

在工程实际中，岩土边坡往往呈现出非规则几何坡面形态。本章给出了竖直条分破坏机构和斜条分破坏机构条件下边坡安全系数计算表达式；假定非规则几何坡面均质边坡的最危险潜在滑裂面为对数螺旋线形态，给出了均质边坡安全系数计算的一般表达式；开展了工程实际中常见台阶边坡的边坡整体稳定性与局部稳定性分析；在极限状态理论条件下，论证了均质边坡最危险潜在滑动面位置分布与无量纲参数 $\eta_{c\varphi}=c/(\gamma h\tan\varphi)$ 之间的一一对应关系；面向工程实际，给出了方便工程实际应用的多台阶边坡稳定性设计计算图表，并通过算例进行了使用示例。

第5章　水力效应影响下边坡稳定性分析

5.1　本章概述

“十个边坡九个水”形象地反映了边坡失稳与边坡体所处水环境及雨水活动之间的密切联系。在边坡工程实际中，水参与形态通常可以分为以下几种：降雨和流水入渗、边坡临河水位升降、边坡地下水位上升等。但无论何种水参与形态，在水参与条件下边坡体内部会出现以下一种或多种复杂变化：①土体含水量增加导致孔隙水压力增加、有效应力降低，黏聚力、内摩擦角及基质吸力降低，从而在整体上降低了土体的抗剪强度；②土体含水量增加使土体重度增加；③入渗或渗流过程中产生不利于边坡稳定性的渗流压力；④静水压力或增加岩土体原有的裂隙水压力、结构面遇水软化，或使潜在滑面的抗滑能力降低。

孔隙水压力是边坡稳定性分析中必须考虑的一个重要外部因素。土体中的孔隙水压力分为渗流水压力和超静孔隙水压力两种，前者为土体内由地下水做稳定或不稳定渗流运动引起的孔隙水压力，后者指坡内承压水或施工工期未消散的超静孔隙水压力产生的压力。凡是土坡内有承压地下水的渗流作用，或部分浸在水下，或有超静孔隙水压力时，都必须在稳定分析中计及孔隙水压力的影响。本章重点考虑水力效应影响，开展均质边坡稳定性分析。

5.2　孔隙水压力系数

1954年Bishop开始在实际工程计算中引入孔隙水压力系数的概念，认为孔压是一个上覆岩土压力的分量。在采用上限定理对边坡稳定性进行分析时，因为采用有效应力方法时必须考虑孔隙水压力的影响，这增加了问题的复杂性，前人较早的工作主要是基于总应力法基础的。Miller和Hamilton（1989）基于上限定理同时考虑孔隙水压力效应对边坡稳定性进行了分析，分析中采用了刚体转动机制、刚体转动与变形体混合机制，且在计算中认为稳定渗流作用下边坡的地下水位线为抛物线。后续能量方法研究表明，虽然该研究方法能够获得正确的结果，但假定孔隙水压力为内力来进行能耗计算，则当边坡处于失稳或即将失稳状态时边坡的土体中消散功率会减少。由于其物理意义不明确，这一假设引起了不少学者的争议（Miller and Hamilton，1990；Michalowski，1994，1995）。Miller和Hamilton（1990）后来又分别将孔隙水压力作为内力和外力两种方式处理来估算边坡稳定性，且发现两种计算方法结果相同，并认为将孔隙水压力当作外力并假定其为自由水面以下的静水压时的物理意义更为明确，而且更容易被广大学者所接受。Michalowski（1994，1995）同样认为孔隙水压力是一种外力，并在采用对数螺旋线滑动机构和多竖直条分机构在分析边坡稳定性时考虑了孔隙水压力的影响，分析中，孔隙水压力 u 用孔隙水压力系数 r_u 表征。后来 Michalowski（1997，1999，2000，2002，2005，2009）又多次分析了该方法应用于边坡的有效性和正确性。国内年廷凯（2005）、年廷凯等（2008）、Yang 和 Zou（2006）、王根龙等（2007a）利用同样的策略分析了饱和岩土边坡的稳定性。

1954 年 Bishop 引入了孔隙水压力系数概念进行了边坡稳定性分析，认为孔压是一个上覆岩土压力的分量，地表以下 z 处的孔隙水压力 u 为

$$u=r_u \cdot \gamma \cdot z \tag{5-1}$$

式中，u 为孔隙水压力；r_u 为孔隙水压力系数；γ 为岩土容重；z 为地表以下某点到地表的距离。

孔隙水压力比近似地反映出孔隙水压力的影响，按照 Michalowski（1994，1995）提出的建议进行计算，假定流场的等势线铅直，滑裂面上某点处的孔隙水压力与滑裂面在该点处的法线方向一致，其水头值等于该点至浸润线与该点至坡外水位的铅直距离之差；根据有效应力原理，采用“水土分算”原则，把水土混合体当作极限分析法的研究对象，把孔隙水压力当作一种外力荷载作用于水土混合体上，再进行功能算式的推导计算。同时假定：① 坡体处于稳定渗流期，假定土体内流场的等势线是铅直的，某点的孔隙水压力的水头等于该点至浸润线的铅直距离；② 简化孔隙水压力的影响，不考虑动水作用，只考虑静水压力对边坡稳定性的影响，且不考虑由外荷载和孔隙水压力的影响引起的岩体强度减弱现象。

5.3　孔隙水压力效应下边坡稳定性分析——螺旋线破坏机构

Michalowski（1995）将孔隙水压力作为外力并参与功能计算，给出的饱水边坡稳定性计算破坏模式如图 5-1 所示。

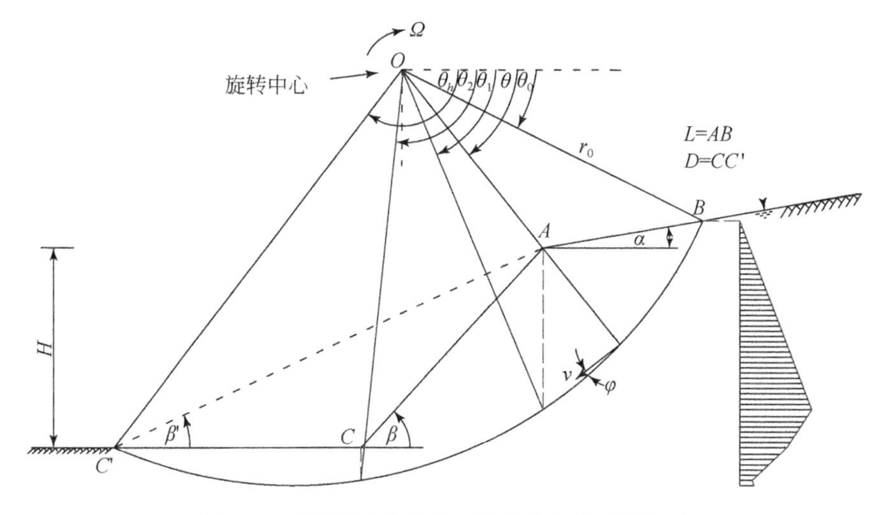

图 5-1　满地下水位条件下边坡稳定性破坏机构

5.3.1 能耗计算

在孔隙水压力作用下，外部能耗包括两部分：重力做功率和孔隙水压力做功率，内部能耗发生在速度间断面上。其中，重力做功率及内部能耗见第 3 章 3.3 节，下面详细介绍孔隙水压力做功率。

对于满地下水位边坡，孔压分布用孔隙水压力系数 r_u 表示，孔隙水压力做功率采用以下形式：

$$W_u = \gamma r_0^3 \Omega r_u f_5 \tag{5-2}$$

$$f_5 = \tan\varphi\left(\int_{\theta_0}^{\theta_1}\frac{k_1}{r_0}e^{2(\theta-\theta_0)\tan\varphi}d\theta + \int_{\theta_1}^{\theta_2}\frac{k_2}{r_0}e^{2(\theta-\theta_0)\tan\varphi}d\theta + \int_{\theta_2}^{\theta_h}\frac{k_3}{r_0}e^{2(\theta-\theta_0)\tan\varphi}d\theta\right) \tag{5-3}$$

其中，

$$\frac{k_1}{r_0}=\frac{r}{r_0}\sin\theta-\sin\theta_0-\left(\cos\theta_0-\frac{r}{r_0}\cos\theta\right)\tan\alpha \tag{5-4}$$

$$\frac{k_2}{r_0}=\frac{r}{r_0}\sin\theta-\sin\theta_h e^{(\theta_h-\theta_0)\tan\varphi}+\left\{\frac{r}{r_0}\cos\theta-\cos\theta_2 e^{(\theta_2-\theta_0)\tan\varphi}\right\}\tan\beta \tag{5-5}$$

$$\frac{k_3}{r_0}=\frac{r}{r_0}\sin\theta-\sin\theta_h e^{(\theta_h-\theta_0)\tan\varphi} \tag{5-6}$$

同时，θ_1 和 θ_2 由下式确定：

$$\cos\theta_1 e^{(\theta_1-\theta_0)\tan\varphi}=\cos\theta_0-\frac{L}{r_0}\cos\alpha \tag{5-7}$$

$$\cos\theta_2 e^{(\theta_2-\theta_0)\tan\varphi}=\cos\theta_0-\frac{L}{r_0}\cos\alpha-\frac{H}{r_0}\cot\beta \tag{5-8}$$

将式（5-4）~式（5-6）代入式（5-3）中进行积分，得到 f_5 的显式表达式如下：

$$f_5=\tan\varphi\ (f_{5\_1}+f_{5\_2}+f_{5\_3}) \tag{5-9}$$

其中，

$$\begin{aligned}
f_{5_1} &= \int_{\theta_0}^{\theta_1}\frac{k_1}{r_0}e^{2(\theta-\theta_0)\tan\varphi}d\theta = \int_{\theta_0}^{\theta_1}\left[\sin\theta e^{3(\theta-\theta_0)\tan\varphi} - (\sin\theta_0 + \cos\theta_0\tan\alpha)e^{2(\theta-\theta_0)\tan\varphi} + \tan\alpha\cos\theta e^{3(\theta-\theta_0)\tan\varphi}\right]d\theta \\
&= \frac{[3\tan\varphi\sin\theta_1 - \cos\theta_1]e^{3(\theta_1-\theta_0)\tan\varphi} + \cos\theta_0 - 3\tan\varphi\sin\theta_0}{1+9\tan^2\varphi} \\
&\quad - \frac{\sin\theta_0 + \cos\theta_0\tan\alpha}{2\tan\varphi}\left(e^{2(\theta_1-\theta_0)\tan\varphi} - 1\right) \\
&\quad + \tan\alpha\frac{[3\tan\varphi\cos\theta_1 + \sin\theta_1]e^{3(\theta_1-\theta_0)\tan\varphi} - \sin\theta_0 - 3\tan\varphi\cos\theta_0}{1+9\tan^2\varphi}
\end{aligned} \tag{5-10}$$

$$\begin{aligned}
f_{5_2} &= \int_{\theta_1}^{\theta_2}\frac{k_2}{r_0}e^{2(\theta-\theta_0)\tan\varphi}d\theta \\
&= \int_{\theta_1}^{\theta_2}\left\{e^{3(\theta-\theta_0)\tan\varphi}\sin\theta - \sin\theta_h e^{(2\theta+\theta_h-3\theta_0)\tan\varphi} + e^{3(\theta-\theta_0)\tan\varphi}\cos\theta\tan\beta - \cos\theta_2\tan\beta e^{(2\theta+\theta_2-3\theta_0)\tan\varphi}\right\}d\theta \\
&= \frac{[3\tan\varphi\sin\theta_2 - \cos\theta_2]e^{3(\theta_2-\theta_0)\tan\varphi} + [\cos\theta_1 - 3\tan\varphi\sin\theta_1]e^{3(\theta_1-\theta_0)\tan\varphi}}{1+9\tan^2\varphi}
\end{aligned}$$

$$
\begin{aligned}
&-\frac{\sin\theta_h}{2\tan\varphi}\left(e^{(2\theta_2+\theta_h-3\theta_0)\tan\varphi}-e^{(2\theta_1+\theta_h-3\theta_0)\tan\varphi}\right)\\
&+\tan\beta\frac{[3\tan\varphi\cos\theta_2+\sin\theta_2]e^{3(\theta_2-\theta_0)\tan\varphi}-[3\tan\varphi\cos\theta_1+\sin\theta_1]e^{3(\theta_1-\theta_0)\tan\varphi}}{1+9\tan^2\varphi}\\
&-\frac{\cos\theta_2\tan\beta}{2\tan\varphi}\left[e^{3(\theta_2-\theta_0)\tan\varphi}-e^{(2\theta_1+\theta_2-3\theta_0)\tan\varphi}\right]
\end{aligned} \tag{5-11}
$$

$$
\begin{aligned}
f_{5\_3}&=\int_{\theta_2}^{\theta_h}\frac{k_3}{r_0}e^{2(\theta-\theta_0)\tan\varphi}d\theta=\int_{\theta_2}^{\theta_h}\left[\sin\theta e^{3(\theta-\theta_0)\tan\varphi}-\sin\theta_h e^{(2\theta+\theta_h-3\theta_0)\tan\varphi}\right]d\theta\\
&=\frac{[3\tan\varphi\sin\theta_h-\cos\theta_h]e^{3(\theta_h-\theta_0)\tan\varphi}+[\cos\theta_2-3\tan\varphi\sin\theta_2]e^{3(\theta_2-\theta_0)\tan\varphi}}{1+9\tan^2\varphi}\\
&\quad-\frac{\sin\theta_h}{2\tan\varphi}\left(e^{3(\theta_h-\theta_0)\tan\varphi}-e^{(2\theta_2+\theta_h-3\theta_0)\tan\varphi}\right)
\end{aligned} \tag{5-12}
$$

5.3.2 稳定性分析

(1) 临界高度计算

根据虚功原理，使得外荷载所做的功率等于内能耗散率，即有边坡临界高度计算方程：

$$
H_{cr}=\frac{c}{\gamma}\frac{\left[e^{2(\theta_h-\theta_0)\tan\varphi_f}-1\right]\left[e^{\tan\varphi(\theta_h-\theta_0)}\sin(\theta_h+\alpha)-\sin(\theta_0+\alpha)\right]\sin\beta'}{2\tan\varphi_f(f_1-f_2-f_3-f_4+r_u f_5)\sin(\beta'-\alpha)} \tag{5-13}
$$

式中，系数f_1、f_2、f_3、f_4详见第3章3.3.2节式（3-15）~式（3-18）。根据极限分析上限定理，式（5-13）即为给定实际边坡在考虑孔隙水压力效应的临界高度下求解的上限方法表达式。将H_{cr}看作目标函数时，数学规划式如下：

$$
\text{s. t.}\begin{cases}\min H_{cr}, & 0<\beta'<\beta\\ 0<\theta_0<\pi/2, & \theta_0<\theta_h<\pi\\ \theta_0<\theta_1<\theta_h & \text{且满足式（5-7）}\\ \theta_1<\theta_2<\theta_h & \text{且满足式（5-8）}\end{cases} \tag{5-14}
$$

(2) 安全系数计算

根据能耗法计算过程，令外力所做的功率等于内部耗损率，将抗剪强度参数c、φ按式（3-1）进行折减，可求得边坡安全系数：

$$
F_s=\frac{c}{\gamma H}\frac{e^{2(\theta_h-\theta_0)\tan\varphi_f}-1}{2\tan\varphi_f(f_1-f_2-f_3-f_4+r_u f_5)}\left(\frac{H}{r_0}\right) \tag{5-15}
$$

式中，$\varphi_f=\arctan(\tan\varphi/F_s)$，且系数$f_1$、$f_2$、$f_3$、$f_4$、$f_5$、$H/r_0$中的内摩擦角$\varphi$均由$\varphi_f=\arctan(\tan\varphi/F_s)$代替。

根据极限分析上限定理，式（5-15）即为给定实际边坡在考虑地下水位变化和孔隙水压力效应的安全系数下求解的上限方法表达式。将F_s看作目标函数时，数学规划表达式如下：

$$
\text{s.t.}\begin{cases} H=H_{\mathrm{cr}}, & 0<\beta'<\beta \\ 0<\theta_0<\pi/2, & \theta_0<\theta_h<\pi \\ \theta_0<\theta_1<\theta_h & \text{且满足式（5-7）} \\ \theta_1<\theta_2<\theta_h & \text{且满足式（5-8）} \end{cases} \tag{5-16}
$$

5.4　地下水位升降条件下边坡稳定性分析

虽然满水位饱水边坡是考虑孔隙水压力参与条件下的最不利工况，但实际工程中边坡内部的水位线是不断变化的，会随着外界条件的不同而不同。为了解地下水位改变对边坡稳定性的影响，下面假设地下水位发生变化（部分边坡处于饱和）来进行边坡稳定性分析。边坡内部的地下水位分布如图 5-2 所示。变地下水位条件下孔隙水压力作为外力参与功能计算的破坏模式如图 5-3 所示。

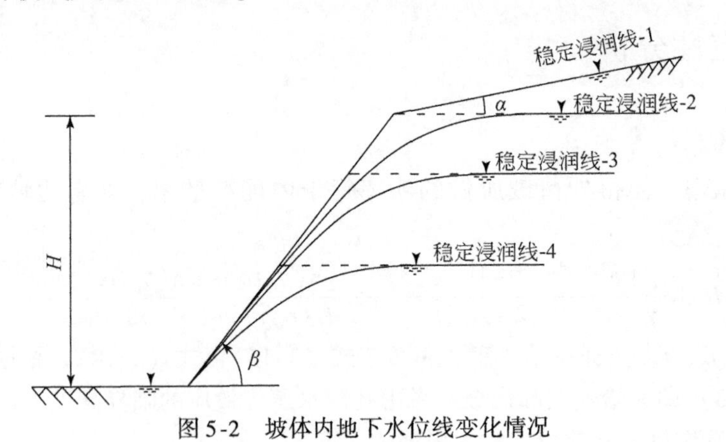

图 5-2　坡体内地下水位线变化情况

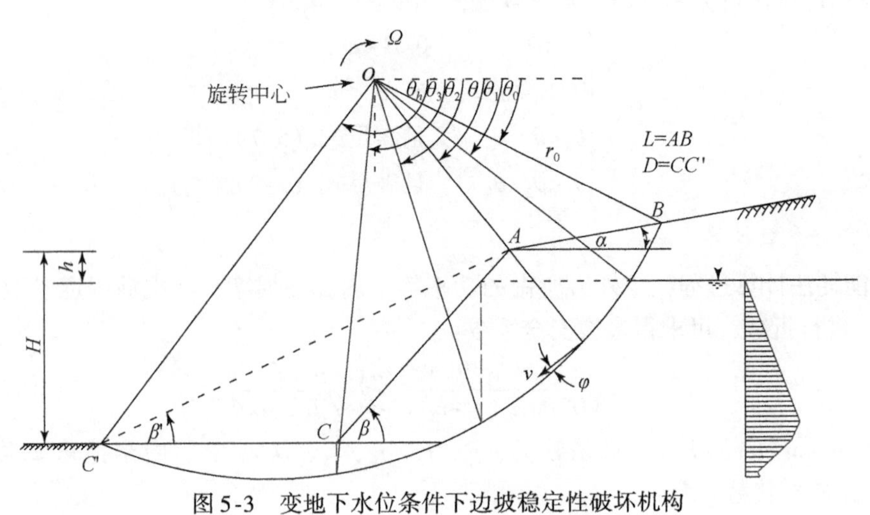

图 5-3　变地下水位条件下边坡稳定性破坏机构

5.4.1　能耗计算

能耗计算时，重力功率计算式及间断面内能耗散同第3章3.3节，外力做功还包括孔隙水压力做功部分。孔压分布同样用孔隙水压力系数 r_u 表示，孔隙水压力做功仍然采用式（5-2）的形式，但 f_5 由式（5-17）给定：

$$f_5 = \tan\varphi\left(\int_{\theta_1}^{\theta_2}\frac{k_1}{r_0}e^{2(\theta-\theta_0)\tan\varphi}d\theta + \int_{\theta_2}^{\theta_3}\frac{k_2}{r_0}e^{2(\theta-\theta_0)\tan\varphi}d\theta + \int_{\theta_3}^{\theta_h}\frac{k_3}{r_0}e^{2(\theta-\theta_0)\tan\varphi}d\theta\right) \tag{5-17}$$

其中，

$$\frac{k_1}{r_0}=\frac{r}{r_0}\sin\theta-\frac{r_1}{r_0}\sin\theta_1 \tag{5-18}$$

$$\frac{k_2}{r_0}=\frac{r}{r_0}\sin\theta-\sin\theta_h e^{(\theta_h-\theta_0)\tan\varphi}+\left\{\frac{r}{r_0}\cos\theta-\cos\theta_3 e^{(\theta_3-\theta_0)\tan\varphi}\right\}\tan\beta \tag{5-19}$$

$$\frac{k_3}{r_0}=\frac{r}{r_0}\sin\theta-\sin\theta_h e^{(\theta_h-\theta_0)\tan\varphi} \tag{5-20}$$

还需要满足一定的条件，θ_1、θ_2 和 θ_3 由下式确定：

$$\sin\theta_1 e^{(\theta_1-\theta_0)\tan\varphi}=\sin\theta_0+\frac{L}{r_0}\sin\alpha+\frac{h}{r_0} \tag{5-21}$$

$$\cos\theta_2 e^{(\theta_2-\theta_0)\tan\varphi}=\cos\theta_0-\frac{L}{r_0}\cos\alpha-\frac{h}{r_0}\cot\beta \tag{5-22}$$

$$\cos\theta_3 e^{(\theta_3-\theta_0)\tan\varphi}=\cos\theta_0-\frac{L}{r_0}\cos\alpha-\frac{H}{r_0}\cot\beta \tag{5-23}$$

将式（5-18）~式（5-20）代入式（5-17）中进行积分，得到 f_9 的显式表达式如下：

$$f_5=\tan\varphi(f_{5\_1}+f_{5\_2}+f_{5\_3}) \tag{5-24}$$

其中，

$$\begin{aligned} f_{5\_1} &= \int_{\theta_1}^{\theta_2}\frac{k_1}{r_0}e^{2(\theta-\theta_0)\tan\varphi}d\theta = \int_{\theta_1}^{\theta_2}[\sin\theta e^{3(\theta-\theta_0)\tan\varphi} - \sin\theta_1 e^{(2\theta+\theta_1-3\theta_0)\tan\varphi}]d\theta \\ &= \frac{[3\tan\varphi\sin\theta_2 - \cos\theta_2]e^{3(\theta_2-\theta_0)\tan\varphi} + [\cos\theta_1 - 3\tan\varphi\sin\theta_1]e^{3(\theta_1-\theta_0)\tan\varphi}}{1+9\tan^2\varphi} \\ &\quad - \frac{\sin\theta_1}{2\tan\varphi}[e^{(2\theta_2+\theta_1-3\theta_0)\tan\varphi} - e^{3(\theta_1-\theta_0)\tan\varphi}] \end{aligned} \tag{5-25}$$

$$\begin{aligned} f_{5\_2} &= \int_{\theta_2}^{\theta_3}\frac{k_2}{r_0}e^{2(\theta-\theta_0)\tan\varphi}d\theta \\ &= \int_{\theta_2}^{\theta_3}[e^{3(\theta-\theta_0)\tan\varphi}\sin\theta - \sin\theta_h e^{(2\theta+\theta_h-3\theta_0)\tan\varphi} + e^{3(\theta-\theta_0)\tan\varphi}\cos\theta\tan\beta - \cos\theta_3\tan\beta e^{(2\theta+\theta_3-3\theta_0)\tan\varphi}]d\theta \\ &= \frac{[3\tan\varphi\sin\theta_3 - \cos\theta_3]e^{3(\theta_3-\theta_0)\tan\varphi} + [\cos\theta_2 - 3\tan\varphi\sin\theta_2]e^{3(\theta_2-\theta_0)\tan\varphi}}{1+9\tan^2\varphi} \\ &\quad - \frac{\sin\theta_h}{2\tan\varphi}[e^{(2\theta_3+\theta_h-3\theta_0)\tan\varphi} - e^{(2\theta_2+\theta_h-3\theta_0)\tan\varphi}] \end{aligned}$$

$$+\tan\beta\frac{[3\tan\varphi\cos\theta_3+\sin\theta_3]e^{3(\theta_3-\theta_0)\tan\varphi}-[3\tan\varphi\cos\theta_2+\sin\theta_2]e^{3(\theta_2-\theta_0)\tan\varphi}}{1+9\tan^2\varphi}$$

$$-\frac{\cos\theta_3\tan\beta}{2\tan\varphi}[e^{3(\theta_3-\theta_0)\tan\varphi}-e^{(2\theta_2+\theta_3-3\theta_0)\tan\varphi}] \tag{5-26}$$

$$f_{5\_3}=\int_{\theta_3}^{\theta_h}\frac{k_3}{r_0}e^{2(\theta-\theta_0)\tan\varphi}d\theta=\int_{\theta_3}^{\theta_h}[\sin\theta e^{3(\theta-\theta_0)\tan\varphi}-\sin\theta_h e^{(2\theta+\theta_h-3\theta_0)\tan\varphi}]d\theta$$

$$=\frac{[3\tan\varphi\sin\theta_h-\cos\theta_h]e^{3(\theta_h-\theta_0)\tan\varphi}+[\cos\theta_3-3\tan\varphi\sin\theta_3]e^{3(\theta_3-\theta_0)\tan\varphi}}{1+9\tan^2\varphi}$$

$$-\frac{\sin\theta_h}{2\tan\varphi}[e^{3(\theta_h-\theta_0)\tan\varphi}-e^{(2\theta_3+\theta_h-3\theta_0)\tan\varphi}] \tag{5-27}$$

5.4.2 稳定性分析

（1）临界高度计算

根据虚功原理，使得外荷载所做的功率等于内能耗散率，即有边坡临界高度计算方程：

$$H_{cr}=\frac{c}{\gamma}\frac{[e^{2(\theta_h-\theta_0)\tan\varphi_f}-1][e^{\tan\varphi(\theta_h-\theta_0)}\sin(\theta_h+\alpha)-\sin(\theta_0+\alpha)]\sin\beta'}{2\tan\varphi_f(f_1-f_2-f_3-f_4+r_uf_5)\sin(\beta'-\alpha)} \tag{5-28}$$

根据极限分析上限定理，式（5-28）即为给定实际边坡在考虑孔隙水压力效应的临界高度下求解的上限方法表达式。将式（5-28）中的临界高度 H_{cr} 看作目标函数时，数学规划式如下：

$$\text{s. t.}\begin{cases}\min H, & 0<\beta'<\beta\\ 0<\theta_0<\pi/2, & \theta_0<\theta_h<\pi\\ \theta_0<\theta_1<\theta_h & \text{且满足式（5-21）}\\ \theta_1<\theta_2<\theta_h & \text{且满足式（5-22）}\\ \theta_2<\theta_3<\theta_h & \text{且满足式（5-23）}\end{cases} \tag{5-29}$$

（2）安全系数计算

为确定边坡安全系数，根据强度折减技术，使得外荷载所做的功率等于内能耗散率，可得边坡安全系数计算方程：

$$F_s=\frac{c}{\gamma H2\tan\varphi_f}\frac{e^{2(\theta_h-\theta_0)\tan\varphi_f}-1}{(f_1-f_2-f_3-f_4+r_uf_5)}\left(\frac{H}{r_0}\right) \tag{5-30}$$

式中，$\varphi_f=\arctan(\tan\varphi/F_s)$，且系数 f_1、f_2、f_3、f_4、f_5、H/r_0 中的内摩擦角 φ 均由 $\varphi_f=\arctan(\tan\varphi/F_s)$ 代替。

根据极限分析上限定理，式（5-30）即为给定实际边坡在考虑地下水位变化和孔隙水压力效应的安全系数下求解的上限方法表达式。将 F_s 看作目标函数时，数学规划式如下：

$$
\text{s. t.}\begin{cases} H=H_{cr} & 0<\beta'<\beta \\ 0<\theta_0<\pi/2 & \theta_0<\theta_h<\pi \\ \theta_0<\theta_1<\theta_h & \text{且满足式（5-21）} \\ \theta_1<\theta_2<\theta_h & \text{且满足式（5-22）} \\ \theta_2<\theta_3<\theta_h & \text{且满足式（5-23）} \end{cases} \tag{5-31}
$$

5.5　河流水位与地下水位共同作用下边坡稳定性分析

5.5.1　河流水位与地下水位共同作用下边坡稳定性分析

对于临河边坡（临库边坡类似），河流水位升降也是影响边坡稳定性的重要因素：①河流水位升降将直接导致边坡地下水位升降，边坡的稳定性将发生变化；②河流水位发生突降时，将使边坡内部的地下水位的水力梯度快速增大而无法快速消散，边坡的稳定性急剧下降；③河流水位变化实际作为一种外力作用于边坡底部，相当于反压荷载，有利于边坡稳定性，且这种有益效应随着水位升降产生变化；④河流，特别是山区河流，夹杂大量砂石，具有较大的冲击动能和侵蚀能力。临河边坡坡面和坡趾受到流水的强烈冲刷和淘蚀，坡趾处的土体对于边坡的支撑作用急剧下降，导致边坡的稳定性下降明显。

以下将分析上述4个情况对边坡稳定性的影响，其中①和②的影响方式反映为边坡地下水位变化对边坡稳定性的影响，详细分析过程见5.3节和5.4节，本节主要考虑河流水位结合坡内地下水位变化对边坡稳定性的影响。坡体内外水力条件分布方式如图5-4所示，坡体内部在内外水力条件差异的条件下形成比较稳定的水位线分布，通常可以将不同水力条件变化细化为如图5-5所示的4种理想状态。

1）坡体外部水位突降：坡体浸水条件下，坡体内部水位线与坡顶平行，坡体外部水位突降而坡体内部水位来不及下降，处于满水位状态。

2）坡体内部水位渐降：坡体内外水力条件稳定条件下，随着时间的延续，坡外水位不变而坡体内部水位线逐渐下降。

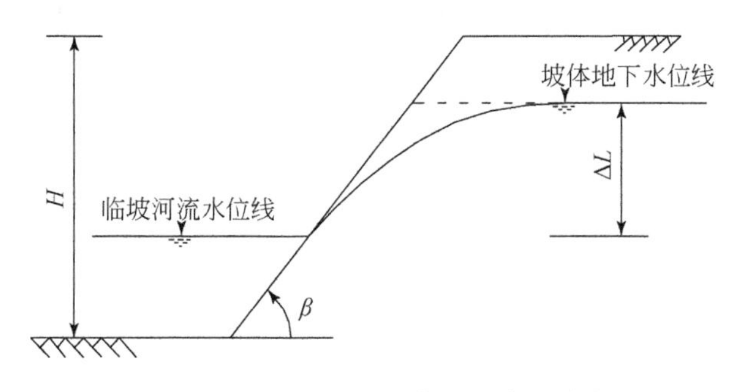

图5-4　河流水位变化和坡体内水位线分布方式

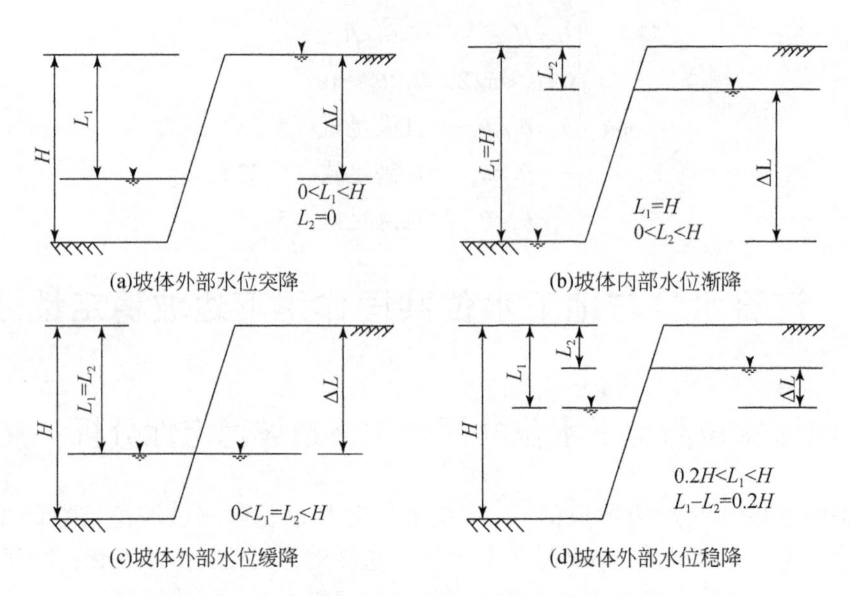

图 5-5　坡体水力条件分布方式的四种形态

3）坡体外部水位缓降：坡体内外水力条件稳定条件下，随着时间的延续，坡体内外部水位线均缓慢下降，且坡体内外水位一致。

4）坡体外部水位稳降：坡体内外水力条件稳定条件下，随着时间的延续，坡体内外部水位线均缓慢下降，且内外水位维持一定高度差。

同 Viratjandr 和 Michalowski（2006）给出的库岸边坡稳定性计算破坏模式，孔隙水压力和河流水位压力作为外力参与功能计算。外力做功包括重力做功、孔隙水压力做功和河流水位压力做功三部分，内部能耗发生在间断面 BC′上。其中重力功率计算式及间断面内能耗散同 3.3 节。

（1）孔隙水压力做功

孔隙水压力做功计算公式采用式（5-2），f_5 由式（5-17）给定，但是 k_3、θ_3 发生了变化，如图 5-6 所示。k_1、k_2 分别由式（5-18）和式（5-19）确定，k_3 由式（5-32）确定。θ_1、θ_2 分别由式（5-21）和式（5-22）确定，θ_3 由式（5-33）确定：

$$\frac{k_3}{r_0}=\mathrm{e}^{(\theta-\theta_0)\tan\varphi}\sin\theta-\mathrm{e}^{(\theta_h-\theta_0)\tan\varphi}\sin\theta_h+\frac{h_2}{r_0} \tag{5-32}$$

$$\cos\theta_3\mathrm{e}^{(\theta_3-\theta_0)\tan\varphi}=\cos\theta_0-L_1/r_0\cos\alpha-(H-h_2)/r_0\cot\beta \tag{5-33}$$

此时，f_{5_1} 和 f_{5_2} 计算公式分别同式（5-25）和式（5-26）。f_{5_3} 的计算公式如下：

$$\begin{aligned}
f_{5_3} &= \int_{\theta_3}^{\theta_h}\frac{k_3}{r_0}\mathrm{e}^{2(\theta-\theta_0)\tan\varphi}\mathrm{d}\theta \\
&= \int_{\theta_3}^{\theta_h}\left[\mathrm{e}^{3(\theta-\theta_0)\tan\varphi}\sin\theta-\mathrm{e}^{(2\theta+\theta_h-3\theta_0)\tan\varphi}\sin\theta_h+\frac{h_2}{r_0}\mathrm{e}^{2(\theta-\theta_0)\tan\varphi}\right]\mathrm{d}\theta \\
&= \frac{(3\tan\varphi\sin\theta_h-\cos\theta_h)\mathrm{e}^{3(\theta_h-\theta_0)\tan\varphi}+(\cos\theta_3-3\tan\varphi\sin\theta_3)\mathrm{e}^{3(\theta_3-\theta_0)\tan\varphi}}{1+9\tan^2\varphi}
\end{aligned}$$

$$
-\frac{\sin\theta_h}{2\tan\varphi}\left[e^{3(\theta_h-\theta_0)\tan\varphi}-e^{(2\theta_3+\theta_h-3\theta_0)\tan\varphi}\right]
$$

$$
+\frac{h_2}{2r_0\tan\varphi}\left[e^{2(\theta_h-\theta_0)\tan\varphi}-e^{2(\theta_3-\theta_0)\tan\varphi}\right] \tag{5-34}
$$

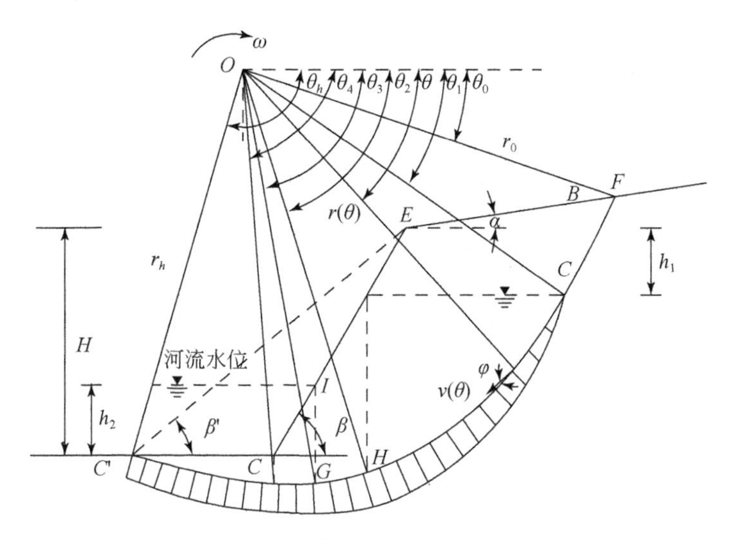

图5-6　河流或水库水位变化对库岸边坡稳定性的影响

(2) 河流水压力做功

浸水 CI 段和 CC' 段水压力做功可通过下式进行积分得到：

$$
W_{CC'}=\int_{CC'}pn_iv_i\mathrm{d}S \tag{5-35}
$$

$$
W_{CI}=\int_{CI}pn_iv_i\mathrm{d}S \tag{5-36}
$$

式中，p 为作用在微面积 dS 上的水压力；v_i 为间断面速度；n_i 为垂直于 dS 上的单位向量。

1) 河流水位压力对 $C'C$ 段做功。

由图可知，$C'C$ 上任意微段至河流水位的垂直距离是不变的，$C'C$ 上任意微段处的水压力是相同的，而 CI 微段处的速度大小和方向是变化的，如图5-7所示。

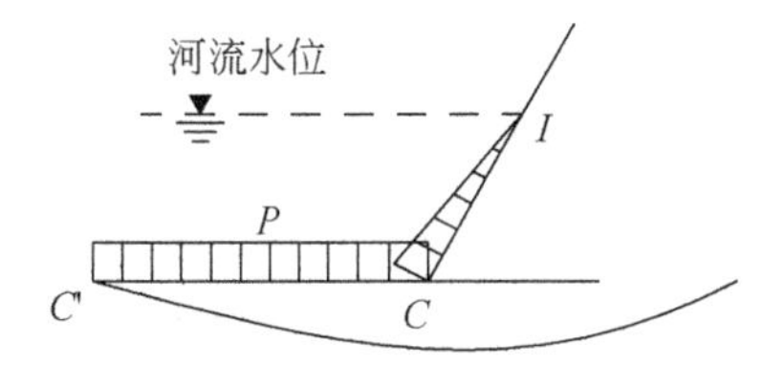

图5-7　$C'C$ 和 CI 段水压力作用示意图

$$
\begin{aligned}
W_{C'C}&=\int_{C'C}pn_iv_i\mathrm{d}S=\int_{\theta_b}^{\theta_h}r_u\gamma h_2\cdot\frac{r_h\sin\theta_h}{\sin\theta}\omega\sin(\theta-90^\circ)\cdot\frac{r_h\sin\theta_h}{\sin\theta\cos(\theta-90^\circ)}\mathrm{d}\theta\\
&=r_u\gamma\omega r_0^3(h_2/r_0)\sin^2\theta_h e^{2(\theta_h-\theta_0)\tan\varphi}\left(\frac{1}{2\sin^2\theta_h}-\frac{1}{2\sin^2\theta_b}\right)\\
&=r_u\gamma\omega r_0^3 f_{C'C}
\end{aligned} \tag{5-37}
$$

式中，θ_4由式（5-38）决定：

$$\cos\theta_4 e^{(\theta_4-\theta_0)\tan\varphi}=\cos\theta_0-L_1/r_0\cos\alpha-H/r_0\cot\beta \tag{5-38}$$

2）河流水位压力对 CI 段做功。

CI 上任意微段至河流水位的垂直距离是线性变化的，如图 5-8 所示。另外，速度的大小和方向也在不断变化，所以河流水位压力对 CI 段做功计算过程比较复杂。下面详细介绍 CI 段水压力做功计算过程。

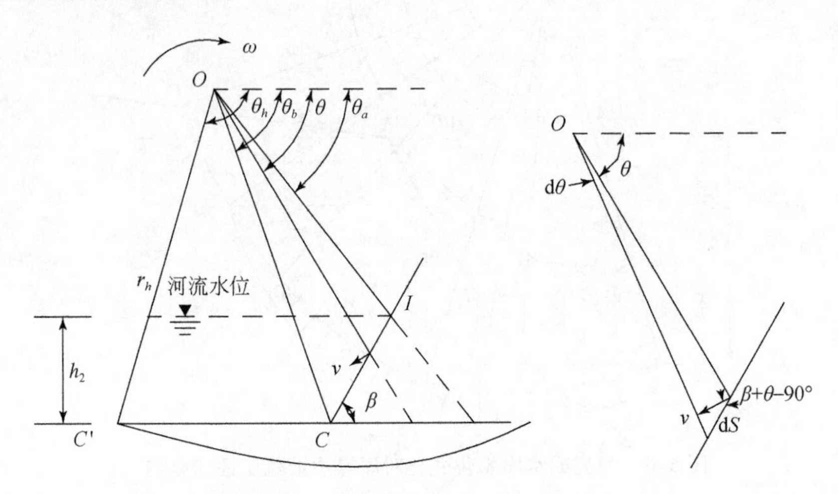

图 5-8　CI 段水压力做功积分示意图

在 CI 的任意微段上：

水压力 P 为

$$P=r_{\mathrm{w}}\left[h_2-r_h\sin\theta_h\left(\frac{1}{\tan\theta}-\frac{1}{\tan\theta_b}\right)\frac{\sin\beta\sin\theta}{\sin(\beta+\theta)}\right] \tag{5-39}$$

速度 v 为

$$v=\omega\left[\frac{r_h\sin\theta_h}{\sin\theta}-r_h\sin\theta_h\left(\frac{1}{\tan\theta}-\frac{1}{\tan\theta_b}\right)\frac{\sin\beta}{\sin(\beta+\theta)}\right]\sin(\beta+\theta-90°) \tag{5-40}$$

作用面积为

$$\mathrm{d}S=\left[\frac{r_h\sin\theta_h}{\sin\theta}-r_h\sin\theta_h\left(\frac{1}{\tan\theta}-\frac{1}{\tan\theta_b}\right)\frac{\sin\beta}{\sin(\beta+\theta)}\right]\frac{\mathrm{d}\theta}{\cos(\beta+\theta-90°)} \tag{5-41}$$

将式（5-39）~式（5-41）代入式（5-36）积分得

$$\begin{aligned}W_{CI}=\int_{CI}pn_iv_i\mathrm{d}S=&-\int_{\theta_a}^{\theta_b}r_{\mathrm{u}}\gamma\omega\left[h_2-r_h\sin\theta_h\left(\frac{1}{\tan\theta}-\frac{1}{\tan\theta_b}\right)\frac{\sin\beta\sin\theta}{\sin(\beta+\theta)}\right]\\&\times\left[\frac{r_h\sin\theta_h}{\sin\theta}-r_h\sin\theta_h\left(\frac{1}{\tan\theta}-\frac{1}{\tan\theta_b}\right)\frac{\sin\beta}{\sin(\beta+\theta)}\right]^2\cot(\beta+\theta)\mathrm{d}\theta\end{aligned}$$

$$
=-r_u\gamma\omega\,(r_h\sin\theta_h)^2\left\{\begin{array}{l}\displaystyle\int_{\theta_a}^{\theta_b}\frac{h_2\cot(\beta+\theta)}{\sin^2\theta}\mathrm{d}\theta-\int_{\theta_a}^{\theta_b}\frac{2h_2\cot(\beta+\theta)\sin\beta}{\sin\theta\sin(\beta+\theta)}\left(\frac{1}{\tan\theta}-\frac{1}{\tan\theta_b}\right)\mathrm{d}\theta\\ \displaystyle+\int_{\theta_a}^{\theta_b}\frac{h_2\cot(\beta+\theta)\sin^2\beta}{\sin^2(\beta+\theta)}\left(\frac{1}{\tan\theta}-\frac{1}{\tan\theta_b}\right)^2\mathrm{d}\theta\\ \displaystyle-\int_{\theta_a}^{\theta_b}\frac{r_h\sin\theta_h\cot(\beta+\theta)\sin\beta}{\sin\theta\sin(\beta+\theta)}\left(\frac{1}{\tan\theta}-\frac{1}{\tan\theta_b}\right)\mathrm{d}\theta\\ \displaystyle+\int_{\theta_a}^{\theta_b}\frac{2r_h\sin\theta_h\cot(\beta+\theta)\sin^2\beta}{\sin^2(\beta+\theta)}\left(\frac{1}{\tan\theta}-\frac{1}{\tan\theta_b}\right)^2\mathrm{d}\theta\\ \displaystyle-\int_{\theta_a}^{\theta_b}\frac{r_h\sin\theta_h\cot(\beta+\theta)\sin^3\beta\sin\theta}{\sin^3(\beta+\theta)}\left(\frac{1}{\tan\theta}-\frac{1}{\tan\theta_b}\right)^3\mathrm{d}\theta\end{array}\right\}
$$

$$
=-r_u\gamma\omega\,(r_h\sin\theta_h)^2(J_1-J_2+J_3-J_4+J_5-J_6) \tag{5-42}
$$

令

$$
a_1=\frac{1}{\tan\theta_a}-\frac{1}{\tan\theta_b} \tag{5-43}
$$

$$
a_2=\ln\left(\frac{\sin\beta}{\tan\theta_b}+\cos\beta\right)-\ln\left(\frac{\sin\beta}{\tan\theta_a}+\cos\beta\right) \tag{5-44}
$$

$$
a_3=1\Big/\left(\frac{\sin\beta}{\tan\theta_b}+\cos\beta\right)-1\Big/\left(\frac{\sin\beta}{\tan\theta_a}+\cos\beta\right) \tag{5-45}
$$

$$
a_4=1\Big/\left(\frac{\sin\beta}{\tan\theta_b}+\cos\beta\right)^2-1\Big/\left(\frac{\sin\beta}{\tan\theta_a}+\cos\beta\right)^2 \tag{5-46}
$$

$$
a_5=1\Big/\left(\frac{\sin\beta}{\tan\theta_b}+\cos\beta\right)^3-1\Big/\left(\frac{\sin\beta}{\tan\theta_a}+\cos\beta\right)^3 \tag{5-47}
$$

则

$$
J_1=\int_{\theta_a}^{\theta_b}\frac{h_2\cot(\beta+\theta)}{\sin^2\theta}\mathrm{d}\theta=\frac{h_2\cos\beta}{\sin\beta}a_1+\frac{h_2}{\sin^2\beta}a_2 \tag{5-48}
$$

$$
\begin{aligned}
J_2&=\int_{\theta_a}^{\theta_b}\frac{2h_2\cot(\beta+\theta)\sin\beta}{\sin\theta\sin(\beta+\theta)}\left(\frac{1}{\tan\theta}-\frac{1}{\tan\theta_b}\right)\mathrm{d}\theta\\
&=2h_2\left[\begin{array}{l}\displaystyle\frac{\cos\beta}{\sin\beta}a_1+\left(\frac{2\cos^2\beta}{\sin^2\beta}+1+\frac{\cos\beta}{\sin\beta\tan\theta_b}\right)a_2\\ \displaystyle+\left(\frac{\cos^3\beta}{\sin^2\beta}+\cos\beta+\frac{1}{\sin\beta\tan\theta_b}\right)a_3\end{array}\right]
\end{aligned} \tag{5-49}
$$

$$
J_3=\int_{\theta_a}^{\theta_b}\frac{h_2\cot(\beta+\theta)\sin^2\beta}{\sin^2(\beta+\theta)}\left(\frac{1}{\tan\theta}-\frac{1}{\tan\theta_b}\right)^2\mathrm{d}\theta
$$

$$
= h_2 \left[\begin{aligned} & \frac{\cos\beta}{\sin\beta} a_1 + \left(\frac{3\cos^2\beta}{\sin^2\beta} + 1 + \frac{2\cos\beta}{\sin\beta\tan\theta_b} \right) a_2 \\ & + \left(\frac{3\cos^3\beta}{\sin^2\beta} + 2\cos\beta + \frac{4\cos^2\beta}{\sin\beta\tan\theta_b} + \frac{2\sin\beta}{\tan\theta_b} + \frac{\cos\beta}{\tan^2\theta_b} \right) a_3 \\ & - \left(\frac{\cos^4\beta}{2\sin^2\beta} + \frac{\cos^2\beta}{2} + \frac{\cos^3\beta}{\sin\beta\tan\theta_b} + \frac{\sin\beta\cos\beta}{\tan\theta_b} + \frac{1}{2\tan^2\theta_b} \right) a_4 \end{aligned} \right] \tag{5-50}
$$

$$
\begin{aligned} J_4 &= \int_{\theta_a}^{\theta_b} \frac{r_h \sin\theta_h \cot(\beta+\theta)\sin\beta}{\sin\theta\sin(\beta+\theta)} \left(\frac{1}{\tan\theta} - \frac{1}{\tan\theta_b} \right) \mathrm{d}\theta \\ &= r_h \sin\theta_h \left[\begin{aligned} & \frac{\cos\beta}{\sin\beta} a_1 + \left(\frac{2\cos^2\beta}{\sin^2\beta} + 1 + \frac{\cos\beta}{\sin\beta\tan\theta_b} \right) a_2 \\ & + \left(\frac{\cos^3\beta}{\sin^2\beta} + \cos\beta + \frac{1}{\sin\beta\tan\theta_b} \right) a_3 \end{aligned} \right] \end{aligned} \tag{5-51}
$$

$$
\begin{aligned} J_5 &= \int_{\theta_a}^{\theta_b} \frac{2r_h \sin\theta_h \cot(\beta+\theta)\sin^2\beta}{\sin^2(\beta+\theta)} \left(\frac{1}{\tan\theta} - \frac{1}{\tan\theta_b} \right)^2 \mathrm{d}\theta \\ &= 2r_h \sin\theta_h \left[\begin{aligned} & \frac{\cos\beta}{\sin\beta} a_1 + \left(\frac{3\cos^2\beta}{\sin^2\beta} + 1 + \frac{2\cos\beta}{\sin\beta\tan\theta_b} \right) a_2 \\ & + \left(\frac{3\cos^3\beta}{\sin^2\beta} + 2\cos\beta + \frac{4\cos^2\beta}{\sin\beta\tan\theta_b} + \frac{2\sin\beta}{\tan\theta_b} + \frac{\cos\beta}{\tan^2\theta_b} \right) a_3 \\ & - \left(\frac{\cos^4\beta}{2\sin^2\beta} + \frac{\cos^2\beta}{2} + \frac{\cos^3\beta}{\sin\beta\tan\theta_b} + \frac{\sin\beta\cos\beta}{\tan\theta_b} + \frac{1}{2\tan^2\theta_b} \right) a_4 \end{aligned} \right] \end{aligned} \tag{5-52}
$$

$$
\begin{aligned} J_6 &= \int_{\theta_a}^{\theta_b} \frac{r_h \sin\theta_h \cot(\beta+\theta)\sin^3\beta\sin\theta}{\sin^3(\beta+\theta)} \left(\frac{1}{\tan\theta} - \frac{1}{\tan\theta_b} \right)^3 \mathrm{d}\theta \\ &= r_h \sin\theta_h \left[\begin{aligned} & \frac{\cos\beta}{\sin\beta} a_1 + \left(\frac{4\cos^2\beta}{\sin^2\beta} + 1 + \frac{3\cos\beta}{\sin\beta\tan\theta_b} \right) a_2 \\ & + \left(\frac{6\cos^3\beta}{\sin^2\beta} + 3\cos\beta + \frac{9\cos^2\beta}{\sin\beta\tan\theta_b} + \frac{3\sin\beta}{\tan\theta_b} + \frac{3\cos\beta}{\tan^2\theta_b} \right) a_3 \\ & - \left(\frac{2\cos^4\beta}{\sin^2\beta} + \frac{3\cos^2\beta}{2} + \frac{9\cos^3\beta}{2\sin\beta\tan\theta_b} + \frac{3\cos\beta\sin\beta}{\tan\theta_b} \right. \\ & \left. + \frac{3\cos^2\beta}{\tan^2\theta_b} + \frac{3\sin^2\beta}{2\tan^2\theta_b} + \frac{\sin\beta\cos\beta}{2\tan^3\theta_b} \right) a_4 \\ & + \left(\frac{\cos^5\beta}{3\sin^2\beta} + \frac{\cos^3\beta}{3} + \frac{\cos^2\beta}{\sin\beta\tan\theta_b} + \frac{\cos^3\beta}{\tan^2\theta_b} + \frac{\sin^2\beta\cos\beta}{\tan^2\theta_b} - \frac{\sin\beta}{3\tan^3\theta_b} \right) a_5 \end{aligned} \right] \end{aligned} \tag{5-53}
$$

则：

$$
W_{CI} = \int_{CI} p n_i v_i \mathrm{d}S = -r_{\mathrm{u}} \gamma \omega r_0^3 \left[\mathrm{e}^{(\theta_h - \theta_0)\tan\varphi} \sin\theta_h \right]^2 \left(\frac{J_1 - J_2 + J_3 - J_4 + J_5 - J_6}{r_0} \right)
$$

$$= \gamma \omega r_0^3 r_u f_{CI} \tag{5-54}$$

其中，

$$f_{CI} = -[\mathrm{e}^{(\theta_h-\theta_0)\tan\varphi}\sin\theta_h]^2\left(\frac{J_1-J_2+J_3-J_4+J_5-J_6}{r_0}\right) \tag{5-55}$$

由几何条件易知：

$$\frac{\sin\theta_a}{\sin(\beta+\theta_a)}(\cot\theta_a-\cot\theta_b)\mathrm{e}^{(\theta_h-\theta_0)\tan\varphi}\sin\theta_h = h_2/r_0 \tag{5-56}$$

$$\frac{\sin(\theta_h-\theta_b)\mathrm{e}^{(\theta_h-\theta_0)\tan\varphi}}{\sin\theta_b} = (\cot\beta'-\cot\beta)H/r_0 \tag{5-57}$$

(3) 边坡稳定性分析

根据能耗法计算过程，令重力所做的功率等于内部耗损率，可求得边坡的临界高度 H_{cr}：

$$H_{cr} = \frac{c}{\gamma}\frac{[\mathrm{e}^{2\tan\varphi(\theta_h-\theta_0)}-\mathrm{e}^{2\tan\varphi(\theta_c-\theta_0)}]\sin\beta'[\mathrm{e}^{\tan\varphi(\theta_h-\theta_0)}\sin(\theta_h+\alpha)-\sin(\theta_0+\alpha)]}{2\cdot\tan\varphi[f_1-f_2-f_3-f_4+r_u(f_5-f_{C'C}-f_{CI})]\sin(\beta'-\alpha)} \tag{5-58}$$

根据能耗法计算过程，令外力所做的功率等于内部耗损率，将抗剪强度参数 c、φ 按式 (3-1) 进行折减，可求得边坡安全系数：

$$F_s = \frac{c}{\gamma H 2\cdot\tan\varphi_f}\frac{\mathrm{e}^{2\tan\varphi_f(\theta_h-\theta_0)}-\mathrm{e}^{2\tan\varphi_f(\theta_c-\theta_0)}}{[f_1-f_2-f_3-f_4+r_u(f_5-f_{C'C}-f_{CI})]}\frac{H}{r_0} \tag{5-59}$$

式中，系数 f_1、f_2、f_3、f_4、f_5、H/r_0 中的 φ 均由 $\varphi_f=\arctan(\tan\varphi/F_s)$ 代替，且式中 $r_u=\gamma_w/\gamma$，γ_w 为水容重。

5.5.2 河流水位与地下水位共同效应下边坡局部稳定性分析

局部失稳边坡常见于浸水边坡当中，简单均质边坡的最危险滑动面往往通过坡顶，已有的研究成果大多数按照此模式构建破坏机构。但对于一部分浸水边坡，在外部水位和地下水位变化的共同作用下更容易引起其发生局部破坏。本节主要针对水力影响效应下的局部边坡稳定性进行分析，其破坏机构如图 5-9 所示。

5.5.2.1 能耗计算

能耗计算时，重力功率计算式及间断面内能耗散同第 3 章 3.4.3 节。孔隙水压力做功如下所示。

(1) 破坏面 BC 孔隙水压力做功

$$W_{BC} = \int_{\theta_1}^{\theta_2} r_0^3\gamma_w\omega\frac{k_1}{r_0}\tan\varphi\mathrm{e}^{2(\theta-\theta_0)\tan\varphi}\mathrm{d}\theta + \int_{\theta_2}^{\theta_h} r_0^3\gamma_w\omega\frac{k_2}{r_0}\tan\varphi\mathrm{e}^{2(\theta-\theta_0)\tan\varphi}\mathrm{d}\theta \tag{5-60}$$

式中，

$$\frac{k_1}{r_0} = \mathrm{e}^{(\theta-\theta_0)\tan\varphi}\sin\theta - \frac{l}{r_0} - \sin\theta_0 \tag{5-61}$$

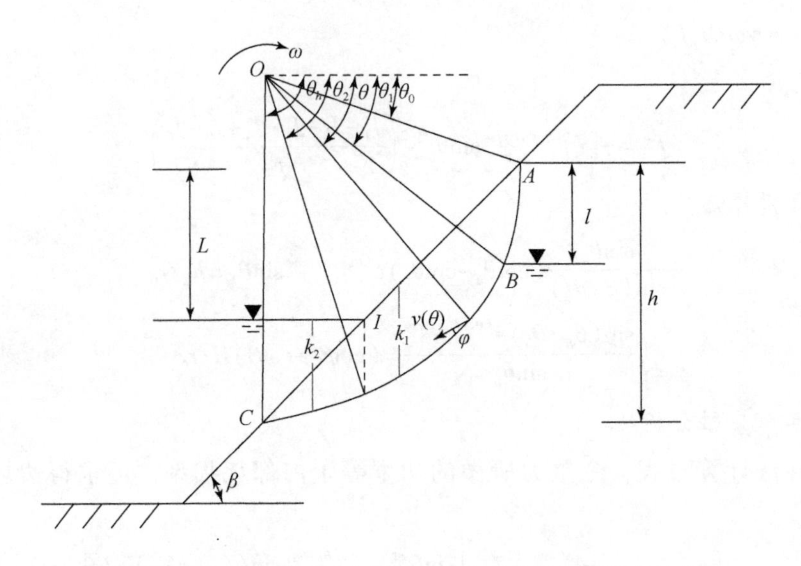

图 5-9　河流水位与地下水位共同效应下边坡局部稳定性分析

$$\frac{k_2}{r_0}=\mathrm{e}^{(\theta-\theta_0)\tan\varphi}\sin\theta-\frac{L}{r_0}-\sin\theta_0 \tag{5-62}$$

θ_1 和 θ_2 由下式确定：

$$\sin\theta_1\mathrm{e}^{(\theta_1-\theta_0)\tan\varphi}=\sin\theta_0+\frac{l}{r_0} \tag{5-63}$$

$$\cos\theta_2\mathrm{e}^{(\theta_2-\theta_0)\tan\varphi}=\cos\theta_0-\frac{L}{r_0}\cot\beta \tag{5-64}$$

将式（5-61）~式（5-62）代入式（5-60）进行积分可得

$$W_{BC}=r_0^3\gamma r_u\omega f_3 \tag{5-65}$$

其中，

$$f_3=\tan\varphi(f_{3\_1}+f_{3\_2}) \tag{5-66}$$

式中，

$$f_{3\_1}=\frac{[3\tan\varphi\sin\theta_2-\cos\theta_2]\mathrm{e}^{3(\theta_2-\theta_0)\tan\varphi}+[\cos\theta_1-3\tan\varphi\sin\theta_1]\mathrm{e}^{3(\theta_1-\theta_0)\tan\varphi}}{1+9\tan^2\varphi}$$
$$-\frac{\sin\theta_0+l/r_0}{2\tan\varphi}[\mathrm{e}^{2(\theta_2-\theta_0)\tan\varphi}-\mathrm{e}^{2(\theta_1-\theta_0)\tan\varphi}] \tag{5-67}$$

$$f_{3\_2}=\frac{[3\tan\varphi\sin\theta_h-\cos\theta_h]\mathrm{e}^{3(\theta_h-\theta_0)\tan\varphi}+[\cos\theta_2-3\tan\varphi\sin\theta_2]\mathrm{e}^{3(\theta_2-\theta_0)\tan\varphi}}{1+9\tan^2\varphi}$$
$$-\frac{\sin\theta_0+L/r_0}{2\tan\varphi}[\mathrm{e}^{2(\theta_h-\theta_0)\tan\varphi}-\mathrm{e}^{2(\theta_2-\theta_0)\tan\varphi}] \tag{5-68}$$

（2）*CI* 段的河流水压力做功

CI 段的河流水压力做功采用式（5-54）的形式，其积分过程与5.4.1节类似，其积分示意图如图5-10所示。

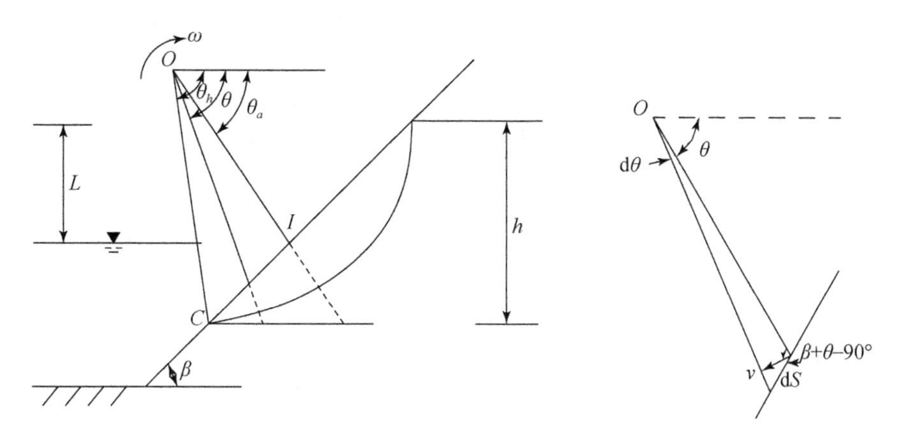

图5-10　*CI*段水压力做功积分示意图

积分类似式（5-42），不同的是公式（5-43）～（5-53）中的θ_b由θ_h进行替换，而h_2则由$h-L$进行替换。

5.5.2.2　稳定性分析

（1）临界高度计算

令外功率等于内部能耗，即$W_u+W_r=W_d$，得临界高度计算式：

$$h_{cr}=\frac{c}{\gamma}\frac{e^{2\tan\varphi(\theta_h-\theta_0)}-1}{2\tan\varphi[f_1-f_2+r_u(f_3-f_{CI})]}[e^{(\theta_h-\theta_0)\tan\varphi}\sin\theta_h-\sin\theta_0] \tag{5-69}$$

（2）安全系数计算

根据能耗法计算过程，令外力所做的功率等于内部耗损率，将抗剪强度参数c、φ按式（3-1）进行折减，可求得边坡安全系数：

$$F_s=\frac{c}{2\tan\varphi_f\gamma h}\frac{e^{2(\theta_h-\theta_0)\tan\varphi_f}-1}{[f_1-f_2+r_u(f_3-f_{CI})]}\frac{h}{r_0} \tag{5-70}$$

5.6　孔隙水压力效应下边坡稳定性分析——竖直多条分破坏机构

采用垂直分条折线型滑面边坡破坏机构，破坏机构详见第4章4.2.1节图4-1。能耗计算中岩土体自重外功率与间断面上的能量耗损计算详见第4章4.2.1节。

这里采用与Michalowski类似的处理方法，将孔隙水压力当作外力做功，边坡的条分块体所受孔隙水压外力如图5-11所示。滑体单元孔隙水压力为

$$\begin{cases}U_i=\dfrac{1}{2}\gamma_w([z]_{i-1,i}+[z]_{i,i+1})l_i\\P_{w(i-1,i)}=\dfrac{1}{2}\gamma_w[z]_{i-1,i}^2\end{cases} \tag{5-71}$$

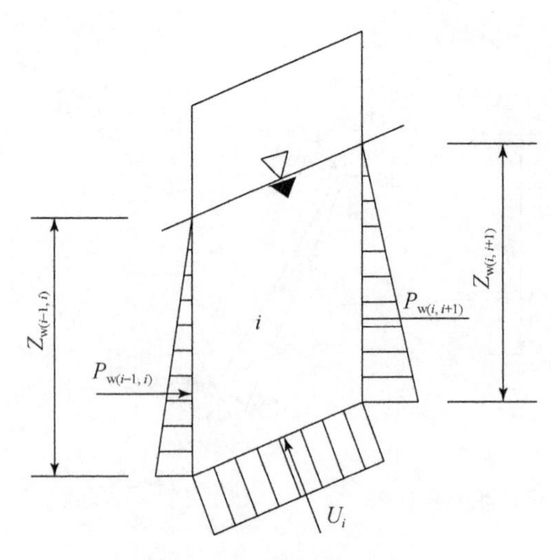

图 5-11 折线型滑面边坡破坏机构垂直分条空隙水力分布

式中，U_i为作用在第 i 个滑体单元底滑裂面上的水压力；$P_{w(i-1,i)}$为作用在第 i-1 个和第 i 个滑体单元条间竖向速度间断面上的水压力；$[z]_{i-1,i}$为第 i-1 个和第 i 个滑体单元条间竖向速度间断面上的孔隙水深。

作用在边坡计算模型上的外力包括自重和孔隙水压力，孔隙水压力所做的外力功率为

$$W_{\text{water}} = \sum_{i=1}^{n} U_i v_i \sin\varphi_i + \sum_{i=2}^{n} [v]_{i-1,\ i} P_{w(i-1,\ i)} \sin[\varphi]_{i-1,\ i} \tag{5-72}$$

当土坡处于极限状态时，根据内外功率相等的条件（$D_{内} = W_{外}$），即可建立考虑孔隙水压力效应的边坡稳定性分析虚功率方程。

$$F_s = \frac{\sum_{i=1}^{n} l_i c_i v_i \cos\varphi_{fi} + \sum_{i=2}^{n} [h]_{i-1,\ i}[c]_{i-1,\ i}[v]_{i-1,\ i}\cos[\varphi]_{f(i-1,\ i)}}{\sum_{i=1}^{n} v_i[W_i\sin(\alpha_i - \varphi_{fi}) + U_i\sin\varphi_{fi}] + \sum_{i=2}^{n}[v]_{i-1,\ i}P_{w(i-1,\ i)}\sin[\varphi]_{f(i-1,\ i)}} \tag{5-73}$$

式中，v_i、v_{i-1}为土条滑面的速度；α_i、α_{i-1}为土条滑面的倾角；φ_i、φ_{i-1}为土条滑面的内摩擦角；$[\varphi]_{i-1,i}$、$[v]_{i-1,i}$为条间竖向速度间断面的内摩擦角及相对速度。$\varphi_{fi} = \tan^{-1}$（$\tan\varphi_i/F_s$）；$[\varphi]_{f(i,i-1)} = \tan^{-1}$（$\tan[\varphi]_{i,i-1}/F_s$）。

式（5-73）中的安全系数以隐式出现，在计算时需要迭代。公式中 v_i 和 $[v]_{i-1,i}$ 可以根据第 4 章中式（4-1）和式（4-2）进行代入。当仅考虑均质土坡时，式（5-73）可以简化为

$$F_s = \frac{\sum_{i=1}^{n} l_i v_i c\cos\varphi_f + \sum_{i=2}^{n} [h]_{i-1,\ i}[v]_{i-1,\ i}c\cos\varphi_f}{\sum_{i=1}^{n} v_i[W_i\sin(\alpha_i - \varphi_f) + U_i\sin\varphi_f] + \sum_{i=2}^{n}[v]_{i-1,\ i}P_{w(i-1,\ i)}\sin\varphi_f} \tag{5-74}$$

此时，$\varphi_f = \tan^{-1}(\tan\varphi/F_s)$。

5.7 孔隙水压力效应下边坡稳定设计计算图表

5.7.1 边坡稳定性计算图表

本节给出了当 r_u = 0.1、0.2、0.3 时，考虑满地下水位边坡孔隙水压效应影响的边坡

稳定性设计图表。通过编程优化计算，大约 12000 组 $c/\gamma HF_s$，$\tan\varphi/F_s$，$c/\gamma H\tan\varphi$ 数据被计算出来，边坡稳定性设计计算图表如图 5-12 所示。

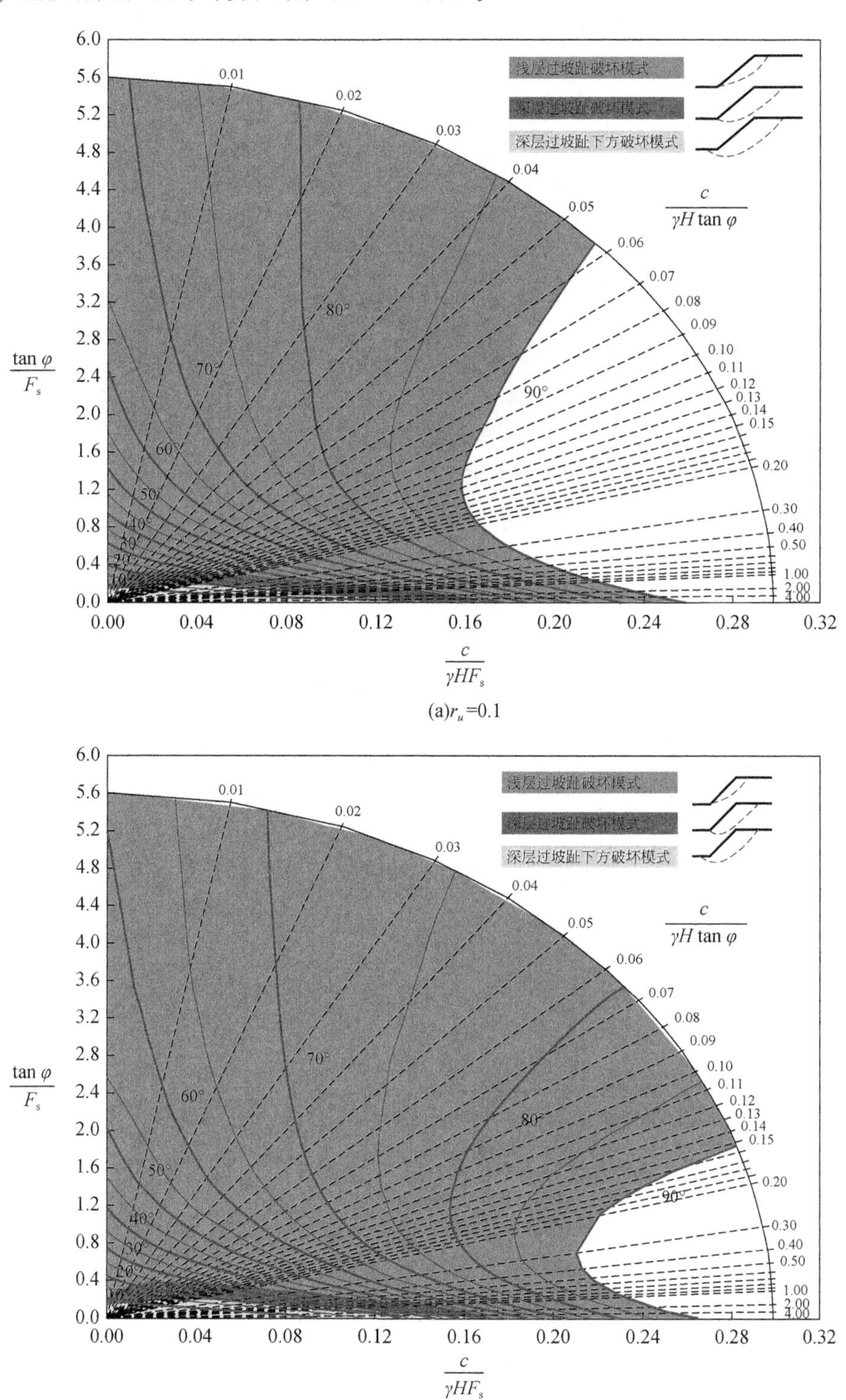

(a)r_u=0.1

(b)r_u=0.2

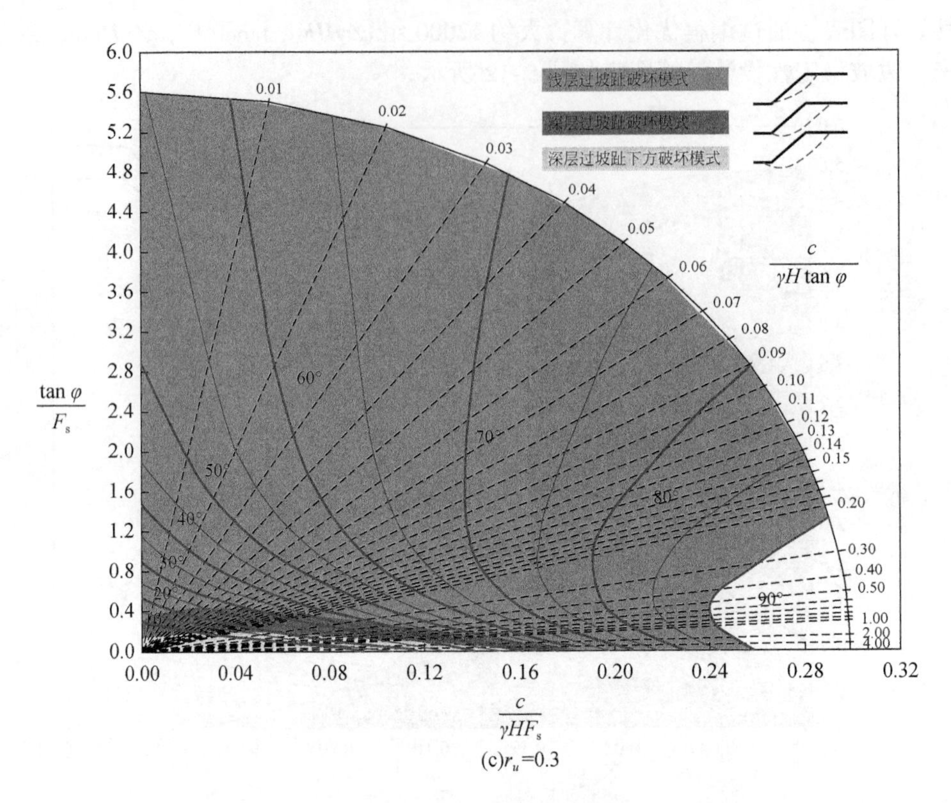

(c)r_u=0.3

图 5-12　孔隙水压力影响效应下均质边坡设计计算图表

图 5-12 表明，随着孔隙水压力影响效应的引入，边坡破坏模式绝大部分是浅层过坡趾；随着 β 的增大，绝大部分出现浅层过坡趾边坡破坏模式；随着 β 和强度参数的减小，才会出现深层过坡趾和过坡趾下方的破坏模式。F_s 随着 r_u 的增大而减小，代表浅层过坡趾破坏模式的区域比例随之增加，分别代表深层过坡趾和过坡趾下方破坏模式的区域比例随之减少。

5.7.2　算例分析

仅考虑满地下水位边坡孔隙水压效应影响，其中，孔隙水压力系数 $r_u=0.2$，均质简单岩土边坡坡角 $\beta=30°$，边坡高度为 $H=8\text{m}$，边坡的其他参数如下：岩土体材料容重 $\gamma=25\text{kN/m}^3$，土体黏聚力 $c=12.8\text{kPa}$，内摩擦角 $\varphi=20°$，根据计算公式有

$$\frac{c}{\gamma H\tan\varphi}=\frac{12.8}{25\times8\times\tan20}=0.176$$

联合坡角 $\beta=30°$ 及 $r_u=0.2$，从图 5-12 中可查得

$$\frac{\tan\varphi}{F_s}=0.3160\qquad\frac{c}{\gamma HF_s}=0.0554$$

由以上两式可分别得到：$F_s=1.1518$，$F_s=1.1552$。

以上两个安全系数差别很小，可以相互验证其正确性，在工程上我们可以认为两者是

一致的。采用序列二次规划法进行运算，得 $F_s=1.1678$，可见查表计算结果具有较高的准确性。

同时，设计计算表格表明本例边坡的最危险潜在滑裂面为深层破坏模式。

5.8 本章小结

水力效应是边坡稳定性分析中必须考虑的一个重要外部因素。本章在孔隙水压力效应、河流水位与地下水位共同作用效应下，推导了均质边坡采用不同破坏机构（对数螺旋线破坏机构、竖直条分破坏机构）时边坡稳定性安全系数的计算表达式。面向工程实际，给出了方便工程应用的孔隙水压力影响效应下黏性土边坡稳定性的设计计算图表，并通过算例进行了使用示例。

第6章 超载和地震拟静力效应下边坡稳定性分析

6.1 本章概述

当坡顶有超载并需要考虑偶然动力荷载效应时，需要把超载和偶然荷载所做的外力功率也计算进来。自然或人工边坡或基坑常常承受复杂荷载作用，如边坡修筑工程机械作用在坡顶，基坑上方施工堆载，路基边坡车辆荷载等。忽略坡顶超载往往会给边坡工程安全带来隐患。边坡或不排水软土区域的基坑边坡由于坡顶荷载作用常造成边坡稳定性降低，建立快速评估超载条件下的边坡稳定性分析方法具有重要的实用价值。由于地震作用本身的复杂性，拟静力分析法是目前常用于岩土构筑物动力稳定性评估的分析方法之一。该方法把动态影响等效为水平方向和竖直方向上的静态力作用，虽然该方法只是一个近似方法，但采用该方法同样能够较好地服务于土工结构的设计与施工，本章同样采用该方法，考虑地震拟静力影响效应进行了黏性土边坡稳定性分析。

6.2 坡表超载影响效应下边坡稳定性分析

采用极限分析法分析边坡稳定问题时，常常假定坡顶承受均布荷载作用，采用图6-1所示的破坏模式开展稳定性分析。为表示边坡处于不同超载情况，引入无量纲系数 $q_t = q/\gamma H$，其中 q 为坡顶均布荷载。本章后续分析中 q_t 取值为0.1～0.3。

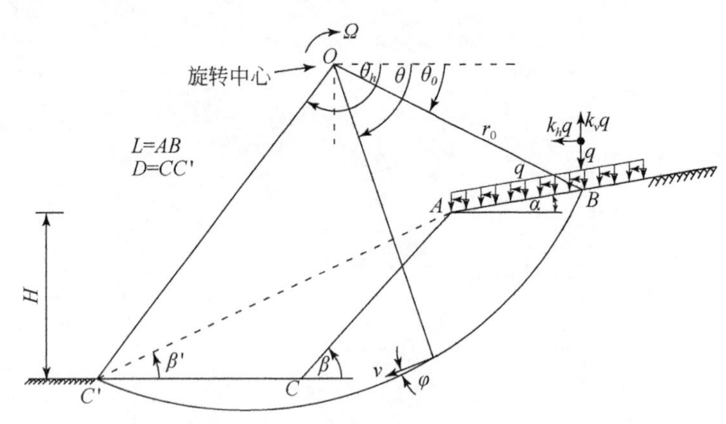

图6-1 考虑坡顶荷载效应的边坡稳定性分析机构

（1）静态条件下，超载功率

$$W_q = qr_0^2\Omega f_q \tag{6-1}$$

式中，

$$f_q = L/r_0 \cdot (\cos\theta_0 - 1/2 \cdot L/r_0 \cdot \cos\alpha) \tag{6-2}$$

（2）超载地震影响作用由两部分组成

$$W_{q\_\ \mathrm{earthquake}} = k_v q r_0^2 \Omega f_q + k_h q r_0^2 \Omega f_{q\_\ kh} = \lambda k_h q r_0^2 \Omega f_q + k_h q r_0^2 \Omega f_{q\_\ kh} \tag{6-3}$$

式中，

$$f_{q\_kh} = L/r_0 \cdot (\sin\theta_0 + 1/2 \cdot L/r_0 \cdot \sin\alpha) \tag{6-4}$$

静态条件下，仅考虑超载外力功率作用时：

$$F_s = \frac{c\{e^{2(\theta_h-\theta_0)\tan\varphi_f} - 1\}}{2\tan\varphi_f\left\{q[(1+\lambda k_h)f_q + k_h f_{q\_kh}] + \gamma\dfrac{H}{(H/r_0)}(f_1 - f_2 - f_3 - f_4)\right\}} \tag{6-5}$$

式中，系数f_1、f_2、f_3、f_4详见第3章3.3.2节式（3-15）~式（3-18）。

6.3　坡顶超载效应下边坡设计计算图表

稳定性设计计算图表作为一种快捷、方便的边坡稳定性分析工具，在工程中仍然被广泛使用。目前现有的边坡稳定性设计计算图表大多基于极限平衡法，并采用圆弧滑裂面破坏模式获得。已有的研究成果中，较少有涉及纯黏土的情况，并且也没有考虑外界超载对边坡稳定性的影响。本节基于极限分析上限法，采用对数螺旋面临界破坏机制，分析了边坡失稳破坏的三种模式；针对纯黏性土边坡（特别地，当斜坡为纯黏土时，内摩擦角为零，此时边坡破坏面由对数螺旋面变成圆弧面）绘制了考虑下卧坚硬岩层、超载条件下纯黏性土边坡稳定性设计计算图表，以期对现有研究成果进行补充和完善。

6.3.1　超载条件下纯黏性土边坡稳定性设计计算图表

6.3.1.1　纯黏性土边坡稳定性设计计算图表

图6-2中分别给出了当q_t为0.1、0.2和0.3时的边坡安全稳定图表。考虑坡顶超载效应，大约12000组$c/\gamma HF_s$，$\tan\varphi/F_s$，$c/\gamma H\tan\varphi$数据被优化计算出来，均质边坡稳定性设计计算图表如图6-2所示。

图6-2表明，随着坡顶超载影响效应的引入，边坡破坏模式绝大部分是浅层过坡趾对数螺旋线破坏模式；随着β的增大，绝大部分出现浅层过坡趾对数螺旋线边坡破坏模式（当边坡坡度减小时，易发生浅层过坡趾对数螺旋线边坡破坏模式）；随着β和强度参数的减小，才会出现深层过坡趾对数螺旋线和过坡趾下方对数螺旋线破坏模式，当边坡坡度和强度参数降低时，边坡破坏模式常为深层过坡趾对数螺旋线和过坡趾下方对数螺旋线破坏模式。F_s随着无量纲系数q_t的增大而减小，代表浅层过坡趾对数螺旋线破坏模式的区域比例随之增加，分别代表深层过坡趾对数螺旋线和过坡趾下方对数螺旋线破坏模式的区域比例随之减少。

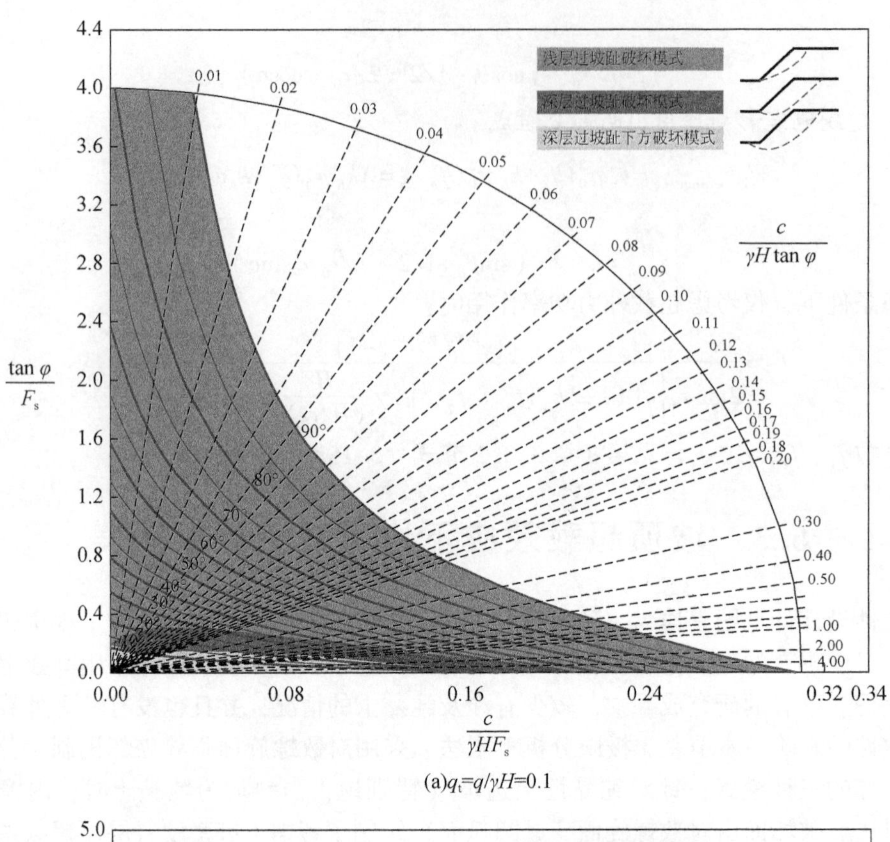

(a)$q_t=q/\gamma H=0.1$

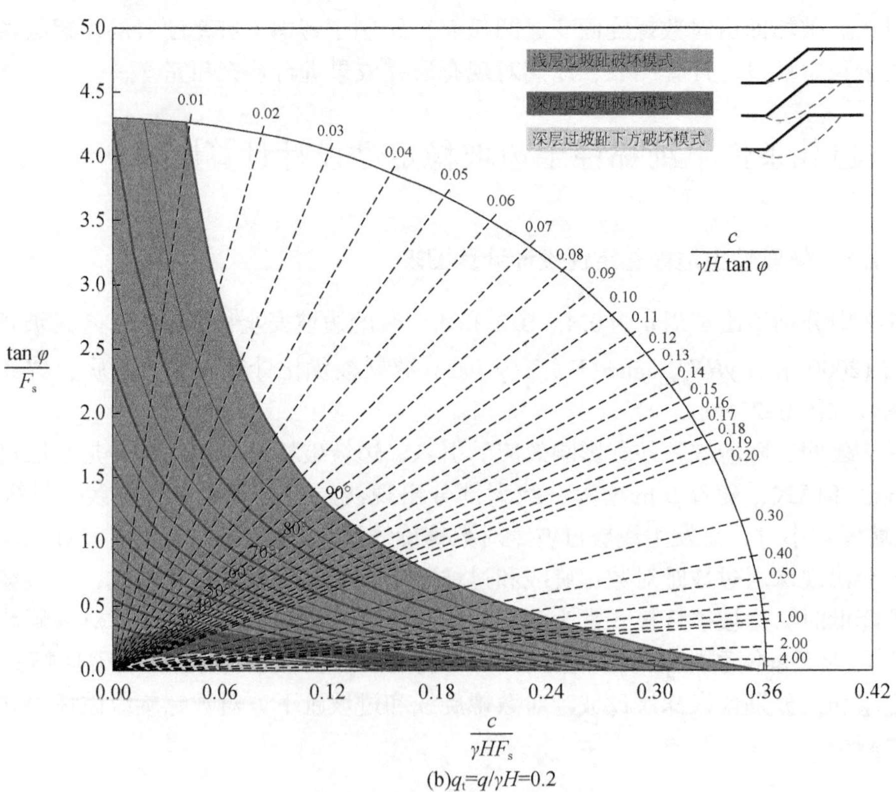

(b)$q_t=q/\gamma H=0.2$

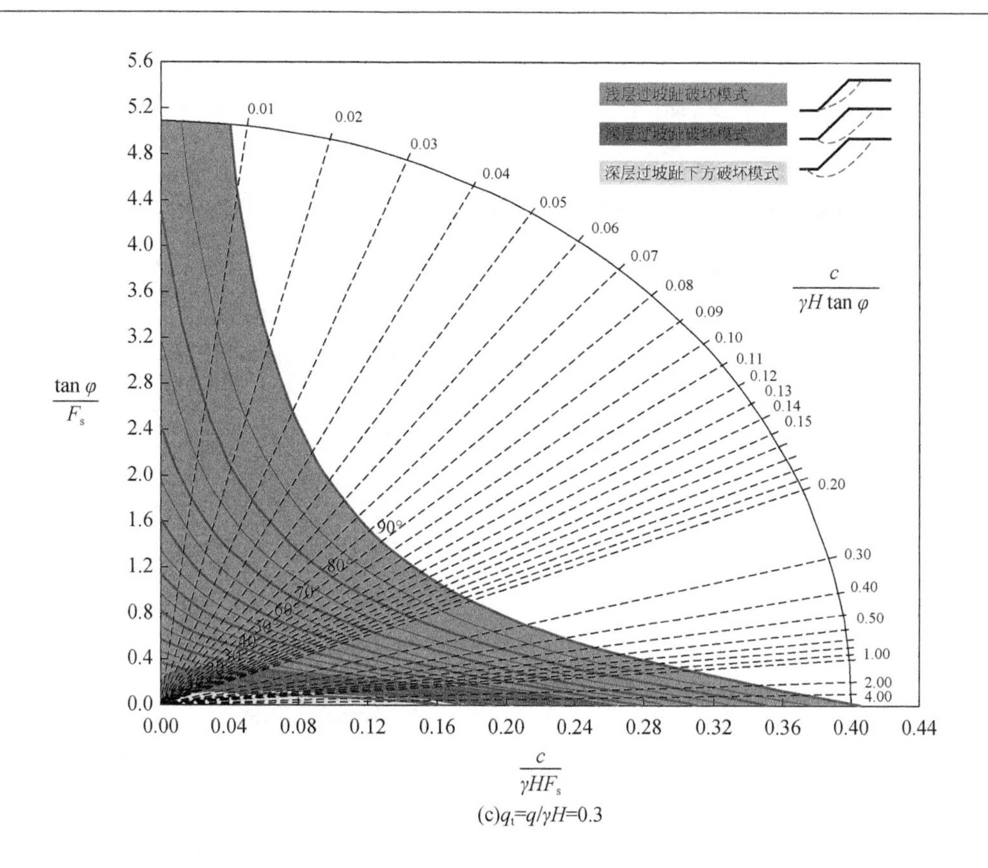

(c)$q_t=q/\gamma H=0.3$

图6-2　均质边坡在超载作用下的安全稳定图表

6.3.1.2　算例分析

图6-2中列出了均质边坡在超载作用下的安全图表。考虑坡顶荷载 q 的影响效应，$q=20\text{kPa}$，$\beta=60°$，$H=10\text{m}$，边坡的其他参数如下：$\gamma=20\text{kN/m}^3$，$c=20\text{kPa}$，$\varphi=20°$，根据计算公式有

$$\frac{c}{\gamma H\tan\varphi}=\frac{20}{20\times10\times\tan20}=0.275$$

联合 $\beta=60°$ 及 $q/\gamma H=0.1$，从图6-2中可查得

$$\frac{\tan\varphi}{F_s}=0.3858,\quad \frac{c}{\gamma HF_s}=0.1055$$

由以上两式可分别得到 $F_s=0.9433$，$F_s=0.9479$。

以上两个安全系数差别很小，可以相互验证其正确性，在工程上我们可以认为两者是一致的。同时采用序列二次规划法进行运算，得到 $F_s=0.9364$。

同时，设计计算表格表明本例边坡的最危险潜在滑裂面为浅层过坡趾对数螺旋线模式。

6.3.2　超载条件下纯黏土边坡稳定性设计计算图表

6.3.2.1　纯黏土稳定性评价指标与分析模型

不排水软土区域的基坑边坡常常由于坡顶荷载作用而导致基坑边坡稳定性降低。由第3章3.8.2节可知，通常通过引入无量纲常数 $N_{ud}(N_{ud}=\gamma H/c_d=\gamma HF/c)$ 来评价纯黏土边坡稳定性。参考第3章3.4.1节（纯黏土边坡），本节同样假定滑动面不通过下卧坚硬岩层，构建四种可能的破坏形式，如图6-3所示。

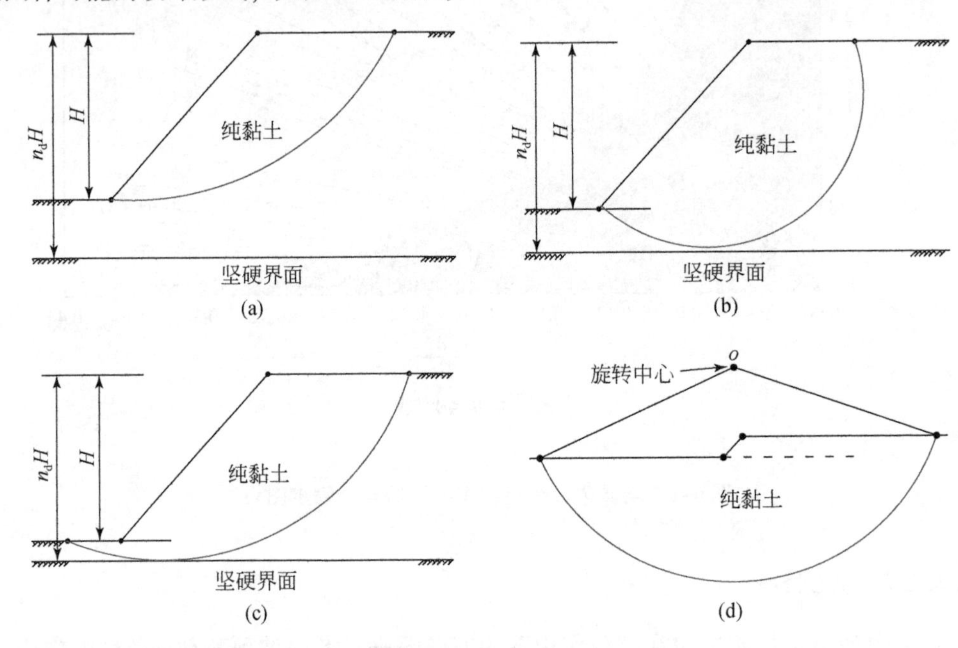

图6-3　坡顶超载小影响纯黏土边坡三种破坏模式

图中，H 为边坡高度；n_dH 为坡顶到下卧坚硬岩层的高度；β 为纯黏土坡倾角；β'为坡顶 A 点与滑裂线端点 C'连线的倾角。图6-3（a）为滑裂面通过坡趾的纯黏土边坡临界破坏机构，即浅层过坡趾圆弧破坏模式；图6-3（b）为滑裂线通过坡趾，且滑裂线的最低点位于 C 点下方时边坡破坏模式，即深层过坡趾圆弧破坏模式；图6-3（c）为滑裂线通过坡趾下方，且滑裂线最低点位于 C 点下方时边坡破坏模式，即深层过坡趾下方圆弧破坏模式。图6-3（d）大尺寸圆弧滑裂面指的是圆弧面相对于边坡的其他几何尺寸而言相当大，该破坏模式在边坡坡角小于一定值时出现。在不考虑外界影响下，Taylor（1937）基于极限平衡理论的圆弧法指出其约为53°，Chen（1975）基于极限分析理论也给出类似结论。

6.3.2.2　超载条件下纯黏土边坡设计计算图表

为方便表示边坡处于不同超载的情况，引入无量纲系数 $q_t=q/\gamma H$，其中 q 为坡顶均布荷载。本书 q_t 取值为 0.1 ~ 0.3。编制非线性规划程序，绘制出超载条件下均质纯黏土边坡设计计算图表，如图 6-4 ~ 图 6-6 所示。

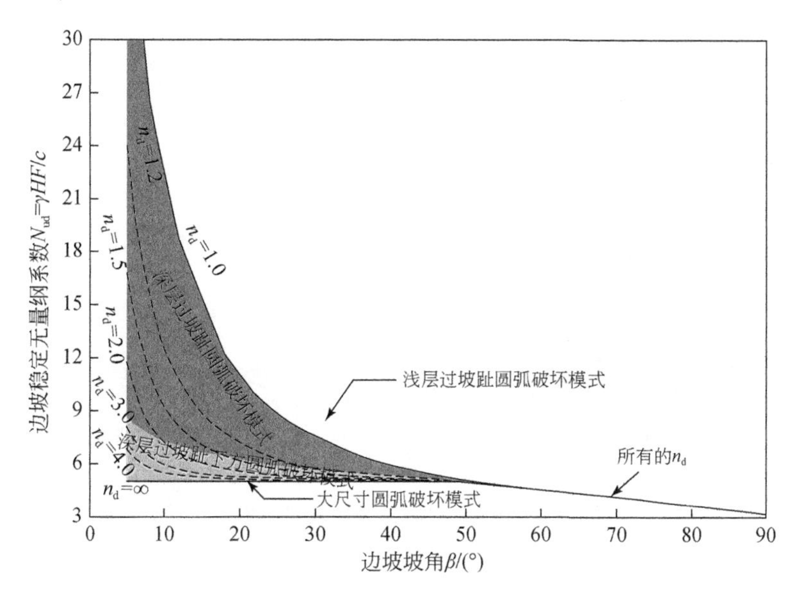

图 6-4　比例系数 q_t = 0.1 时纯黏土边坡稳定性设计计算图表

从图 6-4 ~ 图 6-6 可知，地面超载的大小变化对边坡的稳定系数及破坏模式有较大的影响，随着比例系数 k 变大，浅色明显减小，深色显著增加即随着边坡坡面上的荷载增大，边坡的破坏模式更多的是滑裂面过坡趾破坏。

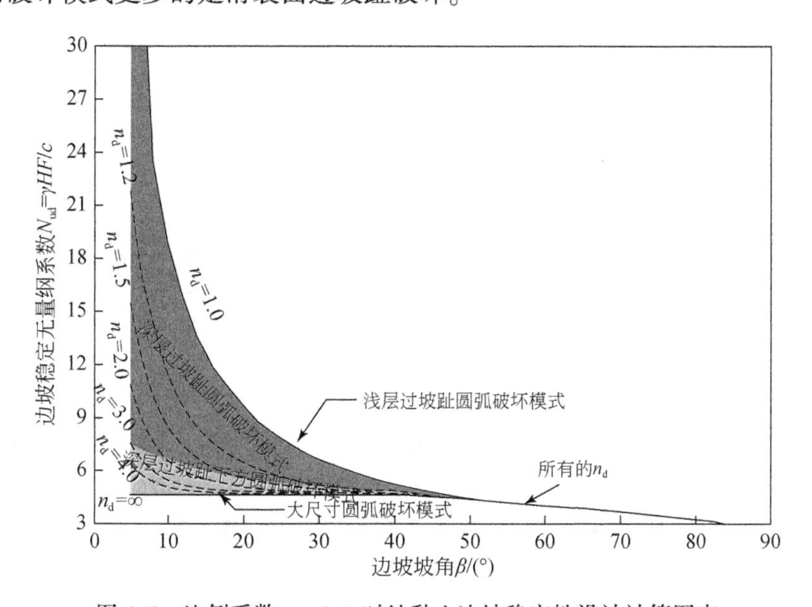

图 6-5　比例系数 q_t = 0.2 时纯黏土边坡稳定性设计计算图表

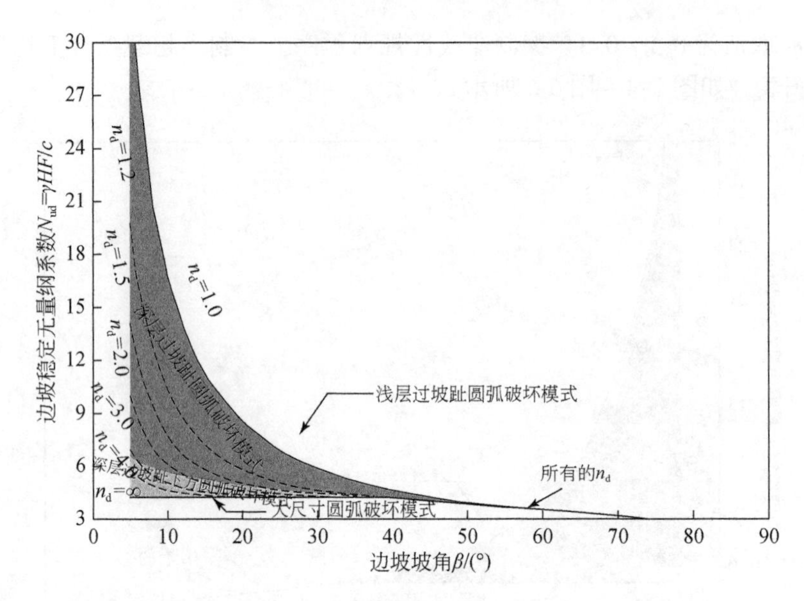

图 6-6　比例系数 $q_t=0.3$ 时纯黏土边坡稳定性设计计算图表

6.3.2.3　算例分析

（1） 算例分析 1

存在如下边坡，$\beta=25°$，$H=6\text{m}$，在距坡顶 9m 处存在坚硬岩层，边坡的其他参数如下：$\gamma=20\text{kN/m}^3$，$c=30\text{kPa}$，坡顶垂直均布荷载 $q=12\text{kPa}$。通过 $\beta=25°$，$n_d=1.5$，$q_t=q/\gamma H=0.1$，从图 6-4 中可以得出 $N_{ud}=6.30$，基于稳定系数定义式（$N_{ud}=\gamma HF_s/c$）可知：

$$N_{ud}=\frac{\gamma HF_s}{c}=\frac{19\times6\times F_s}{30}=6.30$$

可得 $F_s=1.657$，且从图 6-4 中可知边坡的破坏面过坡趾下方。

（2） 算例分析 2

存在如下边坡，$\beta=30°$，$H=8\text{m}$，在距坡顶 12m 处存在坚硬岩层，边坡的其他参数如下：$\gamma=20\text{kN/m}^3$，$c=30\text{kPa}$，坡顶垂直均布荷载 $q=32\text{kPa}$。通过 $\beta=30°$，$n_d=1.5$，$q_t=q/\gamma H=0.2$，从图 6-5 中可以得出 $N_{ud}=4.95$，基于稳定系数定义式（$N_{ud}=\gamma HF_s/c$）可知：

$$N_{ud}=\frac{\gamma HF_s}{c}=\frac{20\times8\times F_s}{30}=4.95$$

可得 $F_s=0.928$，且从图 6-5 中可知边坡的破坏面过坡趾下方（过坡趾下方对数螺旋线）。

6.4　地震拟静力效应下边坡稳定性分析

6.4.1　地震拟静力分析方法

拟静力分析法是目前常用的地震边坡稳定性分析方法，Terzaghi 较早地将其应用于地震边坡的稳定性分析中。拟静力分析法把作用在边坡上的地震效应等效为水平方向或竖直方向上的静态力作用，分别以 k_hW、k_vW 表示，其中 W 为滑动土体的重量，k_h 为水平方向地震加速度系数，k_v 为竖直方向地震加速度系数，如图6-7所示。Terzaghi 提出，对于一般性地震，$k_h=0.1$；对于破坏性地震，$k_h=0.2$；对于灾难性地震，$k_h=0.5$。

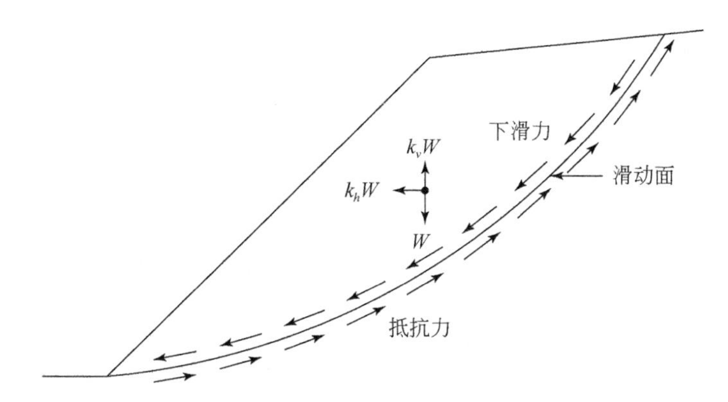

图6-7　拟静力分析法在边坡稳定性分析中的作用力示意图

以往的理论分析法在考虑地震拟静力效应时，往往只考虑水平向地震效应；虽然大多数地震中，最大竖向加速度效应通常小于水平加速度效应的40%～50%（Kavazanjian，1995），但 Northridge 地震（Stewart et al.，1994）（1994年，震级6.7）、Kanto 地震（Nouri et al.，2008）（1923年，震级7.9）和 Kobe 地震（Leshchinsky，2009）（或称 Osaka - Kobe 地震、Hanshin 地震，1995年，震级7.2）的地震谱记录都表明震中部位的竖向加速度峰值往往也较大，可超过水平加速度峰值的50%。因而，有必要同时考虑水平地震效应和竖向地震效应，分析其对岩土构筑物稳定性的影响。

水平方向上动态影响等效静态力和竖直方向上动态影响等效静态力作用在刚体质点上，分别用系数 k_h 和 k_v 表示。并把竖直方向上动态影响等效静态力当作水平方向上动态影响等效静态力的一个分量，如：

$$k_v=\lambda\cdot k_h \tag{6-6}$$

式中，λ 为 k_v 相对于 k_h 的比例系数，λ 取正值表示作用力方向向下，λ 取负值表示作用力方向向上。欧洲规范 CEN（1994）和 PIANC（2001）一般取 $\zeta=0.5$，且研究表明（Michalowski，1998；Ausilio et al.，2000；Ling et al.，1997a，1997b；Nouri et al.，2006，2008；Nimbalkar et al.，2006），k_h 一般取值范围为0.0～0.3，能够满足工程实际要求，而 λ 一般取0.5。考虑强震条件下震中部位的竖向加速度峰值往往也较大（Stewart et al.，1994；Nouri et al.，2008；Leshchinsky，2009），本书取 λ 分别为1.0、0.5、0.0、-0.5、-1.0。

在考虑地震荷载进行边坡稳定性分析时，对于在某些极端情况下难以得到其对应的解答，Michalowski（2002）进行了专门论述。其原因在于，沿滑裂面的内能耗散是阻止边坡滑坡的主要力量，而水平地震效应是促使边坡失稳的主要因素。对于平面应变机构而言，内能耗散的做功大小与破坏机构尺寸参数成正比例关系，然而促使边坡失稳的水平地震效应做功大小与破坏机构的尺寸参数的平方成正比例关系。虽然土体重力做功与破坏机构也

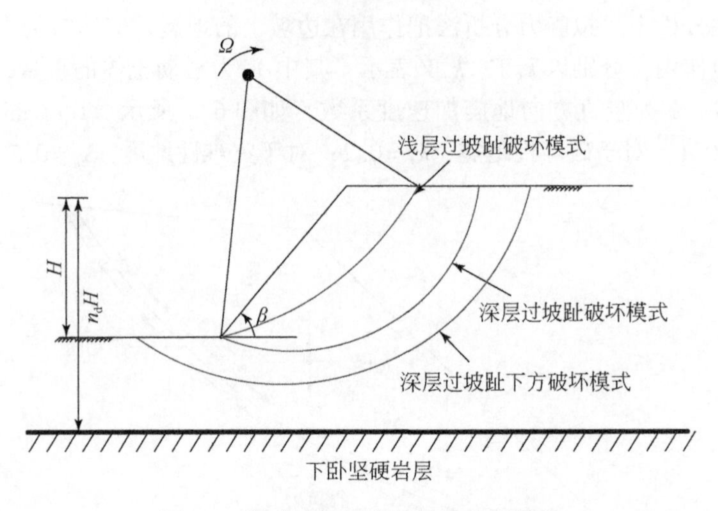

图 6-8　限定破坏深度的边坡破坏模型

成正比例关系，但是其随着破坏机构尺寸增加，其增加得比较缓慢。因此，当边坡坡角和内摩擦角相差不大时，在考虑水平的地震荷载作用时，为了维持极限平衡状态，往往需要使黏聚力趋于无穷大，或者使得滑裂面趋向无穷大，这显然不符合工程实际。在此，引入下卧坚硬岩层来对机构的破坏深度进行限制，以获得合理的结果，这里假定深度系数（本文引入深度系数的概念，n_d，这里取 $n_d = 2.0$）来限定下卧坚硬岩层与坡顶的相对位置，如图 6-8 所示。

6.4.2　破坏模式

以通过坡趾以下的对数螺旋线旋转间断机构为例进行分析，如图 6-9 所示。

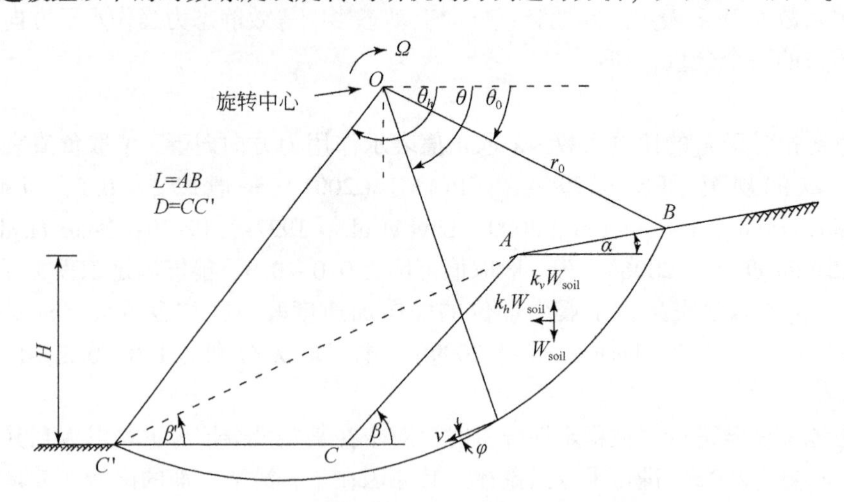

图 6-9　考虑地震拟静力效应的边坡稳定性分析机构

6.4.3　能耗计算

6.4.3.1　地震惯性力做功

地震惯性力由水平地震惯性力和竖向地震惯性力两部分组成：

$$W_{\text{soil\_ earthquake}} = W_{\text{soil\_ horizontal}} + W_{\text{soil\_ vertical}} \tag{6-7}$$

（1）水平地震效应

$$W_{\text{soil\_ horizontal}} = k_h \cdot \gamma \cdot r_0^3 \cdot \Omega \cdot \ (f_5 - f_6 - f_7 - f_8) \tag{6-8}$$

式中，函数 $f_5 \sim f_8$ 为与 θ_h、θ_0、α、β、β'、φ 相关的函数，具体表达式如下：

$$f_5 = \frac{\{(3\tan\varphi\sin\theta_h - \cos\theta_h)\mathrm{e}^{3(\theta_h-\theta_0)\tan\varphi} - 3\tan\varphi\sin\theta_0 + \cos\theta_0\}}{3(1+9 \cdot \tan^2\varphi)} \tag{6-9}$$

$$f_6 = \frac{1}{6}\frac{L}{r_0} \cdot \left(2\sin\theta_0 + \frac{L}{r_0} \cdot \sin\alpha\right) \cdot \sin(\theta_0 + \alpha) \tag{6-10}$$

$$f_7 = \frac{\mathrm{e}^{(\theta_h-\theta_0)\tan\varphi}}{6}\left[\sin(\theta_h - \theta_0) - \frac{L}{r_0}\sin(\theta_h + \alpha)\right]\left[\sin\theta_0 + \frac{L}{r_0}\sin\alpha + \sin\theta_h \mathrm{e}^{(\theta_h-\theta_0)\tan\varphi}\right] \tag{6-11}$$

$$f_8 = \left(\frac{H}{r_0}\right)^2 \cdot \frac{\sin(\beta - \beta')}{2\sin\beta\sin\beta'} \cdot \left[\sin\theta_0 + \frac{L}{r_0} \cdot \sin\alpha + \frac{2}{3} \cdot \left(\frac{H}{r_0}\right)\right] \tag{6-12}$$

（2）竖向地震效应

$$W_{\text{soil\_vertical}} = k_v \gamma r_0^3 \Omega (f_1 - f_2 - f_3 - f_4) = \lambda k_h \gamma r_0^3 \Omega (f_1 - f_2 - f_3 - f_4) \tag{6-13}$$

式中，函数 $f_1 \sim f_4$ 为与 θ_h、θ_0、α、β、β'、φ 相关的函数，具体表达式同第 3 章 3.3.2 节。当 $\beta' = \beta$ 时，f_4（θ_h，θ_0）$= f_8$（θ_h，θ_0）$= 0$，此时滑动面通过坡趾点 C。

6.4.3.2　稳定性分析

根据上限法能耗计算过程，使外荷载所做的功率等于内能耗散率，按照上述分析过程，将原始抗剪强度指标 c、φ 按式（3-1）进行折减，且令折减计算后边坡的临界自稳高度等于原始高度（$H_{cr} = H$），有

$$F_s = \frac{c\{\mathrm{e}^{2(\theta_h-\theta_0)\tan\varphi_f} - 1\}}{2\tan\varphi_f \dfrac{\gamma H}{(H/r_0)}[(1+\lambda k_h)(f_1 - f_2 - f_3 - f_4) + k_h(f_5 - f_6 - f_7 - f_8)]} \tag{6-14}$$

式中，$\varphi_f = \arctan(\tan\varphi / F_s)$，且系数 f_1、f_2、f_3、f_4、f_5、f_6、f_7、f_8、H/r_0 中的内摩擦角 φ 均由 $\varphi_f = \arctan(\tan\varphi / F_s)$ 代替。

根据极限分析上限定理，式（6-14）为给定实际边坡在考虑坡顶荷载和地震荷载效应的安全系数时求解的上限方法表达式，式中各未知参数（F_s，θ_h、θ_0、β'）满足条件式（3-23），寻求 F_s 的数学规划表达式同式（3-24）和式（3-25）。

6.5 地震拟静力效应下黏性土边坡稳定性设计计算图表

图 6-10 给出了边坡在 k_h分别等于 0.1、0.2 和 0.3 时的边坡稳定性设计计算图表。考虑地震影响效应，通过编程优化计算，大约 12000 组 $c/\gamma HF_s$，$\tan\varphi/F_s$，$c/\gamma H\tan\varphi$ 数据被计算出来，均质边坡稳定性设计计算图表如图 6-10 所示。

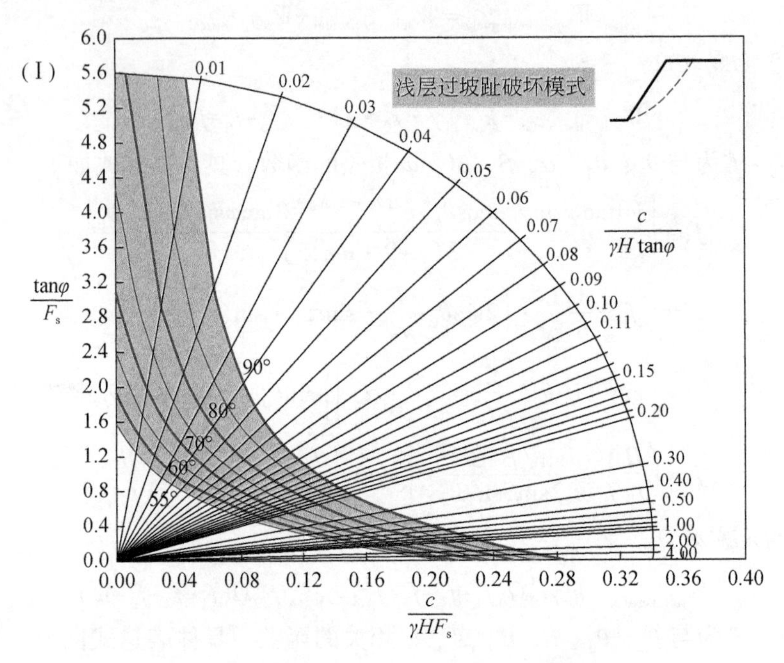

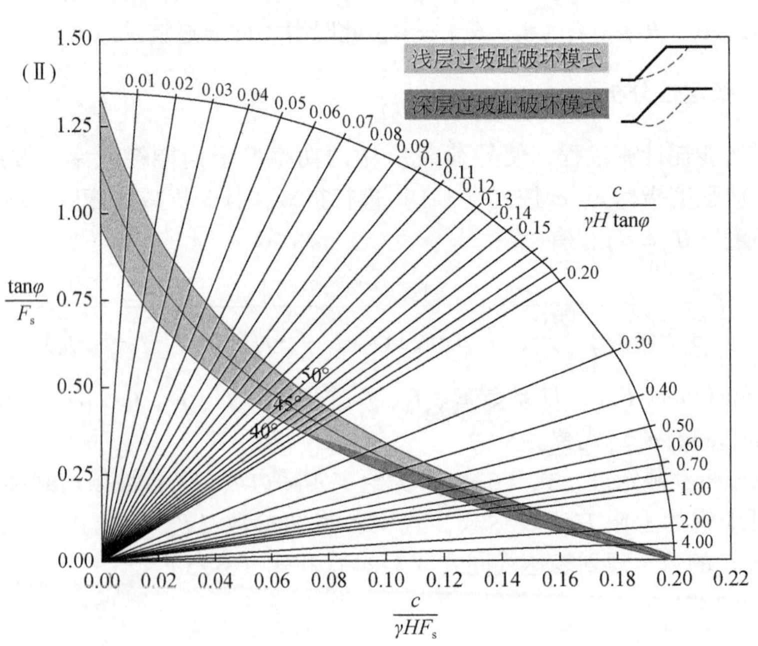

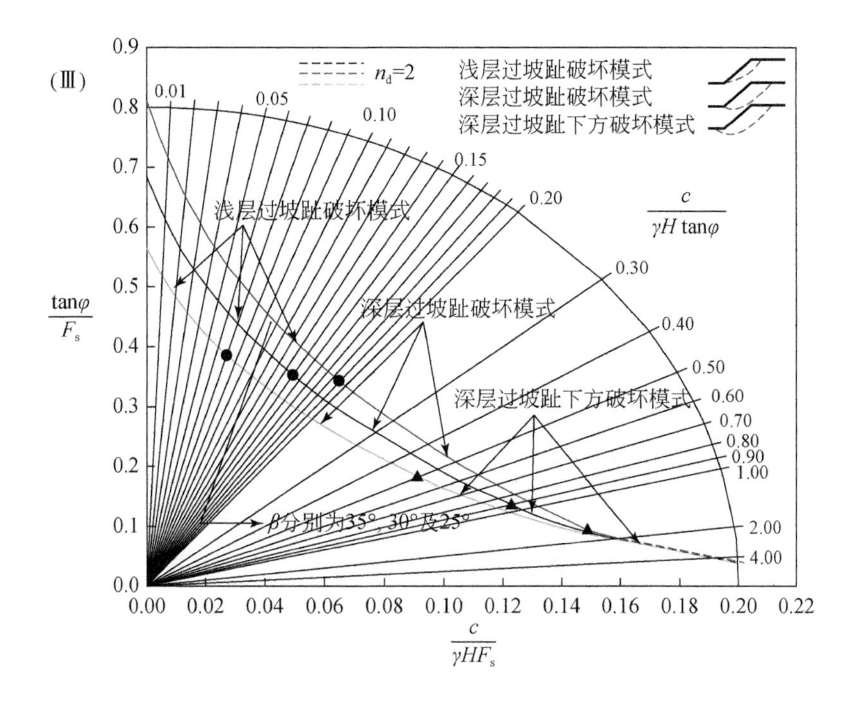
(Ⅲ)
n_d=2
浅层过坡趾破坏模式
深层过坡趾破坏模式
深层过坡趾下方破坏模式
浅层过坡趾破坏模式
深层过坡趾破坏模式
深层过坡趾下方破坏模式
β分别为35°, 30°及25°
$\frac{c}{\gamma H \tan\varphi}$
$\frac{\tan\varphi}{F_s}$
$\frac{c}{\gamma H F_s}$

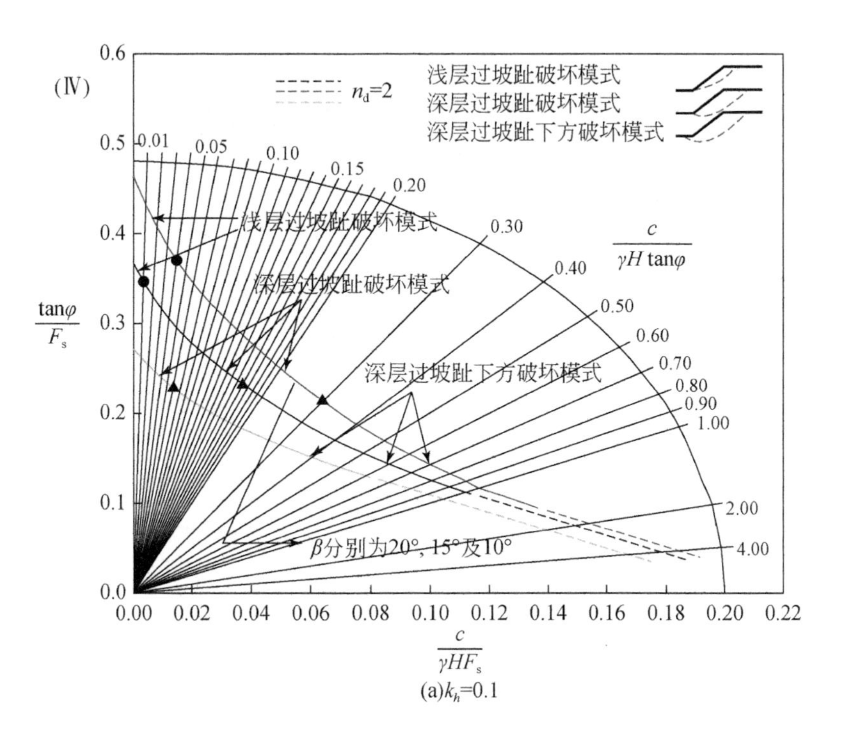
(Ⅳ)
n_d=2
浅层过坡趾破坏模式
深层过坡趾破坏模式
深层过坡趾下方破坏模式
浅层过坡趾破坏模式
深层过坡趾破坏模式
深层过坡趾下方破坏模式
β分别为20°, 15°及10°
$\frac{c}{\gamma H \tan\varphi}$
$\frac{\tan\varphi}{F_s}$
$\frac{c}{\gamma H F_s}$

(a)k_h=0.1

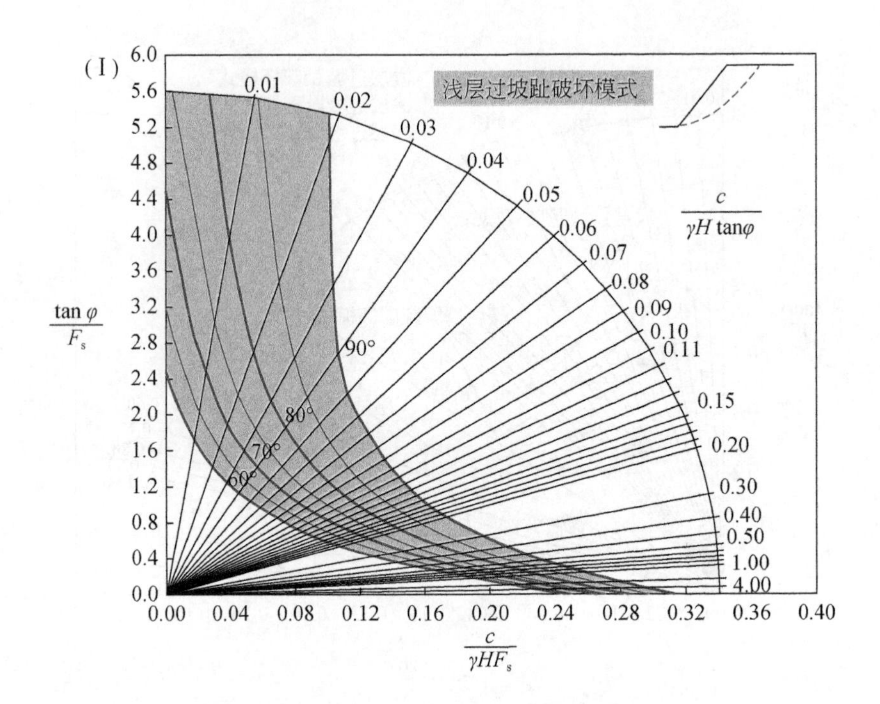
(Ⅰ)
浅层过坡趾破坏模式
$\frac{c}{\gamma H \tan\varphi}$
$\frac{\tan\varphi}{F_s}$
$\frac{c}{\gamma H F_s}$
0.01
0.02
0.03
0.04
0.05
0.06
0.07
0.08
0.09
0.10
0.11
0.15
0.20
0.30
0.40
0.50
1.00
4.00
90°
80°
70°
60°

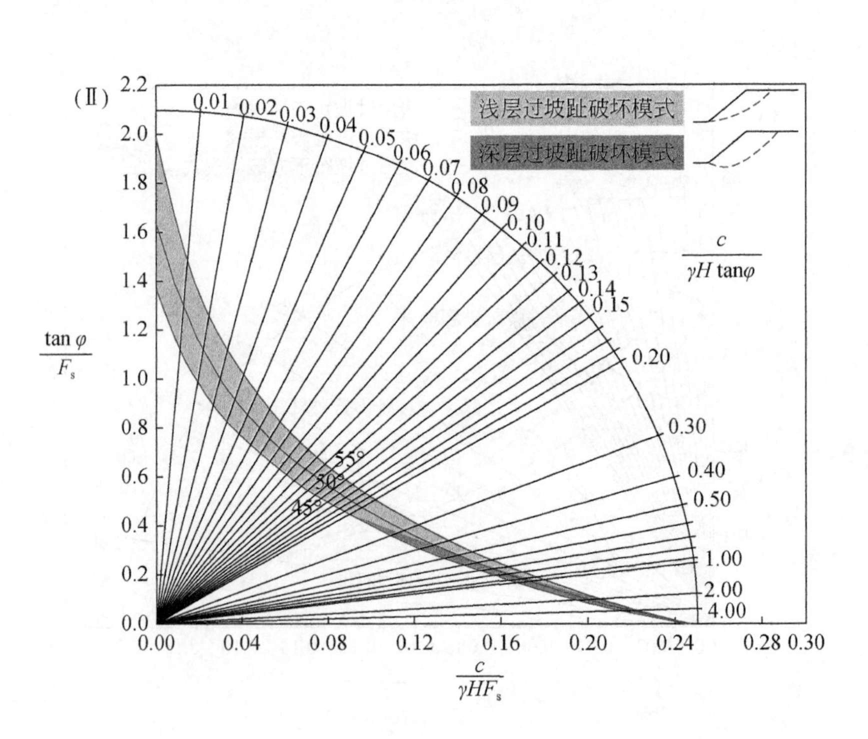
(Ⅱ)
浅层过坡趾破坏模式
深层过坡趾破坏模式
$\frac{c}{\gamma H \tan\varphi}$
$\frac{\tan\varphi}{F_s}$
$\frac{c}{\gamma H F_s}$
0.01
0.02
0.03
0.04
0.05
0.06
0.07
0.08
0.09
0.10
0.11
0.12
0.13
0.14
0.15
0.20
0.30
0.40
0.50
1.00
2.00
4.00
55°
50°
45°

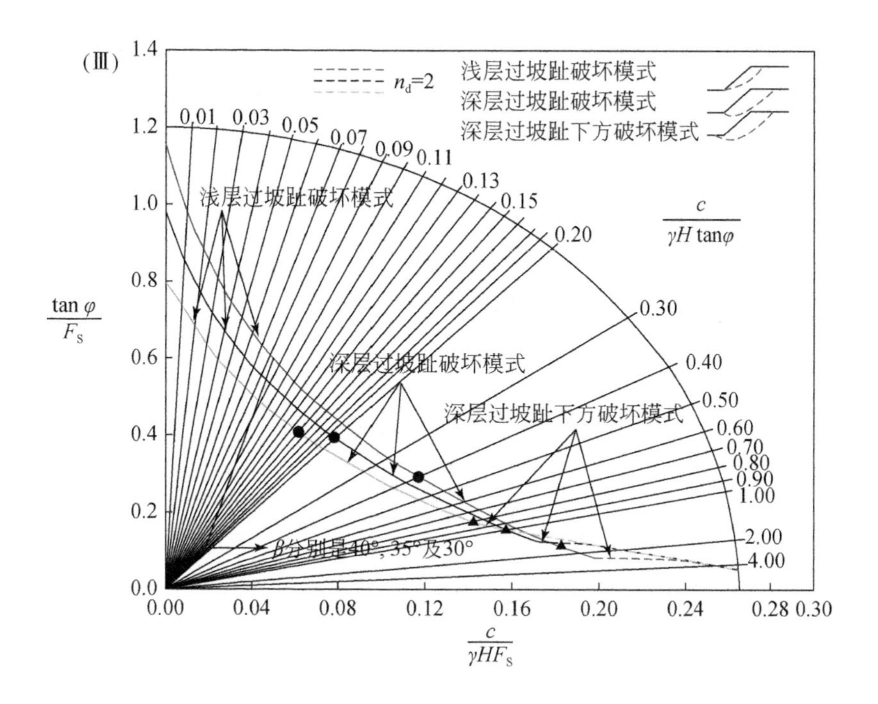
(Ⅲ)
n_d=2
浅层过坡趾破坏模式
深层过坡趾破坏模式
深层过坡趾下方破坏模式
浅层过坡趾破坏模式
深层过坡趾破坏模式
深层过坡趾下方破坏模式
β分别是40°, 35°及30°
$\frac{c}{\gamma H \tan\varphi}$
$\frac{\tan\varphi}{F_S}$
$\frac{c}{\gamma H F_S}$

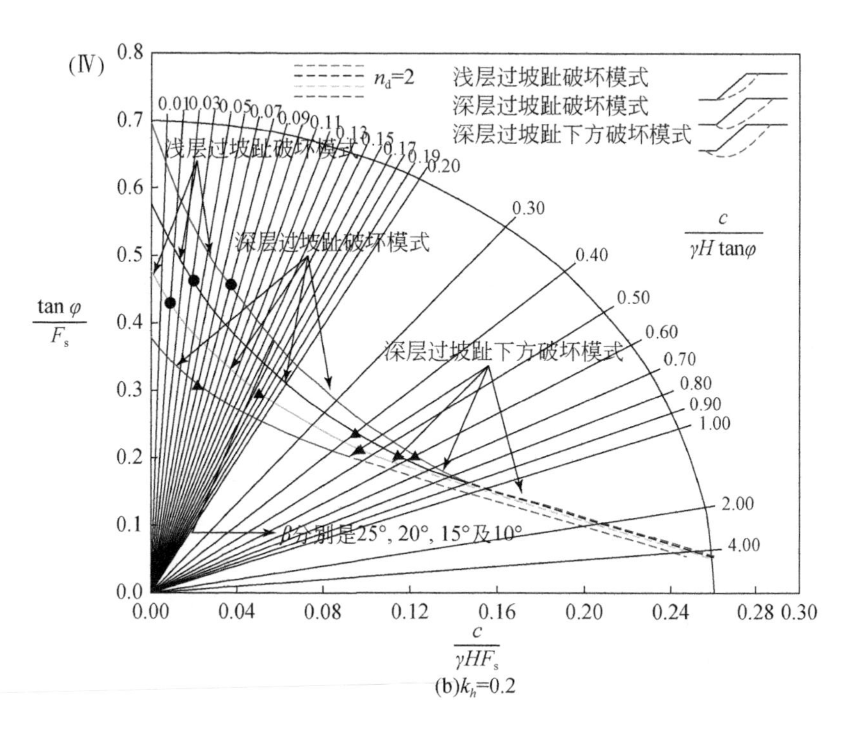
(Ⅳ)
n_d=2
浅层过坡趾破坏模式
深层过坡趾破坏模式
深层过坡趾下方破坏模式
浅层过坡趾破坏模式
深层过坡趾破坏模式
深层过坡趾下方破坏模式
β分别是25°, 20°, 15°及10°
$\frac{c}{\gamma H \tan\varphi}$
$\frac{\tan\varphi}{F_s}$
$\frac{c}{\gamma H F_s}$

(b)k_h=0.2

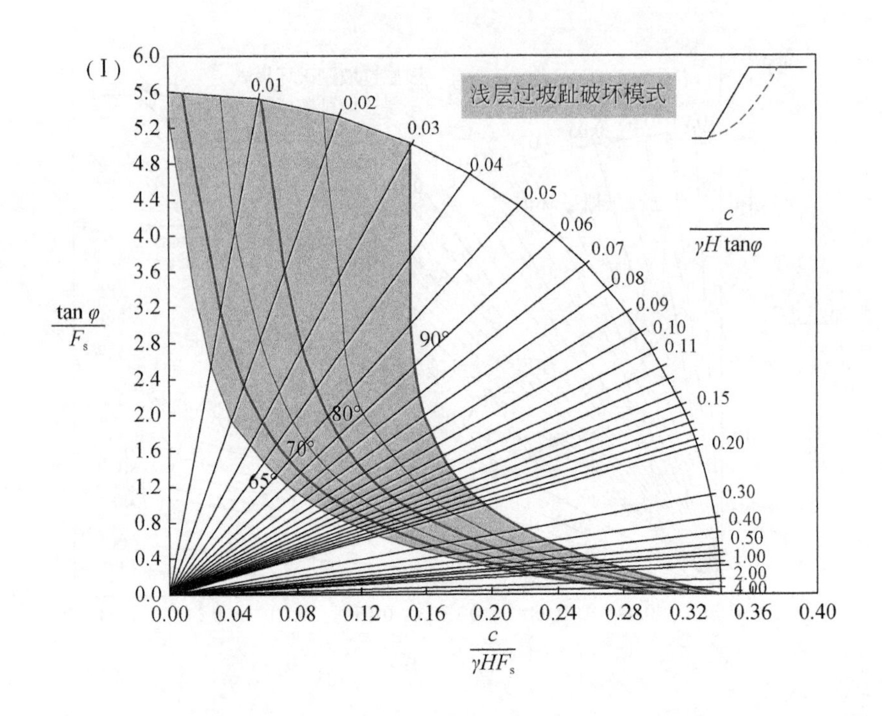
(Ⅰ)
浅层过坡趾破坏模式
$\frac{c}{\gamma H \tan\varphi}$
$\frac{\tan\varphi}{F_s}$
$\frac{c}{\gamma H F_s}$
65°
70°
80°
90°
0.01
0.02
0.03
0.04
0.05
0.06
0.07
0.08
0.09
0.10
0.11
0.15
0.20
0.30
0.40
0.50
1.00
2.00
4.00

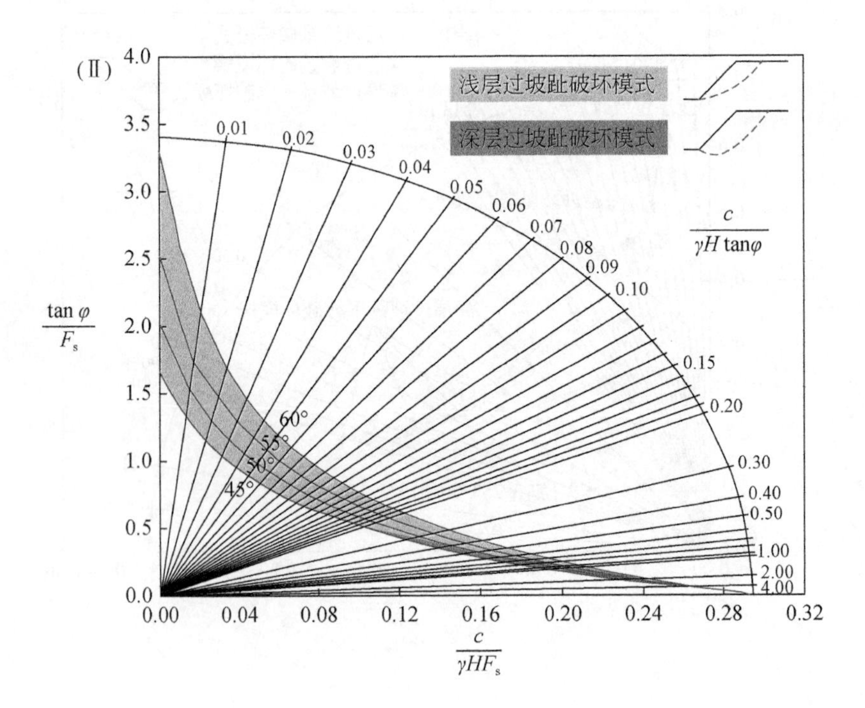
(Ⅱ)
浅层过坡趾破坏模式
深层过坡趾破坏模式
$\frac{c}{\gamma H \tan\varphi}$
$\frac{\tan\varphi}{F_s}$
$\frac{c}{\gamma H F_s}$
45°
50°
55°
60°
0.01
0.02
0.03
0.04
0.05
0.06
0.07
0.08
0.09
0.10
0.15
0.20
0.30
0.40
0.50
1.00
2.00
4.00

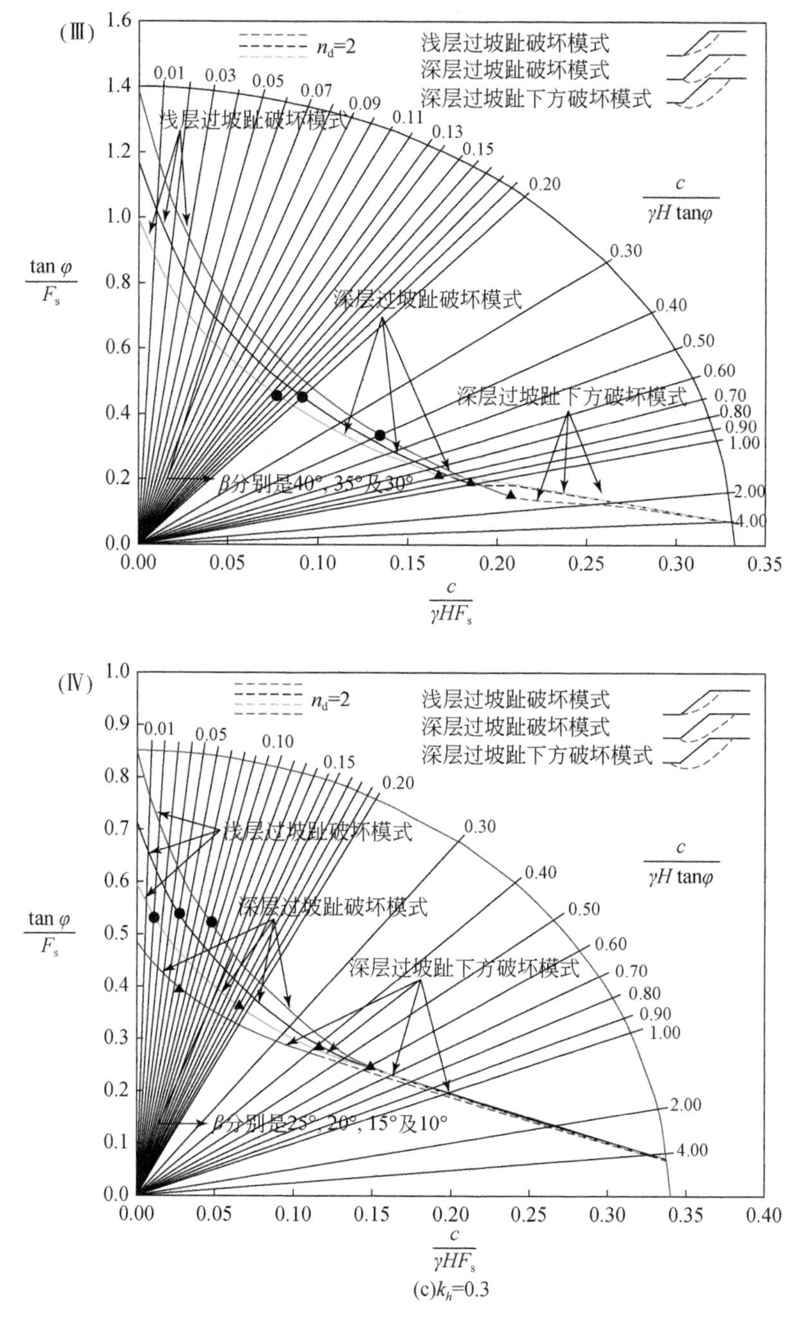

(c)k_h=0.3

图 6-10　地震力作用下均质边坡安全稳定图

图 6-10 表明，随着地震拟静力影响效应的引入，边坡破坏模式绝大部分是浅层过坡趾对数螺旋线破坏；随着 β 的增大，绝大部分出现浅层过坡趾对数螺旋线的边坡破坏模式；随着 β 和强度参数的减小，才会出现深层过坡趾对数螺旋线和过坡趾下方对数螺旋线破坏模式。F_s 随着 k_h 的增大而减小，代表浅层过坡趾对数螺旋线破坏模式的区域随之增

加，分别代表深层过坡趾对数螺旋线和过坡趾下方对数螺旋线破坏模式区域随之减少。其中虚线部分代表考虑下卧坚硬岩层来对机构的破坏深度进行限制所获得的结果。

算例分析：仅考虑地震水平拟静力效应影响，其中地震水平拟静力影响系数 $k_h=0.3$，$\beta=75°$，$H=8\text{m}$，边坡的其他参数如下：$\gamma=20\text{kN/m}^3$，$c=30\text{kPa}$，$\varphi=30°$，$n_d=2$。根据计算公式有

$$\frac{c}{\gamma H\tan\varphi}=\frac{30}{20\times 8\times \tan 30}=0.325$$

联合 $\beta=75°$ 及 $k_h=0.3$，从图 6-10（c）中可查得

$$\frac{\tan\varphi}{F_s}=0.5479 \qquad \frac{c}{\gamma HF_s}=0.1770$$

由以上两式可分别得到：$F_s=1.0538$，$F_s=1.0590$。

以上两个安全系数差别很小，可以相互验证其正确性，在工程上我们可以认为两者是一致的。同时采用序列二次规划法进行运算，得到 $F_s=1.0535$，同样非常接近。此外，由安全图表可知本例边坡的最危险潜在滑裂面为浅层过坡趾对数螺旋线破坏模式。

6.6　本章小结

当坡顶有超载并需要考虑偶然动力荷载效应时，要考虑超载和偶然荷载对边坡稳定性的影响。本章考虑坡顶超载和地震拟静力作用效应，推导了坡顶超载和地震拟静力作用对岩土边坡稳定性安全系数影响的数学表达式。面向工程实际，给出了方便工程应用的坡顶超载和地震拟静力作用影响效应条件下纯黏土和黏性土边坡稳定性的设计计算图表，并通过算例进行了使用示例。

第 7 章　张拉裂缝效应下边坡稳定性分析

7.1　本 章 概 述

经过大量工程实践，发现多数边坡表面存在大量的裂缝，裂缝的存在削弱了边坡稳定性。尤其是当裂缝中充满水时，水力效应增加了边坡下滑力，进而加速了边坡失稳进程。面对这一工程实际，本章讨论了地震拟静力效应和孔隙水压力作用下的裂缝边坡稳定性。依据不同的破坏机构，基于极限分析上限法给出了简单张拉裂缝边坡临界高度或安全系数计算表达式，并对有张裂缝的垂直坑壁的稳定性进行了分析；在此基础上，分别进一步考虑地震拟静力效应和边坡体内地下水位变化等因素，对边坡稳定性进行了深入分析。

7.2　张拉裂缝边坡稳定性分析

7.2.1　裂缝边坡平面破坏机构

7.2.1.1　破坏机构

对于砂性土质边坡及岩石边坡，直线型滑动面是常见的一种破坏模式，简单裂缝边坡的平面破坏机构如图 7-1 所示。裂缝边坡参数：H 为边坡高度，l 为裂缝距坡顶缘 E 的水平距离，Z 为裂缝深度，β 为边坡坡角，θ 为滑面倾角，v 为土体滑动速度，φ 为速度 v 与滑动面之间的夹角，W 为潜在滑动土体的土重。其中 l、Z、H 不是独立的参数，可表示为

$$l=(H-Z)/\tan\theta-H/\tan\beta \qquad (7\text{-}1)$$

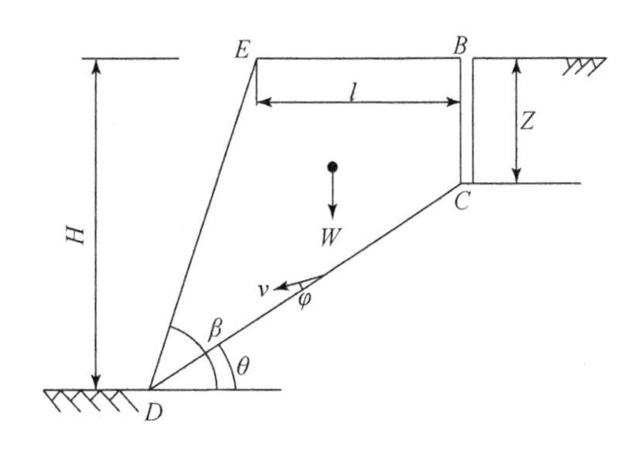

图 7-1　简单裂缝边坡的平面破坏机构

7.2.1.2　能耗计算

（1）重力做功

不考虑其他外力荷载，则外功率仅仅是重力做的功率，依据极限分析上限法理论，当重力做功等于沿滑动面的能量耗损率时，就达到了极限条件。重力所做功率等于速度的垂直分量与滑动土体重量的乘积：

$$W_{\text{soil}} = (\gamma H^2/2)\{[1-(Z/H)^2]\cot\theta-\cot\beta\} v\sin(\theta-\varphi) \tag{7-2}$$

式中，γ 为土体或岩石的容重。

(2) 内部能耗

沿间断面的能量耗损率：

$$W_{\text{d}} = cH[(1-Z/H)/\sin\theta] v\cos\varphi \tag{7-3}$$

7.2.1.3　稳定性分析

(1) 临界高度计算

使外功率与内部能耗相等，得边坡临界高度 H_{cr}：

$$H_{\text{cr}} = \frac{c}{\gamma}\frac{2[(1-Z/H)/\sin\theta]\cos\varphi}{\{[1-(Z/H)^2]\cot\theta-\cot\beta\}\sin(\theta-\varphi)} \tag{7-4}$$

(2) 安全系数计算

使外功率与内部能耗相等，并将强度参数 c、φ 按式（3-1）进行折减，得裂缝边坡安全系数 F_{s}：

$$F_{\text{s}} = \frac{c}{\gamma H}\frac{2\{(1-Z/H)/\sin\theta\}\cos\varphi_{\text{f}}}{\{[1-(Z/H)^2]\cot\theta-\cot\beta\}\sin(\theta-\varphi_{\text{f}})} \tag{7-5}$$

7.2.2　裂缝边坡对数螺旋线破坏机构

7.2.2.1　破坏机构

对数螺旋线破坏机构是评价土质裂缝边坡稳定性常用的一种破坏机构，相对于条分法可以克服非静定问题，只需要考虑重力、黏聚力和其他外力的作用。与第 3 章简单均质边坡类似，裂缝边坡对数螺旋面破坏模式也可分为以下三类：破坏面过坡趾下方，如图 7-2（a）所示；破坏面深层过坡趾，如图 7-2（b）所示；破坏面浅层过坡趾，如图 7-2（c）所示。其中 H 为边坡高度，β 为边坡下坡角，Z 为裂缝深度，α 为边坡上坡角，P 为破坏土体旋转中心，ω 为破坏土体旋转角速度，r_0 为 PF 的长度，r_c 为 PC 的长度，r_h 为

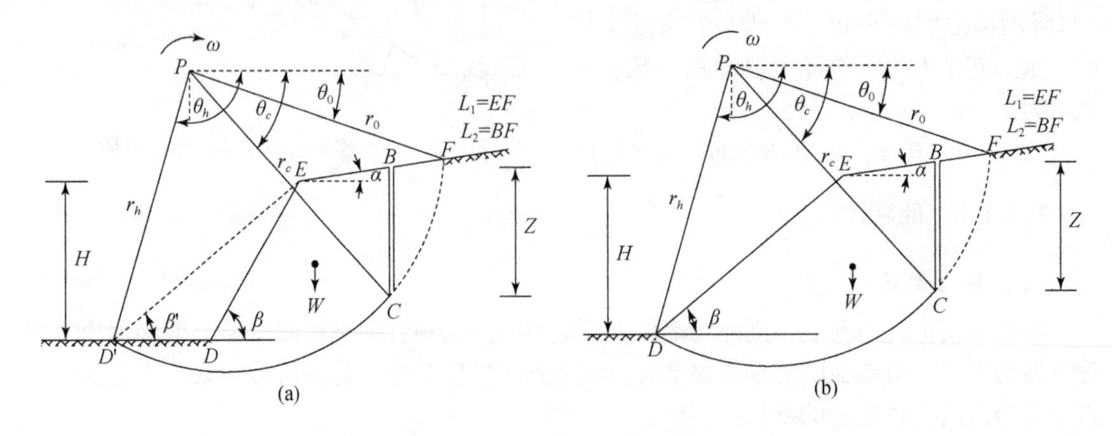

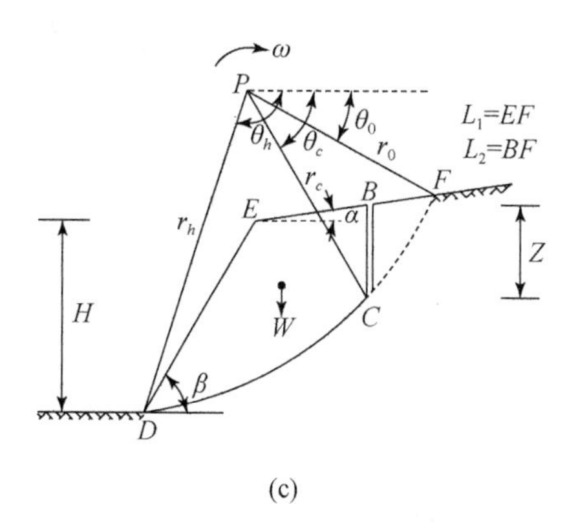

(c)

图7-2　简单裂缝边坡的对数螺旋线破坏机构

$PD'(PD)$的长度，θ_0、θ_c、θ_h、β'为对数螺旋面破坏机制角度参数。以下公式推导依据图7-2（a）所示的旋转间断机构进行。图中$BEDD'CB$区域土体绕旋转中心P（尚未确定）相对对数螺旋面$D'C$以下的静止材料做刚体旋转，$D'C$为一个速度间断面。

7.2.2.2　能耗计算

由几何关系易知：

$$H/r_0=\frac{\sin\beta'}{\sin(\beta'-\alpha)}\left[e^{\tan\varphi(\theta_h-\theta_0)}\sin(\theta_h+\alpha)-\sin(\theta_0+\alpha)\right] \tag{7-6}$$

$$L_1/r_0=\frac{\sin(\theta_h-\theta_0)}{\sin(\theta_h+\alpha)}-\left[e^{(\theta_h-\theta_0)\tan\varphi}\sin(\theta_h+\alpha)-\sin(\theta_0+\alpha)\right]\frac{\sin(\theta_h+\beta')}{\sin(\beta'-\alpha)\sin(\theta_h+\alpha)} \tag{7-7}$$

$$L_2/r_0=\frac{\sin(\theta_c-\theta_0)}{\sin(\alpha+\theta_c)}-\frac{\cos\theta_c}{\cos\alpha\sin(\alpha+\theta_c)}\left[e^{(\theta_c-\theta_0)\tan\varphi}\sin(\alpha+\theta_c)-\sin(\theta_0+\alpha)\right] \tag{7-8}$$

$$Z/r_0=\frac{1}{\cos\alpha}\left[e^{(\theta_c-\theta_0)\tan\varphi}\sin(\theta_c+\alpha)-\sin(\theta_0+\alpha)\right] \tag{7-9}$$

（1）重力做功

重力做功为PFD'区土重做的功率减去PEF、PED'、EDD'和BCF区土重做的功率，BCF区土重做的功率等于PFC区土重做的功率减去PFB、PBC区土重做的功率。

$$W_{soil}=\omega\gamma r_0^3\ (f_1-f_2-f_3-f_4-p_1+p_2+p_3) \tag{7-10}$$

式中，γ为岩土容重；$f_1\sim f_4$和$p_1\sim p_3$是与α、θ_0、θ_c、θ_h、β、β'及φ相关的函数。其中，

$$f_1=\frac{e^{3(\theta_h-\theta_0)\tan\varphi}(3\tan\varphi\cos\theta_h+\sin\theta_h)-3\tan\varphi\cos\theta_0-\sin\theta_0}{3(1+9\tan^2\varphi)} \tag{7-11}$$

$$f_2=\frac{1}{6}\sin(\theta_0+\alpha)\frac{L_1}{r_0}\left(2\cos\theta_0-\frac{L_1}{r_0}\cos\alpha\right) \tag{7-12}$$

$$f_3=\frac{1}{6}e^{(\theta_h-\theta_0)\tan\varphi}\left[\sin(\theta_h-\theta_0)-\frac{L_1}{r_0}\sin(\theta_h+\alpha)\right]\cdot\left[\cos\theta_0-\frac{L_1}{r_0}\cos\alpha+e^{(\theta_h-\theta_0)\tan\varphi}\cos\theta_h\right] \tag{7-13}$$

$$f_4=\frac{1}{2}\left(\frac{H}{r_0}\right)^2(\cot\beta'-\cot\beta)\cdot\left[\cos\theta_0-\frac{L_1}{r_0}\cos\alpha-\frac{1}{3}\frac{H}{r_0}(\cot\beta'+\cot\beta)\right] \tag{7-14}$$

$$p_1=\frac{e^{3\tan\varphi(\theta_c-\theta_0)}(3\tan\varphi\cos\theta_c+\sin\theta_c)-3\tan\varphi\cos\theta_0-\sin\theta_0}{3(1+9\tan^2\varphi)} \tag{7-15}$$

$$p_2=\frac{1}{6}\sin(\theta_0+\alpha)\frac{L_2}{r_0}\left(2\cos\theta_0-\frac{L_2}{r_0}\cos\alpha\right) \tag{7-16}$$

$$p_3=\frac{1}{3}e^{2\tan\varphi(\theta_c-\theta_0)}(\cos\theta_c)^2\frac{1}{\cos\alpha}\left[e^{\tan\varphi(\theta_c-\theta_0)}\sin(\theta_c+\alpha)-\sin(\theta_0+\alpha)\right] \tag{7-17}$$

(2) 内部能耗

对于能量分析法，内部能耗只考虑间断面 CD' 上土体间的能量耗散，当破坏面过坡趾时 D' 与 D 重合。内部能量耗损率：

$$W_d=c\omega r_0^2\frac{e^{2\tan\varphi(\theta_h-\theta_0)}-e^{2\tan\varphi(\theta_c-\theta_0)}}{2\tan\varphi} \tag{7-18}$$

7.2.2.3 稳定性分析

(1) 临界高度计算

根据能耗法计算过程，令重力所做的功率等于内部耗损率，可求得边坡的临界高度 H_{cr}：

$$H_{cr}=\frac{c}{\gamma}\frac{\left[e^{2\tan\varphi(\theta_h-\theta_0)}-e^{2\tan\varphi(\theta_c-\theta_0)}\right]\sin\beta'\left[e^{\tan\varphi(\theta_h-\theta_0)}\sin(\theta_h+\alpha)-\sin(\theta_0+\alpha)\right]}{2\cdot\tan\varphi(f_1-f_2-f_3-f_4-p_1+p_2+p_3)\sin(\beta'-\alpha)} \tag{7-19}$$

(2) 安全系数计算

根据能耗法计算过程，令重力所做的功率等于内部耗损率，将抗剪强度参数 c、φ 按式（3-1）进行折减，可求得边坡安全系数：

$$F_s=\frac{c}{\gamma H2\cdot\tan\varphi_f}\frac{e^{2\tan\varphi_f(\theta_h-\theta_0)}-e^{2\tan\varphi_f(\theta_c-\theta_0)}}{(f_1-f_2-f_3-f_4-p_1+p_2+p_3)}\frac{H}{r_0} \tag{7-20}$$

7.2.3 裂缝垂直坑壁稳定性分析

7.2.3.1 破坏机构

当土体不能承受拉力时，由于在自重作用下土体有向下滑动的趋势，因此，坡顶一定区域内会出现拉应力状态，如果土体的抗拉强度很弱，坡顶会出现拉裂缝，如图 7-3 所示。其中坑壁高度为 H，裂缝深度为 Z（$0\leqslant Z\leqslant H$），滑面与竖直线的夹角为 β，速度矢量 v 与滑动面 AB 的夹角为 φ，滑动面 AB 两侧土体均为刚体。现利用极限分析上限定理求竖直坑壁的临界高度。

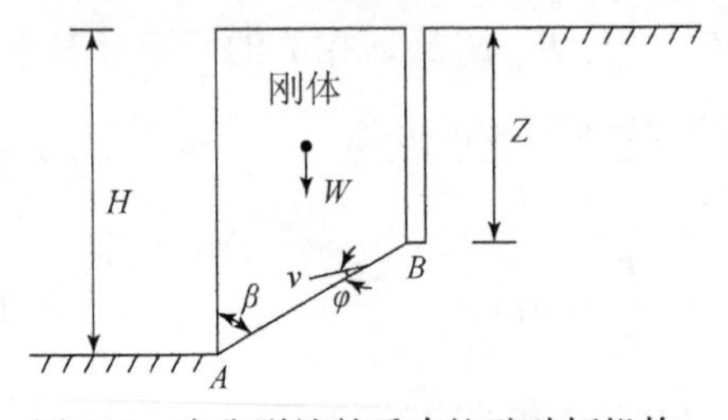

图 7-3　有张裂缝的垂直坑壁破坏机构

7.2.3.2　能耗计算

（1）重力做功

在不考虑其他外部荷载作用的情况下，外力的功率即为重力所做的功率，内能仅在滑动面 AB 上消散。根据虚功原理，重力功率为速度的竖直分量与滑动土体重量的乘积，即

$$W_{soil}=\frac{1}{2}\gamma H^2\tan\beta[1-(Z/H)^2]v\cos(\varphi+\beta) \tag{7-21}$$

（2）内部能耗

沿着速度间断线 AB 产生的内能耗散等于：沿速度间断线的切向速度大小 $v\cos\varphi$ 乘以岩土材料的黏聚力 c，再乘以速度间断线的长度 AB，即

$$W_d=c\frac{H}{\cos\beta}(1-Z/H)v\cos\varphi \tag{7-22}$$

7.2.3.3　稳定性分析

（1）临界高度计算

当外力所做的功率等于内部耗散率时，即 $W_{soil}=W_d$ 时得

$$H=\frac{2c\qquad\cos\varphi}{\gamma(1+Z/H)\sin\beta\cos(\varphi+\beta)} \tag{7-23}$$

对式（7-23）进行求导，由 $dH/d\beta=0$ 得 $\beta_{cr}=\pi/4-\varphi/2$，然后将它带入式（7-23）中，整理得

$$\frac{H\gamma(1+Z/H)}{4}=c\tan\left(45°+\frac{\varphi}{2}\right) \tag{7-24}$$

当裂缝深度 $Z=0$ 时，坑壁无裂缝能承受拉力，此时坑壁临界高度 H_{cr} 为 $H=4c\tan(45°+\varphi/2)/\gamma$ 的最小值，当裂缝深度 $Z=H$ 时，坑壁不能承受拉力，此时坑壁临界高度 H_{cr} 为 $H=2c\tan(45°+\varphi/2)/\gamma$ 的最小值，为不含裂缝时的临界高度的一半。

（2）安全系数计算

使外功率与内部耗损率相等，并将强度参数 c、φ 按式（3-1）进行折减，得裂缝边坡安全系数 F_s：

$$F_s=\frac{c\quad 2\{(1-Z/H)/\cos\beta\}\cos\varphi_f}{\gamma H[1-(Z/H)^2]\tan\beta\cos(\varphi_f+\beta)} \tag{7-25}$$

7.3　地震拟静力效应下张拉裂缝边坡稳定性分析

7.3.1　不同破坏机构下的裂缝边坡稳定性分析

在地震效应下，裂缝边坡外荷载做功除重力以外还有地震拟静力作用。在7.2节简单

裂缝边坡稳定性分析的基础上，本小节将考虑地震拟静力效应，分析不同破坏机构下的裂缝边坡稳定性。

7.3.1.1 平面破坏机构

地震效应作用下，平面破坏机构如图 7-4 所示。

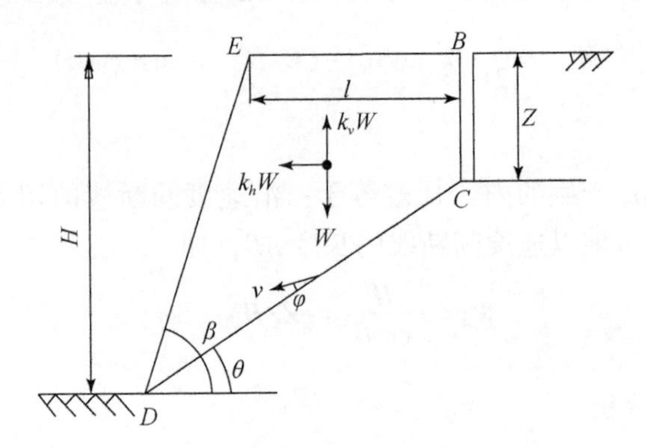

图 7-4 考虑地震效应的裂缝边坡平面破坏机构

式中，k_h、k_v分别为水平和竖向的拟静力加速度系数。

将地震效应所做的功率分成两部分计算：竖向地震力做功和水平地震力做功。重力做功与内部能耗见 7.2.1 节。

（1）竖向地震力做功

$$W_{v\text{-earthquake}}=k_v(\gamma H^2/2)\{[1-(Z/H)^2]\cot\theta-\cot\beta\}v\sin(\theta-\varphi) \tag{7-26}$$

（2）水平地震力做功

$$W_{h\text{-earthquake}}=k_h(\gamma H^2/2)\{[1-(Z/H)^2]\cot\theta-\cot\beta\}v\cos(\theta-\varphi) \tag{7-27}$$

使外功率与内部耗损率相等，得边坡临界高度 H_{cr}：

$$H_{cr}=\frac{c}{\gamma}\frac{2\{(1-Z/H)/\sin\theta\}\cos\varphi}{\{[1-(Z/H)^2]\cot\theta-\cot\beta\}[\sin(\theta-\varphi)(1+k_v)+k_h\cos(\theta-\varphi)]} \tag{7-28}$$

使外功率与内部耗损率相等，并将强度参数 c、φ 按式（3-1）进行折减，得裂缝边坡安全系数 F_s：

$$F_s=\frac{c}{\gamma H}\frac{2[(1-Z/H)/\sin\theta]\cos\varphi_f}{\{[1-(Z/H)^2]\cot\theta-\cot\beta\}[\sin(\theta-\varphi_f)(1+k_v)+k_h\cos(\theta-\varphi)]} \tag{7-29}$$

7.3.1.2 对数螺旋线破坏机构

地震效应作用下，对数螺旋线破坏机构如图 7-5 所示。

将地震效应所做的功率分成两部分计算：竖向地震力做功和水平地震力做功。计算方法与重力做功相似，但计算水平地震力做功时，取重心至旋转中心的竖直距离。

（1）竖向地震力做功

$$W_{v\text{-earthquake}}=k_v\gamma r_0^3\omega(f_1-f_2-f_3-f_4-p_1+p_2+p_3) \tag{7-30}$$

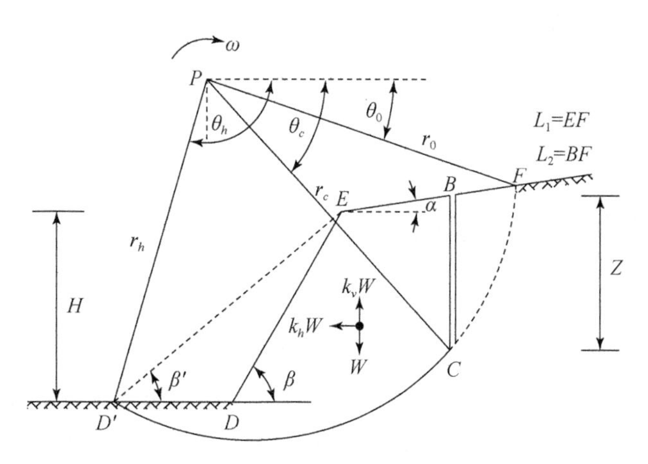

图7-5　考虑地震效应的裂缝边坡对数螺旋线破坏机构

式中，f_1 ~f_4和p_1 ~p_3是与α、θ_0、θ_c、θ_h、β、β'和φ有关的函数，具体表达式同7.2.3节。

（2）水平地震力做功

$$W_{h\text{-earthquake}}=k_h\gamma r_0^3\omega(f_5-f_6-f_7-f_8-p_4+p_5+p_6) \tag{7-31}$$

式中，f_5 ~f_8和p_4 ~p_6是与α、θ_0、θ_c、θ_h、β、β'和φ有关的函数，具体表达式如下：

$$f_5=\frac{e^{3\tan\varphi(\theta_h-\theta_0)}(3\tan\varphi\sin\theta_h-\cos\theta_h)-3\tan\varphi\sin\theta_0+\cos\theta_0}{3(1+9\tan^2\varphi)} \tag{7-32}$$

$$f_6=\frac{1}{6}\frac{L_1}{r_0}\left(2\sin\theta_0+\frac{L_1}{r_0}\sin\alpha\right)\sin(\theta_0+\alpha) \tag{7-33}$$

$$f_7=\frac{e^{(\theta_h-\theta_0)\tan\varphi}}{6}\left[\sin(\theta_h-\theta_0)-\frac{L_1}{r_0}\sin(\theta_h+\alpha)\right]\left[\sin\theta_0+\frac{L_1}{r_0}\sin\alpha+\sin\theta_h e^{(\theta_h-\theta_0)\tan\varphi}\right] \tag{7-34}$$

$$f_8=\frac{1}{2}\left(\frac{H}{r_0}\right)^2(\cot\beta'-\cot\beta)\left[\sin\theta_0+\frac{L_1}{r_0}\sin\alpha+\frac{2}{3}\frac{H}{r_0}\right] \tag{7-35}$$

$$p_4=\frac{e^{3\tan\varphi(\theta_c-\theta_0)}(3\tan\varphi\sin\theta_c-\cos\theta_c)-3\tan\varphi\sin\theta_0+\cos\theta_0}{3(1+9\tan^2\varphi)} \tag{7-36}$$

$$p_5=\frac{1}{6}\frac{L_2}{r_0}\left(2\sin\theta_0+\frac{L_2}{r_0}\sin\alpha\right)\sin(\theta_0+\alpha) \tag{7-37}$$

$$\begin{aligned}p_6=&\frac{1}{3}e^{2(\theta_c-\theta_0)\tan\varphi}\sin\theta_c\cos\theta_c\cdot\frac{1}{\cos\alpha}\cdot[e^{(\theta_c-\theta_0)\tan\varphi}\sin(\theta_c+\alpha)-\sin(\theta_0+\alpha)]\\&-\frac{1}{6}e^{\tan\varphi(\theta_c-\theta_0)}\cos\theta_c\frac{1}{\cos^2\alpha}\cdot[e^{(\theta_c-\theta_0)\tan\varphi}\sin(\theta_c+\alpha)-\sin(\theta_0+\alpha)]^2\end{aligned} \tag{7-38}$$

根据能耗法计算过程，令重力所做的功率等于内部耗损率，可求得边坡的稳定系数：

$$N_s=\frac{e^{2(\theta_h-\theta_0)\tan\varphi}-e^{2(\theta_c-\theta_0)\tan\varphi}}{2\tan\varphi[(1+\lambda k_h)\cdot(f_1-f_2-f_3-f_4-p_1+p_2+p_3)+(f_5-f_6-f_7-f_8-p_4+p_5+p_6)k_h]}\frac{H}{r_0} \tag{7-39}$$

（3）安全系数计算

根据能耗法计算过程，令重力所做的功率等于内部耗损率，将抗剪强度参数c、φ按式（3-1）进行折减，可求得边坡安全系数：

$$F_s = \frac{c \qquad e^{2\tan\varphi_f(\theta_h-\theta_0)} - e^{2\tan\varphi_f(\theta_c-\theta_0)} \qquad H}{\gamma H2 \cdot \tan\varphi_f[(f_1-f_2-f_3-f_4-p_1+p_2+p_3)(1+k_v)+(f_5-f_6-f_7-f_8-p_4+p_5+p_6)k_h]\, r_0} \tag{7-40}$$

7.3.2 地震拟静力效应下张拉裂缝边坡稳定性分析

下面以对数螺旋线破坏机构为例，分析地震拟静力效应对裂缝边坡稳定性的影响。虽然已有学者对裂缝的深度进行了研究，如 Baker 指出边坡中张裂缝的深度不会超过边坡高度的25%，也有研究给出了裂缝深度的计算公式。但由于影响因素的复杂性，理论研究和真实边坡情况还有一定差距，本节将分别介绍裂缝深度已知、裂缝位置已知、裂缝深度和位置均未知情况下地震拟静力效应对有裂缝边坡稳定性的影响。虽然竖直方向动态等效静态力对边坡的影响不如水平方向动态等效静态力影响显著，但是其对边坡的影响也不可忽略。所以本书取 $\lambda=0.5$（即 $k_v=0.5k_h$）为例进行研究。

本节以 $\beta=45°$和 $\varphi=10°$、20°、30°为例，对比分析不同地震效应作用下有无裂缝的边坡稳定系数。以下分析都是在裂缝位置、深度均未知的情况下进行的，不同地震效应条件下有无裂缝边坡的稳定系数计算结果见表 7-1，不同情况下稳定系数减小百分比如图 7-6 和图 7-7 所示。

表 7-1　不同地震效应条件下有无裂缝边坡的稳定系数（N_s）

边坡条件	$k_h=0$			$k_h=0.1$			$k_h=0.2$			$k_h=0.3$		
	φ			φ			φ			φ		
	10°	20°	30°	10°	20°	30°	10°	20°	30°	10°	20°	30°
有裂缝边坡	8.52	15.28	34.55	6.60	10.87	20.65	5.26	8.22	14.12	4.29	6.47	10.42
无裂缝边坡	9.32	16.18	35.63	7.22	11.57	21.44	5.76	8.80	14.77	4.71	6.96	10.97

注：表中 $k_h=0$ 表示无地震效应，$k_h=0.1$、0.2、0.3 是地震效应的不同等效系数。

（1）地震拟静力效应下有无裂缝边坡稳定系数减小百分比对比分析

图 7-6 展示了地震拟静力效应下，有裂缝边坡稳定系数相较于无裂缝边坡稳定系数的减小百分比。

由图 7-6 可知，当 $\beta=45°$时，稳定系数减小百分比随内摩擦角的增大而减小，即内摩擦角越大，裂缝对边坡稳定性的影响越小。例如，当 $k_h=0.1$ 时，φ 由 10°增大至 30°，此时稳定系数减小百分比由 8.57% 降到 3.68%。当内摩擦角 φ 一定时，随着地震拟静力水平地震加速度系数增大，稳定系数减小百分比增大，即地震拟静力越大，裂缝对边坡稳定性的影响越显著。

（2）有无地震效应下裂缝边坡稳定系数减小百分比对比分析

地震效应对裂缝边坡稳定性的影响如图 7-7 所示。

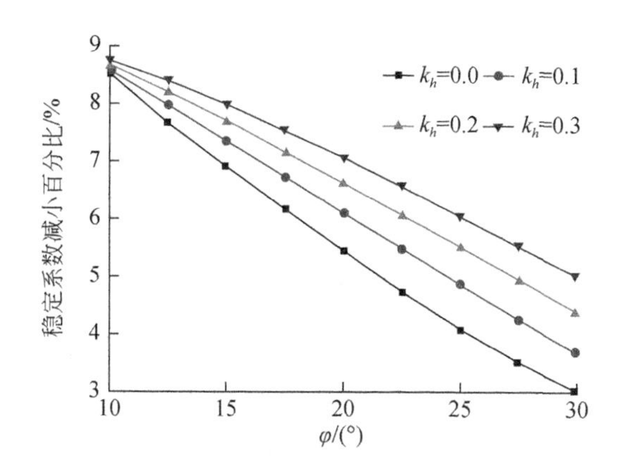

图 7-6　不同地震效应下有裂缝边坡比无裂缝边坡稳定系数减小百分比

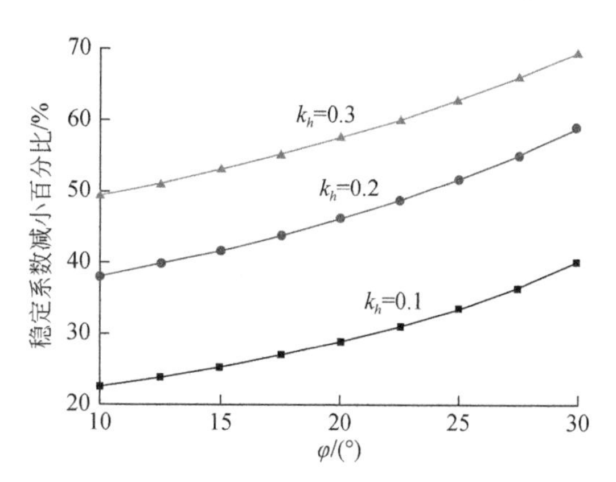

图 7-7　有裂缝的边坡在有无地震效应下的稳定系数减小百分比

由图 7-7 可知，稳定系数减小百分比随内摩擦角的增大不断增大，即内摩擦角越大，地震效应对裂缝边坡稳定性的影响越显著。当内摩擦角 φ 一定时，随着地震效应的增大，稳定系数减小百分比增大，说明地震效应越大，对裂缝边坡稳定性的影响越显著。当地震效应较大时，如 $k_h=0.3$ 时，与无地震效应相比，裂缝边坡稳定系数减小 50%以上。

7.3.3　张拉裂缝边坡稳定性设计计算图表

7.3.3.1　裂缝深度已知

当裂缝深度已知时，决定破坏面的自变量由 3 个变为两个，即角度变量 θ_c 可由角度变量 θ_h 和 θ_0 表示出来。推导的具体过程参考文献 Utili（2013）。最终的推导结果为

$$e^{\tan\varphi\cdot\theta_c}\sin(\theta_c+\alpha)=e^{\tan\varphi\cdot\theta_0}\sin(\theta_0+\alpha)\left[1-\frac{\delta}{H}\frac{\sin\beta'}{\sin(\beta'-\alpha)}\right]+\frac{\delta}{H}\frac{\sin\beta'}{\sin(\beta'-\alpha)}e^{\tan\varphi\cdot\theta_h}\sin(\theta_h+\alpha) \tag{7-41}$$

图 7-8 是地震效应下稳定系数与裂缝深度的关系图。由图可以看出，当 $\delta<\delta_{\min}$ 时，稳定系数呈递减趋势；当 $\delta>\delta_{\min}$ 时，稳定系数随 δ/H 的变大快速增大（图中的虚线部分）。但是从直观意义上分析，裂缝深度的增大并不会使边坡变得更稳定。因此，实线表示稳定系数，虚线仅代表由函数 $N^{\delta}=N^{\delta}(\delta)$ 计算出的最小值，并不代表真实的稳定系数。由图 7-8 可以看出，随着系数 k_h 的增大，稳定系数呈递减趋势；地震效应对边坡稳定性的影响随 φ 的增大而增大。当 $\delta>\delta_{\min}$ 时，假设的破坏模型会导致过高的预测边坡稳定性。

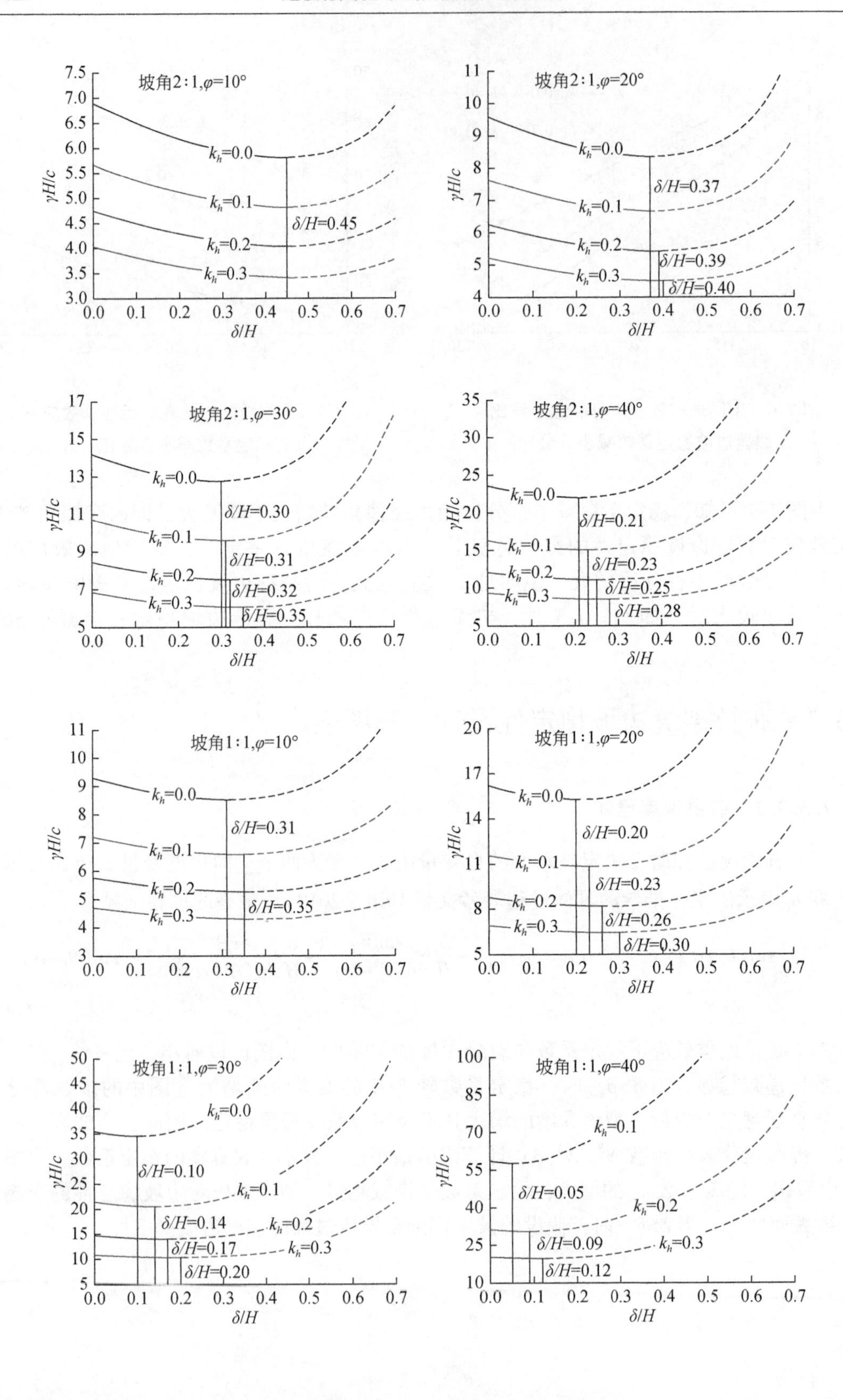
坡角2∶1,φ=10°
γH/c
δ/H
k_h=0.0
k_h=0.1
k_h=0.2
k_h=0.3
δ/H=0.45
坡角2∶1,φ=20°
δ/H=0.37
δ/H=0.39
δ/H=0.40
坡角2∶1,φ=30°
δ/H=0.30
δ/H=0.31
δ/H=0.32
δ/H=0.35
坡角2∶1,φ=40°
δ/H=0.21
δ/H=0.23
δ/H=0.25
δ/H=0.28
坡角1∶1,φ=10°
δ/H=0.31
δ/H=0.35
坡角1∶1,φ=20°
δ/H=0.20
δ/H=0.23
δ/H=0.26
δ/H=0.30
坡角1∶1,φ=30°
δ/H=0.10
δ/H=0.14
δ/H=0.17
δ/H=0.20
坡角1∶1,φ=40°
δ/H=0.05
δ/H=0.09
δ/H=0.12

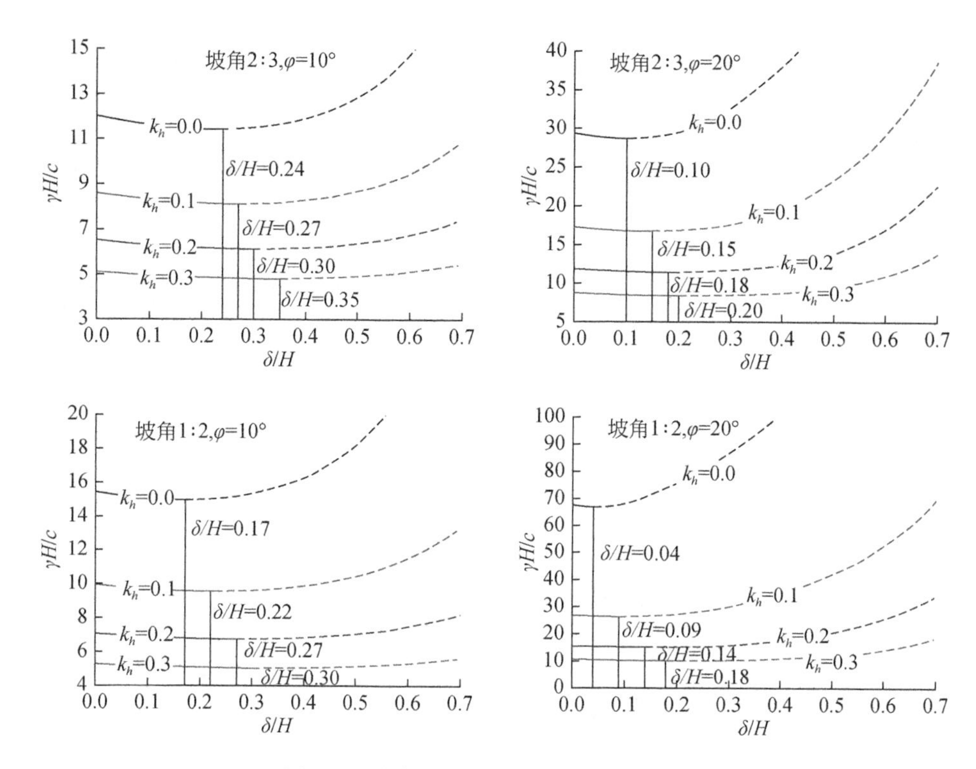

图 7-8　稳定系数随裂缝深度的变化曲线

7.3.3.2　裂缝位置已知

当裂缝位置已知时，决定破坏面的自变量由 3 个变为两个。即角度 θ_c 可以由角度 θ_h 和 θ_0 表示出来：

$$e^{\tan\varphi\cdot\theta_c}\cos\theta_c=e^{\tan\varphi\cdot\theta_h}\cos\theta_h+\frac{x}{H}(e^{\tan\varphi\cdot\theta_h}\sin\theta_h-e^{\tan\varphi\cdot\theta_0}\sin\theta_0)\tag{7-42}$$

图 7-9 是地震效应下的稳定系数与裂缝至坡趾水平距离的关系图。其中，实线代表裂缝位于 x/H 处的稳定系数，虚线仅代表函数 $N^x=N^x(x)$ 的最小数值解。$x_{\lim}$ 是 $\delta/H=0$ 时的 x/H。当 $x/H>x_{\lim}$ 时，计算出的裂缝临界深度为负值，不存在与此相对应的临界破坏面，所以应当舍掉。当裂缝位于某位置处，计算出的稳定系数大于无裂缝边坡在地震效应下的稳定系数时，说明裂缝位于此处时不再影响边坡的稳定性，所以当 $x_1<x<x_2$ 时，裂缝的存在将影响边坡的稳定性。

由图 7-9 可以看出，随着 k_h 的增大，稳定系数减小，$x_{\lim}$ 增大。当 $k_h\geqslant0.2$、$\varphi\leqslant10°$ 时，$x_{\lim}$ 不存在，边坡趋于无限边坡的形式。Zhang 等（2013）分析地震效应对边坡的影响时，得出当 $k_h=0.2$ 时，$\lambda=c/(\gamma H\tan\varphi)$ 增大到一定值时边坡趋于无限边坡的形式。

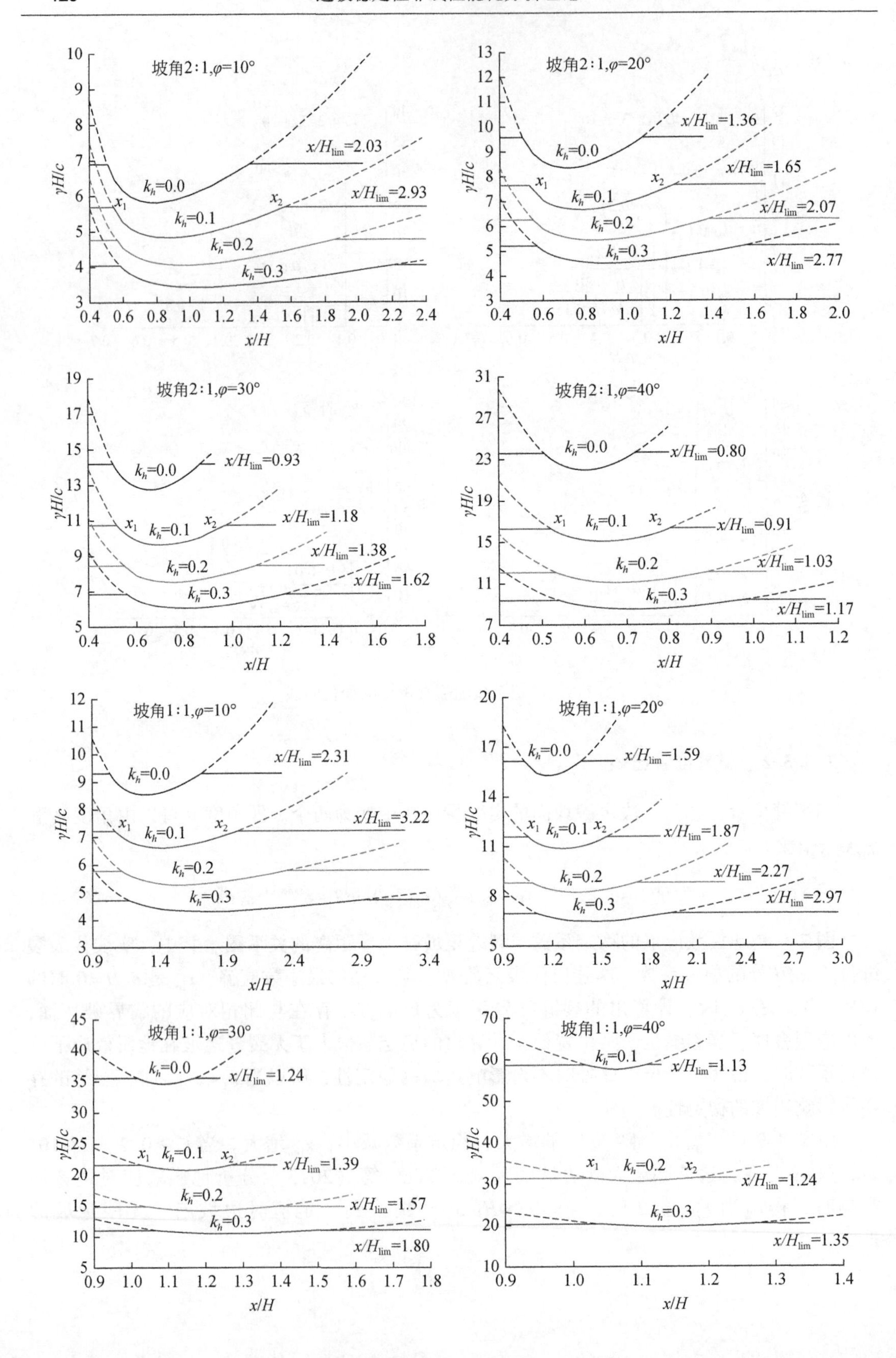

坡角2∶1,φ=10°
x/H_lim=2.03
x/H_lim=2.93
k_h=0.0
k_h=0.1
k_h=0.2
k_h=0.3
x_1
x_2
γH/c
x/H
坡角2∶1,φ=20°
x/H_lim=1.36
x/H_lim=1.65
x/H_lim=2.07
x/H_lim=2.77
坡角2∶1,φ=30°
x/H_lim=0.93
x/H_lim=1.18
x/H_lim=1.38
x/H_lim=1.62
坡角2∶1,φ=40°
x/H_lim=0.80
x/H_lim=0.91
x/H_lim=1.03
x/H_lim=1.17
坡角1∶1,φ=10°
x/H_lim=2.31
x/H_lim=3.22
坡角1∶1,φ=20°
x/H_lim=1.59
x/H_lim=1.87
x/H_lim=2.27
x/H_lim=2.97
坡角1∶1,φ=30°
x/H_lim=1.24
x/H_lim=1.39
x/H_lim=1.57
x/H_lim=1.80
坡角1∶1,φ=40°
x/H_lim=1.13
x/H_lim=1.24
x/H_lim=1.35

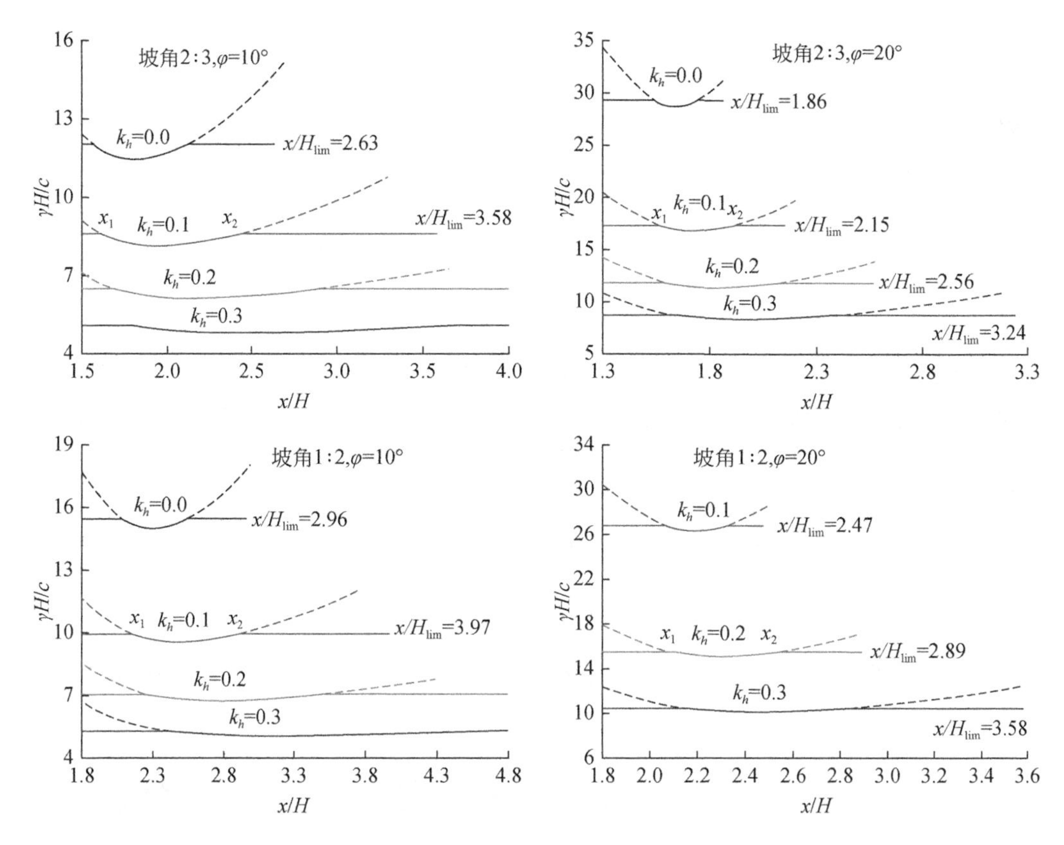

图 7-9　稳定系数随裂缝位置的变化曲线

7.3.3.3　裂缝深度和位置均未知

不同条件下，边坡稳定系数计算值见表 7-2。

表 7-2　不同参数组合下裂缝边坡稳定系数表（$k_v=0.5k_h$）

坡角		$k_h=0.0$			$k_h=0.1$			$k_h=0.2$			$k_h=0.3$		
		φ			φ			φ			φ		
		10°	20°	30°	10°	20°	30°	10°	20°	30°	10°	20°	30°
2∶1	$\gamma H/c$	5.81	8.34	12.74	4.82	6.65	9.60	4.04	5.42	7.51	3.42	4.49	6.05
	δ/H	0.44	0.37	0.29	0.44	0.37	0.31	0.45	0.39	0.32	0.47	0.40	0.34
	x/H	0.79	0.71	0.65	0.87	0.78	0.70	0.96	0.84	0.75	1.04	0.90	0.80
1∶1	$\gamma H/c$	8.52	15.28	34.55	6.60	10.87	20.65	5.26	8.22	14.12	4.29	6.47	10.42
	δ/H	0.31	0.20	0.10	0.33	0.23	0.14	0.35	0.26	0.17	0.37	0.28	0.20
	x/H	1.30	1.18	1.09	1.41	1.25	1.140	1.56	1.34	1.20	1.73	1.43	1.26
2∶3	$\gamma H/c$	11.44	28.63	—	8.12	16.72	53.61	6.11	11.31	26.80	4.77	8.29	16.85
	δ/H	0.23	0.10	—	0.27	0.15	0.05	0.30	0.18	0.09	0.33	0.22	0.12
	x/H	1.80	1.63	—	1.95	1.72	1.58	2.15	1.82	1.64	2.44	1.95	1.71

续表

坡角		$k_h=0.0$			$k_h=0.1$			$k_h=0.2$			$k_h=0.3$		
		φ			φ			φ			φ		
		10°	20°	30°	10°	20°	30°	10°	20°	30°	10°	20°	30°
1∶2	$\gamma H/c$	14.97	66.76	—	9.55	26.31	—	6.75	15.11	62.02	5.04	10.14	28.21
	δ/H	0.17	0.04	—	0.22	0.09	—	0.27	0.14	0.04	0.31	0.18	0.07
	x/H	2.29	2.08	—	2.48	2.18	—	2.75	2.30	2.09	3.19	2.46	2.17

本小节给出了地震效应下裂缝深度已知、位置未知，裂缝深度未知、位置已知，以及裂缝深度和位置均未知情况下的稳定系数设计图表。比较三种情况的稳定系数图表可知，当裂缝深度和位置均未知时，计算出的裂缝深度和位置是对边坡最不利的。

如当$\beta=45°$、$\varphi=20°$、$k_h=0.1$时，由表7-2可知，$\delta/H=0.23$，$x/H=1.25$。

由图7-8可知，当$\delta/H=0.23$时，稳定系数取得最小值。

由图7-9可知，当$x/H=1.25$时，稳定系数取得最小值。

因此，采用裂缝深度及位置均未知的计算模式得到的边坡稳定性更加保守。但是，在实际工程中，若裂缝深度可以获得且没有达到最不利的深度，则可以按裂缝深度已知的情况进行计算。

7.4 地下水影响效应下张拉裂缝边坡稳定性分析

7.4.1 不同破坏机构下的裂缝边坡稳定性分析

在地震效应作用下，裂缝边坡外荷载做功除重力以外还有孔隙水压力作用。在7.2节简单裂缝边坡稳定性分析的基础上，本小节将在水力效应条件下，分析不同破坏机构下的裂缝边坡稳定性。

7.4.1.1 平面破坏机构

水力效应条件下的平面破坏机构如图7-10所示。滑面出流缝未堵塞时如图7-10（a）所示，图7-10（b）为滑面出流缝因结冰、土壤、杂草或其他因素等被堵塞的情况。以下以滑面出流缝未堵塞时的平面破坏机构为例进行分析说明。

张裂缝水压力做功：

$$W_z=\gamma_w Z_w^2 v\cos(\theta-\varphi)/2 \tag{7-43}$$

滑面EF水压力做功：

$$W_{EF}=\gamma_w Z_w(H-Z)v\sin\varphi/(2\sin\theta) \tag{7-44}$$

孔隙水压力做功：

$$W_w=W_z+W_{EF}=\frac{H^2\gamma_w(Z_w/H)[(Z_w/H)\cos(\theta-\varphi)\sin\theta+(1-Z/H)\sin\varphi]v}{2\sin\theta} \tag{7-45}$$

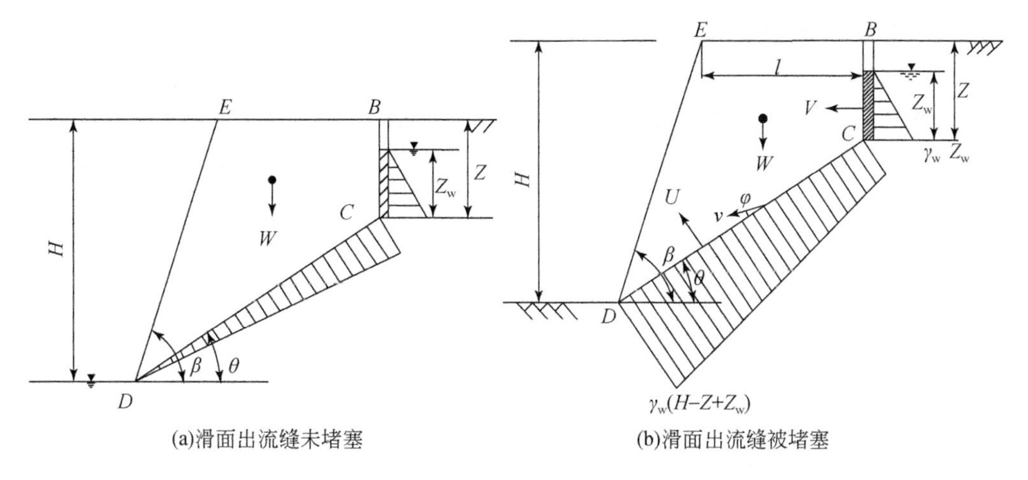

图 7-10　考虑孔隙水压力作用的裂缝边坡平面破坏机构

使外功率与内部能量能耗率相等，得边坡临界高度 H_{cr}：

$$H_{cr}=\frac{2c(1-Z/H)\cos\varphi}{\gamma\{[1-(Z/H)^2]\cot\theta-\cot\beta\}\sin(\theta-\varphi)\sin\theta+\gamma_w(Z_w/H)[(Z_w/H)\cos(\theta-\varphi)\sin\theta+(1-Z/H)\sin\varphi]}\tag{7-46}$$

使外功率与内部能量能耗率相等，并强度参数 c、φ 按式（3-1）进行折减，得裂缝边坡安全系数 F_s：

$$F_s=\frac{2c(1-Z/H)\cos\varphi_f}{\gamma H\{[1-(Z/H)^2]\cot\theta-\cot\beta\}\sin(\theta-\varphi_f)\sin\theta+\gamma_w H(Z_w/H)[(Z_w/H)\cos(\theta-\varphi_f)\sin\theta+(1-Z/H)\sin\varphi_f]}\tag{7-47}$$

7.4.1.2　对数螺旋线破坏机构

以对数螺旋线为破坏模式进行研究，以下首先假定裂缝位于坡顶（图 7-11 中的 EF 面）。取过坡趾下方的对数螺旋线破坏模式进行分析，如图 7-11 所示。

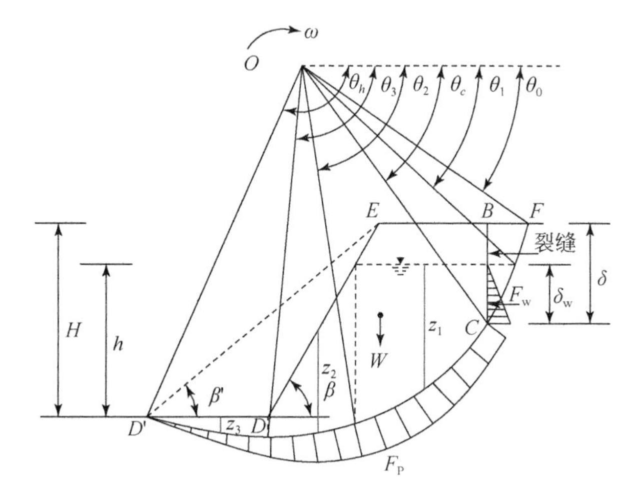

图 7-11　考虑孔隙水压力作用的裂缝边坡对数螺旋线破坏机构

图中，W 为滑动土体的重力，F_w 为裂缝水集中作用力，F_p 为孔隙水压力，z_1、z_2、z_3 是 3 个区域坡体水位至滑动面的垂直距离。边坡的几何要素如下：边坡高度 H，坡面倾角 β，裂缝深度 δ，裂缝中水位高度 δ_w，地下水位距坡脚的垂直距离 h，裂缝距坡顶点 E 的水平距离 l，破坏机制角度参数 θ_0、θ_h 及 β'，表征地下水位的角度参数 $\theta_1 \sim \theta_3$，与裂缝有关的角度 θ_c。

孔隙水压力做功采用以下形式：

$$W_u = \gamma \cdot r_0^3 \cdot \omega \cdot r_u \cdot \tan\varphi \cdot (f^1 + f^2 + f^3) \tag{7-48}$$

由几何关系易得坡体水位至滑动面的垂直距离 z_1、z_2、z_3 的表达式：

$$\begin{cases} \dfrac{z_1}{r_0} = e^{(\theta-\theta_0)\tan\varphi}\sin\theta - e^{(\theta_1-\theta_0)\tan\varphi}\sin\theta_1 \\ \dfrac{z_2}{r_0} = e^{(\theta-\theta_0)\tan\varphi}\sin\theta - e^{(\theta_h-\theta_0)\tan\varphi}\sin\theta_h + [e^{(\theta-\theta_0)\tan\varphi}\cos\theta \\ \qquad - e^{(\theta_3-\theta_0)\tan\varphi}\cos\theta_3]\tan\beta \\ \dfrac{z_3}{r_0} = e^{(\theta-\theta_0)\tan\varphi}\sin\theta - e^{(\theta_h-\theta_0)\tan\varphi}\sin\theta_h \end{cases} \tag{7-49}$$

角度参数 θ_1、θ_2、θ_3 的表达式如下：

$$\begin{cases} \sin\theta_1 e^{(\theta_1-\theta_0)\tan\varphi} = \sin\theta_0 + h/r_0 \\ \cos\theta_2 e^{(\theta_2-\theta_0)\tan\varphi} = \cos\theta_0 - L_1/r_0 - h/r_0\cot\beta \\ \cos\theta_3 e^{(\theta_3-\theta_0)\tan\varphi} = \cos\theta_0 - L_1/r_0 - H/r_0\cot\beta \end{cases} \tag{7-50}$$

通过积分可得孔隙水压力所做的功率，即式（7-48）中 f^1、f^2 和 f^3 可用其他参数表示。f^1 是与 $\theta_c \sim \theta_2$ 区域内孔隙水压力做功有关的积分表达式；f^2 是与 $\theta_2 \sim \theta_3$ 区域内孔隙水压力做功有关的积分表达式；f^3 是与 $\theta_3 \sim \theta_h$ 区域内孔隙水压力做功有关的积分表达式，见式（7-51）～式（7-53）。

$$f^1 = \int_{\theta_c}^{\theta_2} \frac{z_1}{r_0} e^{2(\theta-\theta_0)\tan\varphi} d\theta \tag{7-51}$$

$$f^2 = \int_{\theta_2}^{\theta_3} \frac{z_2}{r_0} e^{2(\theta-\theta_0)\tan\varphi} d\theta \tag{7-52}$$

$$f^3 = \int_{\theta_3}^{\theta_h} \frac{z_3}{r_0} e^{2(\theta-\theta_0)\tan\varphi} d\theta \tag{7-53}$$

$$f^1 = \frac{(3\tan\varphi\sin\theta_2 - \cos\theta_2)e^{3(\theta_2-\theta_0)\tan\varphi} + (\cos\theta_c - 3\tan\varphi\sin\theta_c)e^{3(\theta_c-\theta_0)\tan\varphi}}{1+9\tan^2\varphi}$$
$$-\frac{\sin\theta_1}{2\tan\varphi}[e^{(2\theta_2-3\theta_0+\theta_1)\tan\varphi} - e^{(2\theta_c-3\theta_0+\theta_1)\tan\varphi}] \tag{7-54}$$

$$f^2 = \frac{(3\tan\varphi\sin\theta_3 - \cos\theta_3)e^{3(\theta_3-\theta_0)\tan\varphi} + (\cos\theta_2 - 3\tan\varphi\sin\theta_2)e^{3(\theta_2-\theta_0)\tan\varphi}}{1+9\tan^2\varphi}$$
$$-\frac{\sin\theta_h}{2\tan\varphi}[e^{(2\theta_3+\theta_h-3\theta_0)\tan\varphi} - e^{(2\theta_2+\theta_h-3\theta_0)\tan\varphi}]$$

$$+\tan\beta\frac{(3\tan\varphi\cos\theta_3+\sin\theta_3)\mathrm{e}^{3(\theta_3-\theta_0)\tan\varphi}-(\sin\theta_2+3\tan\varphi\cos\theta_2)\mathrm{e}^{3(\theta_2-\theta_0)\tan\varphi}}{1+9\tan^2\varphi}$$

$$-\frac{\cos\theta_3\tan\beta}{2\tan\varphi}\left[\mathrm{e}^{3(\theta_3-\theta_0)\tan\varphi}-\mathrm{e}^{(2\theta_2+\theta_3-3\theta_0)\tan\varphi}\right] \tag{7-55}$$

$$f^3=\frac{(3\tan\varphi\sin\theta_h-\cos\theta_h)\mathrm{e}^{3(\theta_h-\theta_0)\tan\varphi}+(\cos\theta_3-3\tan\varphi\sin\theta_3)\mathrm{e}^{3(\theta_3-\theta_0)\tan\varphi}}{1+9\tan^2\varphi}$$

$$-\frac{\sin\theta_h}{2\tan\varphi}\left[\mathrm{e}^{3(\theta_h-\theta_0)\tan\varphi}-\mathrm{e}^{(2\theta_3+\theta_h-3\theta_0)\tan\varphi}\right] \tag{7-56}$$

裂缝中水压力做功：

$$W_{\mathrm{w}}=\gamma\omega r_{\mathrm{u}}r_0^3f_{\mathrm{w}} \tag{7-57}$$

$$f_{\mathrm{w}}=\frac{1}{2}\left[\frac{\delta-h-(L_1-L_2)}{r_0}\right]^2\cdot\left\{\begin{aligned}&\mathrm{e}^{(\theta_c-\theta_0)\tan\varphi}\sin\theta_c\\&-\frac{1}{3}\left[\frac{\delta-h-(L_1-L_2)}{r_0}\right]\end{aligned}\right\} \tag{7-58}$$

根据能耗法计算过程，令重力所做的功率等于内部耗损率，可求得边坡的临界高度 H_{cr}：

$$H_{\mathrm{cr}}=\frac{c}{\gamma}\frac{\left[\mathrm{e}^{2\tan\varphi(\theta_h-\theta_0)}-\mathrm{e}^{2\tan\varphi(\theta_c-\theta_0)}\right]\sin\beta'\left[\mathrm{e}^{\tan\varphi(\theta_h-\theta_0)}\sin(\theta_h+\alpha)-\sin(\theta_0+\alpha)\right]}{2\cdot\tan\varphi\left\{\begin{aligned}&f_1-f_2-f_3-f_4-p_1+p_2+p_3\\&+r_{\mathrm{u}}\cdot\left[\tan\varphi\cdot(f^1+f^2+f^3)+f_{\mathrm{w}}\right]\end{aligned}\right\}\sin(\beta'-\alpha)} \tag{7-59}$$

根据能耗法计算过程，令重力所做的功率等于内部耗损率，将抗剪强度参数 c、φ 按式（3-1）进行折减，可求得边坡安全系数：

$$F_{\mathrm{s}}=\frac{c}{\gamma H}\frac{\mathrm{e}^{2\tan\varphi_{\mathrm{f}}(\theta_h-\theta_0)}-\mathrm{e}^{2\tan\varphi_{\mathrm{f}}(\theta_c-\theta_0)}}{2\cdot\tan\varphi_{\mathrm{f}}\left\{\begin{aligned}&f_1-f_2-f_3-f_4-p_1+p_2+p_3\\&+r_{\mathrm{u}}\cdot\left[\tan\varphi_{\mathrm{f}}\cdot(f^1+f^2+f^3)+f_{\mathrm{w}}\right]\end{aligned}\right\}}\frac{H}{r_0} \tag{7-60}$$

7.4.2　孔隙水压力对裂缝最不利位置和裂缝临界深度的影响

鉴于目前采用极限分析上限法及对数螺旋线破坏面分析孔隙水对裂缝最不利位置及裂缝临界深度影响的研究甚少，为更准确、全面地探讨孔隙水压力作用下裂缝最不利位置及裂缝临界深度变化规律，本节取两组算例同时进行计算，便于对比验证。采取的具体算例如下。

算例 1：$H=10\mathrm{m}$，坡度 1∶2，$\gamma=20\mathrm{kN/m^3}$，$c=10\mathrm{kPa}$，$\varphi=20°$，$h=3\mathrm{m}$。裂缝深度已知时取 $\delta/H=0.2$，裂缝位置已知时取 $l=1\mathrm{m}$。

算例 2：$H=10\mathrm{m}$，$\beta=45°$，$\gamma=17.86\mathrm{kN/m^3}$，$c=32\mathrm{kPa}$，$\varphi=30°$，$h=7\mathrm{m}$。裂缝深度已知时取 $\delta/H=0.2$，裂缝位置已知时取 $l=2.5\mathrm{m}$。

7.4.2.1　已知裂缝深度，最不利裂缝位置研究

已知裂缝深度，研究 h、δ 及 β 对最不利裂缝位置的影响规律。研究某个参数对最不利裂缝位置的影响时，其他参数的取值见算例 1 与算例 2 所示的参数。图 7-12 中 F_{s}-1、

F_s-2 分别指算例 1、算例 2 的 F_s曲线，l-1、l-2 分别指算例 1、算例 2 的最不利裂缝位置 l 曲线（l 是裂缝距坡顶缘 E 的水平距离）。下面详细分析不同参数对边坡稳定性及最不利裂缝位置的影响规律。

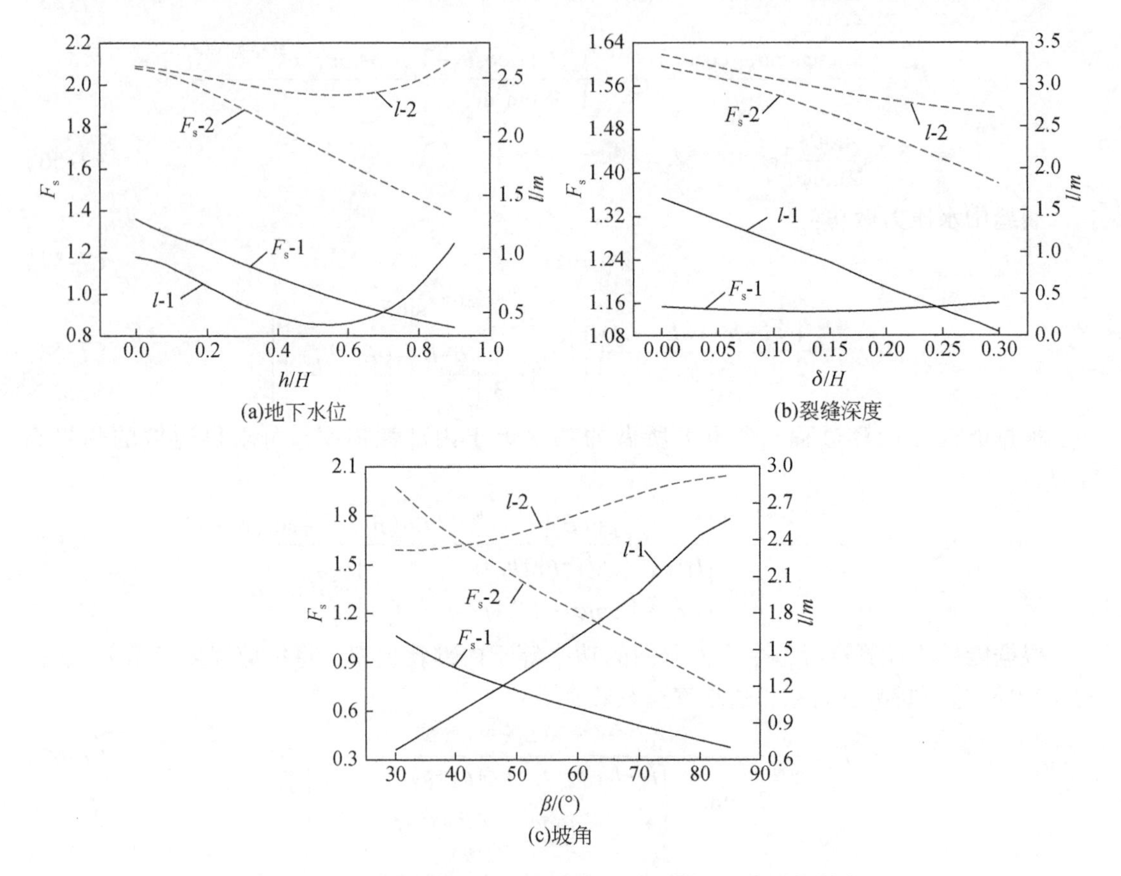

图 7-12　不同参数对边坡稳定性及最不利裂缝位置的影响

地下水作为一种重要的影响边坡稳定的不利客观因素，与预想结果一致，地下水位越高，边坡越不稳定。随着地下水位由 0 变化到 0. 9H，最不利裂缝位置 l 随地下水位的变化情况为先减小后增大，如图 7-12（a）所示。当 $h/H>0.8$ 时，裂缝中含有水，最不利裂缝位置变化更加显著。

安全系数或最不利裂缝位置随裂缝深度的变化曲线如图 7-12（b）所示。Utili 的研究结果表明，当 $\beta<90°$时，随着裂缝深度的增大，稳定系数先减小后增大，β 越小，曲线变化点对应的裂缝深度越小。由于算例 2 的坡角较算例 1 大，所以当裂缝深度在 0～0. 3H 变化时，图 7-13（b）中的 F_s-1 曲线随着裂缝深度的增大先减小后增大，F_s-2 曲线随着裂缝深度的增大逐渐减小。作者已验证，裂缝深度从 0 变化到 0. 55H，F_s-2 曲线也会呈现先减小后增大的变化趋势。与地下水位对临界裂缝位置影响的不同，裂缝深度从 0 变化到 0. 3H，最不利裂缝位置与坡顶缘的距离不断减小。

安全系数或最不利裂缝位置随边坡坡角的变化曲线如图 7-12（c）所示。边坡越陡，安全系数越小，边坡越不稳定。随着坡角的增大，最不利裂缝位置逐渐远离坡顶缘。

由以上分析可知，随着地下水位、裂缝深度及坡角的变化，算例1和算例2所得的安全系数曲线及最不利裂缝位置曲线变化趋势基本相同，仅变化的快慢略有差异，这也说明了采用本书方法研究临界裂缝变化规律的可行性。

7.4.2.2 已知裂缝位置，临界裂缝深度变化规律研究

已知裂缝位置，研究 h、l 及 β 对临界裂缝深度的影响规律。研究某个参数对临界裂缝深度的影响时，其他参数的取值见算例1与算例2。图7-14中 F_s-1、F_s-2 曲线代表的意义同图7-12，$\delta/H-1$、$\delta/H-2$ 分别指算例1和算例2的临界裂缝深度曲线。

安全系数或临界裂缝深度随地下水位的变化曲线如图7-13（a）所示。随地下水位由0变化到0.9H，安全系数不断减小，临界裂缝深度先增大，但当临界裂缝深度增大到（$H-h$）时将线性减小，且始终保持 $\delta=H-h$。

安全系数或临界裂缝深度随裂缝位置的变化曲线如图7-13（b）所示。当给定裂缝位置时，算例1与算例2的安全系数及临界裂缝深度相差较大，所以计算结果不宜展示在同一图中。算例1及算例2的安全系数及临界裂缝深度变化曲线分别如图7-13（b-1）及图7-13（b-2）所示。随裂缝位置由1m变化至4m，安全系数先减小后增大，算例1的临界裂缝深度先增大后减小，而算例2的临界裂缝深度先保持不变，为 $\delta=H-h=3$m，当裂缝位置增大到一定值后，随裂缝位置的增大，临界裂缝深度大致呈线性减小趋势。为了探讨地下水位对临界裂缝深度随裂缝位置变化规律的影响，图7-13（b-3）给出了算例1$h=8$m对应的临界裂缝深度变化曲线，随着裂缝远离坡顶缘，临界裂缝深度变化规律同算例2。可见地下水位是影响临界裂缝深度变化的重要因素之一。图7-13（b-4）给出了 $\beta=26.565°$ 和 $h=3$m 对应的算例2临界裂缝深度变化曲线，其变化规律同算例1，可见坡角也是影响临界裂缝深度变化规律不可忽略的因素。由以上分析可知，地下水位及坡角对临界裂缝深度随裂缝位置的变化规律影响较大，当地下水位较高，裂缝距坡顶缘较近时，临界裂缝深度将不随裂缝位置的变化而变化；当裂缝距坡顶缘较远时，临界裂缝深度随裂缝位置 l 的增大而减小。

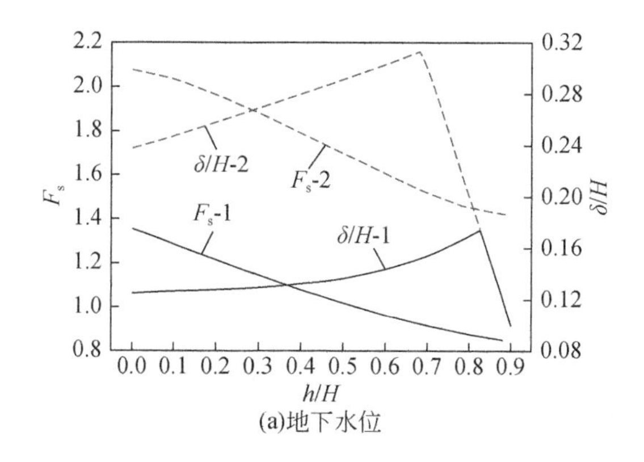

(a)地下水位

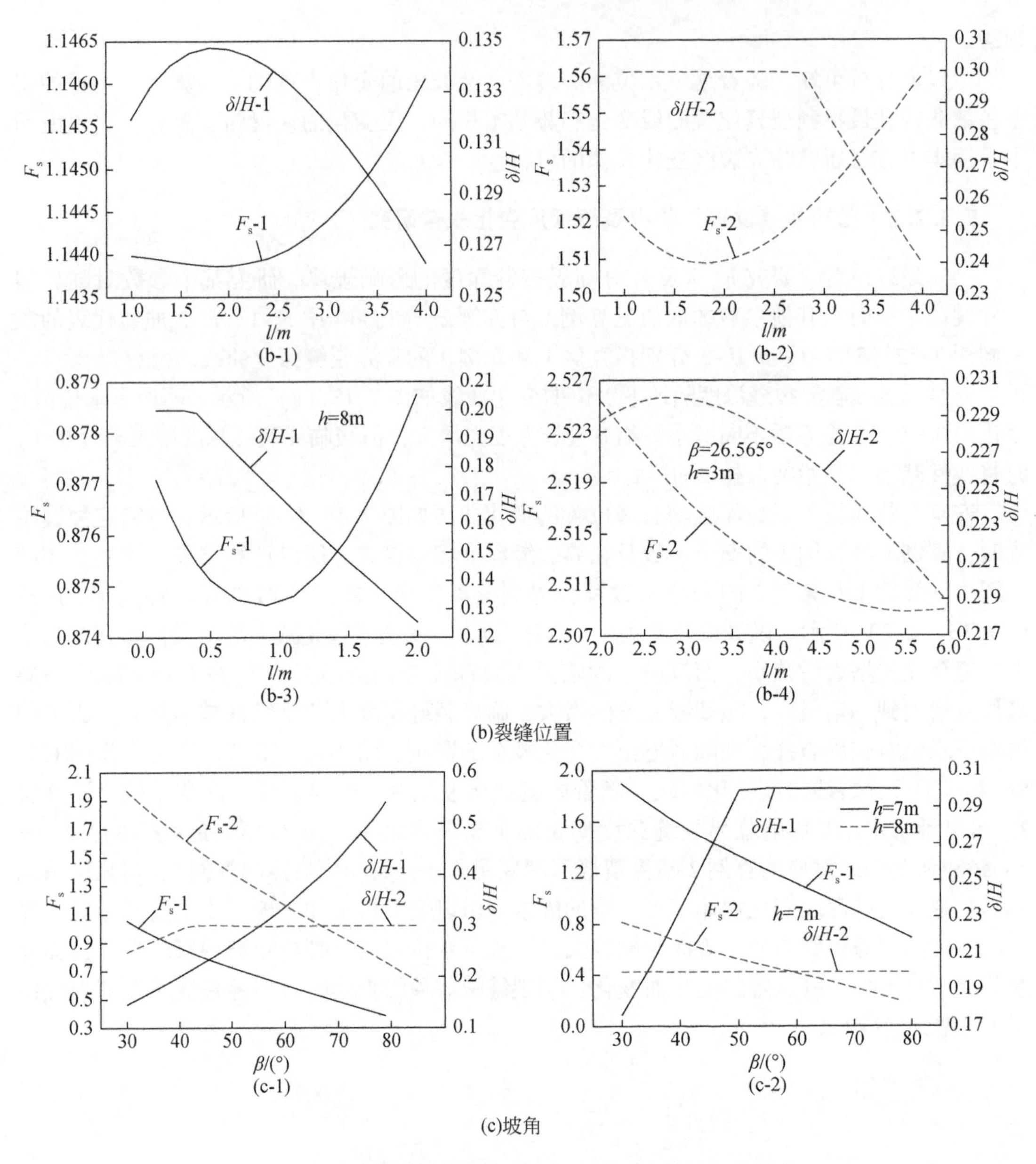

图 7-13　不同参数对边坡稳定性及裂缝临界深度的影响

安全系数或临界裂缝深度随坡角的变化曲线如图 7-13（c-1）所示。边坡安全系数随坡角的增大不断减小，算例 1 的临界裂缝深度随坡角的增大不断增大，而当 $\beta<45°$时，算例 2 的临界裂缝深度随坡角的增大逐渐增大，当 $\beta\geqslant45°$时，临界裂缝深度恒等于地下水位与坡顶的垂直距离 $H-h$。为了探讨地下水位对临界裂缝深度随坡角变化规律的影响，图 7-13（c-1）给出了 $h=7\text{m}$ 对应的算例 1 及 $h=8\text{m}$ 对应的算例 2 临界裂缝深度变化曲线。临界裂缝深度随坡角的变化规律受地下水位的影响较大，当地下水位低于某个值 x_1 时，临界裂缝深度随裂缝位置的增大而增大，当地下水位高于某个值 x_2时，临界裂缝深度将不受坡角的影响，当 $x_1\leqslant h\leqslant x_2$时，临界裂缝深度随 l 的增大先增大后恒等于 $H-h$。极限分析上限法研究表明，在孔隙

水压力作用下，当坡角较大、地下水位较高时，临界裂缝深度将不受坡角变化的影响。

由以上分析可知，地下水位和坡角是导致算例 1 和算例 2 临界裂缝深度变化趋势存在差异的重要因素。地下水位较高时，临界裂缝深度将不受裂缝位置及较大坡角的影响。

7.4.2.3　裂缝深度和位置均未给定

在裂缝深度和位置均未知的情况下，探讨 h、β 对临界裂缝深度和最不利裂缝位置的影响。研究某个参数对临界裂缝深度的影响时，其他参数的取值见算例 1 与算例 2 所示参数。

图 7-14 是地下水位为 2m、3m、4m 时对应的破坏模式图。破坏模式图可以较为直观地展现临界裂缝深度、最不利裂缝位置及临界破坏面。随地下水位的升高，临界裂缝深度逐渐增大，最不利裂缝位置逐渐靠近坡顶缘。算例 1 最不利裂缝位置变化较为显著，算例 2 临界裂缝深度变化较为显著。

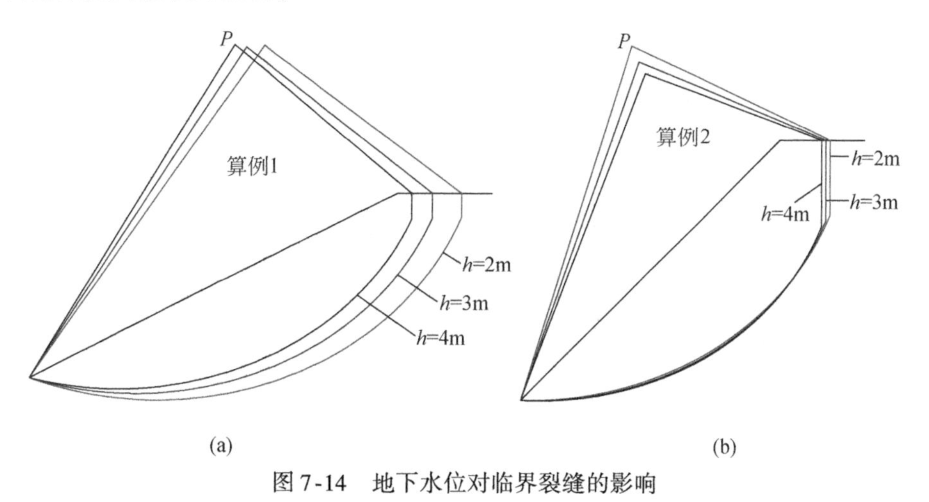

图 7-14　地下水位对临界裂缝的影响

图 7-15 是坡角为 30°、45°、60°时对应的破坏模式图。随坡角的增大，临界裂缝深度逐渐增大，最不利裂缝位置逐渐靠近坡顶缘。算例 1 与算例 2 最不利裂缝位置变化均较为显著，但算例 1 最不利裂缝位置变化较小。

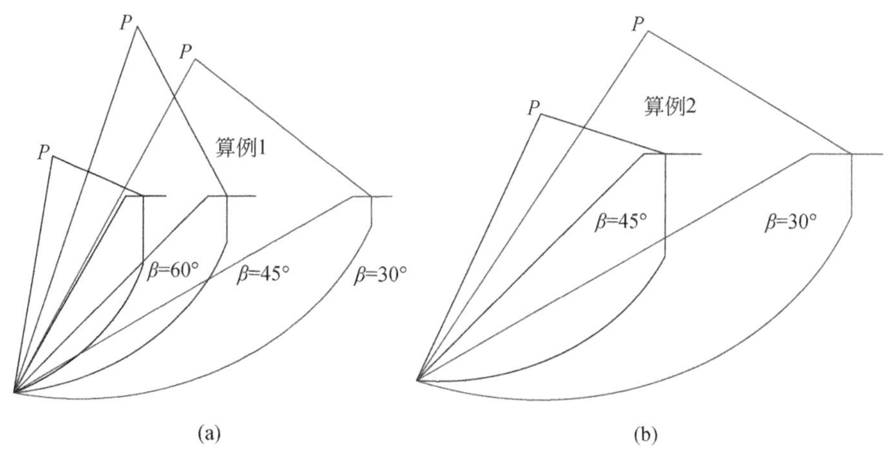

图 7-15　坡角对临界裂缝的影响

7.4.3　河流水和地下水综合效应下边坡稳定性分析

对于临河边坡（临库边坡类似），河流水位升降也是影响边坡稳定性的重要因素：①河流水位升降直接影响边坡地下水位升降，边坡稳定性将发生变化；②河流水位发生突降会引起边坡内部的地下水位的水力梯度快速增大而无法快速消散，边坡稳定性急剧下降；③河流水位变化实际作为一种外力作用于边坡底部，相当于反压荷载，有利于边坡稳定性，并且这种有益效应会随着水位下降产生变化。

Viratjandr 和 Michalowski（2006）给出了临河边坡稳定性计算破坏模式、孔隙水压力和河流水位压力做功 3 个部分，其中重力做功和内部能耗同 7.2.3 节。考虑到边坡裂缝的存在，其受力示意图如图 7-16 所示。

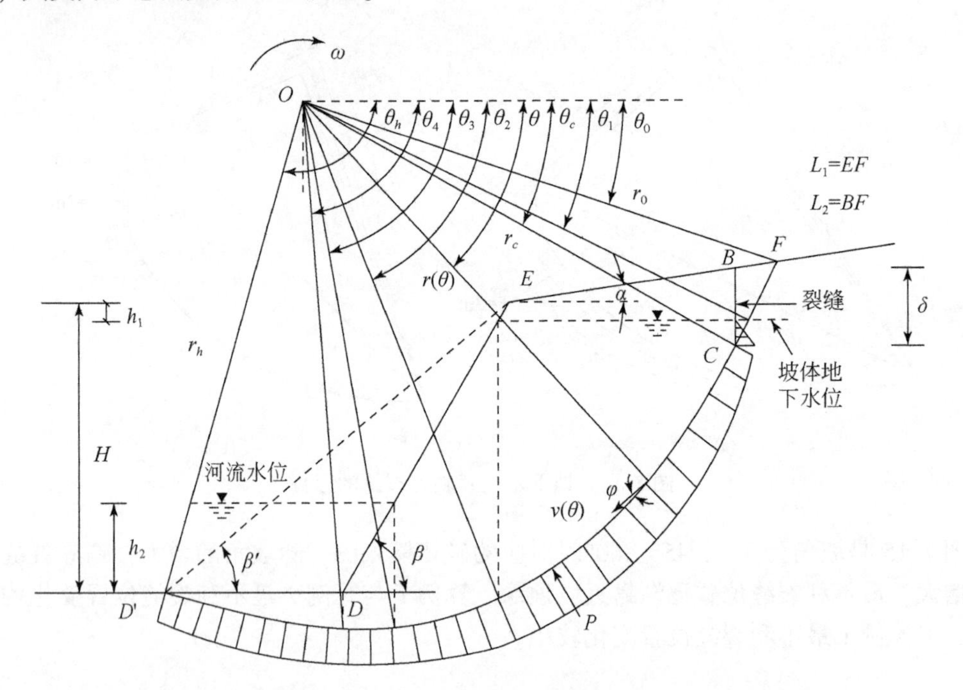

图 7-16　河流水和地下水综合效应对裂缝边坡稳定性的影响

滑动面上孔隙水压力做功：

$$W_u = \gamma \cdot r_0^3 \cdot \omega \cdot r_u \cdot \tan\varphi \cdot (f^1 + f^2 + f^3) \tag{7-61}$$

$$\begin{aligned} f^1 &= \int_{\theta_c}^{\theta_2} \frac{z_1}{r_0} e^{2(\theta-\theta_0)\tan\varphi} d\theta = \int_{\theta_c}^{\theta_2} [e^{3(\theta-\theta_0)\tan\varphi}\sin\theta - e^{(2\theta-3\theta_0+\theta_1)\tan\varphi}\sin\theta_1] d\theta \\ &= \frac{(3\tan\varphi\sin\theta_2 - \cos\theta_2)e^{3(\theta_2-\theta_0)\tan\varphi} + (\cos\theta_c - 3\tan\varphi\sin\theta_c)e^{3(\theta_c-\theta_0)\tan\varphi}}{1 + 9\tan^2\varphi} \\ &\quad - \frac{\sin\theta_1}{2\tan\varphi}[e^{(2\theta_2-3\theta_0+\theta_1)\tan\varphi} - e^{(2\theta_c-3\theta_0+\theta_1)\tan\varphi}] \end{aligned} \tag{7-62}$$

$$
\begin{aligned}
f^2 &= \int_{\theta_2}^{\theta_3} \frac{z_2}{r_0} e^{2(\theta-\theta_0)\tan\varphi} d\theta \\
&= \int_{\theta_2}^{\theta_3} \left[e^{3(\theta-\theta_0)\tan\varphi}\sin\theta - e^{(2\theta+\theta_h-3\theta_0)\tan\varphi}\sin\theta_h + \cos\theta\tan\beta e^{3(\theta-\theta_0)\tan\varphi} - \cos\theta_3\tan\beta e^{(2\theta+\theta_3-3\theta_0)\tan\varphi} \right] d\theta \\
&= \frac{(3\tan\varphi\sin\theta_3 - \cos\theta_3)e^{3(\theta_3-\theta_0)\tan\varphi} + (\cos\theta_2 - 3\tan\varphi\sin\theta_2)e^{3(\theta_2-\theta_0)\tan\varphi}}{1 + 9\tan^2\varphi} \\
&\quad - \frac{\sin\theta_h}{2\tan\varphi}\left[e^{(2\theta_3+\theta_h-3\theta_0)\tan\varphi} - e^{(2\theta_2+\theta_h-3\theta_0)\tan\varphi} \right] \\
&\quad + \tan\beta \frac{(3\tan\varphi\cos\theta_3 + \sin\theta_3)e^{3(\theta_3-\theta_0)\tan\varphi} - (\sin\theta_2 + 3\tan\varphi\cos\theta_2)e^{3(\theta_2-\theta_0)\tan\varphi}}{1 + 9\tan^2\varphi} \\
&\quad - \frac{\cos\theta_3\tan\beta}{2\tan\varphi}\left[e^{3(\theta_3-\theta_0)\tan\varphi} - e^{(2\theta_2+\theta_3-3\theta_0)\tan\varphi} \right]
\end{aligned} \tag{7-63}
$$

$$
\begin{aligned}
f^3 &= \int_{\theta_3}^{\theta_h} \frac{z_{GH}}{r_0} e^{2(\theta-\theta_0)\tan\varphi} d\theta \\
&= \int_{\theta_3}^{\theta_h} \left[e^{3(\theta-\theta_0)\tan\varphi}\sin\theta - e^{(2\theta+\theta_h-3\theta_0)\tan\varphi}\sin\theta_h + \frac{h_2}{r_0} e^{2(\theta-\theta_0)\tan\varphi} \right] d\theta \\
&= \frac{(3\tan\varphi\sin\theta_h - \cos\theta_h)e^{3(\theta_h-\theta_0)\tan\varphi} + (\cos\theta_3 - 3\tan\varphi\sin\theta_3)e^{3(\theta_3-\theta_0)\tan\varphi}}{1 + 9\tan^2\varphi} \\
&\quad - \frac{\sin\theta_h}{2\tan\varphi}\left[e^{3(\theta_h-\theta_0)\tan\varphi} - e^{(2\theta_3+\theta_h-3\theta_0)\tan\varphi} \right] \\
&\quad + \frac{h_2}{2r_0\tan\varphi}\left[e^{2(\theta_h-\theta_0)\tan\varphi} - e^{2(\theta_3-\theta_0)\tan\varphi} \right]
\end{aligned} \tag{7-64}
$$

河流水位压力对 $D'D$ 段做功：

由图 7-17 可知，$D'D$ 上任意微段至河流水位的垂直距离是不变的，$D'D$ 上任意微段处的水压力是相同的，而微段处的速度大小和方向是变化的。

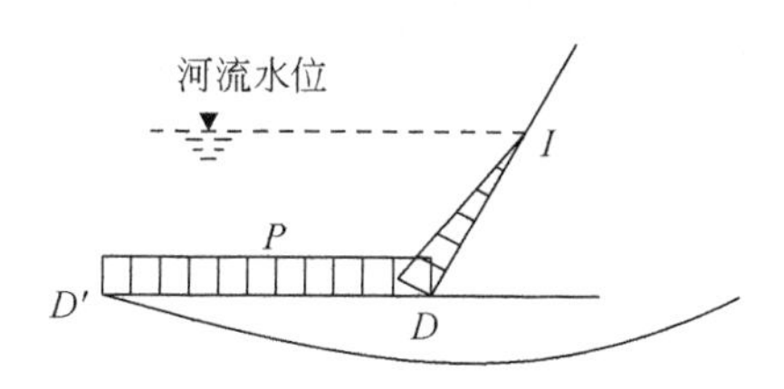

图 7-17　水压力作用示意图

$$
\begin{aligned}
W_{D'D} &= \int_{D'D} p n_i v_i \mathrm{d}S = \int_{\theta_b}^{\theta_h} r_u \gamma h_2 \cdot \frac{r_h\sin\theta_h}{\sin\theta}\omega\sin(\theta - 90°) \cdot \frac{r_h\sin\theta_h}{\sin\theta\cos(\theta - 90°)} d\theta \\
&= r_u\gamma\omega r_0^3(h_2/r_0)\sin^2\theta_h e^{2(\theta_h-\theta_0)\tan\varphi}\left(\frac{1}{2\sin^2\theta_h} - \frac{1}{2\sin^2\theta_b}\right) \\
&= r_u\gamma\omega r_0^3 f_{D'D}
\end{aligned} \tag{7-65}
$$

河流水位压力对 DI 段做功：

DI 上任意微段至河流水位的垂直距离是线性变化的，如图 7-18 所示。另外，速度的大小和方向也在不断变化，所以河流水位压力对 *DI* 段做功计算过程比较复杂。

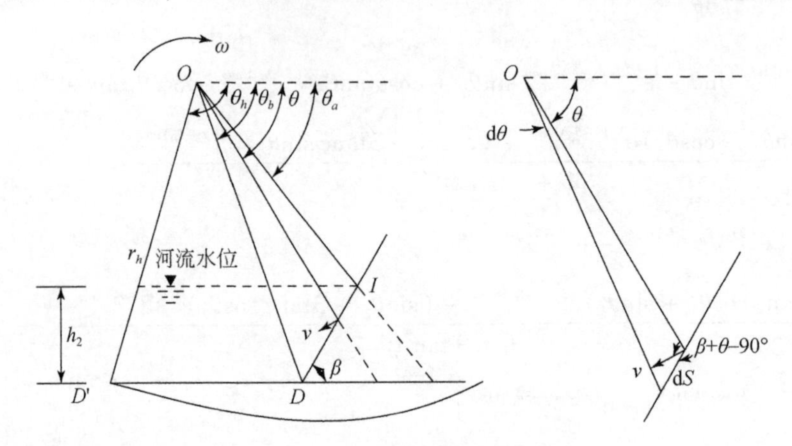

图 7-18　*DI* 段水压力计算示意图

在 *DI* 的任意微段上：

$$P=r_{\mathrm{w}}\left[h_2-r_h\sin\theta_h\left(\frac{1}{\tan\theta}-\frac{1}{\tan\theta_b}\right)\frac{\sin\beta\sin\theta}{\sin(\beta+\theta)}\right] \tag{7-66}$$

$$v=\omega\left[\frac{r_h\sin\theta_h}{\sin\theta}-r_h\sin\theta_h\left(\frac{1}{\tan\theta}-\frac{1}{\tan\theta_b}\right)\frac{\sin\beta}{\sin(\beta+\theta)}\right]\sin(\beta+\theta-90°) \tag{7-67}$$

$$\mathrm{d}S=\left[\frac{r_h\sin\theta_h}{\sin\theta}-r_h\sin\theta_h\left(\frac{1}{\tan\theta}-\frac{1}{\tan\theta_b}\right)\frac{\sin\beta}{\sin\ (\beta+\theta)}\right]\frac{\mathrm{d}\theta}{\cos\ (\beta+\theta-90°)} \tag{7-68}$$

$$\begin{aligned}
W_{DI} &= \int_{DI} pn_i v_i \mathrm{d}S = -\int_{\theta_a}^{\theta_b} r_{\mathrm{u}}\gamma\omega\left[h_2 - r_h\sin\theta_h\left(\frac{1}{\tan\theta} - \frac{1}{\tan\theta_b}\right)\frac{\sin\beta\sin\theta}{\sin(\beta+\theta)}\right] \\
&\quad \times\left[\frac{r_h\sin\theta_h}{\sin\theta} - r_h\sin\theta_h\left(\frac{1}{\tan\theta} - \frac{1}{\tan\theta_b}\right)\frac{\sin\beta}{\sin(\beta+\theta)}\right]^2\cot(\beta+\theta)\mathrm{d}\theta \\
&= -r_{\mathrm{u}}\gamma\omega\ (r_h sin\theta_h)^2\left\{\begin{aligned}
&\int_{\theta_a}^{\theta_b}\frac{h_2\cot(\beta+\theta)}{\sin^2\theta}\mathrm{d}\theta - \int_{\theta_a}^{\theta_b}\frac{2h_2\cot(\beta+\theta)\sin\beta}{\sin\theta\sin(\beta+\theta)}\left(\frac{1}{\tan\theta} - \frac{1}{\tan\theta_b}\right)\mathrm{d}\theta \\
&+\int_{\theta_a}^{\theta_b}\frac{h_2\cot(\beta+\theta)\ \sin^2\beta}{\sin^2(\beta+\theta)}\left(\frac{1}{\tan\theta} - \frac{1}{\tan\theta_b}\right)^2\mathrm{d}\theta \\
&-\int_{\theta_a}^{\theta_b}\frac{r_h\sin\theta_h\cot(\beta+\theta)\sin\beta}{\sin\theta\sin(\beta+\theta)}\left(\frac{1}{\tan\theta} - \frac{1}{\tan\theta_b}\right)\mathrm{d}\theta \\
&+\int_{\theta_a}^{\theta_b}\frac{2r_h\sin\theta_h\cot(\beta+\theta)\ \sin^2\beta}{\sin^2(\beta+\theta)}\left(\frac{1}{\tan\theta} - \frac{1}{\tan\theta_b}\right)^2\mathrm{d}\theta \\
&-\int_{\theta_a}^{\theta_b}\frac{r_h\sin\theta_h\cot(\beta+\theta)\ \sin^3\beta\sin\theta}{\sin^3(\beta+\theta)}\left(\frac{1}{\tan\theta} - \frac{1}{\tan\theta_b}\right)^3\mathrm{d}\theta
\end{aligned}\right\} \\
&= -r_{\mathrm{u}}\gamma\omega\ (r_h\sin\theta_h)^2(J_1 - J_2 + J_3 - J_4 + J_5 - J_6)
\end{aligned} \tag{7-69}$$

令

$$a_1=\frac{1}{\tan\theta_a}-\frac{1}{\tan\theta_b} \tag{7-70}$$

$$a_2=\ln\left(\frac{\sin\beta}{\tan\theta_b}+\cos\beta\right)-\ln\left(\frac{\sin\beta}{\tan\theta_a}+\cos\beta\right) \tag{7-71}$$

$$a_3=1\Big/\left(\frac{\sin\beta}{\tan\theta_b}+\cos\beta\right)-1\Big/\left(\frac{\sin\beta}{\tan\theta_a}+\cos\beta\right) \tag{7-72}$$

$$a_4=1\Big/\left(\frac{\sin\beta}{\tan\theta_b}+\cos\beta\right)^2-1\Big/\left(\frac{\sin\beta}{\tan\theta_a}+\cos\beta\right)^2 \tag{7-73}$$

$$a_5=1\Big/\left(\frac{\sin\beta}{\tan\theta_b}+\cos\beta\right)^3-1\Big/\left(\frac{\sin\beta}{\tan\theta_a}+\cos\beta\right)^3 \tag{7-74}$$

$$J_1=\int_{\theta_a}^{\theta_b}\frac{h_2\cot(\beta+\theta)}{\sin^2\theta}\mathrm{d}\theta=\frac{h_2\cos\beta}{\sin\beta}a_1+\frac{h_2}{\sin^2\beta}a_2; \tag{7-75}$$

$$J_2=\int_{\theta_a}^{\theta_b}\frac{2h_2\cot(\beta+\theta)\sin\beta}{\sin\theta\sin(\beta+\theta)}\left(\frac{1}{\tan\theta}-\frac{1}{\tan\theta_b}\right)\mathrm{d}\theta=2h_2\left[\begin{aligned}&\frac{\cos\beta}{\sin\beta}a_1+\left(\frac{2\cos^2\beta}{\sin^2\beta}+1+\frac{\cos\beta}{\sin\beta\tan\theta_b}\right)a_2\\&+\left(\frac{\cos^3\beta}{\sin^2\beta}+\cos\beta+\frac{1}{\sin\beta\tan\theta_b}\right)a_3\end{aligned}\right] \tag{7-76}$$

$$\begin{aligned}J_3&=\int_{\theta_a}^{\theta_b}\frac{h_2\cot(\beta+\theta)\sin^2\beta}{\sin^2(\beta+\theta)}\left(\frac{1}{\tan\theta}-\frac{1}{\tan\theta_b}\right)^2\mathrm{d}\theta\\&=h_2\left[\begin{aligned}&\frac{\cos\beta}{\sin\beta}a_1+\left(\frac{3\cos^2\beta}{\sin^2\beta}+1+\frac{2\cos\beta}{\sin\beta\tan\theta_b}\right)a_2\\&+\left(\frac{3\cos^3\beta}{\sin^2\beta}+2\cos\beta+\frac{4\cos^2\beta}{\sin\beta\tan\theta_b}+\frac{2\sin\beta}{\tan\theta_b}+\frac{\cos\beta}{\tan^2\theta_b}\right)a_3\\&-\left(\frac{\cos^4\beta}{2\sin^2\beta}+\frac{\cos^2\beta}{2}+\frac{\cos^3\beta}{\sin\beta\tan\theta_b}+\frac{\sin\beta\cos\beta}{\tan\theta_b}+\frac{1}{2\tan^2\theta_b}\right)a_4\end{aligned}\right]\end{aligned} \tag{7-77}$$

$$\begin{aligned}J_4&=\int_{\theta_a}^{\theta_b}\frac{r_h\sin\theta_h\cot(\beta+\theta)\sin\beta}{\sin\theta\sin(\beta+\theta)}\left(\frac{1}{\tan\theta}-\frac{1}{\tan\theta_b}\right)\mathrm{d}\theta\\&=r_h\sin\theta_h\left[\begin{aligned}&\frac{\cos\beta}{\sin\beta}a_1+\left(\frac{2\cos^2\beta}{\sin^2\beta}+1+\frac{\cos\beta}{\sin\beta\tan\theta_b}\right)a_2\\&+\left(\frac{\cos^3\beta}{\sin^2\beta}+\cos\beta+\frac{1}{\sin\beta\tan\theta_b}\right)a_3\end{aligned}\right]\end{aligned} \tag{7-78}$$

$$\begin{aligned}J_5&=\int_{\theta_a}^{\theta_b}\frac{2r_h\sin\theta_h\cot(\beta+\theta)\sin^2\beta}{\sin^2(\beta+\theta)}\left(\frac{1}{\tan\theta}-\frac{1}{\tan\theta_b}\right)^2\mathrm{d}\theta\\&=2r_h\sin\theta_h\left[\begin{aligned}&\frac{\cos\beta}{\sin\beta}a_1+\left(\frac{3\cos^2\beta}{\sin^2\beta}+1+\frac{2\cos\beta}{\sin\beta\tan\theta_b}\right)a_2\\&+\left(\frac{3\cos^3\beta}{\sin^2\beta}+2\cos\beta+\frac{4\cos^2\beta}{\sin\beta\tan\theta_b}+\frac{2\sin\beta}{\tan\theta_b}+\frac{\cos\beta}{\tan^2\theta_b}\right)a_3\\&-\left(\frac{\cos^4\beta}{2\sin^2\beta}+\frac{\cos^2\beta}{2}+\frac{\cos^3\beta}{\sin\beta\tan\theta_b}+\frac{\sin\beta\cos\beta}{\tan\theta_b}+\frac{1}{2\tan^2\theta_b}\right)a_4\end{aligned}\right]\end{aligned} \tag{7-79}$$

$$J_6=\int_{\theta_a}^{\theta_b}\frac{r_h\sin\theta_h\cot(\beta+\theta)\ \sin^3\beta\sin\theta}{\sin^3(\beta+\theta)}\left(\frac{1}{\tan\theta}-\frac{1}{\tan\theta_b}\right)^3\mathrm{d}\theta$$

$$=r_h\sin\theta_h\left[\begin{aligned}&\frac{\cos\beta}{\sin\beta}a_1+\left(\frac{4\cos^2\beta}{\sin^2\beta}+1+\frac{3\cos\beta}{\sin\beta\tan\theta_b}\right)a_2\\&+\left(\frac{6\cos^3\beta}{\sin^2\beta}+3\cos\beta+\frac{9\cos^2\beta}{\sin\beta\tan\theta_b}+\frac{3\sin\beta}{\tan\theta_b}+\frac{3\cos\beta}{\tan^2\theta_b}\right)a_3\\&-\left(\frac{2\cos^4\beta}{\sin^2\beta}+\frac{3\cos^2\beta}{2}+\frac{9\cos^3\beta}{2\sin\beta\tan\theta_b}+\frac{3\cos\beta\sin\beta}{\tan\theta_b}\right.\\&\left.+\frac{3\cos^2\beta}{\tan^2\theta_b}+\frac{3\sin^2\beta}{2\tan^2\theta_b}+\frac{\sin\beta\cos\beta}{2\tan^3\theta_b}\right)a_4\\&+\left(\frac{\cos^5\beta}{3\sin^2\beta}+\frac{\cos^3\beta}{3}+\frac{\cos^2\beta}{\sin\beta\tan\theta_b}+\frac{\cos^3\beta}{\tan^2\theta_b}+\frac{\sin^2\beta\cos\beta}{\tan^2\theta_b}-\frac{\sin\beta}{3\tan^3\theta_b}\right)a_5\end{aligned}\right]\tag{7-80}$$

$$\begin{aligned}W_{DI}&=\int_{DI}pn_iv_i\mathrm{d}S=-r_{\mathrm{u}}\gamma\omega r_0^3\left(\mathrm{e}^{(\theta_h-\theta_0)\tan\varphi}\sin\theta_h\right)^2\left(\frac{J_1-J_2+J_3-J_4+J_5-J_6}{r_0}\right)\\&=\gamma\omega r_0^3r_{\mathrm{u}}f_{DI}\end{aligned}\tag{7-81}$$

由几何关系易知：

$$\sin\theta_1\mathrm{e}^{(\theta_1-\theta_0)\tan\varphi}=\sin\theta_0+L_1/r_0\sin\alpha+h_1/r_0\tag{7-82}$$

$$\cos\theta_2\mathrm{e}^{(\theta_2-\theta_0)\tan\varphi}=\cos\theta_0-L_1/r_0\cos\alpha-h_1/r_0\cot\beta\tag{7-83}$$

$$\cos\theta_3\mathrm{e}^{(\theta_3-\theta_0)\tan\varphi}=\cos\theta_0-L_1/r_0\cos\alpha-(H-h_2)/r_0\cot\beta\tag{7-84}$$

$$\cos\theta_4\mathrm{e}^{(\theta_4-\theta_0)\tan\varphi}=\cos\theta_0-L_1/r_0\cos\alpha-H/r_0\cot\beta\tag{7-85}$$

$$\frac{\sin\theta_a}{\sin(\beta+\theta_a)}(\cot\theta_a-\cot\theta_b)\mathrm{e}^{(\theta_h-\theta_0)\tan\varphi}\sin\theta_h=h_2/r_0\tag{7-86}$$

$$\frac{\sin(\theta_h-\theta_b)\mathrm{e}^{(\theta_h-\theta_0)\tan\varphi}}{\sin\theta_b}=(\cot\beta'-\cot\beta)H/r_0\tag{7-87}$$

根据能耗法计算过程，令重力所做的功率等于内部耗损率，可求得边坡的临界高度 H_{cr}：

$$H_{\mathrm{cr}}=\frac{c}{\gamma}\frac{\left[\mathrm{e}^{2\tan\varphi(\theta_h-\theta_0)}-\mathrm{e}^{2\tan\varphi(\theta_c-\theta_0)}\right]\sin\beta'\left[\mathrm{e}^{\tan\varphi(\theta_h-\theta_0)}\sin(\theta_h+\alpha)-\sin(\theta_0+\alpha)\right]}{2\cdot\tan\varphi\{f_1-f_2-f_3-f_4-p_1+p_2+p_3+r_{\mathrm{u}}[f_{\mathrm{w}}+\tan\varphi(f^1+f^2+f^3)-f_{D'D}-f_{DI}]\}\sin(\beta'-\alpha)}\tag{7-88}$$

根据能耗法计算过程，令外力所做的功率等于内部耗损率，将抗剪强度参数 c、φ 按式（3-1）进行折减，可求得边坡安全系数：

$$F_{\mathrm{s}}=\frac{c}{\gamma H}\frac{\mathrm{e}^{2\tan\varphi_{\mathrm{f}}(\theta_h-\theta_0)}-\mathrm{e}^{2\tan\varphi_{\mathrm{f}}(\theta_c-\theta_0)}}{2\cdot\tan\varphi_{\mathrm{f}}\{f_1-f_2-f_3-f_4-p_1+p_2+p_3+r_{\mathrm{u}}[f_{\mathrm{w}}+\tan\varphi(f^1+f^2+f^3)-f_{D'D}-f_{DI}]\}}\frac{H}{r_0}\tag{7-89}$$

7.5 本章小结

工程实践中多数边坡表面存在裂缝，裂缝的存在削弱了边坡稳定性。本章推导了不同破坏机构（包括平面破坏机构和对数螺旋线破坏机构）条件下裂缝边坡临界高度和安全系数的计算表达式。分别考虑地震拟静力效应和边坡体内地下水位变化效应等复杂情况，对裂缝边坡稳定性进行了分析。给出了方便工程应用的裂缝边坡稳定性设计计算图表。

第8章 岩土材料非线性特性下边坡稳定性分析

8.1 本 章 概 述

近年来，基于岩土材料非线性强度准则的岩土构筑物稳定性研究成为热点。尤其是边坡稳定性分析所涉及的低应力范围内，岩土材料强度非线性特征更加明显。学者已运用不少研究方法探讨了如何基于非线性强度准则进行边坡稳定性分析，分析法主要包括极限平衡法、数值分析法和极限分析法等。其中，基于极限分析上限法，采用“外切线法”分析非线性破坏准则条件下的边坡稳定性时，其稳定性评定指标通常采用 H_{cr} 或 N_s，与工程技术人员熟知的 F_s 评价指标并未统一，因而较难直接应用于实际分析中。针对这一问题，本章基于岩土材料非线性特性和非关联流动准则，结合工程技术人员熟知的强度折减技术，开展了岩土材料非线性特性下边坡稳定性分析。

8.2 非线性 Mohr-Coulomb 破坏准则下边坡稳定性分析

8.2.1 岩土材料破坏准则的非线性特性

目前，在土工构筑物安全性能分析中广泛使用岩土材料的线性莫尔-库仑强度准则，然而 Maksimovic（1989）、Chen 和 Liu（1990）和 Baker（2004）等学者的研究表明，当试验在较大范围的正应力条件下进行时，对于几乎所有土体材料，破坏包络线均呈现曲线状。对于岩石材料而言，也有研究表明，几乎所有的岩体材料也都具有非线性破坏准则性质（Collins et al.，1988；Goodman，1989；Hoek et al.，1992，2002；Hoek and Brown，1980；Baker，2003a；Jiang et al.，2003；Cai et al.，2007b）。

现有非线性破坏准则的研究中，根据拟合破坏 Mohr 圆包络线的方式，常见的有双线型（bi-linear）非线性破坏准则、三线型（tri-linear）非线性破坏准则、指数型（Power-law）非线性破坏准则等。指数型非线性破坏准则的表示形式简单实用，且能较为真实地呈现非线性的 Mohr 圆包络线，因而被广泛使用。众多岩土工程专业技术人员熟知的 Hoek-Brown 破坏准则（Hoek and Brown，1980；Hoek et al.，1992，2002）便属于指数型非线性破坏准则类型，并从理论上由 Ucar（1986）得到证实。

近年来，基于非线性破坏准则的岩土工程问题的分析研究成为热点，尤其是在边坡稳定性分析所涉及的低应力范围内，强度非线性特征更加明显。学者已用不少研究方法探讨了如何基于非线性强度准则进行边坡稳定性分析，分析方法主要包括极限平衡法、数值分析法和极限分析法等，其中应用最为广泛的是极限平衡法。

极限平衡法方面，Collins 等（1988）、Drescher 和 Christopoulos（1988）和马崇武等（1999）根据“插值法”，采用非线性破坏准则获得了边坡的稳定性系数。王建锋（2005）提出将非线性强度准则逐点等效到莫尔–库仑直线强度准则处理上的迭代方法，并基于极限平衡理论的 Janbu 普遍条分法获得了非线性强度下的边坡稳定性分析方法。Baker（2004）基于简化极限平衡分析方法研究了岩土材料的非线性破坏特性对边坡稳定性的影响，研究表明非线性破坏特性对边坡稳定性的影响非常大。

数值分析法方面，Maksimovic（1996）和 Li（2007）结合数值分析法分析了岩土非线性破坏准则对边坡稳定性的影响。

极限分析法方面，由于该方法概念清晰，物理意义明确，能够提供真实解答的界线范围，近年来也持续获得进展。Zhang 和 Chen（1987）较早基于岩土非线性破坏准则，采用“外切线法”开展边坡稳定性分析。Yang 等（2004c）基于非线性 SQP 优化方法和“外切线法”研究了非线性莫尔–库仑破坏准则下土质边坡的稳定性问题。胡卫东和张国祥（2007）采用“初始切线法”进行了竖直边坡稳定性系数计算，并与 Zhang 和 Chen（1987）的结果进行了对比验证。李新坡等（2009）则基于直线破坏机构，同样采用切线法对竖直边坡进行了稳定性系数计算。

在岩石边坡的极限分析法中，Collins 等（1988）采用“外切线法”实施了 Hoek-Brown 破坏准则条件下岩石边坡的稳定性上限分析。该方法提出的“外切线”技术主要针对 Hoek-Brown 在 1980 年提出的原始 Hoek-Brown 破坏准则。后来，基于 Collins 等（1988）的“外切线法”思想，Yang 等（2004b）针对 Hoek-Brown 在 2002 年提出的最新版本的 Hoek-Brown 破坏准则，同样采用“外切线法”进行了简单岩石边坡稳定性系数的上限计算，并随后拓展到考虑地震效应、孔隙水压力效应的岩石边坡稳定性系数上限计算中（Yang et al.，2007a，2009；Yang and Zou，2006）。Li 等（2008，2009a）则采用极限分析有限元法，将非线性 Hoek-Brown 破坏准则应用于岩石边坡的静动态稳定性上下限分析中。

8.2.2　非线性莫尔–库仑破坏准则引入方法探讨

本节主要讨论“外切线法”引入非线性破坏准则时采用“初始切线法”和“外切线法”对边坡临界高度这个经典土力学问题的影响，用以分析“外切线法”引入非线性破坏准则对岩土问题的合理性和有效性。

8.2.2.1　非线性莫尔–库仑破坏准则

（1）指数型（power-law）非线性破坏准则

现有研究表明，岩土介质服从非线性破坏准则，岩土材料破坏准则的非线性对土工结构物有重要的影响。设非线性破坏准则表达式为

$$\tau = c_0 \cdot (1+\sigma_n/\sigma_t)^{1/m} \tag{8-1}$$

将式（8-1）绘制成如图 8-1 所示的曲线。c_0，σ_t，m 均为需要通过试验确定的岩土材料参数，c_0为曲线与纵轴的截距，$-\sigma_t$为曲线与横轴的截距，曲线恒定通过（0，c_0）和（$-\sigma_t$，

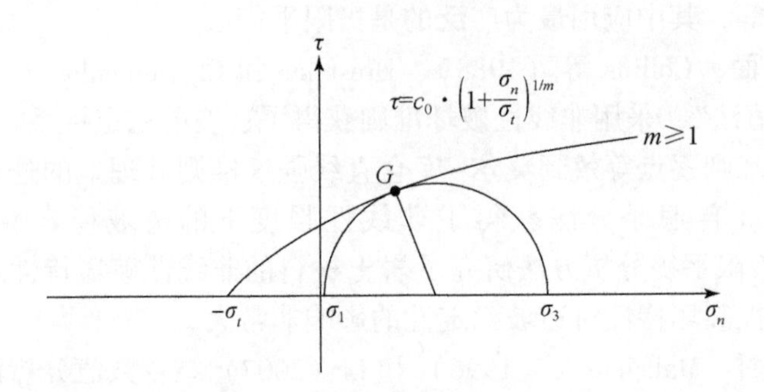

图 8-1　非线性破坏准则

0）两点，m 决定强度曲线的弯曲程度，进而影响岩土材料的屈服特性。当 $m=1$ 时，式（8-1）变为线性莫尔-库仑强度准则。

（2）岩土材料参数的取值范围

1）指数 m 的取值

Zhang 和 Chen（1987）、Collins 等（1988）、Drescher 和 Christopoulos（1988）、Yang 等（2004c）、Zhao（2010）、Li 等（2012）等则研究了 m 在 1.0～2.5 变化的情况。Hoek 和 Brown（1980）通过研究表明指数型强度准则指数（$1/m$）的变化范围较广，如岩体质量非常差的碳酸盐性岩石的指数（$1/m$）约为 0.534，而岩体质量非常好的岩浆岩性岩石的指数（$1/m$）约为 0.712。

Charles 和 Soares（1984）的研究表明，对于所有情况，通过试验获得指数型强度准则指数 m 的变化范围应为 1.0～2.0。

Jiang 等（2003）从数学的角度对指数型强度准则指数的取值范围进行了论证，表明 m 的变化范围应为 1.0～2.0，符合 Charles 和 Soares（1984）的研究成果。

Li（2007）建议典型的岩体材料指数（$1/m$）的取值范围为 0.5～0.65。该研究同时指出对于所有的 c_0/σ_t 比值，指数型强度准则指数的合理取值范围应符合 Jiang 等（2003）推荐的 1.0～2.0。指数型强度准则指数 $m>2.0$ 的情况需要谨慎采用，并且不能适合所有计算工况。

2）参数比值 c_0/σ_t 的取值

Li（2007）和 Zhao（2010）通过研究表明，参数 c_0 和 σ_t 是相互关联的两个参数，不能作为单独参数进行分析，其比例系数 c_0/σ_t 将显著进行边坡稳定性分析结果。该研究同时建议比例系数 c_0/σ_t 应在 0 ～ 1.2 之间。

8.2.2.2　基于非线性破坏准则的极限分析方法

基于极限分析上限理论，为方便引入非线性破坏准则，通常采用与较早由 Collins 等（1988）提出的“外切线法”相结合的方法。其基本依据在于，结构上限分析时，提高材料的屈服强度不会降低结构的极限载荷；通过提高岩土材料强度来分析岩土结构物承载能力的上限解，外切线直线破坏准则下的上限解一定为真实极限载荷（非线性破坏准则对应的极限载荷）的上限。通过引入“外切线法”，可将比较复杂的非线性破坏准则条件下的岩土分析问题转变为求解瞬时线性破坏准则条件下的岩土分析问题，采用更为简洁的方法引入非线性破坏准则抗剪强度参数。

(1) 外切线法

图 8-2 中虚线所示即为由切线和初始切线确定的线性破坏准则，切线为经过非线性破坏准则上任一点并与其外切的直线方程，若曲线曲率随着 σ_n 的增大而减小，则切线完全位于曲线的外侧，由切线破坏准则获得的上限解答一定为真实解答的上限。初始切线属于切线的一种特殊情况，切点位于点（$\sigma_n=0$，$\tau=c_0$）处，一般情况下该初始切线表示的破坏准则大于切线表示的破坏准则，因而也是真实解答的一个上限。

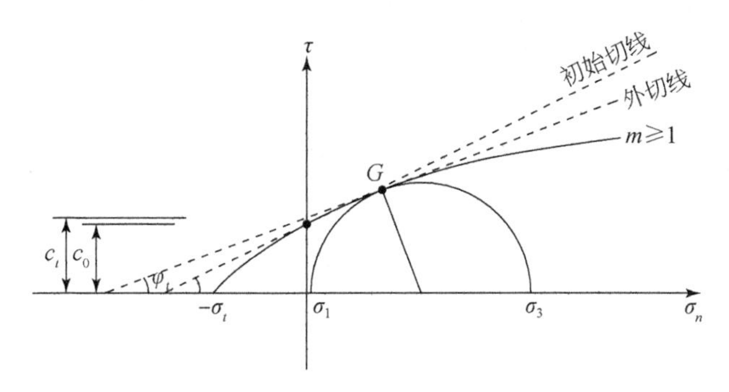

图 8-2　非线性破坏准则的切线

表达式（8-1）的切线方程为

$$\tau=c_t+\tan\varphi_t\cdot\sigma_n \tag{8-2}$$

式（8-2）中，c_t、$\tan\varphi_t$分别表示切线的斜率和截距，如图 8-2 所示，c_t、$\tan\varphi_t$的表达式为

$$c_t=\frac{m-1}{m}\cdot c_0\cdot\left(\frac{m\cdot\sigma_t\cdot\tan\varphi_t}{c_0}\right)^{1/(1-m)}+\sigma_t\cdot\tan\varphi_t \tag{8-3}$$

$$\tan\varphi_t=\frac{\partial\tau}{\partial\sigma_n}=\frac{c_0}{m\sigma_t}\cdot\left(1+\frac{\sigma_n}{\sigma_t}\right)^{(1-m)/m} \tag{8-4}$$

(2) 初始切线法

采用“初始切线法”时，由于切点位于点（$\sigma_n=0$，$\tau=c_0$）处，将 $\sigma_n=0$ 代入式（8-4）中，可得初始切线的斜率：

$$\tan\varphi_t=c_0/(m\sigma_t) \tag{8-5}$$

则初始切线的方程为

$$\tau=c_t+c_0/(m\sigma_t)\cdot\sigma_n \tag{8-6}$$

c_0和 φ_t一经确定后，c_t、$\tan\varphi_t$实际退化为只与非线性参数 m 相关的参数了，此时即可用初始切线代替非线性破坏曲线做上限分析，在进行上限分析时与线性破坏准则无差别。

(3) 基本假设

在采用极限分析上限理论对“外切线法”引入岩土材料非线性破坏准则时，应用了如下假设：① 所有问题均符合平面应变问题条件；② 岩土材料为理想刚塑性体，破坏时服从非线性莫尔-库仑破坏准则，破坏面上某一点对应的抗剪强度指标为 c_t、φ_t（c_t、φ_t的具体含义如图 8-2 所示)，并遵循相关联流动法则。

需要说明的是，极限分析上限定理是针对服从相关联流动准则的材料而发展起来的，因而不适用于满足非相关联流动准则的岩土材料，然而根据极限分析定理（Chen，1975），服从非相关联流动准则的材料的实际破坏荷载，必定小于或等于服从相关联流动准则的同样材料的实际破坏荷载。因而采用相关联流动准则计算土工构筑物的极限平衡状态参数实际仍然满足上限定理的基本概念。

8.2.2.3　对比计算与分析

为分析“外切线法”引入非线性破坏准则进行上限分析的合理性和有效性，首先，选取经典的边坡临界高度、稳定性系数问题进行计算与分析。

(1) 对数螺旋线破坏机制

同样以对数螺旋线旋转间断机构为例进行分析，如图 8-3 所示。

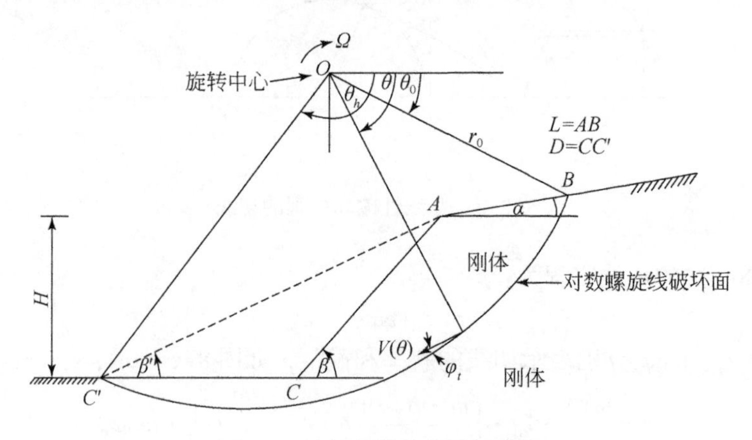

图 8-3　边坡稳定性的破坏机构

根据上限法能耗计算过程，使外荷载所做的功率等于内能耗散率，可求得 N_s（θ_h，θ_0、α、β、β'、φ_t）：

$$N_s=\frac{\sin\beta'\cdot\{e^{2\cdot[(\theta_h-\theta_0)\cdot\tan\varphi_t]}-1\}}{2\cdot\sin(\beta'-\alpha)\cdot\tan\varphi_t\cdot(f_1-f_2-f_3-f_4)}\times\{\sin(\theta_h+\alpha)\cdot e^{[(\theta_h-\theta_0)\cdot\tan\varphi_t]}-\sin(\theta_0+\alpha)\}\tag{8-7}$$

式中，f_1、f_2、f_3、f_4为与 θ_h、θ_0、α、β、β'、φ_t相关的函数，具体表达式同第 3 章第 3.3.2 节，不同之处在于，本节公式中的内摩擦角为采用“外切线法”引入的非线性破坏准则瞬时内摩擦角 φ_t。

进而可以获得 H_{cr}：

$$H_{cr}=\frac{c_t}{\gamma}\cdot N_s\ (\theta_h,\ \theta_0,\ \beta',\ \varphi_t)\tag{8-8}$$

(2) 问题的分析

根据极限分析上限定理，式（8-8）给出了 N_s的一个上限。当 θ_h、θ_0、β'、φ_t满足

条件

$$
\begin{cases}
\dfrac{\partial N_{\mathrm{s}}}{\partial \theta_h}=0、\dfrac{\partial N_{\mathrm{s}}}{\partial \theta_0}=0、\dfrac{\partial N_{\mathrm{s}}}{\partial \beta'}=0、\dfrac{\partial N_{\mathrm{s}}}{\partial(\tan\varphi_t)}=0 \\
\theta_0<\theta_h、\beta'<\beta、\tan\varphi_t\geqslant 0
\end{cases}
\tag{8-9}
$$

时，函数 $N_{\mathrm{s}}(\theta_h,\ \theta_0、\alpha、\beta、\beta'、\varphi_t)$ 取得一个最小值，进而得到 H_{cr} 的一个最小上限。以上最小值求解过程可以采用序列二次规划优化方法实现。值得注意的是，上述分析采用“初始切线法”和“外切线法”时，c_t 和 φ_t 的取值是不同的。对于“初始切线法”，c_t 和 φ_t 实际已经转化为常量；而对于“外切线法”，以 c_t 和 φ_t 作为变量参与了优化计算过程。

（3）对比计算与分析

为便于分析，选取 Zhang 和 Chen（1987）的算例为研究对象，假设边坡岩土材料服从非线性破坏准则，坡顶倾角 $\alpha=0°$，坡趾倾角 β 分别为 45°、60°、75°、90°，$\gamma=18.6\mathrm{kN/m^3}$，$c_0=90\mathrm{kN/m^2}$，$\sigma_t=247.3\mathrm{kN/m^2}$，当 $m=1.0$、1.2、1.4、1.6、1.8、2.0、2.5 时，N_{s} 计算结果对比如表 8-1 所示。

表 8-1　非线性破坏准则下 N_{s} 计算结果对比

m	β									
	90°						45°			
	Zhang 和 Chen，1987	马崇武等，1999	杨小礼，2002	胡卫东和张国祥，2007	本书		Zhang 和 Chen，1987	马崇武等，1999	本书	
					初始切线法	外切线法			初始切线法	外切线法
1.0	5.51	5.510	5.51	5.51	5.505	5.505	16.18	16.180	16.159	16.159
1.2	5.13	5.157	5.12	5.20	5.194	5.118	12.55	12.602	13.384	12.045
1.4	4.89	4.925	4.87	4.98	4.979	4.872	10.82	10.908	11.775	10.242
1.6	4.73	4.763	4.71	4.83	4.822	4.703	9.70	9.853	10.729	9.241
1.8	4.60	4.644	4.58	4.71	4.703	4.581	9.10	9.190	9.996	8.608
2.0	4.52	4.550	4.49	4.62	4.609	4.488	8.78	8.690	9.454	8.173
2.5	4.35	4.386	4.33	4.45	4.443	4.332	7.95	7.918	8.568	7.515

由表 8-1 可知：

在非线性破坏准则条件和其他参数不变的情况下，随着 β 的减小，采用“初始切线法”获得的结果与较优上限解答结果之间的误差增大，由 $\beta=90°$ 时的最大绝对误差 2.95% 增大至 $\beta=45°$ 时的最大绝对误差 16.12%。可见对于边坡倾角较大的情况，采用“初始切线法”引入非线性破坏准则的方法误差较小；但对于边坡倾角较小的情况，采用“初始切线法”引入非线性破坏准则的方法会造成较大的误差。同时，对比分析还表明，本书采用“外切线法”引入非线性破坏准则所获得的计算结果是同类方法中的较优结果。

8.2.3 非线性莫尔-库仑准则对边坡稳定性的影响

8.2.3.1 上限破坏模式与边坡稳定性分析

对数螺旋线旋转间断机构如图 8-3 所示。耗能计算、边坡安全系数计算和稳定性分析过程见第 3 章 3.3.2 节，两者之间的不同在于本节分析时的抗剪强度参数为非线性莫尔-库仑破坏准则的外切线瞬时值抗剪强度值 c_t、φ_t。根据上限法能耗计算过程，使外荷载所做的功率等于内能耗散率，可求得边坡安全系数 $F_s(\theta_h, \theta_0、\alpha、\beta、\beta'、\varphi_t)$：

$$F_s=\frac{c_t}{\gamma H}\cdot\frac{e^{2\cdot[(\theta_h-\theta_0)\cdot\tan\varphi_f]}-1}{2\cdot\tan\varphi_f\cdot(f_1-f_2-f_3-f_4)}\cdot\left(\frac{H}{r_0}\right) \tag{8-10}$$

式中，$\varphi_f=\arctan(\tan\varphi_t/F_s)$，前述系数 f_1、f_2、f_3、f_4、H/r_0 中的内摩擦角 φ 均由 $\varphi_f=\arctan(\tan\varphi_t/F_s)$ 代替。

根据极限分析上限定理，式（8-10）给出了边坡安全系数 F_s 的一个上限。当 θ_h、θ_0、β'、$\tan\varphi_t$ 满足条件：

$$\begin{cases}\partial F_s/\partial\theta_h=0、\partial F_s/\partial\theta_0=0、\partial F_s/\partial\beta'=0、\partial F_s/\partial\tan\varphi_t=0\\ \theta_0<\theta_h、\beta'\leqslant\beta、\tan\varphi_t\geqslant 0 \text{ 和 } H_{cr}=H_{actual}\end{cases} \tag{8-11}$$

时，函数 $F_s(\theta_h, \theta_0、\alpha、\beta、\beta'、\varphi_t)$ 取得一个极值，进而得到边坡安全系数 F_s 的一个上限解答。将强度折减系数 F_s 看作目标函数，非线性破坏准则条件下安全系数的数学规划式为

$$\min F_s=F_s(\theta_0, \theta_h, \beta', \tan\varphi_t) \tag{8-12}$$

$$\text{s.t.}\begin{cases}H=H_{critical}\\ 0<\beta'<\beta, \quad 0<\theta_0<\pi/2\\ \theta_0<\theta_h<\pi, \quad \tan\varphi_t>0\end{cases} \tag{8-13}$$

理论上而言，其他基本参数一定时，当边坡达到 N_s 和 H_{cr} 时，F_s 等于 1.0。

在其他参数条件一致的情况下（$\tau_0=90\text{kN/m}^2$、$\sigma_t=247.3\text{kN/m}^2$、$\alpha=0°$、$\gamma=20\text{kN/m}^3$、$m=1.0\sim2.5$、$\beta=45°\sim90°$），通过序列二次优化迭代优化方法获得的不同非线性参数 m 变化下的抗剪强度指标 c_t 和 φ_t 的变化趋势如图 8-4 所示。

由图 8-4 可知，非线性参数 m 对抗剪强度指标 c_t 和 φ_t 的影响非常显著，随着非线性参数 m 的增大，内摩擦角 φ_t 越来越小，而材料的黏聚力 c_t 呈现先增大后减小的趋势，且这种趋势随着 β 的减小而越发明显。这种现象表明边坡稳定性受非线性参数 m 影响的根本原因在于抗剪强度指标 c_t 和 φ_t 取值随非线性参数 m 发生了显著变化。

8.2.3.2 非线性破坏准则对边坡稳定性的影响

$H=25\text{m}$、$\alpha=5°$、$\gamma=20\text{kN/m}^3$、$c_0=90\text{kN/m}^2$、$\sigma_t=247.3\text{kN/m}^2$，当 $m=1.0\sim2.5$ 和 $\beta=30°\sim90°$ 时，F_s 的变化情况如图 8-5 所示。同样条件下，与 F_s 对应的边坡潜在滑裂面如图

8-6 所示，边坡潜在滑裂面参数（L/H，D/H）与 m 和 β 的关系如图 8-7 所示。

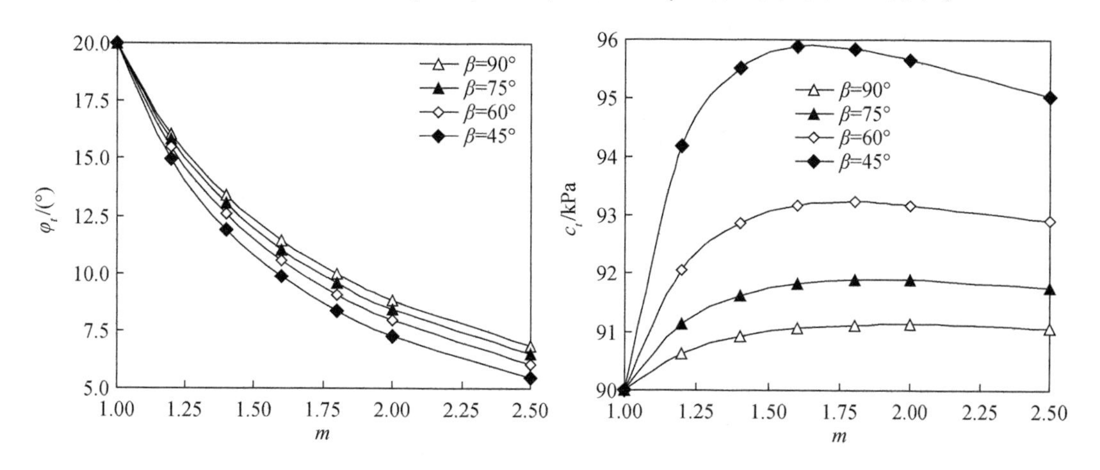

图 8-4　不同条件下非线性参数 m 对抗剪强度指标 c_t 和 φ_t 的影响

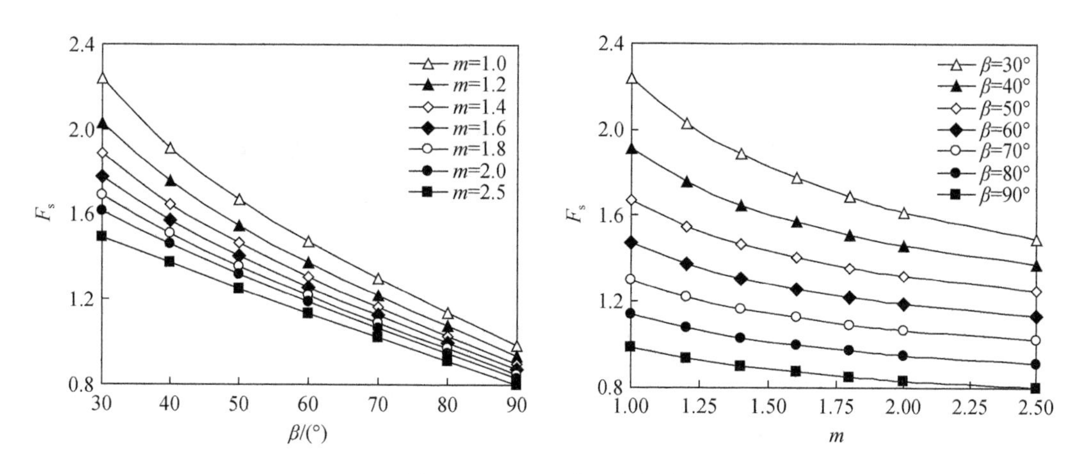

图 8-5　β 和 m 对 F_s 的影响

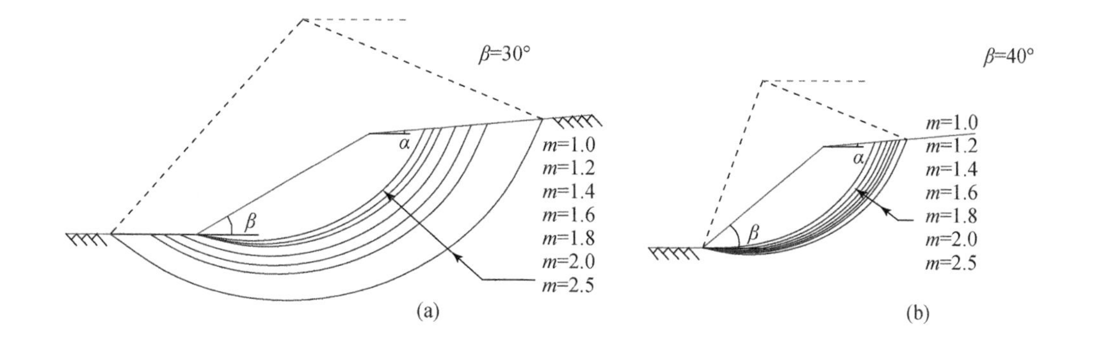

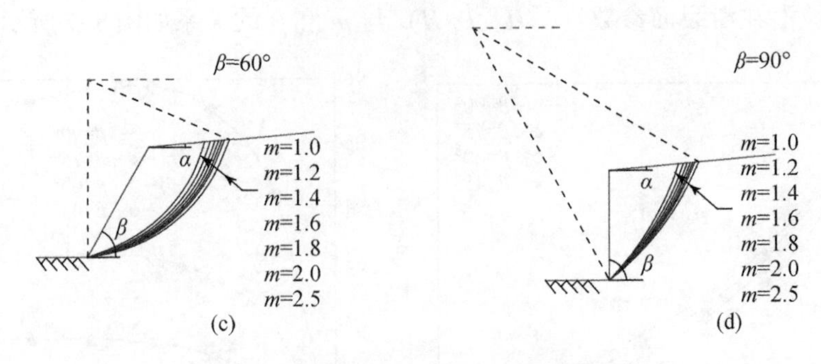

图 8-6　β 和 m 对边坡潜在滑裂面的影响

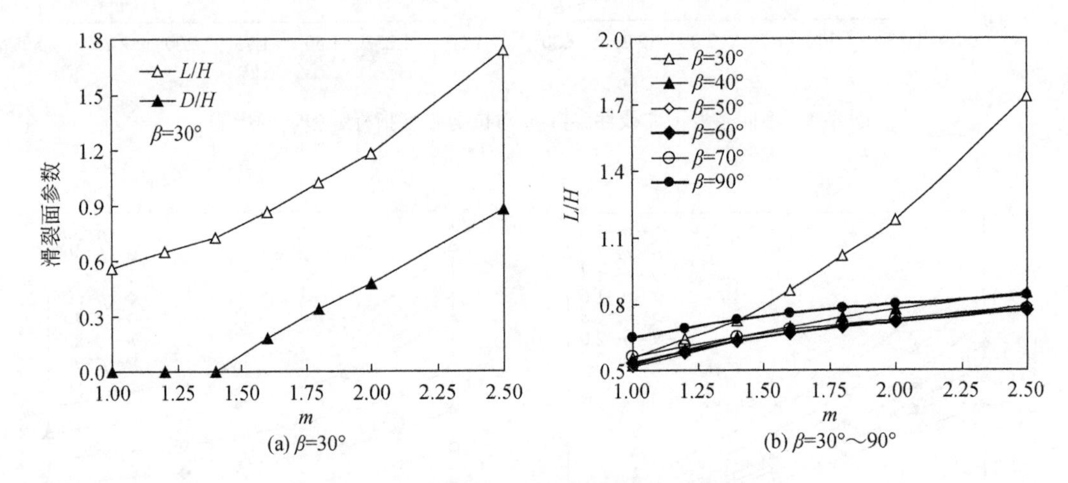

图 8-7　β 和 m 对（L/H 和 D/H）的影响

$\alpha=5°$、$\beta=60°$、$\gamma=20\text{kN/m}^3$、$c_0=90\text{kN/m}^2$、$\sigma_t=247.3\text{kN/m}^2$，当 $m=1.0\sim2.5$ 和 $H=10\sim30\text{m}$时，F_s的变化情况如图 8-8 所示。同样条件下，与 F_s对应的（L/H）与 m 和 H 的关系如图 8-9 所示。

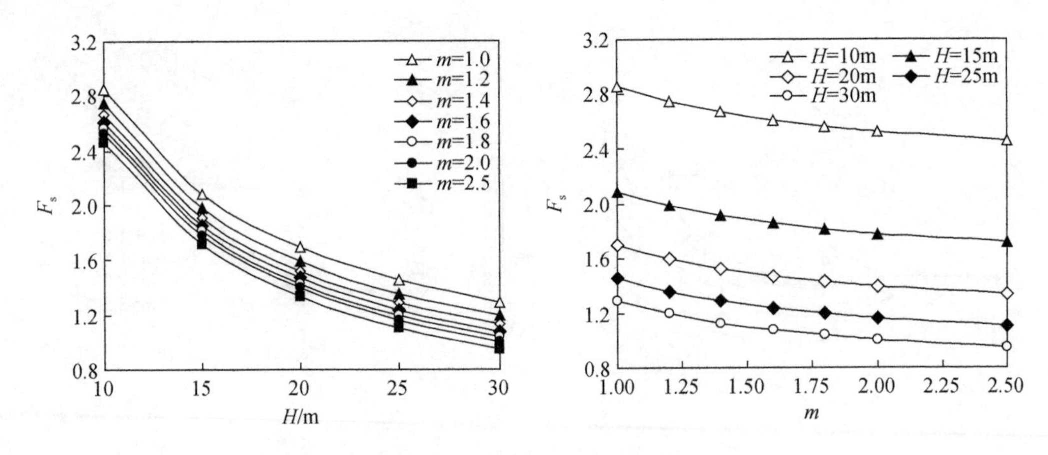

图 8-8　β 和 m 对 F_s的影响

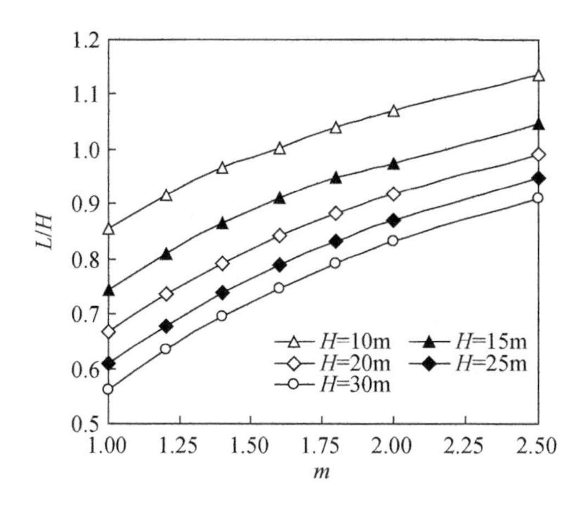

图 8-9　H 和 m 对 (L/H) 的影响

$\beta=75°$、$H=20\mathrm{m}$、$\gamma=20\mathrm{kN/m^3}$、$c_0=90\mathrm{kN/m^2}$、$\sigma_t=247.3\mathrm{kN/m^2}$，当 $m=1.0\sim2.5$ 和 $\alpha=0°\sim20°$时，F_s的变化情况如图 8-10 所示。同样条件下，与 F_s对应的边坡潜在滑裂面如图 8-11 所示，(L/H) 与 m 和 α 的关系如图 8-12 所示。

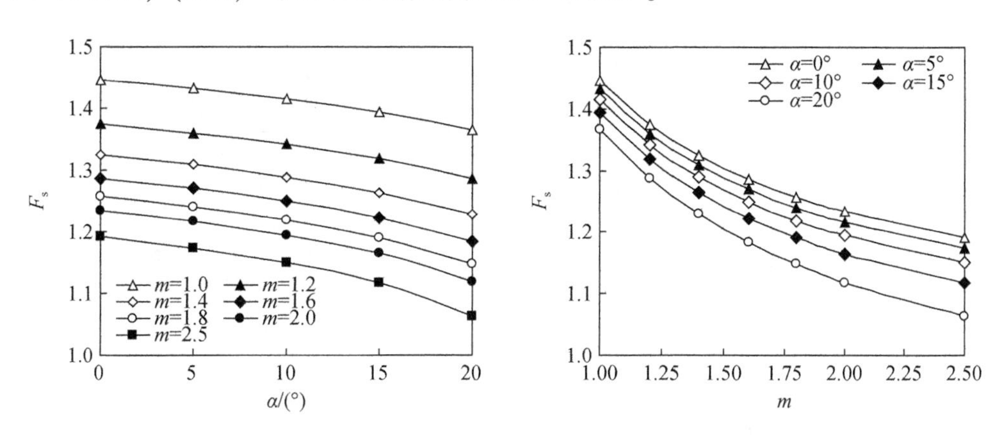

图 8-10　α 和 m 对 F_s的影响

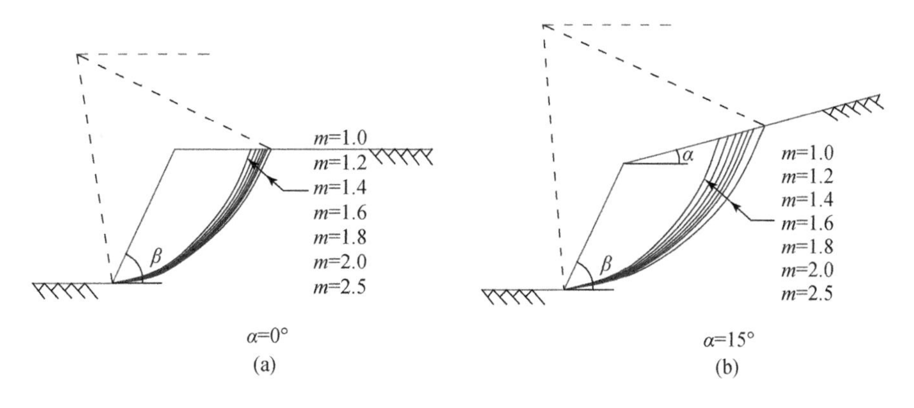

图 8-11　α 和 m 对边坡潜在滑裂面的影响

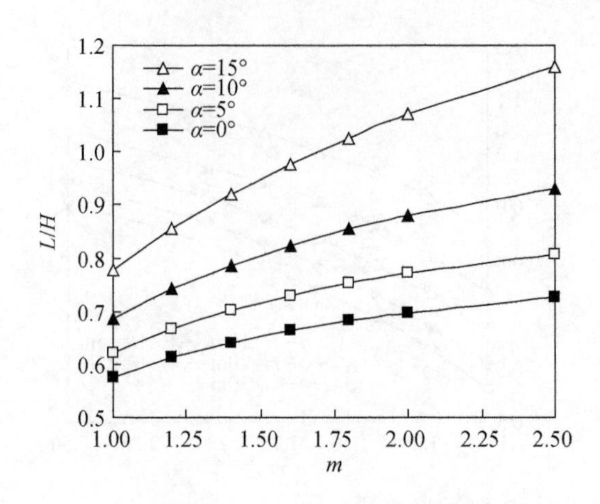

图 8-12　α 和 m 对（L/H）的影响

$\alpha=10°$、$\beta=75°$、$H=20\text{m}$、$c_0=90\text{kN/m}^2$、$\sigma_t=247.3\text{kN/m}^2$，当 $m=1.0\sim2.5$ 和 $\gamma=16\sim26\text{kN/m}^3$时，$F_s$ 的变化情况如图 8-13 所示。同样条件下，与 F_s 对应的边坡潜在滑裂面如图 8-14 所示，（L/H）与 m 和 γ 的关系如图 8-15 所示。

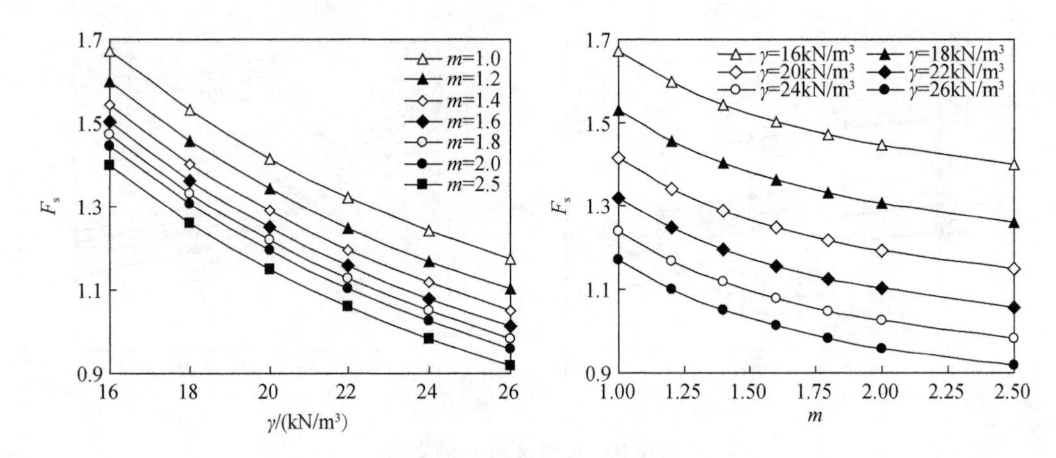

图 8-13　γ 和 m 对 F_s 的影响

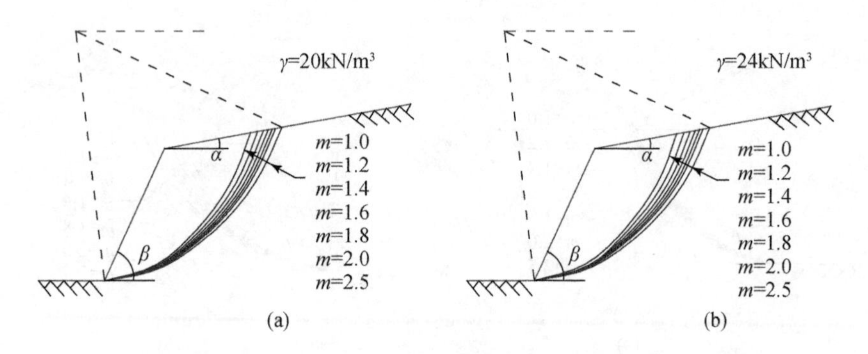

图 8-14　γ 和 m 对边坡潜在滑裂面的影响

以上为了研究 m 对 F_s 的影响，分别分析了 m、β、α、γ、H 的不同组合对 F_s 和边坡潜在滑裂面的影响。各种组合参数的分析表明，m 和其他参数的取值对边坡稳定性安全系数和潜在滑动面的影响显著。随着 m、β、H、γ 和 α 的增大，边坡稳定性安全系数显著下降；而随着 m 的增大、β 的增大、α 的增大、H 的减小和 γ 的减小，边坡的潜在滑动面越来越深，破坏范围越来越大，与之对应的是边坡稳定性明显降低；同时，m 对 F_s 和边坡潜在滑裂面的影响随着边坡倾角的减小而变得更加显著，即边坡越平坦（β 越小），m 变化对边坡安全系数和潜在滑裂面的影响程度越大，边坡也可能出现通过坡趾以下的破坏［图8-6（a）］。

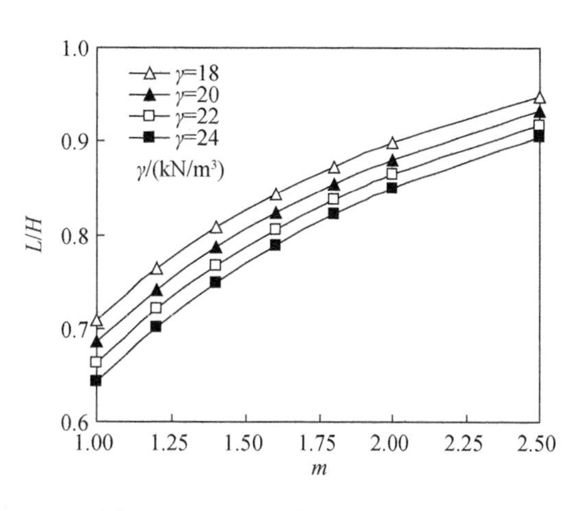

图8-15　γ 和 m 对（L/H）的影响

8.3　Hoek-Brown 和通用三参数非线性破坏准则的引入方法

目前，对于宏观均质的岩土材料，被大家广为认可的指数型非线性破坏准则主要有三种：非线性莫尔–库仑破坏准则、Hoek-Brown 破坏准则和通用三参数非线性强度准则。对于 Hoek-Brown 破坏准则和通用三参数非线性强度准则，采用“外切线法”引入瞬时抗剪强度参数的基本思想，如图8-16所示。

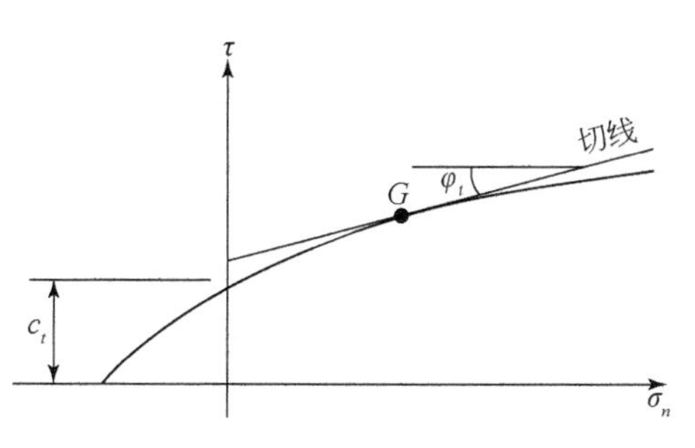

图8-16　非线性破坏准则曲线的切线

本章在分析非线性破坏准则对边坡稳定性影响的过程中通过“外切线法”引入瞬时线性莫尔–库仑抗剪强度参数 c_t、φ_t 来进行岩土边坡的稳定性分析。其基本过程为，在非线性破坏准则曲线上取一点做其切线，其与 τ 轴的截距即 c 值，其斜率的反正切值即 φ 值。采用切线法只是用来建立 c、φ 之间的关系式，而并非确定岩土材料的强度指标。由于 c、φ 的大小与滑动面上的法向应力 σ_n 有关，所以在岩土构筑物中的不同位置，由于 σ_n 不同，从而 c、φ 值不同，因此，c、φ 值均为瞬时值而非常量，记为 c_t、φ_t。切线方程 c_t、φ_t 之间的关系可表示为式（8-2）所示。

对于 Hoek-Brown 破坏准则、通用三参数非线性强度准则两种指数型（Power-Law）非线性破坏准则，上述过程同样适用，分别给出如下切线方程。

（1）Hoek-Brown 破坏准则

广义 Hoek-Brown 破坏准则关系表达式为（Hoek et al.，2002）：

$$\sigma_1=\sigma_3+\sigma_c\left(m\frac{\sigma_3}{\sigma_c}+s\right)^n \tag{8-14}$$

$$m=m_{\mathrm{i}}\exp\left(\frac{\mathrm{GSI}-100}{28-14D}\right) \tag{8-15}$$

$$s=\exp\left(\frac{\mathrm{GSI}-100}{9-3D}\right) \tag{8-16}$$

$$n=\frac{1}{2}+\frac{1}{6}(\mathrm{e}^{-\mathrm{GSI}/15}-\mathrm{e}^{-20/3}) \tag{8-17}$$

式中，σ_1和σ_3分别为岩石中的最大和最小有效主应力；σ_{c}为岩块的单轴抗压强度；D为岩体扰动因子；m和s为两个无量纲系数，m与岩性有关，而s则反映岩石的完整性。

广义 Hoek-Brown 破坏准则条件下岩土材料剪切破坏的包络线可以由以下两式确定：

$$\frac{\tau}{\sigma_{\mathrm{c}}}=\frac{\cos\varphi_t}{2}\left[\frac{mn(1-\sin\varphi_t)}{2\sin\varphi_t}\right]^{\frac{n}{1-n}} \tag{8-18}$$

$$\frac{\sigma_n}{\sigma_{\mathrm{c}}}=\left(\frac{1}{m}+\frac{\sin\varphi_t}{mn}\right)\left[\frac{mn(1-\sin\varphi_t)}{2\sin\varphi_t}\right]^{\frac{1}{1-n}}+\frac{s}{m} \tag{8-19}$$

式中，τ和σ_n为 Hoek-Brown 包络线上应力向量中的剪切应力和法向应力。

进一步，c_t、φ_t的关系式可写成如下形式：

$$\frac{c_t}{\sigma_{\mathrm{c}}}=\frac{\cos\varphi_t}{2}\left[\frac{mn(1-\sin\varphi_t)}{2\sin\varphi_t}\right]^{\frac{n}{1-n}}+\frac{s}{m}\tan\varphi_t-\frac{\tan\varphi_t}{m}\left(1+\frac{\sin\varphi_t}{n}\right)\left[\frac{mn(1-\sin\varphi_t)}{2\sin\varphi_t}\right]^{\frac{1}{1-n}} \tag{8-20}$$

（2）通用三参数非线性强度准则

Baker（2003a，2004）通过研究证明大多数岩土材料均遵循如下非线性强度准则：

$$\tau=P_{\mathrm{a}}\cdot A\cdot\left(\frac{\sigma_n}{P_{\mathrm{a}}}+T\right)^n \tag{8-21}$$

式中，τ剪切应力；σ_n为法向应力；P_{a}为大气压强；A，n，T为无量纲参数。n为准则曲线的次数，用于控制曲率，且受岩土体剪切强度的影响；A是一个尺度参数，控制剪切强度大小；T是转换参数，控制强度包络线在σ_n轴上的位置，并反映出无量纲拉伸强度$T_{\mathrm{NL}}=P_{\mathrm{a}}T$，$T_{\mathrm{NL}}$为岩土体非线性拉伸强度。为保证物理意义的正确性，各参数的取值范围为：$1/2\leqslant n\leqslant 1$，$0\leqslant A$，$0\leqslant T$。不同岩土材料的$A$、$n$、$T$可以根据相应的室内外剪切试验数据通过迭代处理确定。

通用三参数非线性强度准则是莫尔–库仑破坏准则和格里菲斯（Griffith）强度准则的推广形式，也是 Hoek-Brown 强度准则的另外表现形式，常规的莫尔–库仑破坏准则、格里菲斯强度准则和霍克–布朗强度准则均为其特例。

通过“外切线法”获得瞬时抗剪强度参数c_t、$\tan\varphi_t$分别为

$$c_t=\frac{1-n}{n}\cdot P_{\mathrm{a}}\cdot\tan\varphi_t\left[\left(\frac{\tan\varphi_t}{n\cdot A}\right)^{\frac{1}{n-1}}-T\right]+\frac{1}{n}\cdot P_{\mathrm{a}}\cdot T\cdot\tan\varphi_t \tag{8-22}$$

$$\tan\varphi_t=n\cdot A\cdot\left(\frac{\sigma_n}{P_{\mathrm{a}}}+T\right)^{n-1} \tag{8-23}$$

8.4　适用于多刚性块体的多外切线方法

非线性准则下的传统单点切线法是一种简单的非线性准则线性化方法，其将整个岩体

强度参数统一为一个强度指标（c_t，φ_t），往往忽略了由岩体内正应力不同而导致的强度指标变化。本节考虑岩体内正应力的不均匀性，认为岩体内不同应力处具有不同的强度指标。按照各块体底部滑动面和倾斜界面的岩土材料具有不同的强度参数进行考虑，通过多点切线法获得一系列相应的强度参数（c_{t_i}，φ_{t_i}），其能够更好地模拟工程地质实际情况，使非线性破坏准则下的边坡稳定性分析模型更具有一般性。

对岩土材料参数满足非线性破坏准则的边坡，在给定 c_0、σ_t、m 情况下，只需获得切线上的瞬时内摩擦角 φ_t，其对应的瞬间黏聚力 c_t 可由式（8-3）求得。因此，在多刚性块体的多外切线引入非线性破坏准则下，求解 F_s 极小值的约束非线性最优化问题可简化为

$$
\begin{cases}
\min F_s = F_s\ (\alpha_i,\ \varphi_{f_i},\ \varphi_{f_{i,i+1}},\ l_i,\ l_{A_i}) \\
\text{s. t.}\quad 0 \leqslant \alpha_{i+1} - \alpha_i \leqslant \Delta\alpha\ \ (1^\circ \leqslant \Delta\alpha \leqslant 10^\circ) \\
\qquad 0^\circ < |a_1| \leqslant 45^\circ \\
\qquad a_n \leqslant 90^\circ \\
\qquad 0 \leqslant \varphi_{t_i},\ \varphi_{t_{i,i+1}} \leqslant \varphi_k
\end{cases}
\tag{8-24}
$$

式中，$\varphi_k = \arctan(c_0/m\sigma_0,)$，$\varphi_{f_i} = \arctan(\tan\varphi_{t_i}/F_s)$，$\varphi_{f_{i,i+1}} = \arctan(\tan\varphi_{t_{i,i+1}}/F_s)$。

特别地，当 $\varphi_{t_i} = \varphi_{t_{i+1}} = \varphi_t$，$\varphi_{t_{i,i+1}} = \varphi_{t_{i+1,i+2}} = \varphi_t$ 时，多点切线法将退化为传统的单点切线法。此时，求解 F_s 极小值的约束非线性最优化问题可简化为

$$
\begin{cases}
\min F_s = F_s(\alpha_i, \varphi_f,\ l_i,\ l_{A_i}) \\
\text{s. t.}\quad 0 \leqslant \alpha_{i+1} - \alpha_i \leqslant \Delta\alpha(1^\circ \leqslant \Delta\alpha \leqslant 10^\circ) \\
\qquad 0^\circ < |a_1| \leqslant 45^\circ \\
\qquad a_n \leqslant 90^\circ \\
\qquad 0 \leqslant \varphi_t \leqslant \varphi_k
\end{cases}
\tag{8-25}
$$

式中，$\varphi_k = \arctan(c_0/m\sigma_0,)$，$\varphi_f = \arctan(\tan\varphi_t/F_s)$。

8.5　非关联流动准则对边坡稳定性的影响

8.5.1　流动准则的非相关联特性

极限分析上限定理是针对服从相关联流动准则的材料发展起来的，因而对满足非相关联流动准则的岩土材料是不适用的，然而根据 Chen（1975，1990）等学者的研究和极限分析定理，服从非相关联流动准则的材料的实际破坏荷载，必定小于或等于服从相关联流动准则的同样材料的实际破坏荷载。因而采用相关联流动准则计算土工构筑物的极限平衡状态参数实际仍然满足上限定理的基本概念。在既有研究的基础上，Davis（1968）、Drescher 和 Detournay（1993）给出修正计算公式，虽然没有对该修正方法是否为严格边界解答进行严格的证明，但对计算土工构筑物的极限平衡状态却非常有益。Michalowski（1995，2005）对极限分析时岩土材料流动准则的非相关性问题也提出了相似的建议和

应用。

近年来，岩土材料流动准则的非相关性对边坡稳定性的影响也得到了不少学者的重视：Wang 等（2001）采用斜条分上限破坏机构研究了剪胀角对简单边坡稳定性的影响，后来 Wang 和 Yin（2002）又依据同样的理论背景研究楔形岩石边坡的稳定性；Kumar（2004）则采用旋转破坏机构研究了剪胀角对简单边坡稳定性的影响；最近 Yang 等（2007）、Yang 和 Huang（2009）同样采用上限理论，并基于 Davis（1968）、Drescher 和 Detournay（1993）建议的修正公式研究了边坡极限承载力和边坡稳定性问题。研究表明，对于本书主要研究的岩土边坡问题而言，一般条件下，边坡岩土体由于未受强烈的约束，流动准则的相关性和非相关性对边坡稳定性的影响并不是非常敏感，这和前人早期的研究结论基本一致。

8.5.2　非关联流动准则的引入方法

大量研究证实岩土材料并不服从相关联流动准则，而是满足非相关联流动准则，因而其并不适用于基于服从相关联流动准则材料的极限分析上限理论。后来，Radenkovic（1961）、Collins（1969）、Mróz 和 Drescher（1969）、Chen（1975，1990）等研究者给出了把屈服准则相同但服从非相关联流动准则的材料联系起来的两个定理（其中之一为：服从非相关联流动准则的材料的实际破坏荷载，必定小于或等于服从相关联流动准则的同样材料的实际破坏荷载）。根据该定理，可以认为采用相关联流动准则计算土工构筑物极限平衡状态的抗剪强度参数实际仍然满足上限定理的基本要求。需要说明的是，尽管如此，现有研究尚未完善出适用计算方法来评估由此引起的计算误差，应用上限定理时服从相关联流动准则将会导致过大的剪胀。

针对该问题，Davis（1968）、Drescher 和 Detournay（1993）给出了修正计算公式，Michalowski（1995，2005）也提出了相似的建议：岩土体材料一般并不遵循相关联流动法则，当材料的剪胀角与摩擦角不相等时，材料服从非关联流动法则，这时速度矢量与间断线的夹角为剪胀角。剪胀系数可定义为

$$\eta=\psi/\varphi \tag{8-26}$$

式中，ψ 为剪胀角。从理论上讲，剪胀系数 η 的变化范围为 $0\leqslant\eta\leqslant1$。$\eta=1$ 意味着材料服从相关联流动法则。对于同轴的非关联材料，如果土体服从莫尔-库仑破坏准则，已有学者建议采用第 2 章式（2-24）中相应表达式进行抗剪强度指标的修正计算，从而极限分析也能在非关联岩土材料中应用，本书即采用以上两式通过修正岩土材料的内摩擦角和黏聚力的方式引入非关联流动法则。

本书同样采用该修正方法引入非相关联流动准则，通过引入 η 采用抗剪强度指标的修正计算公式第 2 章式（2-24）计算获得修正后的抗剪强度参数，便可直接代入能耗分析算式，进而进行能耗与安全系数计算。

8.5.3　非关联流动准则对边坡稳定性的影响

采用 3.6 节倾斜条分法破坏机构，并引入非关联流动准则对边坡稳定性进行分析，则

将式（3-92）中的岩土强度参数用第 2 章式（2-24）进行取代，因此，非关联流动准则下边坡安全系数极小值可转化为

$$
\begin{cases}
\min F_s = F_s(\alpha_i,\ c_{f_i}^*, c_{f_{i,i+1}}^*, \varphi_{f_i}^*, \varphi_{f_{i,i+1}}^*, l_i, l_{A_i}) \\
\text{s. t.}\quad 0 \leqslant \alpha_{i+1} - \alpha_i \leqslant \Delta\alpha (1° \leqslant \Delta\alpha \leqslant 10°) \\
\qquad 0° < |a_1| \leqslant 30° \\
\qquad a_n \leqslant 90° \\
\qquad 0 \leqslant \varphi_i, \varphi_{i,i+1} \leqslant \varphi_k
\end{cases}
\tag{8-27}
$$

式中，$c_{f_i}^* = c_i^*/F_s$，$c_{f_{i,i+1}}^* = c_{i,i+1}^*/F_s$，$\varphi_{f_i}^* = \arctan\ (\tan\varphi_i^*/F_s)$，$\varphi_{f_{i,i+1}}^* = \arctan(\tan\varphi_{i,i+1}^*/F_s)$。

8.6　耦合非关联流动准则和非线性破坏准则方法的探讨

在前文中，考虑岩土材料剪胀效应，已有方法对线性莫尔–库仑屈服准则开展分析与计算；针对服从非线性破坏准则的岩土材料，亦有研究尝试通过引入“外切线法”获得瞬时抗剪强度参数变量，并耦合非关联流动准则和非线性破坏准则两者对岩土边坡的影响进行进一步研究。

与 8.5 节类似，耦合非关联流动准则和非线性破坏准则，则求解 F_s 极小值的约束非线性最优化问题可简化为

$$
\begin{cases}
\min F_s = F_s(\alpha_i,\ \varphi_{t\_f_i}^*,\ \varphi_{t\_f_{i,i+1}}^*,\ l_i,\ l_{A_i}) \\
\text{s. t.}\quad 0 \leqslant \alpha_{i+1} - \alpha_i \leqslant \Delta\alpha\ (1° \leqslant \Delta\alpha \leqslant 10°) \\
\qquad 0° < |a_1| \leqslant 45° \\
\qquad a_n \leqslant 90° \\
\qquad 0 \leqslant \varphi_{t_i},\ \varphi_{t_{i,i+1}} \leqslant \varphi_k
\end{cases}
\tag{8-28}
$$

式中，$\varphi_k = \arctan(c_0/m\sigma_0,)$，$\varphi_{f_i} = \arctan(\tan\varphi_{t_i}/F_s)$，$\varphi_{f_{i,i+1}} = \arctan(\tan\varphi_{ti}/F_s)$。

与第 8.4 节的差别在于，里面的强度折减参数多了一个剪张系数修正步骤。

8.7　本 章 小 结

大量试验测试表明，几乎所有岩土类材料的破坏包络线均呈曲线状。传统线性莫尔–库仑破坏准则是岩土材料非线性破坏准则的一个简化特例。本章基于岩土材料破坏准则非线性特性和非关联流动准则，开展了岩土材料非线性特性下边坡稳定性分析；讨论了“外切线技术”引入非线性破坏准则分析岩土稳定性问题的合理性和有效性；分析了岩土材料非线性特性和非关联流动准则对边坡稳定性的影响，探讨了非关联流动准则和非线性破坏准则的耦合分析方法。

第9章　地震动力影响效应下边坡永久位移分析

9.1　本章概述

地震作用下边坡的稳定性评价指标主要有两种：边坡安全系数和永久位移。安全系数的确定一般采用拟静力法、动力时程分析法和动力有限元强度折减法等。随着对边坡动力稳定问题研究的深入，用单一抗震安全系数评价动力稳定性的不足已经得到普遍认识。而边坡的永久位移量化了边坡受损程度，为坡体稳定性判识提供了一种可靠的依据，成为边坡工程抗震设计的发展趋势。本章结合强度折减技术，开展了水平加速度-时程和竖向加速度-时程曲线耦合特性边坡永久位移计算；进一步分析了岩土材料强度非线性特性对边坡地震永久位移的影响。

9.2　地震动力影响效应下边坡永久位移计算

地震永久位移计算方法主要有三类：一是 Newmark 提出的刚塑性滑块分析模型；二是由 Serff 和 Seed 等提出的以应变势概念为基础所建立的整体变形分析方法；三是直接采用基于弹塑性本构模型的有限元（或者有限差分）地震动力响应分析方法。1959 年 Ambraseys 首次阐述了采用永久位移评价地震作用下土石坝稳定性的基本思想。Newmark 于 1965 年更加明确地指出，应当采用地震滑移量进行土石坝动力稳定性及抗震性能的评价，并提出了估算地震滑移量的简化刚塑性滑块模型，因此方法简便、实用而得到普遍接受，已广泛地应用于土石坝、边坡、挡土墙、城市固体废物填埋场等土工建筑物的抗震稳定性评价中。自 Newmark 提出刚塑性滑块模型以来，许多学者对 Newmark 模型进行了改进和发展，主要包括在滑动体位移计算时考虑地震引起的土体抗剪强度退化和竖向地震加速度的影响。

地震作用下，土体抗剪强度衰减主要有两个原因：①地震荷载的循环荷载效应导致孔隙水压力发生变化，降低了土的抗剪强度；②地震时，土体颗粒受到水平与竖向地震的往复剪切运动，土体将发生往复变形，致使土体抗剪强度降低。土体抗剪强度降低进而对边坡稳定性及地震荷载作用下诱发的永久位移产生影响，因此，在计算边坡地震永久位移过程中考虑土体强度退化效应具有重要的实际意义。Sarma 和 Chowdhury（1996）采用孔隙压力系数 A 和 B 近似地估算孔隙水压力的影响，并在地震永久位移计算中考虑了滑动面上静孔隙水压力的影响。李湛和栾茂田（2004）考虑土的动强度随振动孔隙压力上升的衰减效应，将拟静力极限平衡分析和滑动体位移分析相结合，提出了堤坝抗震稳定性评价方法。Biondi 等（2000，2002）在所引用的孔隙水压力模式中考虑了循环荷载效应和初始应力等因素，将其与 Newmark 计算模型相结合对边坡地震永久位移进行分析。Wartman 等（2001）采用十字板剪切试验测定破坏面上抗剪强度随剪切位移的变化关系，以此考虑振动中抗剪强度的退化效应，估算潜在滑动体的滑动位移。李红军等（2006）考虑土的抗剪强度在地震过程中的波动效应，在动强度的基础上将拟静力极限平衡分析与地震动力反应相结合，进行土工建筑物永久位移分析，并通过算例表明，考虑动强度效应得到的永久位移为采用静强度的 2 ~3 倍。栾茂田等（1990）采用剪切条模型进行堤坝动力分析，确定堤坝的地震响应，进而基于对数螺旋面破坏机制及由此确定的屈服加速度系数，运用 Newmark 计算模型进行分析，考虑土的强度参数随滑坡体最大深度和堤坝高度之比等因素对滑坡体的屈服地震加速度和平均地震加速度之比沿深度分布的影响，建立了堤坝地震滑移量的经验估算模式。

关于竖向地震效应对边坡抗震性能影响的研究日益受到学者的重视和关注。竖向地震对边坡动力稳定性的影响有多大，现已有不少研究者对此进行了有益的探讨。黄建梁等（1997）将竖向地震加速度幅值取为水平地震加速度幅值的 2/3，在水平地震与竖向地震 3 种不同叠加情况下，对算例边坡进行了对比计算，表明竖向地震加速度的影响可以忽略。栾茂田等（2007）针对圆弧滑动面和光滑渐变的非圆弧曲面滑动面两种情况，同时考虑滑动体的水平向与竖向响应加速度，对滑动位移计算模型进行改进，发展了相应的地震滑移量估算方法，并分析表明潜在滑动体的地震位移总是小于仅考虑水平向响应加速度时所得到的位移，滑动体的位移取决于滑动体上地震中水平向与竖向响应加速度的综合作用。Ling 和 Leshchinsky（1998）采用极限平衡法和 Newmark 滑块模型对陡坡的安全系数与永久位移进行了研究，研究表明，竖向地震效应对陡坡的稳定性的影响显著。当水平加速度较大时，竖向加速度对边坡抗震性能和永久位移的影响不容忽略。Simonelli 和 Stefano（2001）应用数值分析方法，针对干砂所组成的无限长土坡，选取具有不同频谱特性的多个实测地震加速度时程曲线，考虑水平与竖向地震加速度的不同组合方式对边坡永久位移进行分析，分析结果表明，当边坡永久位移高于厘米级时，竖向加速度的影响可予以忽略。Jacques（2006）针对无限边坡给出了考虑竖向与水平向地震效应下永久位移的计算方法，通过算例计算表明，竖向地震效应对无限边坡的永久位移影响显著。这些初步研究成果表明，同时考虑水平向和竖向加速度输入时，竖向加速度在一定程度上增大或减小边坡、堤坝的稳定安全系数及滑移量。综上所述，既有研究成果在竖向地震效应对边坡抗震性能影响方面所得的结论并不一致，这可能低估了竖向地震动与水平向地震动的叠加效应。

9.3　基于水平加速度-时程曲线的边坡永久位移计算方法

9.3.1　基本假定及破坏模式

为了简化研究对象，本书在已有研究成果的基础上，基于如下假设：①按平面应变问题进行分析；②边坡岩土体为理想刚塑性体，服从线性莫尔-库仑强度准则，遵循相关联流动法则；③不考虑岩土体孔隙水压力作用，也不考虑岩土体抗剪强度参数 c 和 φ 因地震荷载作用而产生的变化；④主应力轴和主应变轴共线；⑤采用拟静力法分析水平向、竖向地震作用效应。尽管考虑到竖向地震较少与水平向地震同时达到加速度峰值，但此处为简化计算，将竖向地震拟静力值等效为水平向地震拟静力值的一个分量，即 $k_v=\lambda k_h$，λ 为 k_v 相对于 k_h 的比例系数。其中，k_v 和 k_h 分别为竖向地震系数和水平向地震系数，而水平向地震加速度采用真实测得的数值。

已有研究成果表明，简单均质土坡的破坏面更接近对数螺旋面形状（Chen，1975），因此，本书也以这种旋转破坏机构为例，对边坡地震永久位移进行分析，其破坏机构如图 9-1所示。

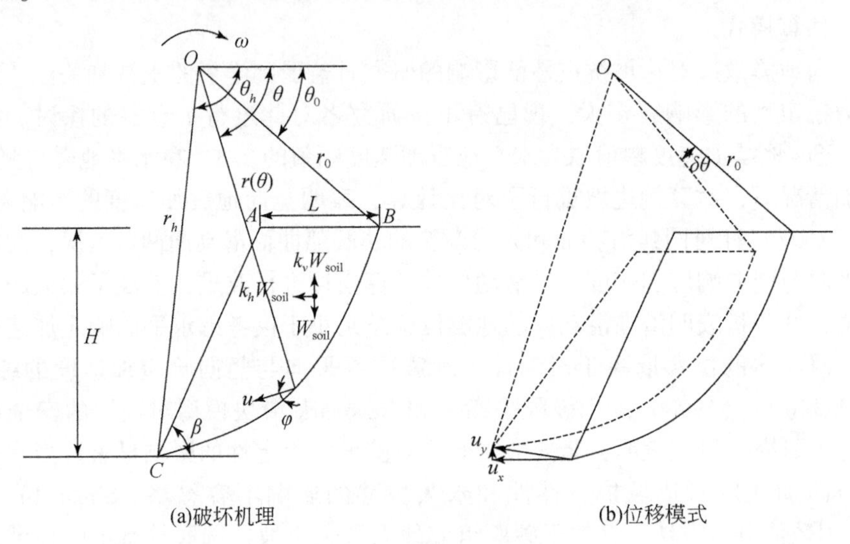

图 9-1　边坡旋转破坏机构

9.3.2　能耗计算

在地震作用下，外功率主要有滑体重力和地震力做功，而坡体内的内能耗散功率主要由沿滑面的土体内能耗散功率组成。

自重做功：

$$W_\gamma=\gamma r_0^3\omega(f_1-f_2-f_3) \tag{9-1}$$

竖直地震做功：

$$W_\gamma=k_v\gamma r_0^3\omega(f_1-f_2-f_3)=\lambda k_h\gamma r_0^3\omega(f_1-f_2-f_3) \tag{9-2}$$

水平地震做功：

$$W_s=k_h\gamma r_0^3\omega(f_1^s-f_2^s-f_3^s) \tag{9-3}$$

式中，γ 为岩土容重（kN/m^3）；ω 为 ABC 块体的角速度；f_1 ~f_3 具体表达式见第 3 章 3.3.1 节，f_1^s ~f_3^s 的计算表达式为

$$f_1^s=\frac{(3\tan\varphi\sin\theta_h-\cos\theta_h)\,\mathrm{e}^{3(\theta_h-\theta_0)\tan\varphi}-3\tan\varphi\sin\theta_0+\cos\theta_0}{3(1+9\tan^2\varphi)} \tag{9-4}$$

$$f_2^s=\frac{L}{3r_0}\sin^2\theta_0 \tag{9-5}$$

$$f_3^s=\frac{\mathrm{e}^{(\theta_h-\theta_0)\tan\varphi}}{6}\cdot\frac{H}{r_0}\cdot\frac{\sin(\beta+\theta_h)}{\sin\beta}\cdot\left[2\sin\theta_h\mathrm{e}^{(\theta_h-\theta_0)\tan\varphi}-\frac{H}{r_0}\right] \tag{9-6}$$

内部耗散率发生在间断面 BC 上：

$$D_c=\frac{cr_0^2\omega}{2\tan\varphi}\left[\mathrm{e}^{2(\theta_h-\theta_0)\tan\varphi}-1\right] \tag{9-7}$$

9. 3. 3　边坡屈服加速度

当均匀边坡处于临界状态时，以水平地震加速度系数 k_h 表征的地震荷载效应参数恰好达到临界屈服加速度 k_c，由功率平衡方程可得

$$(1+\lambda k_c)\cdot\gamma r_0^3\omega\cdot(f_1-f_2-f_3)+k_c\gamma r_0^3\omega\cdot(f_1^s-f_2^s-f_3^s)=\frac{cr_0^2\omega}{2\tan\varphi}\left[\mathrm{e}^{2(\theta_h-\theta_0)\tan\varphi}-1\right] \tag{9-8}$$

均匀边坡的临界屈服加速度 k_c 可由式（9-8）求出，如下所示：

$$k_c=\frac{1}{2\tan\varphi}\frac{H}{r_0}\frac{\mathrm{e}^{2(\theta_h-\theta_0)\tan\varphi}-1}{\lambda\cdot(f_1-f_2-f_3)+(f_1^s-f_2^s-f_3^s)}\frac{c}{\gamma H}-\frac{f_1-f_2-f_3}{\lambda\cdot(f_1-f_2-f_3)+(f_1^s-f_2^s-f_3^s)} \tag{9-9}$$

对于给定的边坡和给定的比例系数 λ（即边坡倾角 β、内摩擦角 φ、无量纲系数 $c/\gamma H$、地震比例系数 λ 为已知），由式（9-9）可以看出，k_c 是 θ_0、θ_h 两个未知参数的函数 $k_c(\theta_0,\theta_h)$。当 θ_0、θ_h 满足条件：

$$\partial k_c/\partial\theta_0=0,\quad \partial k_c/\partial\theta_h=0 \tag{9-10}$$

时，函数 $k_c(\theta_0,\theta_h)$ 取得一个极值，进而获得边坡屈服加速度 k_c 的一个上限解答。基于数学软件 MATLAB 平台，本书采用序列二次优化法对函数 $k_c(\theta_0,\theta_h)$ 进行了优化求解，其数学规划表达式为

$$\min\quad k_c=k_c(\theta_0,\theta_h) \tag{9-11}$$

$$\text{s. t.}\begin{cases}\theta_0<\theta_h<\pi\\0<\theta_0<\pi/2\end{cases} \tag{9-12}$$

9. 3. 4　边坡在地震作用下产生的永久位移计算

当地震加速度超过屈服加速度（$k_h>k_c$）时，坡体将开始产生瞬时滑动变形，根据本书所讨论的模型［图 9-1（b）］，假定变形方式为边坡滑动体 ABC 以 $\ddot{\theta}$ 大小的角加速度绕 O 点转动，转动滑动面 BC 为求解最小屈服加速度系数时确定的临界滑动面，且假定其位置在地震过程中不发生变化，则坡体外力所做的功率和内部耗散功率应满足以下动力平衡方程：

$$(1+\lambda k_h)\cdot\gamma r_0^3\omega\cdot(f_1-f_2-f_3)+k_h\gamma r_0^3\dot{\omega}(f_1^s-f_2^s-f_3^s)=D_c+\dot{\omega}l^2\frac{G}{g}\ddot{\theta} \tag{9-13}$$

结合式（9-8）和式（9-13）可得

$$\ddot{\theta}=(k_h-k_c)\frac{\gamma r_0^3[\lambda(f_1-f_2-f_3)+(f_1^s-f_2^s-f_3^s)]}{\dfrac{G}{g}l^2} \tag{9-14}$$

式中，l 为滑动体重心到转动圆心 O 点的距离；G 为滑体的重力大小，可以通过简单计算得到：

$$G=\frac{1}{2}\gamma r_0^2\left[\frac{\mathrm{e}^{2(\theta_h-\theta_0)\tan\varphi}-1}{2\tan\varphi}-\frac{L}{r_0}\sin\theta_0-\frac{H}{r_0}\frac{\mathrm{e}^{(\theta_h-\theta_0)\tan\varphi}\sin(\beta+\theta_h)}{\sin\beta}\right] \tag{9-15}$$

滑体重力功率和地震力功率分别如下。

重力功率：

$$Gl\cos\theta\cdot\omega=\gamma\omega r_0^3(f_1-f_2-f_3) \tag{9-16}$$

水平地震力功率：

$$k_h Gl\sin\theta\cdot\omega=k_h\gamma\omega r_0^3(f_1^s-f_2^s-f_3^s) \tag{9-17}$$

竖直地震力功率：

$$\lambda k_h Gl\cos\theta\cdot\omega=\lambda k_h\gamma\omega r_0^3(f_1^s-f_2^s-f_3^s) \tag{9-18}$$

因此，联立上述三式，可求得 l 为

$$l=\frac{\gamma r_0^3}{G}\sqrt{(f_1-f_2-f_3)^2+(f_1^s-f_2^s-f_3^s)^2} \tag{9-19}$$

由式（9-14）可以看出，坡体的转动加速度是一个与作用在坡体上的地震水平加速度有关的函数。在确定坡体地震屈服加速度后，对式（9-14）进行二次积分，便可得到滑块 ABC 的累计转动滑移量，因此，可以通过几何关系求得边坡坡脚的水平永久位移：

$$u_x=r_h\sin\theta_h\int_t\int_t\ddot{\theta}\mathrm{d}t\mathrm{d}t=C\int_t\int_t g(k-k_c)\mathrm{d}t\mathrm{d}t \tag{9-20}$$

式中，C 为位移系数：

$$C=\frac{\gamma r_0^4}{Gl^2}\mathrm{e}^{(\theta_h-\theta_0)\tan\varphi}[\lambda(f_1-f_2-f_3)+(f_1^s-f_2^s-f_3^s)]\sin\theta_h \tag{9-21}$$

λ 确定以后，对于一个给定的边坡（β、φ、$c/\gamma H$），由式（9-9）可优化出屈服加速度 k_c，并可确定最危险滑裂面（θ_0、θ_h），将其带入式（9-21）中即可确定地震位移系数 C。由此可知，地震位移系数 C 可由 4 个参数（λ、β、φ、$c/\gamma H$）确定。屈服加速度 k_c 也可以表示为参数（λ、β、φ、$c/\gamma H$）的函数，所以地震位移系数可以方便地表示为参数（λ、β、φ、k_c）的函数。

9.3.5　对比验证

（1）算例分析

基于数学软件 MATLAB 平台，本书采用序列二次优化法对函数 $k_c(\theta_0, \theta_h)$ 进行了优化求解，并依据优化得到的滑裂面参数（θ_0，θ_h）。为了验证本书公式和程序的正确性，选取 You 和 Michalowski（1999）中的算例结果与本书的结果进行对比，边坡算例参数为，边坡倾角 $\beta=55°$，$H=18\mathrm{m}$，$\gamma=17\mathrm{kN/m^3}$，$c=15.3\mathrm{kN/m^2}$，$\varphi=36°$。

对该边坡输入如图 9-2 所示的 Northridge（1994 年）的水平方向的地震波，其加速度峰值为 286.5cm/s^2，时间步长为 0.02。当只输入水平地震波时 $\lambda=0$。计算得到的边坡永久位移为 4.2011cm，与 You 和 Michalowski（1999）文献中的计算结果 4.2cm 基本一致，这说明了本书公式和所编程序的正确性，且求得滑裂面参数（θ_0，θ_h）= [53.356°，98.81°]，计算所得的边坡角速度–时程和永久位移–时程图如图 9-3 和图 9-4 所示。

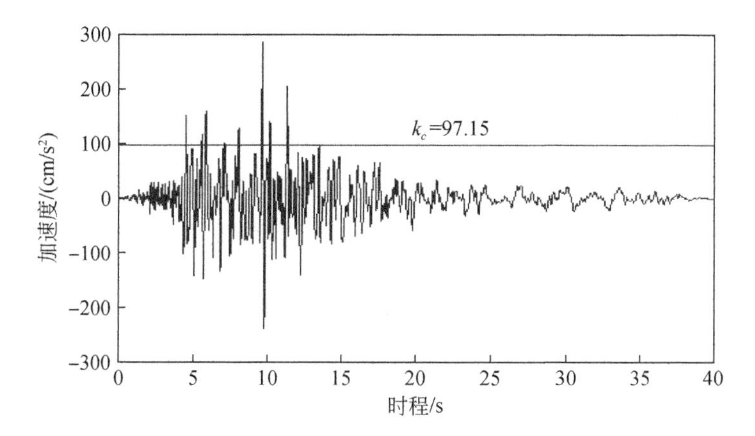

图 9-2　1994 年 Northridge 水平方向的地震记录（记录地点：Moorpark）

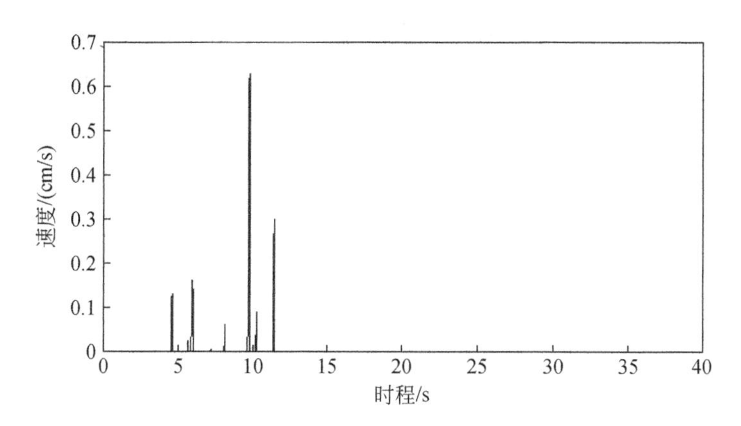

图 9-3　边坡角速度–时程图

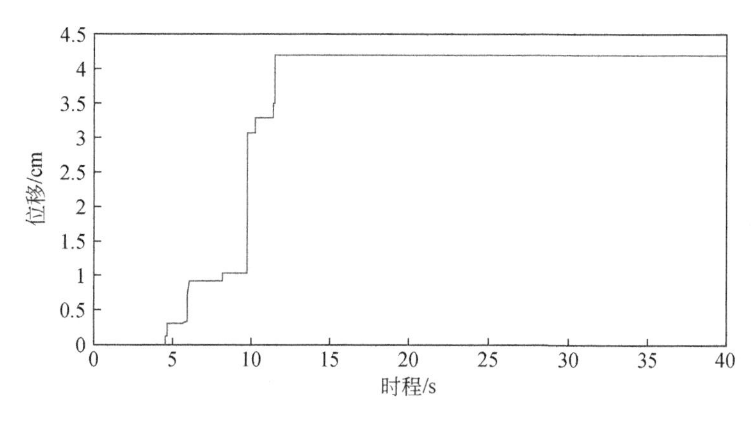

图 9-4　边坡永久位移–时程图

(2) 竖向地震对边坡永久位移的影响

为了分析竖直和水平地震加速度的比例系数 λ 对永久位移的影响，选取 You 和 Michalowski（1999）文献中的算例，并取 $\lambda=-1.0\sim1.0$，求得边坡永久位移如图 9-5 所示。

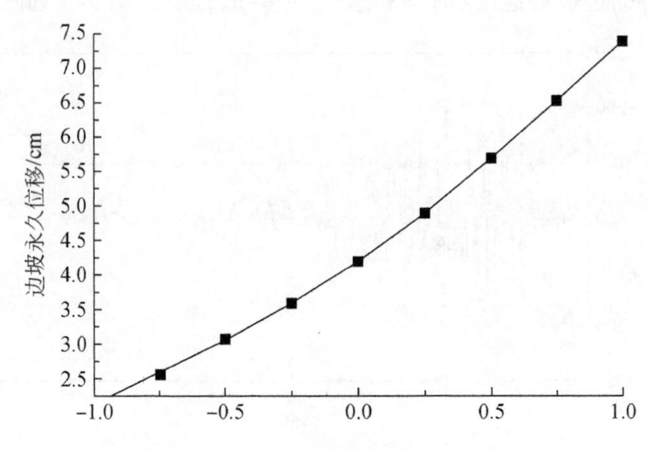

图 9-5　边坡永久位移随比例系数 λ 变化

由图 9-5 可知，边坡永久位移随比例系数 λ 的增大而增大，呈现出非线性增大趋势，且当 $\lambda=-1.0$ 和 1.0 的时候，坡脚水平地震累计位移分别为 2.16cm 和 7.37cm，分别与 $\lambda=0$ 的地震位移 4.20cm 相差 48.5% 和 75.5%，说明竖向加速度对简单均质边坡永久位移的影响不容忽略。

9.4　地震永久位移设计计算图表

9.4.1　边坡屈服加速度图表

简单边坡常规岩土参数条件下，边坡动力稳定性拟静力分析的屈服加速度 k_c 计算结果如图 9-6 所示。

9.4.2　边坡地震位移系数图表

简单边坡常规岩土参数条件下，在进行边坡动力稳定性拟静力分析时，对于给定的（λ、β、φ、k_c），可以给出地震位移系数 C 的图表，如图 9-7 所示。

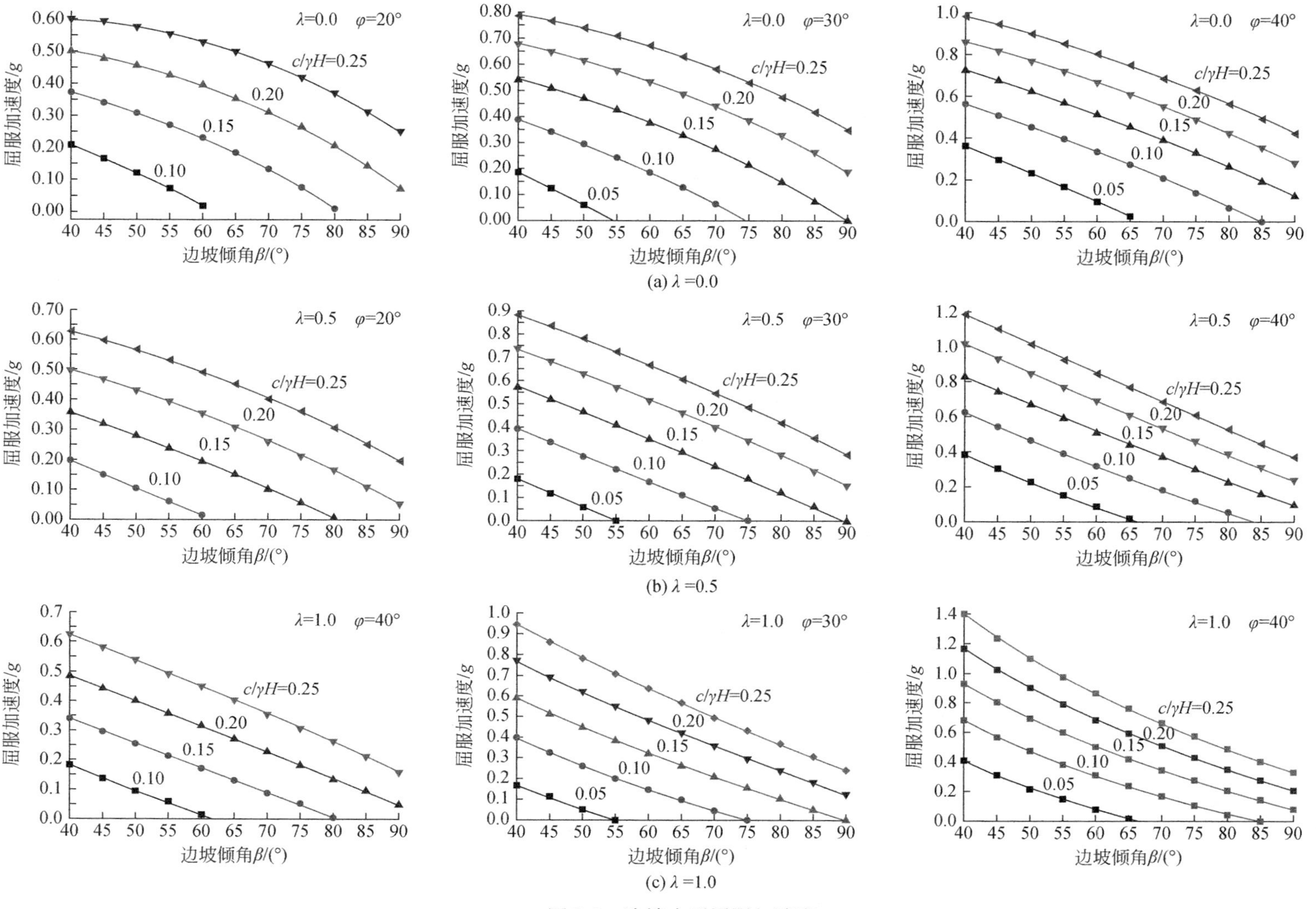

图 9-6　边坡水平屈服加速度

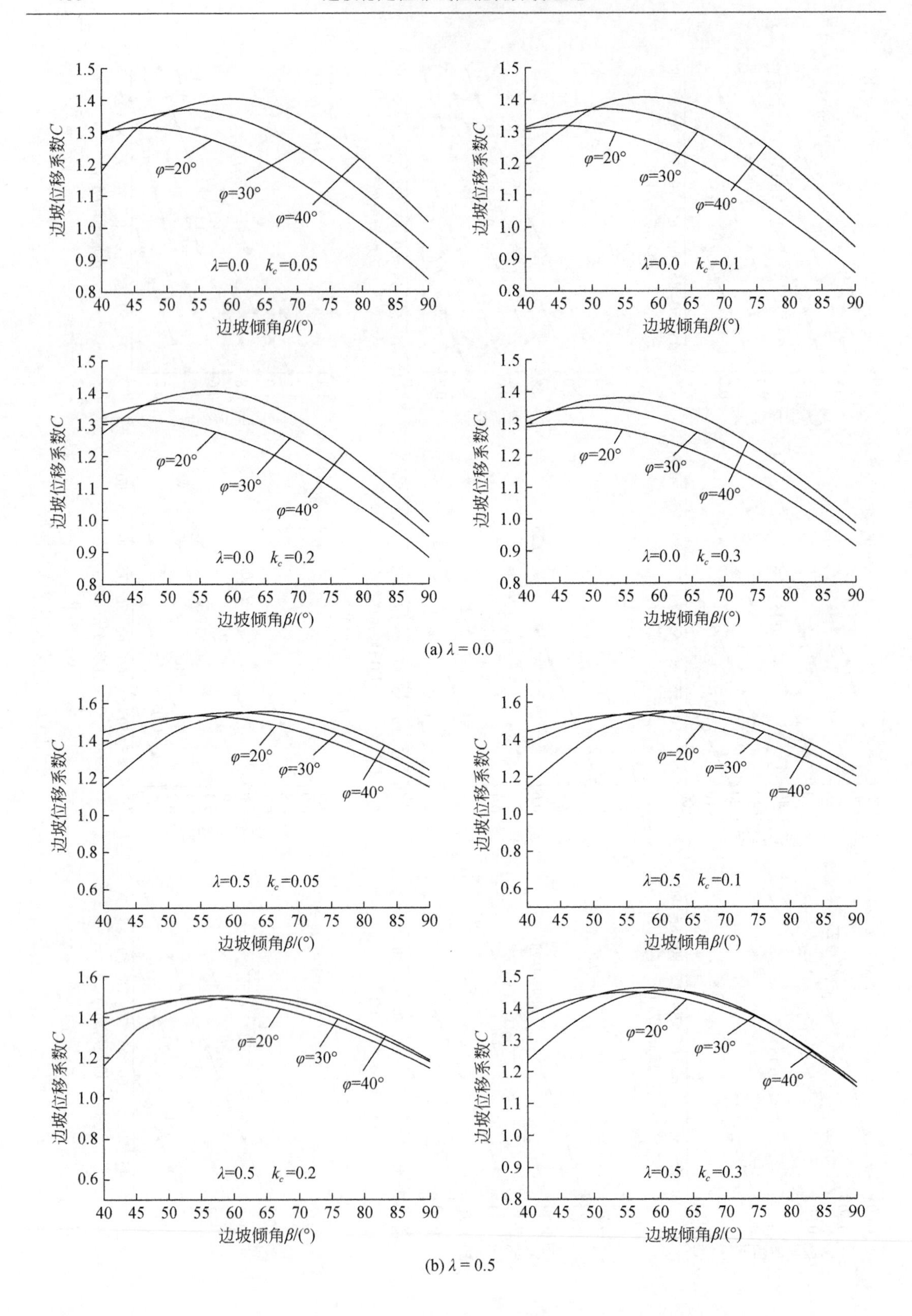

(a) $\lambda = 0.0$

(b) $\lambda = 0.5$

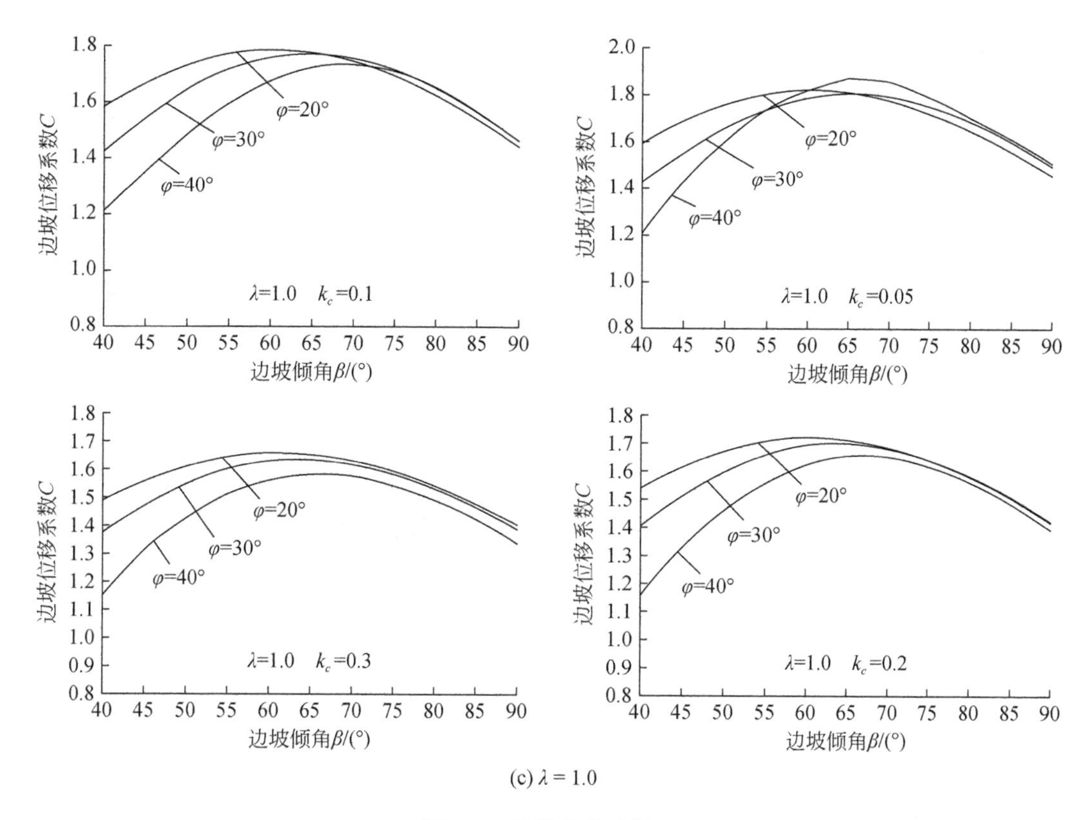

(c) $\lambda=1.0$

图 9-7　边坡位移系数 C

9.4.3　边坡地震永久位移图表

结合工程实际，选取 4 个比较典型的地震数据 Northridge（1994 年）、Kobe（1995 年）、Imperial Valley（1940 年）、CHICHI（1999 年），各地震的信息如表 9-1 所示，地震加速度时程曲线如图 9-8 所示。对其加速度-时程曲线成比例地增大或者减小，得到一系列相同形式的加速度-时程曲线，然后对它们按式（9-20）进行两次积分，其结果可以表示为 k_m-k_c 和 k_m 的函数，如图 9-9 所示。则对于给定的边坡，由图 9-6 和图 9-7 可查出边坡的屈服加速度 k_c 和地震位移系数 C，然后通过图 9-9 查出的地震位移乘以地震系数 C 就可以得到边坡永久位移。

表 9-1　地震信息

地震名称	Northridge	Kobe	Imperial Valley	CHICHI
时间	1994-01-17	1995-01-17	1940-05-19	1999-09-20
记录地点	Moorpark	Kakogawa	El Centro Array	CHY080
震级	6.6	6.9	6.95	7.62
PGA/g	0.292	0.345	0.313	0.968

续表

地震名称	Northridge	Kobe	Imperial Valley	CHICHI
PGV/(cm/s)	23.31	21.66	31.74	107.5
PGD/cm	4.13	7.6	18.01	18.6
震中距离/km	31.45	24.20	12.99	31.65
Pref. Vs30/(m/s)	405.20	312.00	213.40	553.4

注：PGA 为峰值加速度，PGV 为峰值速度，PGD 为峰值位移，Pref. Vs30 为场地地下 30m 平均剪切波速度。

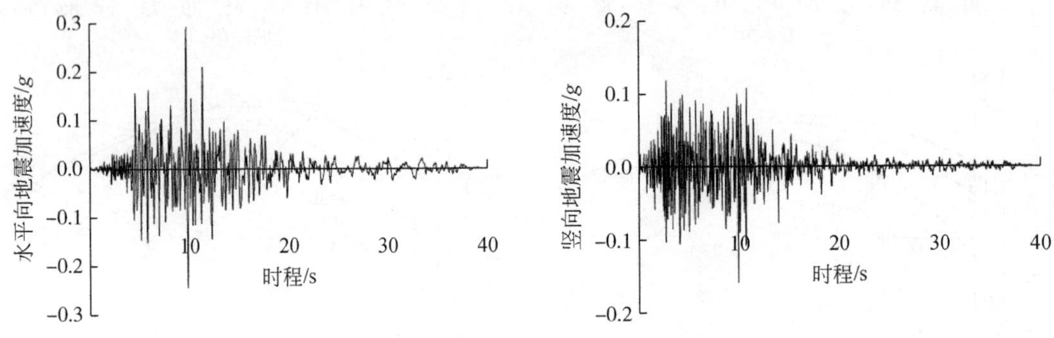

(a) Northridge地震加速度-时程曲线

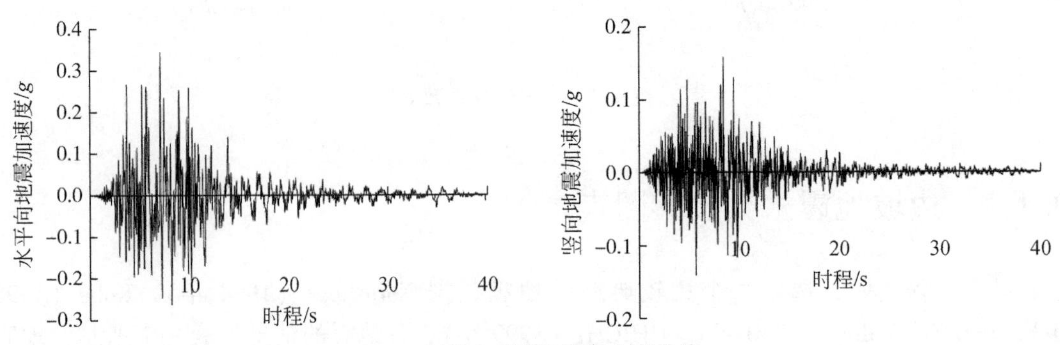

(b) Kobe地震加速度-时程曲线

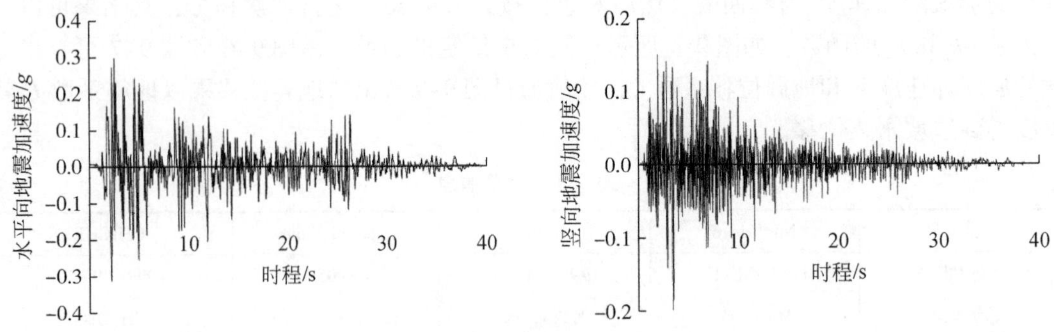

(c) Imperial Valley地震加速度-时程曲线

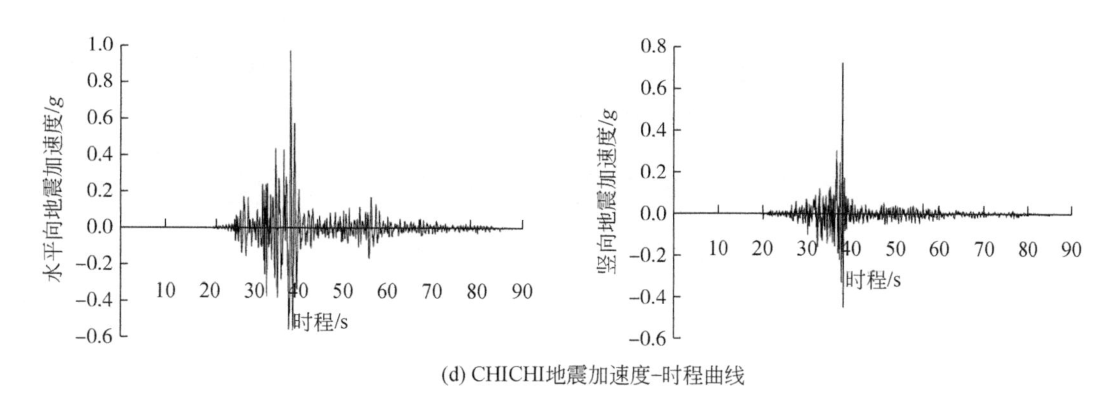

(d) CHICHI地震加速度-时程曲线

图9-8　地震加速度-时程曲线

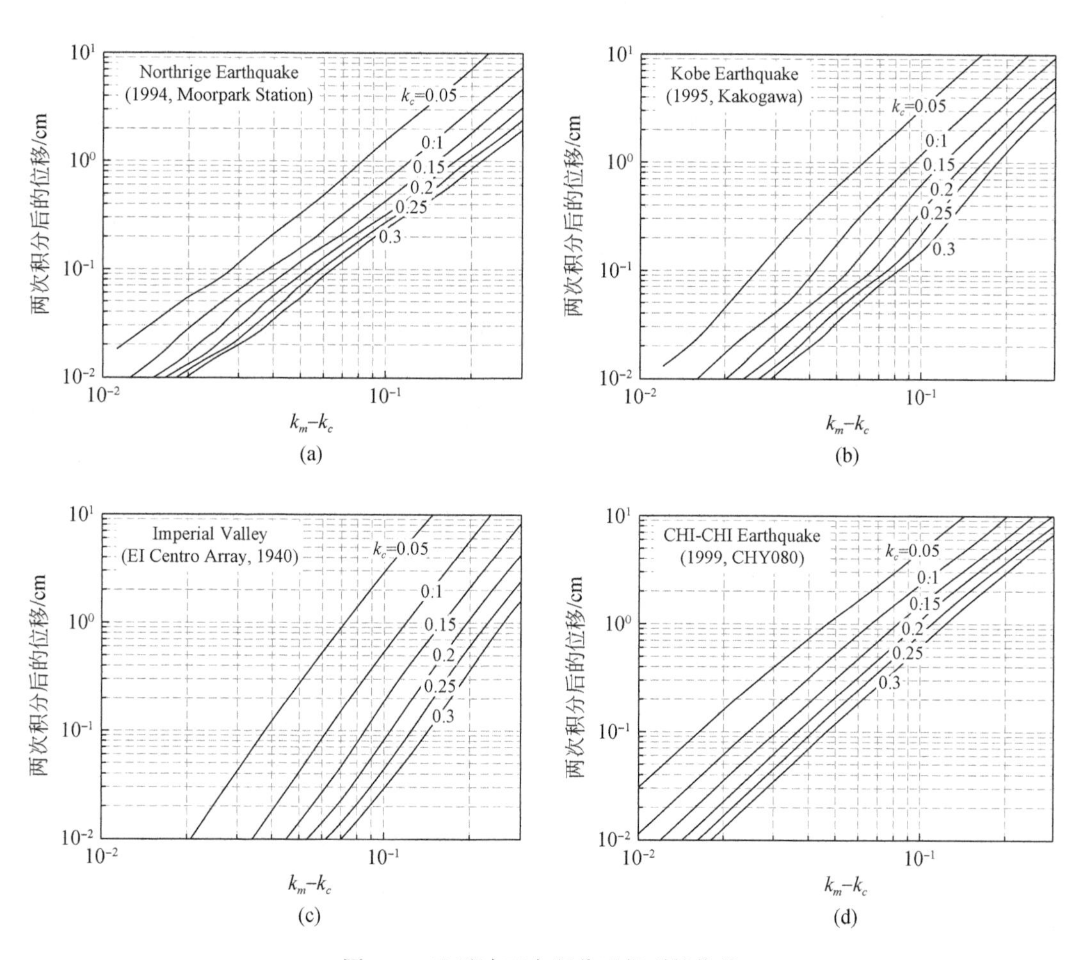

图9-9　地震波两次积分后得到的位移

算例分析：为说明此图表的用法，选取边坡算例，边坡参数为，$\beta=45°$，$H=15\text{m}$，$\varphi=20°$，$c=15\text{kN/m}^2$，$\gamma=20\text{kN/m}^3$，$\lambda=0.5$。在地震永久位移计算中，以Kobe地震记录为例，将其地震波的加速度-时程曲线成比例地增大，并使它们的峰值加速度增大到

0.4g。首先，通过计算可得 $c/\gamma H=0.106$，由图9-6可查得 k_c 为 $0.17g$，然后通过图9-7查得 $C=1.47$，由 $k_m-k_c=0.43$ 及由图9-9可查出其加速度-时程曲线的两次积分为5.02cm，则边坡坡脚的水平永久位移为 $1.47\times5.02=7.18$cm。

9.5 基于水平向与竖向加速度-时程曲线的边坡永久位移计算方法

9.5.1 计算思路

实际地震中竖向地震波与水平向地震波的时程曲线并非一致，波形一致的假定和量值比例假定可能导致计算结果出现较大误差。基于水平向与竖向地震加速度-时程曲线计算边坡永久位移的思路如下。

1）基于实际水平向与竖向地震加速度-时程曲线，结合强度折减技术，对边坡进行稳定性分析，找出 F_s 第一次小于等于1.0的时刻 t_i（$F_{s(i)}\leqslant1.0$）；并通过对 $F_{s(i)}$ 和 $F_{s(i-1)}$［t_{i-1} 时刻的 $F_{s(i-1)}>1.0$］进行插值，找出 $F_s=1.0$ 的时刻 $t_{i-1}+\Delta$，此刻即边坡开始滑动的时刻，根据此刻的水平向地震加速度系数 k_h 和竖向地震加速度系数 k_v，再通过对边坡进行稳定性分析，找出此刻边坡的滑裂面参数（θ_0，θ_h）。

2）依据所确定的滑裂面参数（θ_0，θ_h），可以通过动力平衡方程求得开始滑动以后边坡每一时刻的加速度，通过两次积分便可以求出边坡在这段时间内所产生的位移，将其累积叠加在一起即为边坡在整个地震过程中的永久位移。

9.5.1.1 计算方法和原理

当边坡同时受竖向和水平向地震影响效应时，滑体外功率和内耗能所满足的动力平衡方程为

$$(k_v+1)\gamma r_0^3\omega(f_1-f_2-f_3)+k_h\gamma r_0^3\dot{\omega}(f_1^s-f_2^s-f_3^s)=\frac{cr_0^2\omega}{2\tan\varphi}\left[e^{2(\theta_h-\theta_0)\tan\varphi}-1\right] \tag{9-22}$$

结合强度折减技术，为确定竖向和水平向地震影响效应下边坡的安全储备，将原始抗剪强度指标 c 和 φ 按式（3-1）折减并代入式（9-22），有

$$F_s=\frac{c}{\gamma H}\frac{e^{2(\theta_h-\theta_0)\tan\varphi_f}-1}{2\tan\varphi_f\left[(1+k_v)(f_1-f_2-f_3)+k_h(f_4-f_5-f_6)\right]}\frac{H}{r_0} \tag{9-23}$$

式中，$\varphi_f=\arctan(\tan\varphi/F_s)$，且系数 $f_1\sim f_3$，$f_4\sim f_6$ 中内摩擦角 φ 均由 $\varphi_f=\arctan(\tan\varphi/F_s)$ 替代。

以上分析过程通过引入工程技术人员熟悉的强度折减技术进行边坡临界失稳状态描述，该临界状态条件下边坡安全系数 F_s 恰好等于1.0。

同时考虑水平和竖向地震加速度-时程曲线时，由于并未假定 $\lambda=k_v/k_h$ 为常量，则 k_v 和 k_h 两者的关系是不确定的，所以不能基于传统的Newmark滑块法采用屈服加速度的概念中所涉及的安全系数来判断边坡产生滑动的时刻。自1955年Bishop提出强度折减技术以

来，许多学者都采用此概念来评价边坡的稳定性，即分析边坡的临界状态。以下同样采用强度折减的概念来判断边坡在水平向和竖向地震时程效应下边坡开始产生滑动的初始临界状态。具体描述为，对一个给定的边坡（给定边坡参数β、γ、c、φ），通过遍历加速度-时程曲线第i时刻（$k_{v(i)}$、$k_{h(i)}$）所对应的F_s，找到第一个$k_{v(n)}$、$k_{h(n)}$（假设$i=n$）使边坡失稳的时间点，即$F_{s(n)}\leqslant 1.0$，并记录（$n-1$）时刻的$F_{s(n-1)}$（$F_{s(n-1)}>1.0$）。通过插值法可求出边坡开始滑动（$F_s=1.0$）的时刻（$t_{n-1}+\Delta$），如图9-10所示，其中Δ可由三角形的相似原理求得：

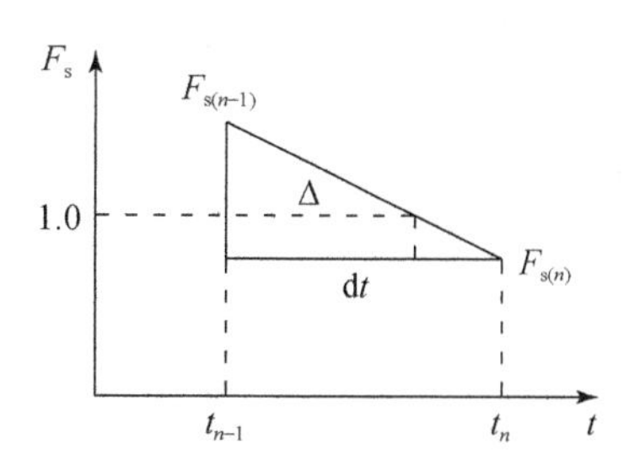

图9-10　确定边坡处于临界滑动时刻的安全系数示意图

$$\Delta=\mathrm{d}t-\frac{1-F_{s(n)}}{F_{s(n-1)}-F_{s(n)}}\mathrm{d}t \tag{9-24}$$

式中，dt为加速度-时程的时间步长。

由于假定地震加速度k_v、k_h在dt内为线性变化，所以可依据t_{n-1}时刻的地震加速度（$k_{v(n-1)}$、$k_{h(n-1)}$）和t_n时刻的地震加速度（$k_{v(n)}$、$k_{h(n)}$）求出（$n-1+\Delta$）时刻（边坡的临界状态）的地震加速度（$k_{v(n-1+\Delta)}$、$k_{h(n-1+\Delta)}$），并将（$k_{v(n-1+\Delta)}$、$k_{h(n-1+\Delta)}$）带入式（9-23），并采用序列二次优化法对函数f（θ_0，θ_h）进行了优化求解，则可得到边坡开始滑动的滑裂面参数（θ_0、θ_h），并假定此后边坡在地震的作用下滑裂面保持不变。

9.5.1.2　边坡永久位移的计算

在水平和竖向地震影响效应下，当边坡恰好在i时刻达到临界失稳状态时，滑体内外功能处于动力平衡的方程式为

$$(1+k_{v(i)})\gamma r_0^3\omega(f_1-f_2-f_3)+k_{h(i)}\gamma r_0^3\dot{\omega}(f_4-f_5-f_6)=D_c+\dot{\omega}l^2\frac{G}{g}\ddot{\theta} \tag{9-25}$$

式中，（$k_{v(i)}$，$k_{h(i)}$）为i时刻的竖向和水平向地震加速度。参数（θ_0，θ_h）为$t_{n-i}+\Delta$时刻边坡开始滑动的滑裂面参数，可通过编制优化程序求得。

由式（9-25）可以得出地震作用下i时刻的边坡角加速度如下：

$$\ddot{\theta}=\frac{(1+k_{v(i)})\gamma r_0^3\omega(f_1-f_2-f_3)+k_{h(i)}\gamma r_0^3\dot{\omega}(f_4-f_5-f_6)-D_c}{\dot{\omega}l^2\left(\frac{G}{g}\right)} \tag{9-26}$$

在确定出边坡的转动角加速度以后，对其进行二次积分，便可得到滑块ABC的累计转动滑移量，则边坡坡脚的水平永久位移为

$$u_x=r_h\sin\theta_h\int_t\int_t\ddot{\theta}\mathrm{d}t\mathrm{d}t \tag{9-27}$$

9.5.2　算例验证和参数分析

9.5.2.1　算例验证

假定无竖向地震影响效应，采用You和Michalowski（1999）分析的算例进行对比分

析。本书方法得到的边坡永久位移为4.20cm，与原文计算结果4.2cm一致，角速度-时程和边坡永久位移-时程曲线分别如图9-11和图9-12所示。同时，本书方法获得的边坡临界滑裂面表征参数和安全系数（θ_0，θ_h，F_s）为（53.322，98.848，0.999），与传统方法结果（θ_0，θ_h，F_s）=(53.356，98.807，1.0) 吻合，可以说明本书方法的有效性。

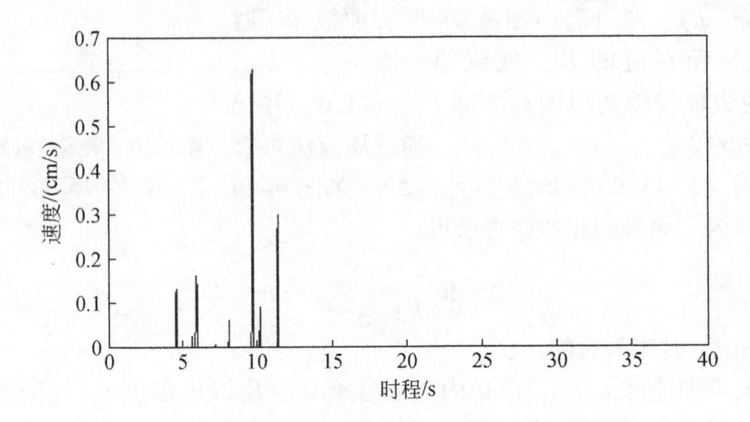

图9-11　临界失稳状态下滑块角速度-时程曲线

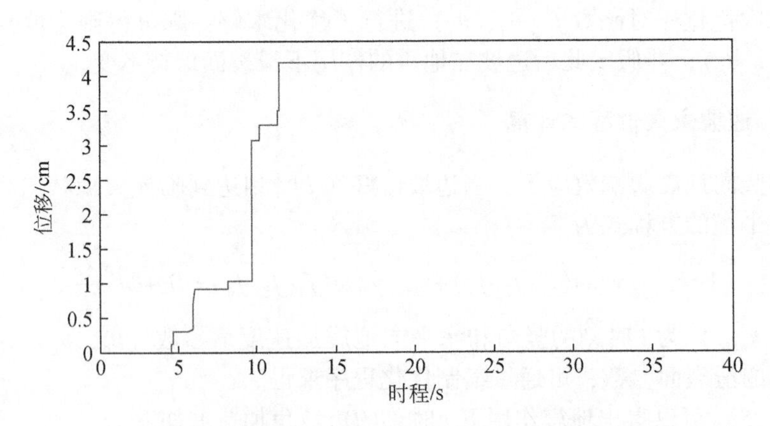

图9-12　地震影响效应下边坡永久位移-时程曲线

9.5.2.2　竖向地震效应的影响分析

由于天然地震具有强烈的随机效应，不同的竖直地震波与水平地震波的叠加效应对边坡永久位移的影响不一样。本书同时选取4个具有不同频谱特性的实测地震地面运动记录(地震信息见表9-1，加速度-时程如图9-8所示)，作用在倾角为45°、70°和90°边坡上(边坡参数见表9-2)，采取本书方法计算边坡永久位移，结果见表9-3。

表9-2　边坡参数

参数	*A*	*B*	*C*
β/(°)	45	70	90
H/m	15	10	10

续表

参数	*A*	*B*	*C*
φ/(°)	25	28	36
c/kPa	15	20	26
γ/(kN/m³)	17	17	17

表 9-3　边坡永久位移

项目	永久位移/cm											
	边坡 *A*				边坡 *B*				边坡 *C*			
	a	*b*	*c*	*d*	*a*	*b*	*c*	*d*	*a*	*b*	*c*	*d*
D	6. 54	22. 29	22. 75	277. 2	2. 48	8. 71	4. 88	171. 0	4. 26	14. 2	13. 42	190. 0
D_1/0. 1	6. 94	23. 67	24. 54	288. 06	2. 86	10. 10	6. 01	186. 0	4. 80	16. 39	16. 35	208. 94
D_1/0. 25	7. 59	25. 96	27. 35	304. 93	3. 50	12. 39	8. 05	211. 23	5. 88	20. 09	21. 10	238. 06
D_1/0. 5	8. 78	30. 15	32. 35	334. 09	4. 76	16. 73	13. 06	256. 96	8. 26	28. 32	30. 53	308. 73
D_2	6. 87	21. 49	22. 03	300. 2	3. 01	7. 87	4. 62	205. 1	4. 90	13. 3	12. 38	232. 8
P_1/0. 1/%	6. 1	6. 2	7. 9	3. 9	15. 3	16. 0	23. 1	8. 8	12. 6	15. 4	21. 8	10. 0
P_1/0. 25/%	16. 1	16. 5	20. 2	10	41. 1	42. 2	65	23. 5	38	41. 5	57. 2	25. 3
P_1/0. 5/%	34. 3	35. 3	42. 2	20. 5	91. 9	92. 1	168	50. 3	93. 9	99. 4	127. 5	62. 5
P_2/%	5	−3. 6	−3. 2	8. 3	2. 1	−9. 6	−5. 3	2. 0	15	−6. 4	−7. 8	2. 3

注：*a*、*b*、*c*、*d* 分别代表 Northridge、Kobe、Imperial Valley、CHICHI 地震；

D 代表单独考虑水平向地震作用下边坡永久位移；

D_1 代表水平时程曲线（竖向成比例，并假定不同的比例 0. 1、0. 25、0. 5）地震动作用下的边坡永久位移；$P_1=(D_1-D)/D\times100\%$；

D_2 代表基于水平向和竖向时程曲线的地震作用下的边坡永久位移，$P_2=(D_2-D)/D\times100\%$

边坡参数（*A*、*B*）和两种波形（*a*、*c*）条件下，两种竖向地震效应引入方法对边坡位移-时程曲线的影响如图 9-13 所示。

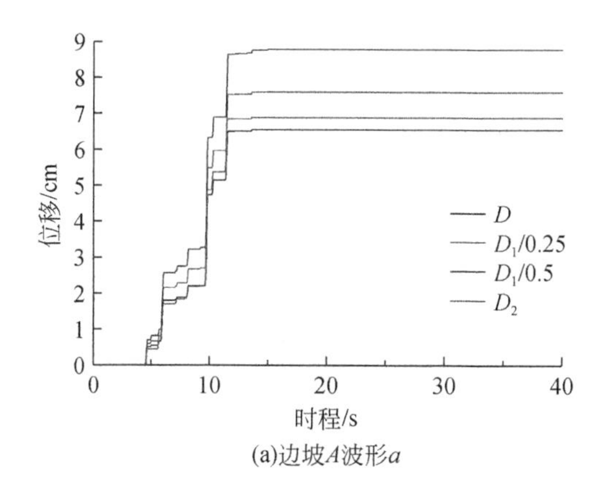

(a)边坡*A*波形*a*

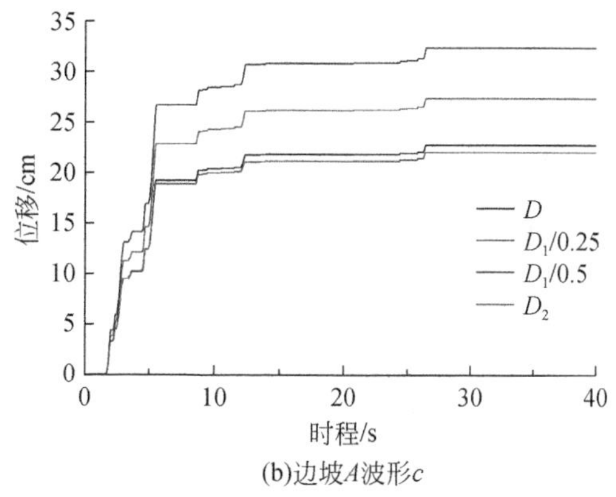

(b)边坡*A*波形*c*

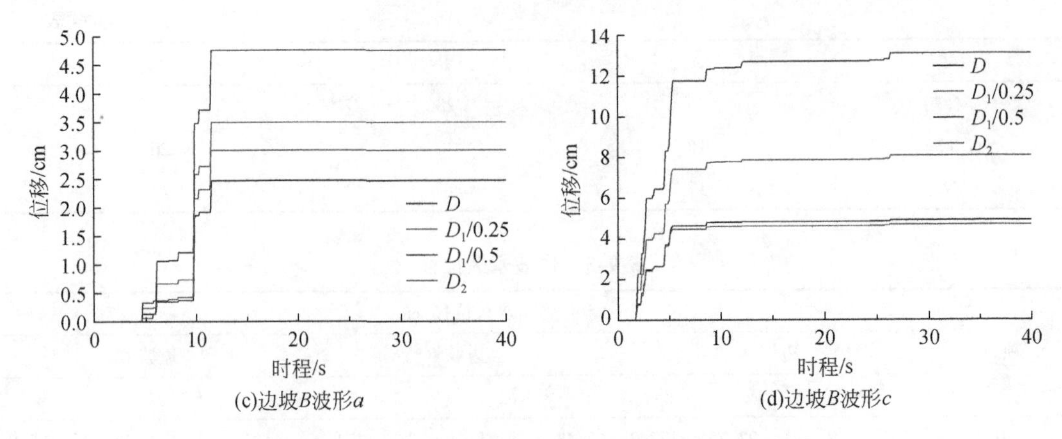

(c)边坡B波形a (d)边坡B波形c

图 9-13 线性破坏准则条件下边坡永久位移-时程曲线

由表 9-3 和图 9-13 可以看出：①仅按照水平向时程曲线特性引入竖向时程曲线影响时，大部分永久位移计算值大于基于水平向和竖向时程曲线的地震作用下的边坡永久位移计算值，因而基于水平向时程曲线地震作用下的边坡永久位移计算方法可能高估了竖向地震效应的影响，依据该方法进行设计将偏于保守；②地震 b、地震 c 的竖向地震作用使边坡永久位移减小，地震 a、地震 d 的竖向地震作用使边坡永久位移增大。不同的竖向地震与水平向地震的叠加效应不同，本书算例分析的边坡永久位移最大叠加效应增加幅度达到了 15%，因而竖向地震对边坡永久位移的影响不可忽略。

9.6 非线性 Mohr - Coulomb 破坏准则下边坡永久位移计算

9.6.1 非线性破坏准则对边坡永久位移的影响

9.6.1.1 非线性破坏准则对屈服加速度的影响

不考虑竖向地震效应（$\lambda=0.0$），假定 $H=20\text{m}$，$c_0=90\text{kN/m}^2$，$\sigma_t=247.3\text{kN/m}^2$，$\gamma=20\text{kN/m}^3$，$\beta=45°\sim90°$，非线性参数 $m=1.0\sim2.0$，边坡水平屈服加速度 k_c 及与之相应的瞬时抗剪强度指标 c_t 和 φ_t 随 m 和 β 的变化规律如图 9-14 所示。

由图 9-14 可知，m 和 β 对 k_c 和 c_t、φ_t 的影响显著。随着 m 的增大，φ_t 逐渐减小而 c_t 逐渐增大，且 φ_t 变化的幅度远大于 c_t，这种趋势随着边坡倾角 β 的减小越发明显。与之相应，随着 m 和 β 的增大，k_c 减小，边坡的动力稳定性显著变差。

假定 $c_0=90\text{kN/m}^2$，$\sigma_t=247.3\text{kN/m}^2$，$H=20\text{m}$，$\beta=75°$，$\gamma=20\text{kN/m}^3$，$m=1.0\sim2.0$，在竖向地震波比例系数 $\lambda=0.0\sim1.0$ 条件下，k_c 随竖向地震波比例系数 λ 和 m 的变化如图 9-15 所示。

由图 9-15 可以看出，在非线性莫尔-库仑破坏准则下，λ 对 k_c 的影响显著。随着 m 和 λ 的增大，k_c 明显减小，边坡的动力稳定性显著变差。

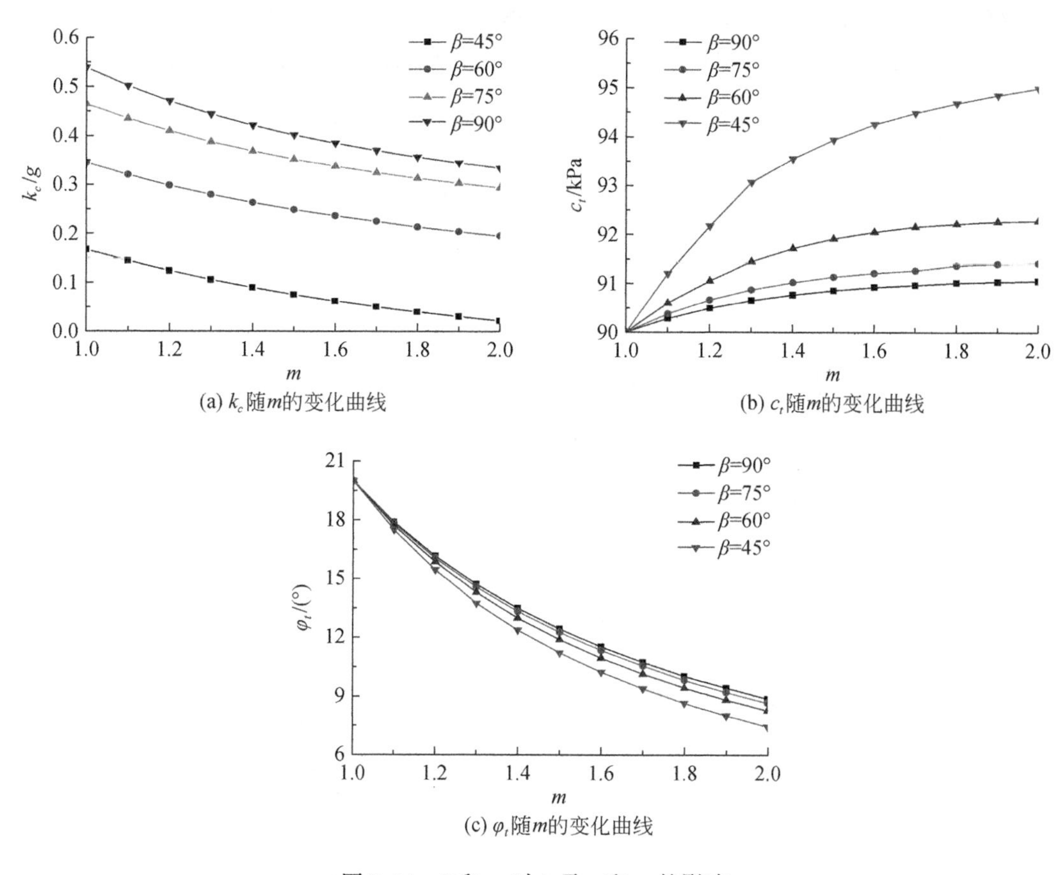

图9-14　β 和 m 对 k_c 及 c_t 和 φ_t 的影响

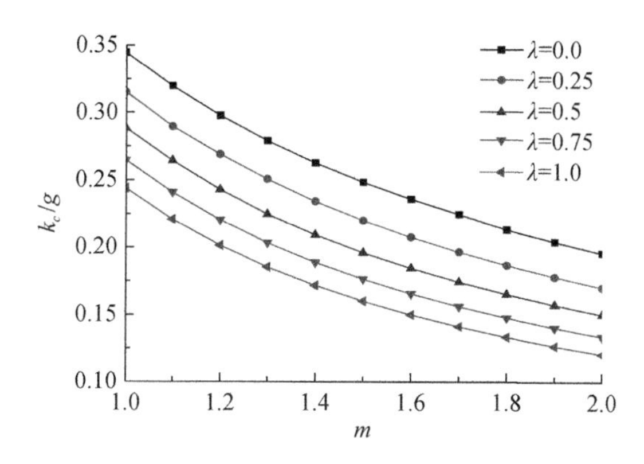

图9-15　竖向地震波比例系数 λ 和 m 对 k_c 的影响

9.6.1.2　非线性破坏准则对边坡永久位移的影响

选取3个典型的实际地震波数据（Northridge 地震、Kobe 地震、Imperial Valley 地震，其地震信息见表9-1和图9-8），分析非线性莫尔-库仑破坏准则下，不同地震波对边坡永久位移的影响。假定 $c_0=90\mathrm{kN/m^2}$，$\sigma_t=247.3\mathrm{kN/m^2}$，$H=20\mathrm{m}$，$\beta=90°$，$\gamma=20\mathrm{kN/m^3}$，$m=1.0\sim2.0$，在 $\lambda=0.0\sim1.0$ 条件下，λ 和 m 对边坡永久位移的影响规律如图 9-16 所示。

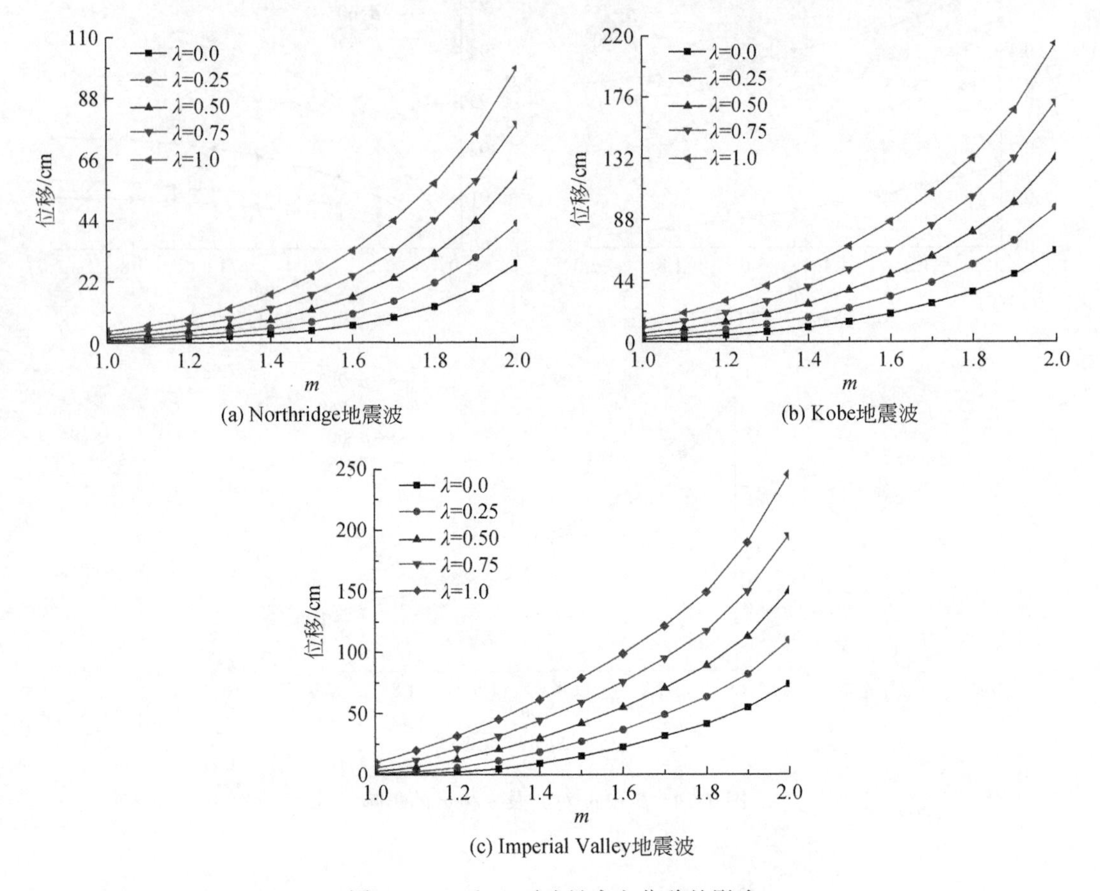

图 9-16　λ 和 m 对边坡永久位移的影响

以 Northridge 地震波为例，当 $m=1.0$、1.3、1.6 和 2.0，$\lambda=0.5$ 时，边坡永久位移-时程曲线如图 9-17 所示。

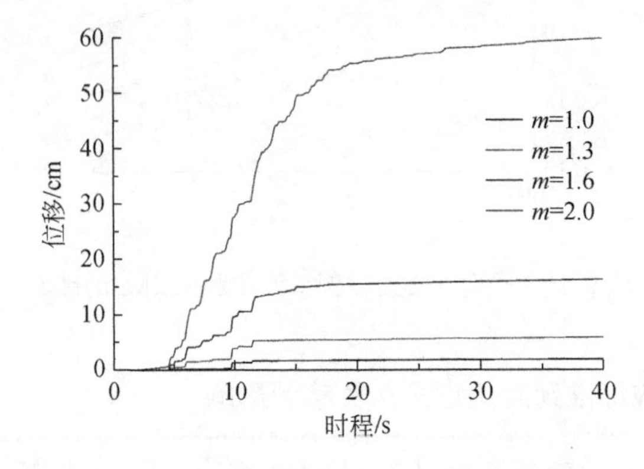

图 9-17　不同 m 的边坡永久位移-时程曲线

由图 9-16 和图 9-17 可以看出，在三种典型的实际地震波作用下，m 和 λ 对边坡永久位移的影响都很显著。随着 m 的增大和 λ 的增大，边坡永久位移越来越大，这表明在非线性破坏准则下，竖向地震对边坡永久位移的影响更不可忽略。

9.6.2　基于水平向与竖向时程曲线的边坡永久位移计算

为全面分析不同竖向地震波与水平向地震波叠加效应对边坡永久位移的影响，选取 4 个具有不同频谱特性的实测地震地面运动记录（地震信息见表 9-1 和图 9-8），作用在 β 为 45°、70°、90°边坡上（边坡参数见表 9-4），采取本书方法计算边坡永久位移，见表 9-5。

表 9-4　边坡参数

参数	A	B	C
β/(°)	45	70	90
H/m	10	10	10
c_0/(kN/m²)	15	22	30
σ_t/(kN/m²)	26	28	32
m	1.5	1.4	1.5
γ/(kN/m³)	18	18	18

表 9-5　边坡永久位移

项目	永久位移/cm											
	边坡 A				边坡 B				边坡 C			
	a	b	c	d	a	b	c	d	a	b	c	d
D	12.17	39.49	44.43	353.28	2.46	8.67	4.88	169.6	6.83	22.96	25.45	230.52
D_1/0.1	13.45	43.15	48.67	476.1	2.88	10.18	6.13	186.0	8.23	27.05	30.48	256.89
D_1/0.25	15.47	48.81	55.29	411.2	3.59	12.70	8.41	213.1	10.61	34.21	38.70	301.46
D_1/0.5	19.21	58.81	67.02	472.01	5.0	17.47	14.18	261.2	15.32	47.2	53.97	381.48
P_1/0.1/%	10.5	9.3	9.5	34.8	17.1	17.4	25.6	9.7	20.5	17.8	19.8	11.4
P_1/0.25/%	27.1	23.6	24.4	16.4	45.9	46.5	72.3	25.6	55.3	49.0	52.1	30.8
P_1/0.5/%	57.8	48.9	50.8	33.6	103.3	101.5	190.6	54.0	124.3	105.6	112.1	65.5
D_2	13.51	37.81	42.98	354.59	3.02	7.68	4.59	203.84	8.57	22.01	23.51	280.82
P_2/%	11.0	−4.3	−3.3	0.4	22.8	−11.4	−5.9	20.2	25.5	−4.1	−7.6	21.8

注：a、b、c、d 分别代表 Northridge、Kobe、Imperial Valley 、CHICHI 地震；

D 代表单独考虑水平向地震动作用下边坡永久位移；

D_1 代表水平向时程曲线（竖向成比例，并假定不同的比例 0.1、0.25、0.5）地震作用下的边坡永久位移，$P_1=(D_1-D)/D\times100\%$；

D_2 代表基于水平向和竖向时程曲线的地震作用下的边坡永久位移，$P_2=(D_2-D)/D\times100\%$。

在边坡参数（A、B）和两种波形（a、c）条件下，两种竖向地震效应引入方法对边坡位移–时程曲线的影响如图 9-18 所示。

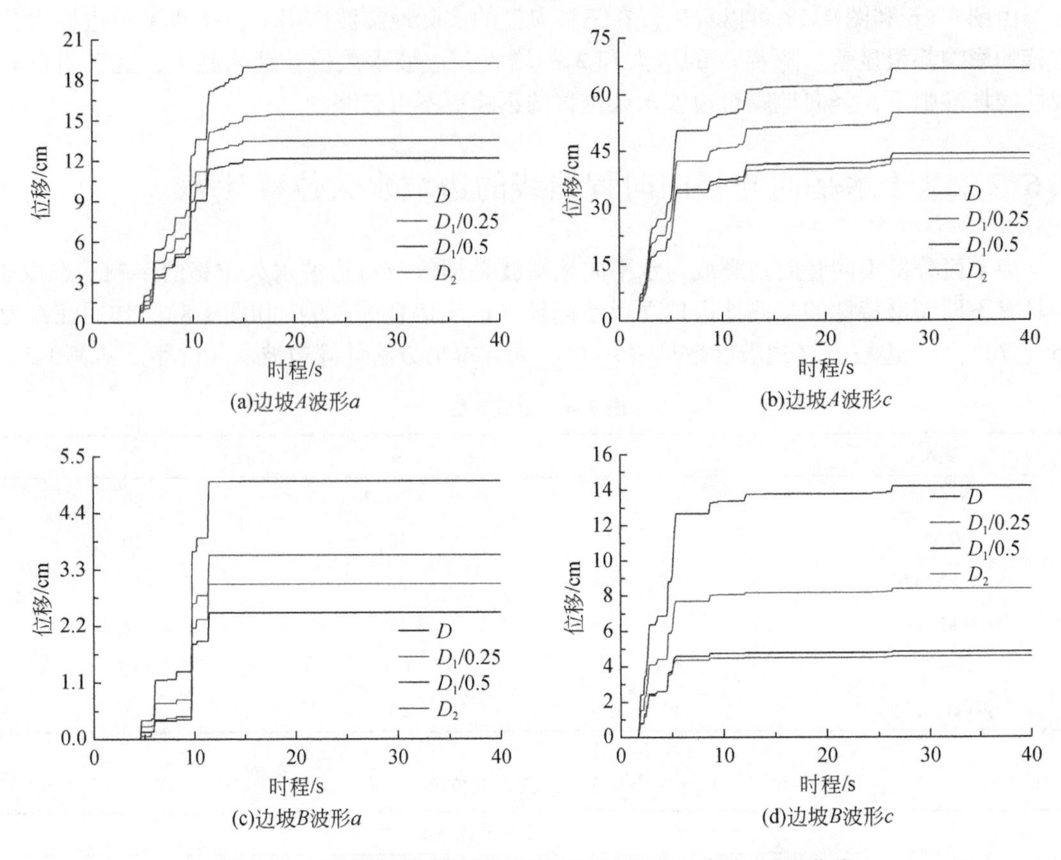

图 9-18　非线性破坏准则条件下边坡地震永久位移-时程曲线

采用两种波形（c，Imperial Valley 地震；d，CHICHI 地震）和边坡 C，其他参数保持不变（$\beta=90°$，$H=10\text{m}$，$c_0=30\text{kN/m}^2$，$\sigma_t=32\text{kN/m}^3$，$\gamma=18\text{kN/m}^3$），当 m 分别取值 1.0、1.25、1.5 时，两种竖向地震效应引入方法对边坡位移-时程曲线的影响如图 9-19 所示。

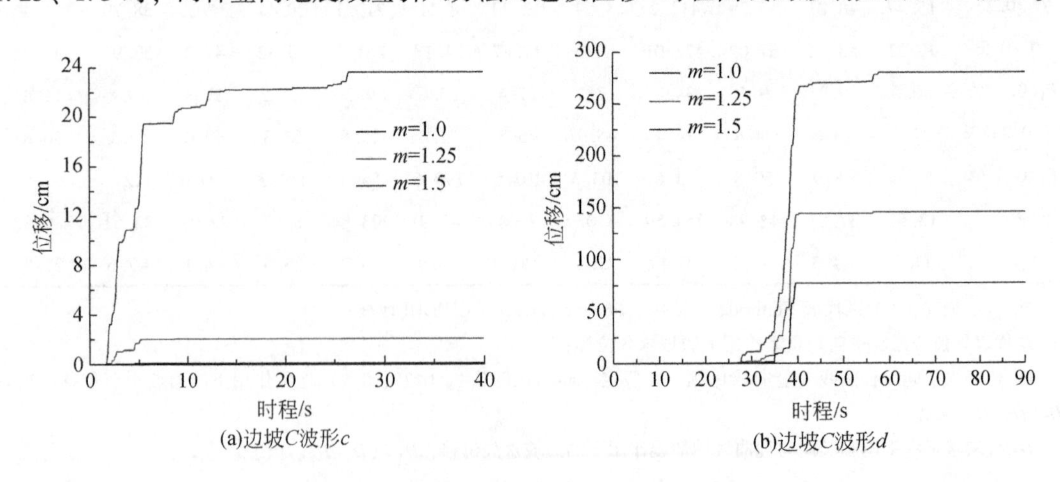

图 9-19　不同 m 的边坡永久位移-时程曲线

9.7　本章小结

地震作用下边坡的稳定性评价指标主要有两种：边坡安全系数、边坡永久位移。边坡永久位移量化了边坡受损程度，能为坡体稳定性判识提供一种可靠依据，成为边坡工程抗震设计的发展趋势。本章建立了真实双向地震耦合作用下边坡永久位移非线性能耗分析模型；在该分析模型的基础上，基于真实水平向加速度-时程和竖向加速度-时程曲线耦合特性开展了边坡永久位移计算；结果表明，不同竖向地震与水平向地震的叠加效应不同，竖向地震对边坡永久位移的影响不可忽略；进一步分别基于对数螺旋线破坏机构，分析了非线性莫尔-库仑破坏准则对简单边坡地震永久位移的影响。

第10章　基于高阶单元网格自适应加密技术的边坡稳定性上限有限元分析

10.1　本章概述

软弱夹层是岩土体中的不连续面，由于其物理力学性质差，不论厚薄，都会给工程建设带来一系列问题，常常成为岩土构筑物（地下洞室、边坡、坝基、坝肩等）抗滑稳定的控制性弱面。在工程实际中，边坡中的软弱夹层常是实际滑坡失稳的主要影响因素之一。

对于均质岩土边坡，可采用平移破坏机构（直线）或转动破坏机构（圆滑或对数螺旋线）获得岩土边坡的稳定性状态。由于软弱夹层的存在，单一平移或转动破坏机构不能准确反映含软弱夹层边坡破坏特性，因此只能通过构建简化的平移和转动破坏机构的组合机构进行分析。当边坡层间岩土材料特性参数比较复杂时，如层间材料强度参数差异不大，边坡潜在最危险滑动面可能同时穿越相对软弱层或相对坚硬层；当边坡软弱界面较厚或含多层软弱界面时，边坡潜在最危险剪切破坏面可穿越多层软弱界面，预先构建合适的破坏形态变得异常困难。

对于层间材料强度不同或含有多层软弱界面这种复杂的边坡而言，采用与有限元法结合的极限分析上限法是开展稳定性分析的有效手段，可通过计算自动搜索获得边坡失稳临界状态下的破坏形态，摆脱了一般上限法需要预先构建合适破坏机构的难题。为了进一步提高上限有限元的计算精度，以准确捕获极限状态下的边坡破坏剪切带，降低计算过程中的网格依赖性问题，可在应用高阶单元（如六节点三角形单元）的基础上，再实施网格自适应加密技术，实现塑性应变率较大处（即剪切带或滑动面）网格自适应加密，从而达到提高上限解精度和破坏模式精细化程度的目的，同时也不至于显著增加计算模型的求解难度。

本章针对复杂含软弱夹层边坡稳定性问题，结合基于非结构化网格的六节点三角形单元上限有限元，引入单元耗散能密度的权重指标作为网格自适应加密评判准则，兼顾单元尺度与塑性应变量值，建立了边坡稳定性上限有限元线性规划模型，进一步明确了边坡稳定性强度折减法的实施流程。通过开展一系列含软弱夹层边坡稳定性经典算例的分析验证，说明了基于高阶单元网格自适应加密技术的上限有限元用于边坡稳定性分析问题的合理性和可靠性。

10.2　高阶单元上限有限元理论

10.2.1　概述

上限有限元理论建立在岩土塑性极限分析上限定理的基础上，通过将破坏区域离散成有限单元，以单元节点速度和单元内部塑性乘子为决策变量，以模型内部耗散能与外力功率之差最小化并辅以加载系数约束条件获得极限荷载目标函数，进一步施加单元塑性流动约束，以及各种速度与应力边界约束条件，同时应用屈服准则线性化技术建立线性规划模型求解，即可获得岩土稳定性极限荷载，并可获得可反映临界失稳状态的速度、应变率等场量值。

目前极限分析上限有限元常采用三节点三角形单元离散模型。该单元速度为线性分布，应变率在单元内部为常量，在用其模拟岩土破裂的剪切带时精度较低。为此，将高阶的六节点三角形单元应用于上限有限元是非常必要的，其能更加灵活地模拟岩土体破坏时的剪切面。以下对基于六节点三角形单元上限有限元基本理论做简要说明。

10.2.2　六节点三角形单元

如图 10-1 所示，六节点三角形单元是在三节点三角形单元的每边中点再增加一个节点得到。每个节点设两个速度分量，其中顶点对应的节点 1、2、3 还分别包含 p 个塑性乘子 $\boldsymbol{\lambda}_k$，用于将莫尔-库仑屈服准则线性化处理。

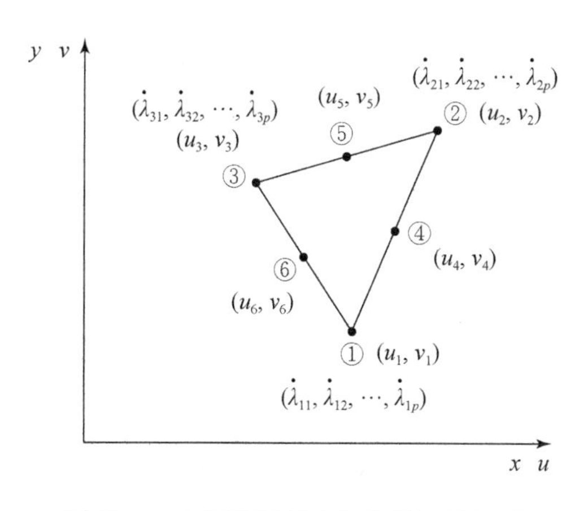

图 10-1　上限有限元六节点三角形单元

单元内部任一点的速度可表示为该点坐标的二次函数：

$$u = \sum_{i=1}^{6} N_i u_i \quad v = \sum_{i=1}^{6} N_i v_i \tag{10-1}$$

式中，u_i 和 v_i 为节点在 x 和 y 方向的速度分量；N_i 为单元形函数；为方便计算，可用面积坐标 L_1、L_2 和 L_3 表示如下：

$$\left.\begin{aligned} N_1 = L_1(2L_1-1)\,;N_4 = 4L_1L_2 \\ N_2 = L_2(2L_2-1)\,;N_5 = 4L_2L_3 \\ N_3 = L_3(2L_3-1)\,;N_6 = 4L_3L_1 \end{aligned}\right\} \tag{10-2}$$

其中，

$$\begin{pmatrix} L_1 \\ L_2 \\ L_3 \end{pmatrix} = \frac{1}{2A}\begin{bmatrix} a_1 & b_1 & c_1 \\ a_2 & b_2 & c_2 \\ a_3 & b_3 & c_3 \end{bmatrix}\begin{pmatrix} 1 \\ x \\ y \end{pmatrix} \tag{10-3}$$

$$\left.\begin{aligned} a_1 = x_2y_3 - x_3y_2\,;\ b_1 = y_2 - y_3\,;\ c_1 = x_3 - x_2\,; \\ a_2 = x_3y_1 - x_1y_3\,;\ b_2 = y_3 - y_1\,;\ c_2 = x_1 - x_3\,; \\ a_3 = x_1y_2 - x_2y_1\,;\ b_3 = y_1 - y_2\,;\ c_3 = x_2 - x_1\,; \end{aligned}\right\} \tag{10-4}$$

考虑到六节点三角形单元精度较高，后续还引入自适应加密技术，因此，没有在模型单元间设置速度间断线，也就是相同位置的节点速度是相等的；不过，对于顶点节点而言，塑性乘子仍从属于该单元对应的顶点，这是由塑性应变率在单元间的不连续性质决定的。

10.2.3　单元内部约束条件

六节点三角形单元塑性应变率 $\dot{\varepsilon}_x$、$\dot{\varepsilon}_y$、$\dot{\varepsilon}_{xy}$ 和塑性乘子 $\dot{\lambda}_k$ 在单元内部呈线性变化。当莫尔–库仑屈服函数线性化时，单元内部应服从相关联流动法则，因此，节点 $i(i=1,2,3)$ 处的塑性应变率需要满足如下约束条件：

$$\left.\begin{aligned}\dot{\varepsilon}_{ix} &= \sum_{k=1}^{p}\dot{\lambda}_{ik}\frac{\partial F_k}{\partial \sigma_x} = \sum_{k=1}^{p}\dot{\lambda}_{ik}A_k\\ \dot{\varepsilon}_{iy} &= \sum_{k=1}^{p}\dot{\lambda}_{ik}\frac{\partial F_k}{\partial \sigma_y} = \sum_{k=1}^{p}\dot{\lambda}_{ik}B_k\\ \dot{\gamma}_{ixy} &= \sum_{k=1}^{p}\dot{\lambda}_{ik}\frac{\partial F_k}{\partial \tau_{xy}} = \sum_{k=1}^{p}\dot{\lambda}_{ik}C_k\end{aligned}\right\} \tag{10-5}$$

式中，F_k 为线性化后的屈服函数；$\dot{\lambda}_{ik}$ 为第 i 节点在屈服函数外接多边形第 k 边对应的塑性乘子，$k=1,2,\cdots,p$。A_k，B_k 和 C_k 为与 k 相关的常数，可表示为

$$\begin{cases}A_k=\cos\alpha_k+\sin\phi\\ B_k=\sin\phi-\cos\alpha_k\\ C_k=2\sin\alpha_k\\ \alpha_k=2\pi k/p\end{cases}\quad (k=1,2,\cdots,p) \tag{10-6}$$

于是，单元顶点对应的节点 i（$i=1,2,3$）上的塑性流动约束条件可写为

$$\boldsymbol{a}_{11}\boldsymbol{x}_1-\boldsymbol{a}_{12}\boldsymbol{x}_2=\boldsymbol{0} \tag{10-7}$$

其中，

$$\boldsymbol{a}_{11}=\begin{bmatrix}\dfrac{\partial N_1}{\partial x} & 0 & \cdots & \dfrac{\partial N_6}{\partial x} & 0\\ 0 & \dfrac{\partial N_1}{\partial y} & \cdots & 0 & \dfrac{\partial N_6}{\partial y}\\ \dfrac{\partial N_1}{\partial y} & \dfrac{\partial N_1}{\partial x} & \cdots & \dfrac{\partial N_6}{\partial y} & \dfrac{\partial N_6}{\partial x}\end{bmatrix} \tag{10-8}$$

$$\boldsymbol{x}_1=\{u_1,v_1,\cdots,u_6,v_6\}^{\mathrm{T}} \tag{10-9}$$

$$\boldsymbol{a}_{12}=\begin{bmatrix}A_1 & A_2 & A_3 & \cdots & A_k & \cdots & A_p\\ B_1 & B_2 & B_3 & \cdots & B_k & \cdots & B_p\\ C_1 & C_2 & C_3 & \cdots & C_k & \cdots & C_p\end{bmatrix} \tag{10-10}$$

$$\boldsymbol{x}_2=\{\dot{\lambda}_{i1},\dot{\lambda}_{i2},\cdots,\dot{\lambda}_{ip}\}^{\mathrm{T}}\geqslant 0 \tag{10-11}$$

10.2.4　速度边界条件

设节点 i 位于与 x 轴夹角为 θ 的边界上，其切向和法向速度分别为 $\bar{u}$ 和 $\bar{v}$，则 u_i 和 v_i 必须满足：

$$\boldsymbol{a}_{21}\boldsymbol{x}_1=\boldsymbol{b} \tag{10-12}$$

其中，

$$\boldsymbol{a}_{21}=\begin{bmatrix}\cos\theta & \sin\theta\\ -\sin\theta & \cos\theta\end{bmatrix}\quad \boldsymbol{x}_1=\begin{Bmatrix}u_i\\ v_i\end{Bmatrix}\quad \boldsymbol{b}=\begin{Bmatrix}\bar{u}\\ \bar{v}\end{Bmatrix} \tag{10-13}$$

式（10-5）为施加于模型边界上的速度变量约束条件。处于边界上的单元节点（包括顶点节点和边中点节点）均根据要求施加。

对于应力边界条件，需要由应力分布函数与单元节点速度函数以积分计算外力功率的形式施加，这里不再详述。

10.2.5　单元自重功率

自重功率是外力功率最常见的一种。参照图 10-1 坐标系，令土体容重为 γ，单元面积为 A，则每个单元自重功率 P_t 为

$$P_t=c_1^{\mathrm{T}}x_1 \tag{10-14}$$

其中，

$$c_1^{\mathrm{T}}=-\frac{\gamma}{3}\begin{bmatrix}0 & 0 & 0 & 0 & 0 & 0 & A & 0 & A & 0 & A\end{bmatrix} \tag{10-15}$$

$$\boldsymbol{x}_1=\{u_1,\ v_1,\ \cdots,\ u_6,\ v_6\}^{\mathrm{T}} \tag{10-16}$$

可以看出，对于六节点三角形单元，自重功率的计算仅与单元 3 个边中点速度相关。

10.2.6　单元内部耗散功率

令岩土内摩擦角和黏聚力分别为 φ 和 c，则每个单元内部耗散功率 P_c 为

$$P_c=c_2^{\mathrm{T}}\boldsymbol{x}_2 \tag{10-17}$$

其中，

$$c_2=\frac{2c\cos\varphi}{3}A\{1,\ 1,\ \cdots,\ 1\}^{\mathrm{T}} \tag{10-18}$$

$$\boldsymbol{x}_2=\{\dot{\lambda}_{11},\ \dot{\lambda}_{12},\ \cdots,\ \dot{\lambda}_{1p},\ \dot{\lambda}_{21},\ \dot{\lambda}_{22},\ \cdots,\ \dot{\lambda}_{2p},\ \dot{\lambda}_{31},\ \dot{\lambda}_{32},\ \cdots,\ \dot{\lambda}_{3p}\}^{\mathrm{T}} \tag{10-19}$$

10.2.7　上限有限元线性规划模型

根据极限分析上限定理，由模型内部耗散能、外力功率和虚功率平衡方程建立目标函数。其决策变量为节点速度分量 u_i 和 v_i，以及单元塑性乘子 $\dot{\lambda}_{ik}$。对于整个计算域而言，上限有限元线性规划模型如下。

$$\begin{aligned}&\text{最小化：}\boldsymbol{C}_2^{\mathrm{T}}\boldsymbol{X}_2+\boldsymbol{C}_1^{\mathrm{T}}\boldsymbol{X}_1\\ &\text{服从于：}\boldsymbol{A}_{11}\boldsymbol{X}_1+\boldsymbol{A}_{12}\boldsymbol{X}_2=\boldsymbol{0}\\ &\boldsymbol{A}_{21}\boldsymbol{X}_1=\boldsymbol{B}\\ &\boldsymbol{X}_2\geqslant\boldsymbol{0}\end{aligned} \tag{10-20}$$

式中，大写字母表示各量均代表全局变量，分别与式（10-7）、式（10-12）、式（10-14）、式（10-17）中的局部变量（小写字母）对应。

10.3 上限有限元网格自适应加密技术

10.3.1 概述

对于边坡稳定性问题，从理论计算方面搜索破坏模式和剪切带是非常重要的。采用高阶的六节点三角形单元上限有限元法能较好地模拟塑流发生时破坏区域产生的剪切带和塑性区。然而，当模型求解区域过大且网格划分密集时，计算过程耗时显著增加。此时，若将网格自适应加密技术引入上限有限元，依据多次计算更新网格，有选择地加密剪切带或塑性区等应变率较大的区域，可达到减小计算规模并提高上限解精度和破坏模式精细化程度的目的。

目前，关于自适应极限分析有限元方法已有相关报道，如 Christiansen 等提出 von Mises 材料的屈服函数残余变形准则，实现极限分析有限元的网格自适应。Borges 等利用恢复 Hessian 各向异性的误差估计方法，剖分和拉伸混合极限分析网格。Lyamin 等将该误差估计用于下限有限元中。Ciria 等利用单元上下限极限值误差的贡献判断局部误差，Munoz 等对该法进一步引入边界误差的贡献，利用误差估计实现网格自适应需要同时求解上、下限解。李大钟等对于莫尔-库仑材料，通过衡量屈服准则残余及等效变形对网格进行剖分加密，以实现极限分析有限元网格自适应。

上述极限分析有限元网格自适应实现过程较繁琐。为此，本书提出一种直接、简便的上限有限元自适应加密技术。通过引入单元耗散能密度的权重指标作为网格自适应加密评判准则，可兼顾单元尺度与塑性应变率，同时应用六节点三角形单元建立边坡稳定性线性规划模型，以多次计算、多次加密的方式实现网格自适应上限有限元分析。

10.3.2 网格自适应加密技术

基于六节点三角形单元上限有限元方法，提出自适应加密策略：通过多次计算反复加密（加密方式为单元一分为四或长边一分为二）模型中耗散能较大的三角形单元，达到降低破坏区域各单元耗散能差异的目的，随之形成耗散能密度较大的区域单元密集、而耗散能密度较小的区域单元稀疏的网格划分状态，在这个过程中，目标函数的上限解数值也随之减小，意味着精度提高。

由上节可知，模型中的六节点三角形单元 i 耗散能 P_i 为

$$P_i = \frac{2c\cos\phi}{3}\left(\sum_{k=1}^{p}\dot{\lambda}_{1k} + \sum_{k=1}^{p}\dot{\lambda}_{2k} + \sum_{k=1}^{p}\dot{\lambda}_{3k}\right)A_i \tag{10-21}$$

为实现上述网格加密策略，将所有单元按耗散能值由大到小依次排序，定义前 n_r 个单元耗散能之和与所有 n_e 个单元耗散能之和的比值为 η_r，即

$$\eta_r = \sum_{k=1}^{n_r} P_k \Big/ \sum_{i=1}^{n_e} P_i \tag{10-22}$$

于是，由 η_r 值可筛选出下一次分裂加密对应的单元编号。η_r 取值范围为 0 ~ 1；取值越大，每次加密单元越多，但计算规模增长迅速；反之则每次加密单元越少，需多次加密才能提高结果精度。因此，η_r 需合理选取，可在 0.1 ~ 0.9 范围内通过试算确定。

同时，为平衡每次加密产生的单元增量，防止破坏范围外围单元加密过量，这里选用三角形单元长边一变二的加密方式。

加密过程上限解的相对误差 Δ 确定如下：

$$\Delta_i = (F_{i-1} - F_i)/F_i \times 100\% \tag{10-23}$$

式中，F_i 为第 i 次网格加密后所得的上限解，相应的 F_0 为初始网格对应的上限解，Δ_i 表示第 i 次加密后所得上限解 F_i 的相对误差。由上限定理知 $\Delta_i \geqslant 0$，可设定一个较小值作为加密次数的终止标准。同时，当 $\Delta_i = 0$ 时也需要停止网格加密计算。当然，为简便起见，可预先设置固定的加密次数，依据加密次数开展计算。

10.3.3　上限有限元网格自适应加密数值计算流程

上限有限元网格自适应加密数值计算流程如图 10-2 所示。进行网格自适应加密时，需要对每次计算所得上限解及决策变量数值做进一步处理，为网格更新提供依据。具体过程为：①计算模型中每个单元耗散能；②按耗散能大小对单元排序；③依据加密参数筛选出需要加密的单元；④对需要加密的单元加密，然后更新网格信息；⑤利用更新的网格进行上限有限元计算；⑥依据设定的相对误差（或给定的加密次数）判断是否达到终止标准，选择继续加密计算或退出。

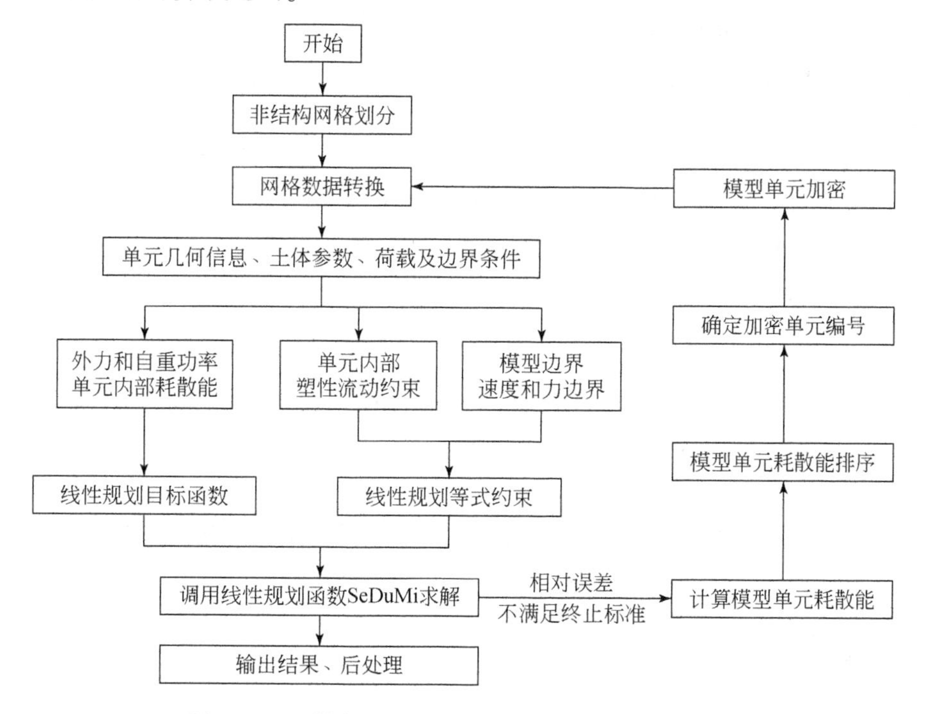

图 10-2　上限有限元网格自适应加密数值计算流程图

10.4 强度折减技术在自适应上限有限元分析中的实现

抗剪强度折减法是将土体抗剪强度指标 c 和 φ，用一个折减系数 F_s，按如式（10-24）所示的形式进行折减，然后用折减后的抗剪强度指标 c_f和 φ_f取代原来的抗剪强度指标 c 和 φ。在求解边坡安全系数中强度折减技术的物理意义可以理解为，对潜在滑动土体的抗剪强度参数折减 F_s倍，边坡恰好过渡到临界平衡状态。

经过折减后土体的强度参数（c_f，φ_f）变为

$$\begin{cases} c_f = c/F_s \\ \varphi_f = \arctan(\tan\varphi/F_s) \end{cases} \tag{10-24}$$

式中，F_s定义为强度折减系数；c 和 φ 为初始的抗剪强度参数；c_f和 φ_f为折减后的抗剪强度参数。

不过，将强度折减思路直接引入自适应上限有限元将无法实现线性规划求解。为此，对于含软弱夹层的多层土体边坡稳定性上限有限元分析，首先，假定各层土体抗剪强度参数按统一的安全系数进行折减，提前预置折减后的土体抗剪强度参数序列，其次，引入“容重归一化处理”策略，按照强度参数序列并应用体积力（这里指容重）增加法开展稳定性分析，如此可实现基于线性规划模型的求解。当然，如此处理将明显增加求解次数，这对于模型规模并不太大的情况，是可以接受的。

设模型包含的 n 个土层的容重依次为 γ_1，γ_2，…，γ_n，以容重为 γ_1 的土层为参考，则各层土与之比值依次为 1，γ_2/γ_1，…，γ_n/γ_1。对整个模型施加如下约束：

$$\int_{s_1} v_1 \mathrm{d}s_1 + \int_{s_2} v_2 \cdot \gamma_2/\gamma_1 \mathrm{d}s_2 + \cdots + \int_{s_n} v_n \cdot \gamma_n/\gamma_1 \mathrm{d}s_n = 1 \tag{10-25}$$

式中，下标 1，2，…，n 表示土层编号；如 v_i（1，2，…，n）为土层 i 范围内的竖向速度，而 v_1 为土层 1 范围内的竖向速度（这里为参照土层）。

式（10-25）表示的约束条件可使各层土体容重按预定的比例统一增加，直至土体发生失稳破坏，其对应的目标函数即参照土层的临界容重。当计算得到的临界容重与参照土层的实际容重数值相等时，对应的强度折减系数即最终求解值。

在计算实施过程中，对于任意一组 c_f'和 φ_f'参数，上限有限元线性规划模型目标函数即临界容重 γ_1'；设定一个强度折减系数 F_s'，调整 c_f'和 φ_f'参数，使得临界容重 γ_1'上限解逼近实际容重 γ_1，则此时对应的 $1/F_s$ 即安全系数。计算过程可设置较大的和较小的两个 F_s'值，采用二分法多次计算确定最终的 F_s 值。也可在较大的和较小的两个 F_s'值之间预设抗剪强度参数序列，开展循环计算获取最终的 F_s 值。

10.5 含单一软弱薄夹层边坡稳定性上限有限元分析

10.5.1 算例分析 1

选取黄茂松等（2012）、Huang 等（2013）、汤祖平等（2014）中含单一软弱薄层边

坡的稳定性算例（图 10-3）进行上限有限元网格加密技术算例验证。土体内摩擦角 $\varphi_1=10°$、黏聚力 $c_1=20\text{kPa}$，软弱夹层内摩擦角 $\varphi_2=5°$、黏聚力 $c_2=12\text{kPa}$；模型几何尺寸如图 10-3 所示，且土体容重均取值为 $\gamma=20\text{kN/m}^3$。

按图 10-3 的具体尺寸建立含软弱夹层边坡稳定性上限有限元分析模型，如图 10-4 所示，图中显示出了模型的初次网格划分和边界条件，其中，模型左侧、下侧和右侧 x 和 y 向速度边界均置零，即 $u=0$，$v=0$。

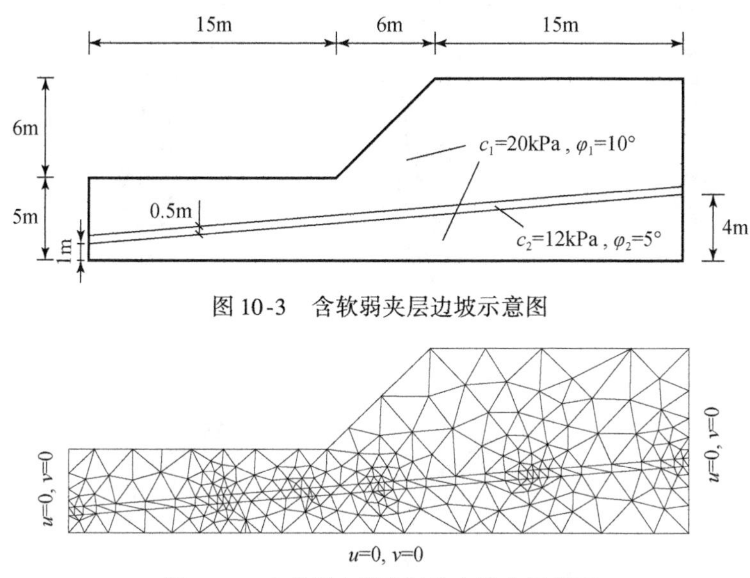

图 10-3　含软弱夹层边坡示意图

图 10-4　含软弱夹层边坡稳定性分析模型

加密参数 η_e 取 0.55，加密次数设为 8 次，莫尔–库仑屈服准则线性化参数 p 取 48。采用六节点三角形单元自适应上限有限元，结合二分法搜索计算得到边坡安全系数为 1.258 时，网格加密次数与边坡土体临界容重、单元总数和变量总数的关系，如表 10-1 所示。

表 10-1　网格加密次数与边坡土体临界容重、单元总数和变量总数的关系

项目	0	1	2	3	4	5	6	7	8
临界容重/(kN/m^3)	21.478	21.086	20.809	20.703	20.401	20.319	20.166	20.125	20.063
单元总数/个	463	540	636	792	1043	1442	1944	2664	3702
变量总数/个	70592	82316	96924	120652	158824	219492	295812	405268	563076

由表 10-1 可知，随着加密次数的增加，边坡临界容重上限解逐步减小，并向参考土层（即土层 1）的容重值（20kN/m^3）靠近，与此同时，单元总数和变量总数稳步增长，特别是后期增长趋势显著。初次（第 0 次）、第 3 次和第 8 次（最终）计算所得边坡土体临界容重分别为 21.478kN/m^3、20.703kN/m^3 和 20.063kN/m^3，单元总数分别为 463 个、792 个和 3702 个，相对误差为 7.39%、3.52% 和 0.32%。由此可知，采用六节点三角形单元自适应加密技术能通过多次加密及较少的加密单元获得较优的临界容重上限解。

为说明加密过程网格变化特征，初次（第 0 次）、第 3 次和第 8 次（最终）加密计算对应的六节点三角形单元网格变形、速度矢量及塑性乘子分布示意图如图 10-5 所示。

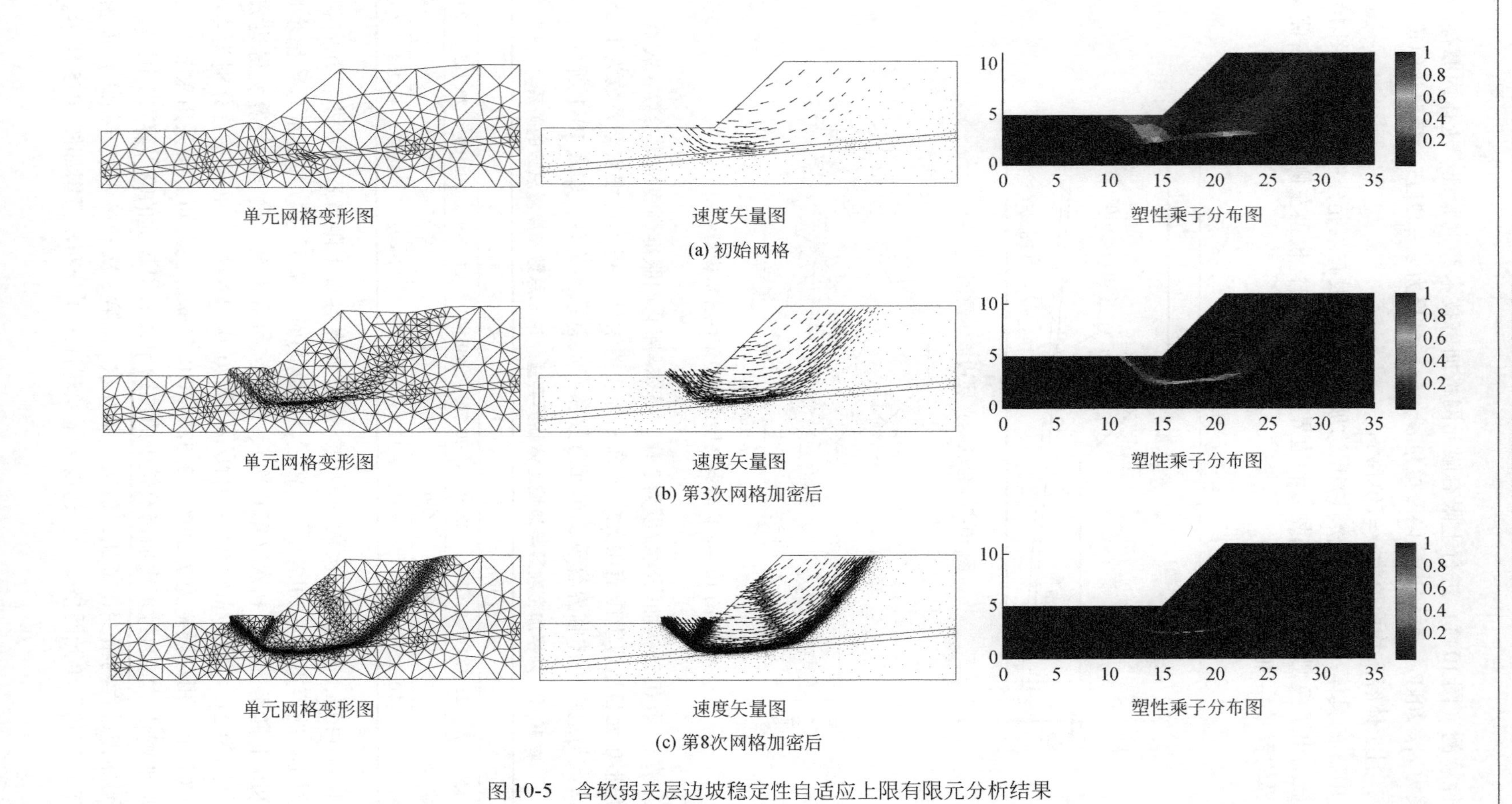

(a) 初始网格

(b) 第3次网格加密后

(c) 第8次网格加密后

图 10-5　含软弱夹层边坡稳定性自适应上限有限元分析结果

图 10-5 中的单元网格变形图即在模型网格的基础上叠加节点速度绘制而成，一方面可以体现网格加密区域图特征，另一方面也可以看出边坡滑动的大致形态，而速度矢量图由单元形心处的速度矢量以箭头方式绘制而成，既可以反映速度量值大小，还可以看出速度矢量方向，更明显地示意出边坡临界失稳状态的滑动趋势。以云图表示的塑性乘子分布图可反映破坏区域内的塑性区或剪切带塑性应变率特征，由单元塑性乘子归一化后绘制而成。其中，归一化后的塑性乘子值接近 1 的区域其塑性应变率最大，接近零的区域表示塑性应变率很小，或者说是未发生破坏的区域，以及破坏区域内的整体运动区。

由图 10-5 可看出，利用上限有限元网格自适应加密技术，边坡出现潜在最危险破坏时，网格加密区所反映的破坏形态更为清晰，特别是单元高度集中的带状区域即边坡破坏时产生的滑动面。通过矢量图也可以看出，网格密集部分速度矢量变化最为剧烈，对应于边坡处于临界失稳状态时耗散能密度集中的区域；而破坏区域内塑性乘子值更清晰地反映出剪切带的特征，特别是剪切带逐步过渡到有限的软弱土部分，边坡潜在最危险滑裂面更靠近软弱带下层，滑动带宽度很窄，破坏面特征清晰可见。

采用不同方法获得的边坡安全系数及其最危险潜在滑裂面对比如表 10-2 和图 10-6 所示。

表 10-2　算例安全系数计算结果对比

项目	Huang 等（2013）	黄茂松等（2012）	汤祖平等（2014）	本书方法		
				极限分析上限法		六节点三角形单元上限有限元网格自适应加密技术
分析方法	SSRFEM	极限分析上限法	极限分析上限法	改进的平动-转动组合破坏机构	简单直线滑动破坏机构	
安全系数	1.28	1.274	1.274	1.258	1.263	1.258

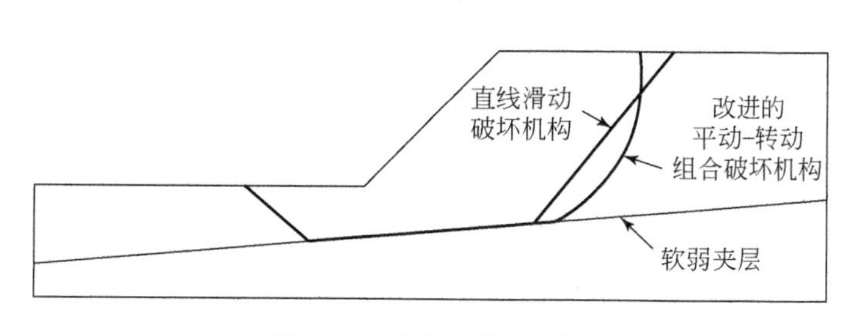

图 10-6　破坏机构对比图

对比表明，对于这种仅含单一软弱薄夹层的简单边坡，本书采用的极限分析上限有限元网格自适应加密技术获得的计算结果均小于已有结果，且与最危险潜在滑裂面吻合。

10.5.2　算例分析 2

可以设想，当简单边坡下伏坚硬地层［图 10-7（a）］或同时下伏软弱薄夹层和坚硬地层［图 10-7（b）］时，采用上限有限元网格加密技术也可以获得较好的计算结果。下面以简单边坡同时下伏软弱薄夹层和坚硬地层为例进行说明。

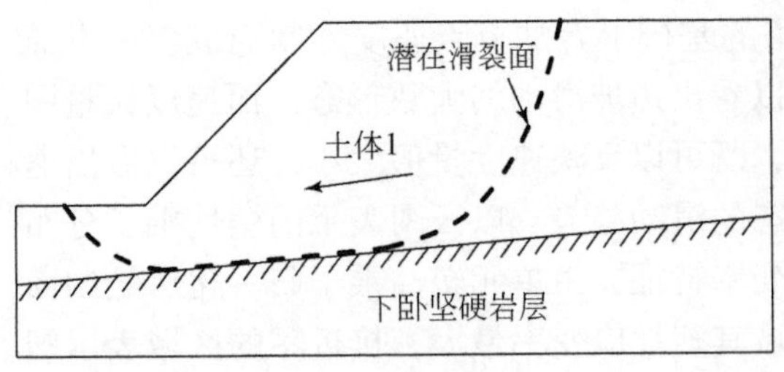

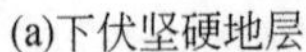
(a)下伏坚硬地层

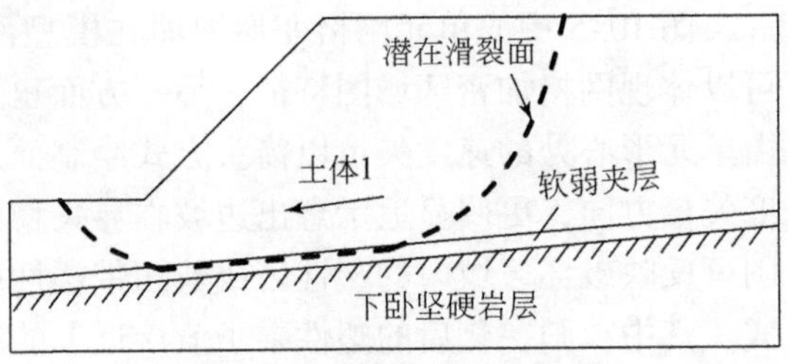

(b)下伏软弱薄夹层和坚硬地层

图 10-7　两种典型的复合地层边坡

下伏软弱薄夹层和坚硬地层的含软弱夹层边坡的土体强度参数及模型尺寸如图 10-8 所示。采用上限有限元网格自适应加密技术计算与不同方法获得的边坡安全系数对比如表 10-3 所示。

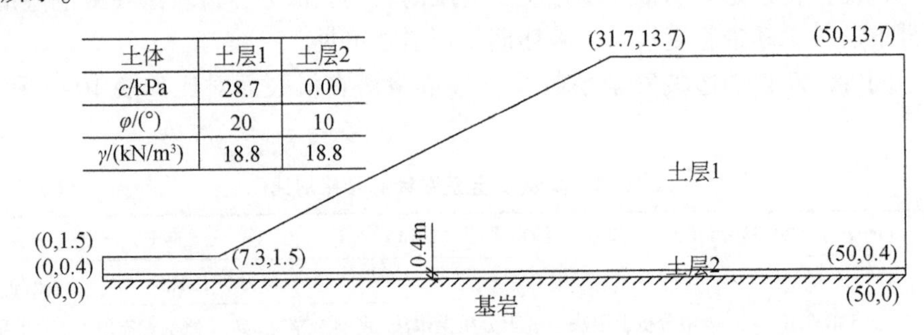

图 10-8　下伏软弱薄夹层和坚硬地层的含软弱夹层边坡示意图

表 10-3　算例安全系数计算结果对比

项目	PCSTABL6	Leshchinsky 和 Huang，1993	Fredlund 和 Krahn，1977			Kim 等，2002		本书方法
分析方法	Spencer 法	变分稳定性分析	Spencer 法	简化 Bishop 法	Morgenstern-Price 法	极限下限法	极限上限法	六节点三角形单元上限有限元网格自适应加密技术
安全系数	1.34	1.33	1.37	1.38	1.39	1.25	1.37	1.32

采用六节点三角形单元自适应上限有限元计算得到网格加密次数与边坡安全系数、单元总数和变量总数的关系如表 10-4 所示。

表 10-4　网格加密次数与边坡安全系数、单元总数和变量总数的关系

项目	0	1	2	3	4	5	6	7	8
临界容重/(kN/m³)	20.216	19.647	19.467	19.336	19.134	18.936	18.808	18.706	18.639
单元总数/个	326	381	514	713	992	1447	2037	2958	4301
变量总数/个	49844	58232	78500	108808	151308	220552	310392	450540	654968

由表10-4可以看出，初次（第0次）和第8次（最终）计算所得边坡土体临界容重分别为20.216kN/m³和18.639kN/m³，单元总数分别为326和4301。初次（第0次）单元变形和第8次（最终）对应的六节点三角形加密单元变形、破坏机构速度矢量和破坏机构塑性乘子分布示意图如图10-9所示。

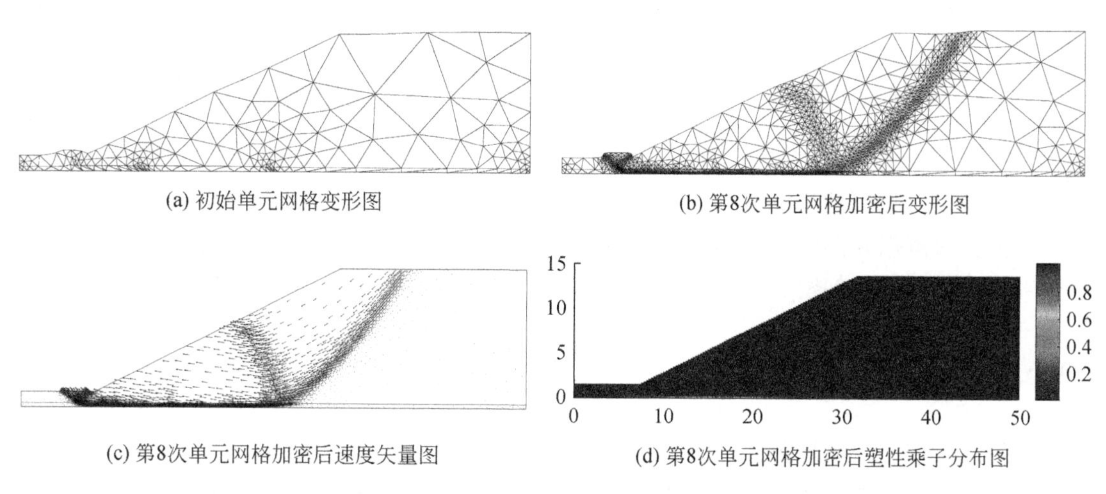

(a) 初始单元网格变形图　(b) 第8次单元网格加密后变形图

(c) 第8次单元网格加密后速度矢量图　(d) 第8次单元网格加密后塑性乘子分布图

图10-9　含软弱夹层边坡稳定性分析模型自适应上限有限元分析结果

由图10-9可以看出，采用六节点三角形单元上限有限元网格自适应加密策略，以单元耗散能权重作为网格自适应加密评判准则，依据塑性乘子分布规律通过网格加密技术可以有效模拟边坡发生失稳破坏时的滑裂面形态，进而获得与之对应的可靠边坡安全系数。边坡潜在最危险滑裂面靠近软弱带下层，滑动带宽度很窄，且清晰可见。

本算例安全系数计算结果的对比表10-3同样表明，本书方法结果较Kim等（2002）、改进的平动-转动组合破坏机构和简单直线破坏机构获得的计算结果均小，是更好的上限解答，同时结合Kim等（2002）提供的下限解答可明确该算例的安全系数范围。

10.6　复杂含软弱夹层边坡稳定性上限分析

对于软弱夹层较厚边坡［图10-10(a)］和复杂含软弱夹层多层边坡［图10-10(b)］，采用传统的刚体极限分析方法预先构建速度相容的破坏机构变得非常困难。采用极限分析上限有限元网格加密技术时，网格变形、速度矢量与塑性乘子等场量表明软弱夹层厚度范围内的地带均应视为剪切带，对于复杂含软弱夹层边坡稳定性适应性显然更强。下面以4个算例进行分析说明。

类似于算例分析1和算例分析2，4个算例均是在上限有限元初始分析模型基础上，以单元耗散能权重作为网格自适应加密评判准则，依据塑性乘子分布规律，通过网格加密技术加密后进行稳定性计算与潜在滑裂面刻画。所有初始分析模型的左侧、下侧和右侧x和y向速度边界均置零，即$u=0$，$v=0$。针对不同边坡算例，经历不同的加密次数，以充分降低破坏区域各单元耗散能差异，进而形成耗散能密度较大的区域单元密集、耗散能密度较小的区域单元稀疏的状态。

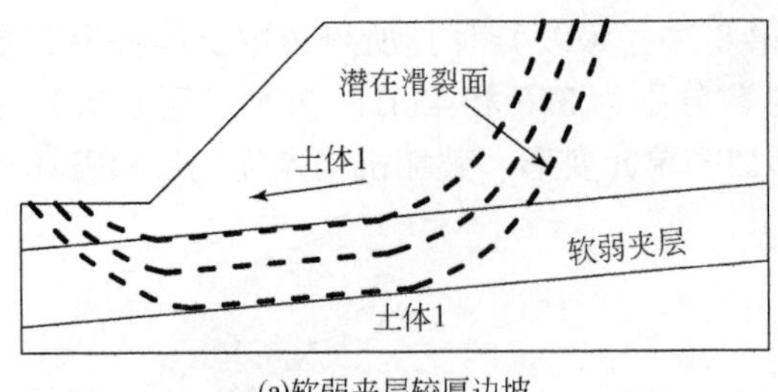

(a)软弱夹层较厚边坡

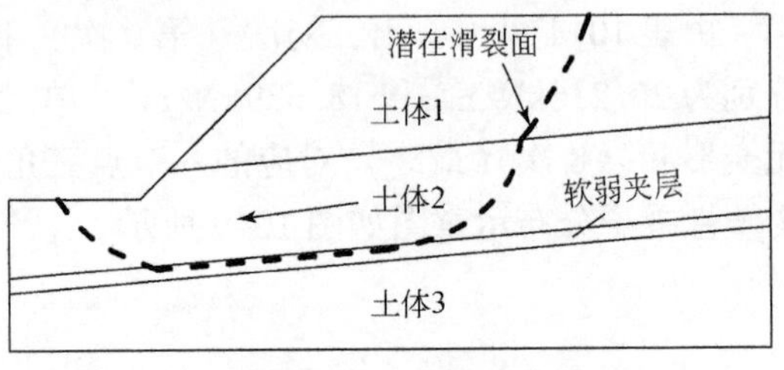

(b)复杂含软弱夹层多层边坡

图 10-10　复杂含软弱夹层边坡失稳破坏形态

其中，以下算例的加密参数 η_e 均取 0.55，莫尔–库仑屈服准则线性化参数 p 则均取为 48；加密次数依据算例的不同而不同，算例分析 3 和算例分析 5 加密次数为 10 次、算例分析 4 和算例分析 6 加密次数则为 8 次即可达到计算精度要求。

10.6.1　算例分析 3

含较厚软弱夹层边坡的土体强度参数如图 10-11 所示，其中土层 1 和土层 3 抗剪强度参数相对较高，但夹层土层 2 抗剪强度参数相对较低，且厚度较大。采用不同方法获得的边坡安全系数对比如表 10-5 所示。采用六节点三角形单元自适应上限有限元计算得到网格加密次数与边坡安全系数、单元总数和变量总数的关系如表 10-6 所示。此例中，网格加密计算共进行了 10 次。初次（第 0 次）和第 10 次（最终）计算所得边坡临界容重分别为 25.623 和 18.887，单元总数为 161 和 2081，相对误差为 26.6% 和 0.46%。六节点三角形单元初次（第 0 次）单元网格变形和第 10 次（最终）对应的六节点三角形加密单元网格变形、速度矢量和塑性乘子分布示意图如图 10-12 所示。

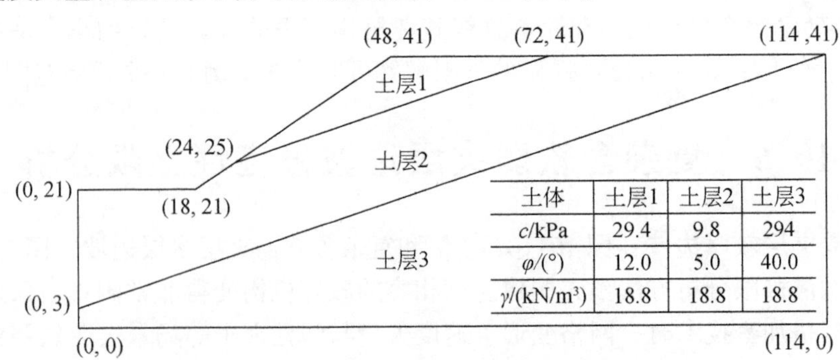

土体	土层1	土层2	土层3
c/kPa	29.4	9.8	294
φ/(°)	12.0	5.0	40.0
γ/(kN/m³)	18.8	18.8	18.8

图 10-11　复杂含软弱夹层边坡示意图

表 10-5　算例安全系数计算结果对比

项目	Greco，1996	PCSTABL6		Kim 等，2002		Liu 和 Zhao，2013	本书方法
分析方法	Spencer 法	Spencer 法	简化 Bishop 法	极限下限法	极限上限法	极限上限法	极限分析上限有限元网格加密技术
安全系数	0.39	0.44	0.43	0.40	0.45	0.421	0.420

表 10-6　网格加密次数与边坡安全系数、单元总数和变量总数的关系

项目	0	1	2	3	4	5	6	7	8	9	10
临界容重/(kN/m^3)	25.623	23.807	21.342	20.833	20.284	19.733	19.420	19.276	19.133	18.997	18.887
单元总数/个	161	175	210	241	307	410	531	728	1021	1446	2081
变量总数/个	24640	26768	32092	36808	46848	62516	80920	110876	155432	220052	316584

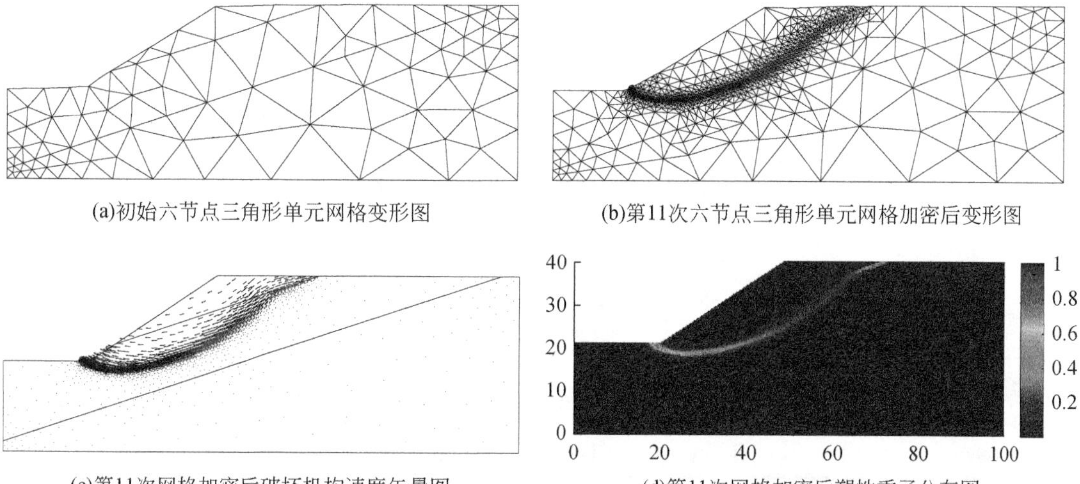

(a)初始六节点三角形单元网格变形图

(b)第11次六节点三角形单元网格加密后变形图

(c)第11次网格加密后破坏机构速度矢量图

(d)第11次网格加密后塑性乘子分布图

图 10-12　含软弱夹层边坡稳定性分析模型自适应上限有限元分析结果

总结表 10-5 和图 10-12 可知，上限有限元方法计算结果介于 Kim 等（2002）给出的上下限计算结果之间，与 Spencer 方法结果差异最大，与 Bishop 简化方法结果差异较小，与 Liu 和 Zhao（2013）考虑单元旋转特性的刚体上限有限元安全系数计算结果最为一致。破坏机构与 Kim 等（2002）方法吻合，且能对坡顶和坡趾位置处的滑动状态和滑裂面进行精细刻画。

10.6.2　算例分析 4

该算例分析中岩土边坡含 4 层土体，其中土层 3 抗剪强度参数值最低，为相对最为薄弱的软弱夹层，边坡的土体强度参数如图 10-13 所示。采用不同方法获得的边坡安全系数对比如表 10-7 所示。此例中，网格加密计算共进行了 8 次。六节点三角形单元初次（第 0 次）单元网格变形和第 8 次（最终）对应的六节点三角形加密单元网格变形、速度矢量、塑性乘子分布示意图如图 10-14 所示。

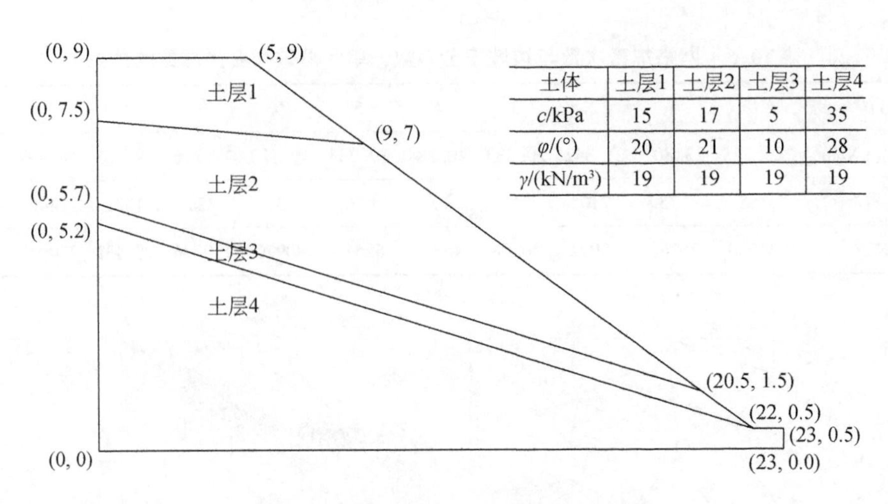

图 10-13　复杂含软弱夹层边坡示意图

表 10-7　算例安全系数计算结果对比

项目	Zolfaghari 等(2005)	Sarma 和 Tan(2006)	Cheng 等(2007)	Li 等(2010)	Tabarroki(2012)	本书方法
分析方法	进化基因算法	Spencer 法	Spencer 法	Spencer 法	Spencer 法	极限分析上限有限元网格加密技术
安全系数	1.24	1.091	1.1289	1.114	1.12	1.112

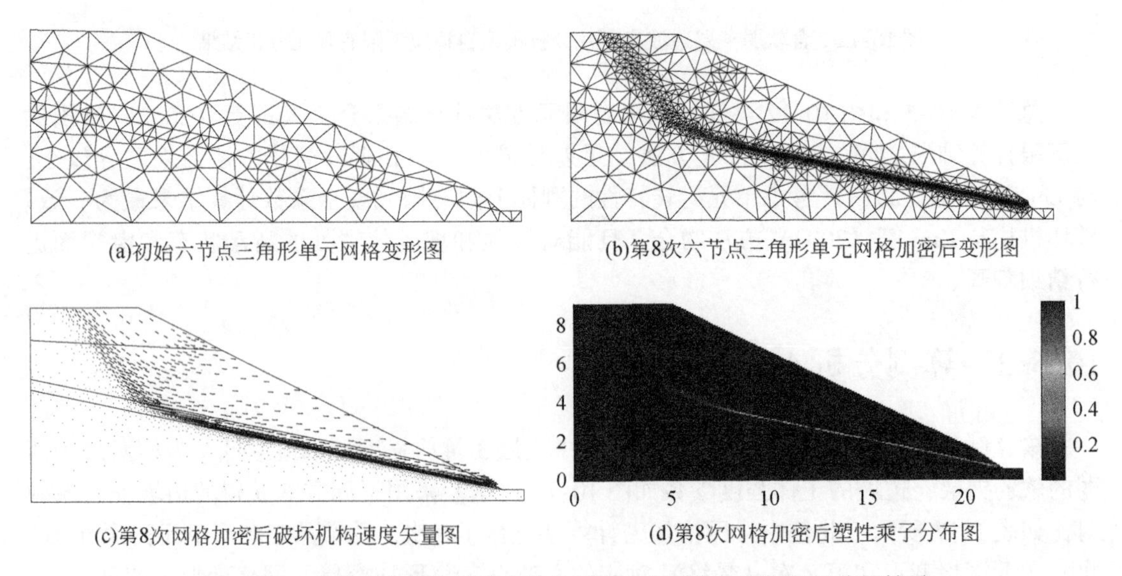

(a)初始六节点三角形单元网格变形图　(b)第8次六节点三角形单元网格加密后变形图

(c)第8次网格加密后破坏机构速度矢量图　(d)第8次网格加密后塑性乘子分布图

图 10-14　含软弱夹层边坡稳定性分析模型自适应上限有限元分析结果

总结表 10-7 和图 10-14 可知，上限有限元方法计算结果与已有方法计算结果非常接近。边坡潜在最危险滑裂面在软弱界面内靠近软弱带下层，速度矢量图和塑性乘子分布图可对最危险潜在滑裂面进行精细刻画。

10.6.3　算例分析 5

该算例来源于澳大利亚 ACAD（Giam and Donald，1989）公布的标准考题，土体强度参数如图 10-15 所示。采用不同方法获得的边坡安全系数对比如表 10-8 所示。此例中，网格加密计算共进行了 10 次。六节点三角形单元初次（第 0 次）单元变形和第 10 次（最终）对应的六节点三角形加密单元网格变形、速度矢量、塑性乘子分布示意图如图 10-16 所示。

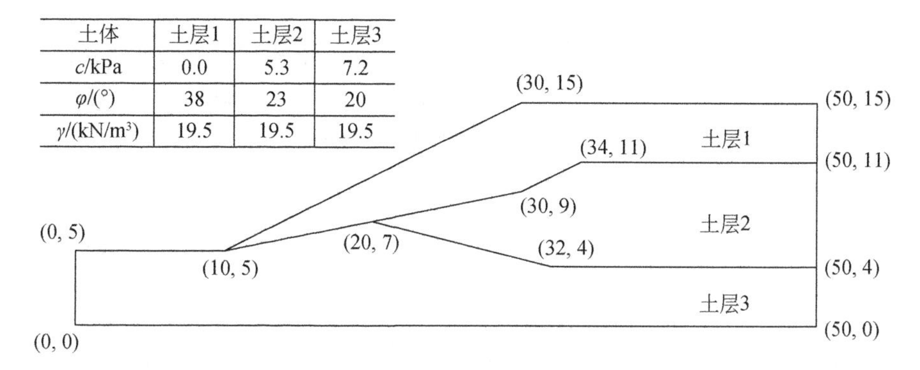

土体	土层1	土层2	土层3
c/kPa	0.0	5.3	7.2
φ/(°)	38	23	20
γ/(kN/m³)	19.5	19.5	19.5

图 10-15　复杂含软弱夹层边坡示意图

表 10-8　算例安全系数计算结果对比

项目	Rocscience Inc 2010										本书方法
分析方法	Giam 和 Donald，1989	Bishop 法	Spencer 法	一般极限平衡法	修正 Janbu 法	Bishop 法	Spencer 法	一般极限平衡法	修正 Janbu 法		极限分析上限有限元网格加密技术
	圆弧滑裂面	非圆弧滑裂面	圆弧滑裂面			非圆弧滑裂面					
安全系数	1.382	1.00	1.405	1.375	1.374	1.357	1.015	0.991	0.989	0.965	1.356

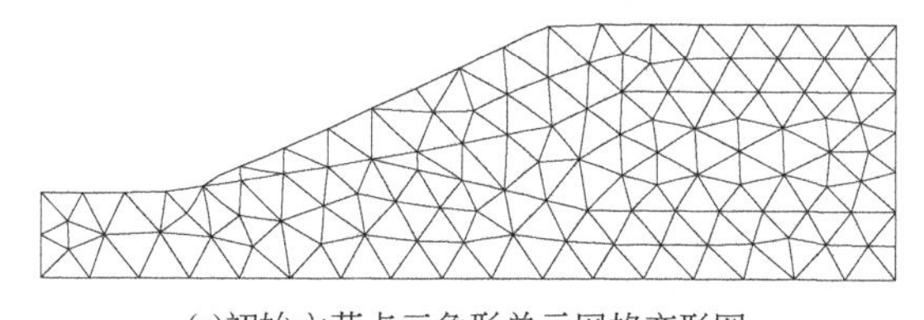

(a)初始六节点三角形单元网格变形图

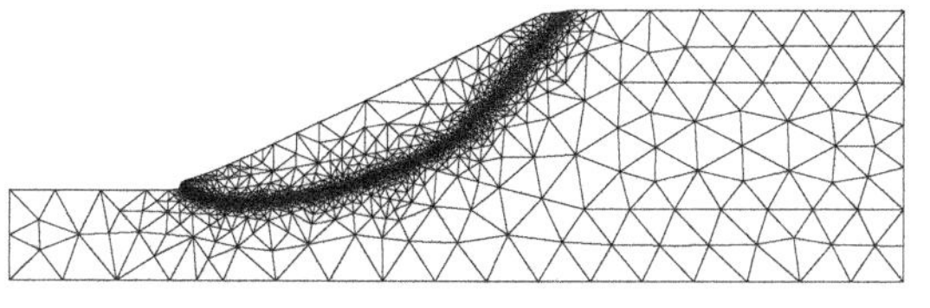

(b)第10次六节点三角形单元网格加密后变形图

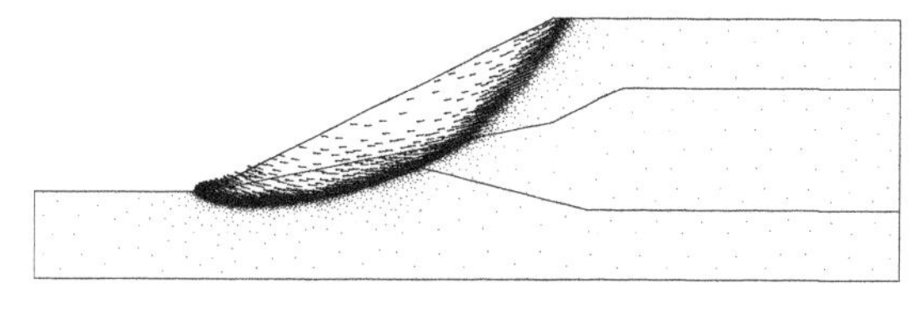

(c)第10次网格加密后破坏机构速度矢量图

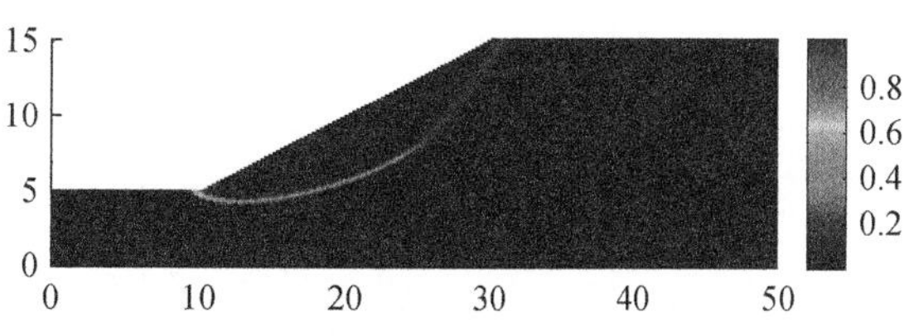

(d)第10次网格加密后塑性乘子分布图

图 10-16　含软弱夹层边坡稳定性分析模型自适应上限有限元分析结果

总结表 10-8 和图 10-16 可知，破坏范围内的速度矢量图和塑性乘子分布图精细刻画出本算例最危险潜在滑裂面整体上呈现圆弧形态，所以计算结果与已有圆弧假定方法结果更为接近，而与已有的非圆弧假定方法计算结果差异显著。

10.6.4　算例分析 6

复杂含软弱夹层边坡的土体强度参数如图 10-17 所示。该算例来源于 Duncan 和 Wright（2005）文献中第 124 页的图形 7-16，用于分析 James Bay 堤坝的稳定性。采用不同方法获得的边坡安全系数对比如表 10-9 所示。此例网格加密计算同样进行了 8 次。六节点三角形单元初次（第 0 次）单元网格变形和第 8 次（最终）对应的六节点三角形加密单元网格变形、速度矢量、塑性乘子分布示意图如图 10-18 所示。

土体	土层1	土层2	土层3	土层4
c/kPa	0	41	34.5	31.2
φ/(°)	30	0	0	0
γ/(kN/m³)	20	20	18.8	20.3

(0, 31)　(40, 31)　(58, 25)　(114, 25)　(0, 19)　土层1　(132, 19)　(160, 19)　(0, 15)　土层2　(160, 15)　(0, 7)　土层3　(160, 7)　(0, 0)　土层4　(160, 0)

图 10-17　复杂含软弱夹层边坡示意图

表 10-9　算例安全系数计算结果对比

项目	Rocscience Inc，2010								本书方法
分析方法	Duncan 和 Wright，2005		Bishop 法	Spencer 法	一般极限平衡法	Bishop 法	Spencer 法	一般极限平衡法	极限分析上限有限元网格加密技术
	圆弧滑裂面	非圆弧滑裂面	圆弧滑裂面			非圆弧滑裂面			
安全系数	1.45	1.17	1.47	1.46	1.47	1.11	1.16	1.15	1.29

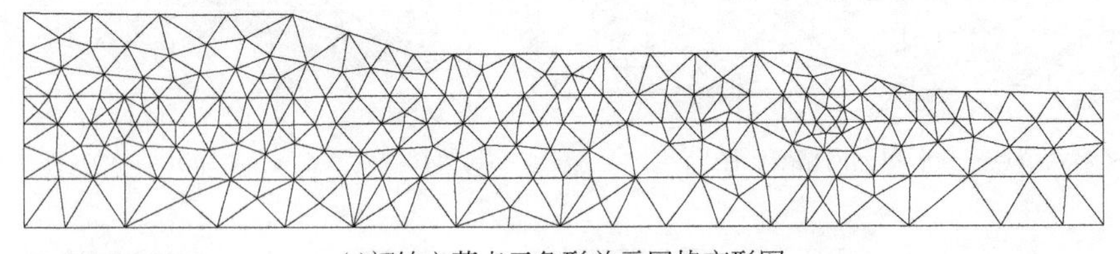

(a)初始六节点三角形单元网格变形图

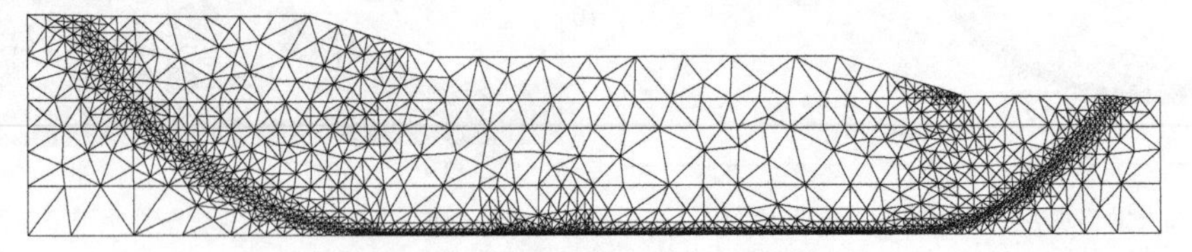

(b)第8次六节点三角形单元网格加密后变形图

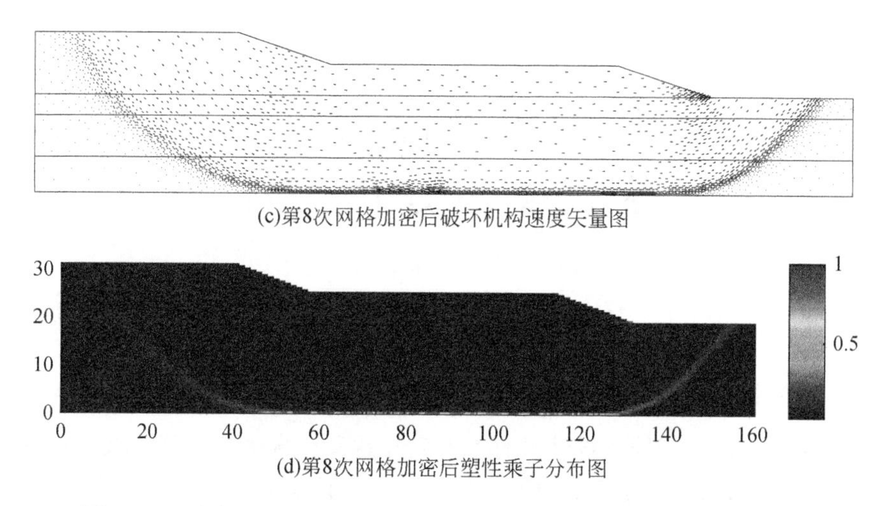

(c)第8次网格加密后破坏机构速度矢量图

(d)第8次网格加密后塑性乘子分布图

图 10-18　含软弱夹层边坡稳定性分析模型自适应上限有限元分析结果

总结表10-9 和图10-18 可知，上限有限元所得速度矢量图和塑性乘子分布图同样精细刻画出边坡最危险潜在滑裂面整体上呈现非圆弧形态；其安全系数计算结果与已有基于极限平衡理论的圆弧假定方法和非圆弧假定方法均差异较大；存在这种差异主要在于极限平衡理论方法在滑裂面假定的和条间力方向的不确定性（Kim et al.，2002，Example 1）。

10.7　本章小结

对于边坡稳定性分析来说，计算安全系数和搜索最危险滑动面是其核心内容。当边坡含有多层软弱界面或软弱夹层这种复杂情况时，采用预先构建破坏机构的极限分析上限法难度很大。此时，应用与有限元法结合的极限分析上限法是开展复杂边坡稳定性分析的有效手段。本章针对复杂含软弱夹层边坡稳定性问题，在一般上限有限元基础上，首先引入了高阶的六节点三角形单元以克服三节点三角形单元模拟精度低的问题；其次引入了可兼顾单元尺度与塑性应变量值的耗散能密度权重指标作为网格自适应加密评判准则，提出了基于高阶单元自适应上限有限元方法；最后针对边坡稳定性问题的要求，建立了边坡稳定性强度折减法的在自适应上限有限元计算过程中的实施流程。通过6个复杂边坡的典型算例分析，表明自适应上限有限元所得安全系数和潜在最危险滑裂面均与已有方法结果吻合良好。更为重要的是，通过高阶单元自适应网格加密技术的实施，得到了以网格变形、速度矢量，特别是塑性乘子分布图等场量表征的边坡精细破坏模式，可明确界定边坡滑裂面的形态特征与几何尺度，说明了该方法用于边坡稳定性分析的显著优势。

第 11 章　基于可靠度理论的抗剪强度参数反演分析方法

11.1　本 章 概 述

滑坡抗剪强度参数 c、φ 的取值是影响边坡稳定性分析结果可靠度的关键，研究 c、φ 值的确定方法对滑坡分析与处治设计具有重大实际意义，直接关系到边坡工程的安全和经济。目前确定 c、φ 值的方法主要有试验方法、工程类比法和反算法。其中，试样原状性、代表性和试验方法合理性对试验结果造成了很大影响；工程类比法过多强调经验，不同岩土性质、滑坡成因、结构条件、边界条件和研究者经验决定了工程类比法难以保障滑坡抗剪强度参数取值的准确性；反算法是滑坡抗剪强度参数估算的常用方法，能将考虑欠缺的外部作用因素融入反算的抗剪强度参数中，对具有明显滑坡特征的边坡滑动面参数的选取具有重要借鉴意义。

然而，边坡岩土介质经历着各种由自然条件和人类活动引起的变化，岩土体性质在时间和空间上的可变性决定了边坡岩土体介质的不确定性。现有分析方法只考虑了岩土材料各参数的均值，没有考虑边坡工程分析方法在物理、模型及统计等方面的不确定性。这促使行业技术人员积极探索将可靠度理论引入滑带土抗剪强度参数反演分析方法中。结合可靠度理论的参数反演方法，采用概率论和数理统计的方法，同时考虑了材料各参数均值及其协方差矩阵，是一种比较综合的方法。这种方法可以很好地反映滑坡岩土材料性质的不确定性和随机性，所得到的结果更加符合实际情况，是对室内试验和原位测试方法等确定滑坡抗剪强度参数方法的补充完善。土木工程中普遍认为可靠度指标比传统安全系数概念更为合理、有效。本章提出了基于可靠度理论的滑坡抗剪强度参数的能耗反演分析方法，以获得更加符合实际的 c、φ 的反演值。

11.2　基于能耗分析理论的滑坡抗剪强度参数反演分析方法

11.2.1　滑坡抗剪强度参数反演分析基本原理

11.2.1.1　反演分析的基本前提

反演分析的可靠性主要取决于边坡稳定状态和边界条件的准确性。显然，当计算的前提清晰、准确时，反演的结果是可靠的；但若计算的前提条件并不十分准确时，反演的结果可能会有较大差异，这时只能作为校验使用。反演分析的基本前提是：①必须知道滑坡体当时的稳定系数值，可参考表 11-1，并结合实际情况选定；②勘察分析出滑面的确切位置，包括前缘剪出口及后缘拉裂缝等；③查清造成边坡失稳或坡体变形的各种外力因素。

表 11-1　滑坡不同发育阶段稳定性评价指标

发育阶段	变形性质	稳定系数	变形状态
稳定固结	固结	>1.05	未见变形迹象
局部变形	蠕滑	1.05～1.00	前缘或后缘变形微弱，地表出现未连通微裂缝
整体变形	微滑	1.00～0.90	局部坡面变形异常，陡坎处出现小型局部滑崩，裂缝发展逐渐连通
	剧滑	<0.90	坡面出现鼓丘、挤压变形和较大裂缝

11.2.1.2　反分析过程

对于确定的滑坡断面，通过与之对应的安全系数计算极限状态方程表达式 F_s，可以求出 c、φ 值的对应关系。但 c、φ 值是两个不确定参数，对于单一断面的一个极限状态方程，c、φ 值具有不确定性。必须先假定 c 或 φ 中的一个，再求解另一个未知数，这样可求出无数组 c、φ 值解，但却无法获得反映滑坡滑动时真实状态的唯一一组解。为了同时反算出 c 和 φ 的值，可在滑坡体中寻找两个或多个处于极限平衡状态的断面，建立不少于两个极限平衡方程联立求解。通常情况下，为了提高反算结果的可信度，可同时结合土工试验、工程类比或敏感性分析等方法共同确定滑坡抗剪强度参数的取值。

联立滑坡的两个或多个断面进行求解，可能会出现两条或多条平行直线方程的情况，以致无法求解。因此，多断面极限平衡方程联立反算的基本条件是选取的多个滑坡断面必须相似，包括：①地质条件相似，即滑坡的类型和形式、滑带土的物质组成和含水状态要相似。②滑坡的运动过程和状态相似，即发育阶段相似。

将临界滑裂状态（滑坡将要滑动而尚未滑动的瞬间）视为滑坡的极限平衡状态，其稳定系数 $F_s = 1.0$。采用传递系数法列出滑坡断面的极限平衡方程，求解出多个断面的一系列不同 c、φ 值组合，采用图解法绘制多个断面的 c-φ 曲线，交点即为反算的强度参数值，如图 11-1 所示。

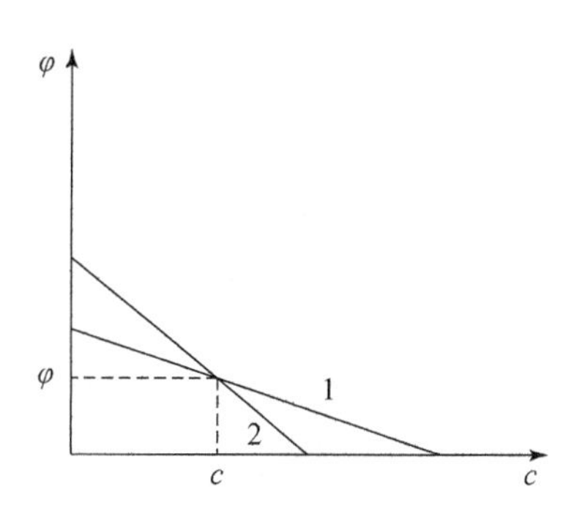

图 11-1　c 和 φ 值的反演分析图解示意图

两个断面联立反算的强度参数是唯一的。当选取的滑坡断面多于两个且交点不唯一时，若反演的滑坡抗剪强度参数值差异较小，则反演结果较为可靠；若差异较大，应校核滑坡的稳定状态及滑面等条件，重新进行分析，直到获得理想的结果。

11.2.2　基于能耗分析理论的极限状态方程建立

目前，滑坡稳定性分析和防治工程设计中使用的滑坡抗剪强度参数，主要是根据相关实验资料，结合地质条件给出的。或假定滑坡体处于极限状态，利用二维极限平衡法进行反演计算求得。传统的极限平衡法大部分只考虑了力的平衡条件，较少有考虑力矩平衡条件，为了使问题变得静定可解，引入了大量假定，因而理论不够严谨。基于极限分析上限定理的边坡稳定性分析法，绕开了岩土体材料复杂的本构关系，较之极限平衡法具有更为严格的理论基础，物理概念清晰，计算也较简单。目前，采用极限分析上限定理进行折线形滑面边坡强度参数反演分析的研究还很少见，因此，把该方法应用到 c、φ 值的反演分析研究中将会成为新的热点。根据极限分析上限定理，本章以垂直分条折线形滑面边坡为计算模型，引入孔隙水压力的影响，进行 c、φ 值的反演分析。

采用适用于具有折线形滑面滑坡的竖直条分破坏机构进行分析说明，其破坏模式见第4章图4-1，边坡稳定性分析过程详见4.2节，考虑地下水位影响时边坡稳定性分析过程详见第5章5.5节。根据虚功原理（内力功与外力功相等）即可获得滑坡稳定性安全系数的式（4-7）和式（4-8）或式（5-73）和式（5-74）。通过联立不同断面的极限状态方法，即可反演求解对应滑坡的 c、φ 值。

11.2.3 边坡参数敏感性分析

在边坡的稳定性分析中存在着许多不确定的因素，这些因素对边坡稳定性的影响程度是不同的，其中影响显著的因素称为敏感性因素。而所谓的边坡参数敏感性分析即研究边坡稳定性的影响因素与稳定系数间的相关关系，由稳定系数的相对变化率与各影响因素的相对变化率的比值来衡量。

滑坡稳定性的影响因素主要包括：①物理力学性质（容重 γ、滑体的 c、φ 值、滑带的 c、φ 值）；②边坡形态及边界条件；③地下水作用；④地震作用等。这些影响因素的作用机理与对边坡的影响程度非常复杂，因此，对其进行敏感性分析是十分重要的。如果边坡稳定性对某参数十分敏感，即使该参数发生较小变化也会对边坡稳定性产生明显影响。

常用的边坡参数敏感性分析方法是考虑单一因素发生变化的敏感性分析，即假定其中一个因素变化而其他因素不变，计算相应组合的稳定系数，并在二维坐标系中绘出稳定系数与这一因素变化的关系曲线。依此把所有影响因素与稳定系数的关系曲线绘制出来，并比较关系曲线斜率的绝对值，来确定使稳定系数变化程度大的因素并将其作为主要影响因素。姚爱军等（2004）以杨家岭1#滑坡为例，根据改进的Sarma法分析了滑坡稳定系数随各影响因素变化的关系曲线，得出结论：c、φ 值和地下水及地震作用是滑坡稳定性的敏感因素，甚至可为诱发因素，而实际中单因素发生变化的情况很少，大多是多因素共同变化的。孙栋梁等（2005）考虑多因素共同变化的影响，根据正交设计原理进行边坡稳定性影响因素的敏感性分析，并通过边坡实例证明该方法的可靠性。

另外，有部分学者采用人工神经网络、灰色关联分析法、均匀设计等方法进行多因素分析，为边坡参数敏感性分析做出了许多颇有意义的研究工作。近年来，随着可靠度理论在边坡稳定性分析中的广泛应用，谭晓慧等（2007）和吴振君等（2010）开始应用可靠度分析方法进行边坡参数的敏感性分析。

本章选用常用的边坡敏感性分析方法，首先选定 c、φ 值作为边坡稳定性影响因素，并确定其变化范围。计算时假定其中一个因素变化而另一个因素保持不变，采用极限分析法计算相应组合的稳定系数 F_s，在平面坐标系中绘出 F_s-c-φ 关系曲线图，根据这些关系曲线来评价滑面强度参数 c、φ 值的变化给滑坡稳定性带来的影响。在 c、φ 值的反演分析中，要比较稳定系数随 c、φ 值的变化幅度，以及确定 c、φ 值对 F_s 的敏感程度。对于敏感性较低的参数，可通过试验来确定其数值，而对于敏感性较高的参数，则可以通过反演分析来获得其数值。

11.2.4　工程应用研究

11.2.4.1　工程背景

本节以湘西朱雀洞特大滑坡作为依托工程开展应用研究。湘西朱雀洞特大滑坡位于常吉高速公路第 28 合同段，该滑坡前缘为丹青河，滑坡周界在平面上呈圈椅状，滑坡长度为 448m（垂直于常吉路方向），平均宽度约为 450m，滑体平均厚度为 15m，滑体体积约为 260 万 m^3（图 11-2 和图 11-3）。滑带土主要为粉砂质泥岩中软弱夹层或泥化夹层及层间错动，呈软塑土状。滑动面的下部滑床主要为较完整的弱、微风化岩。滑坡区汇水面积大，达 25 万平方米，地下水位受大气降水影响较大，降雨过后坡体的地下水位迅速升高。

图 11-2　朱雀洞滑坡正面全貌

图 11-3　朱雀洞滑坡侧貌

该滑坡周界主要受两条断层 F_1、F_2 控制，根据地貌特征、滑体物质及结构特征，在平面上分为Ⅰ、Ⅱ、Ⅲ 3 个分区（图 11-4）。

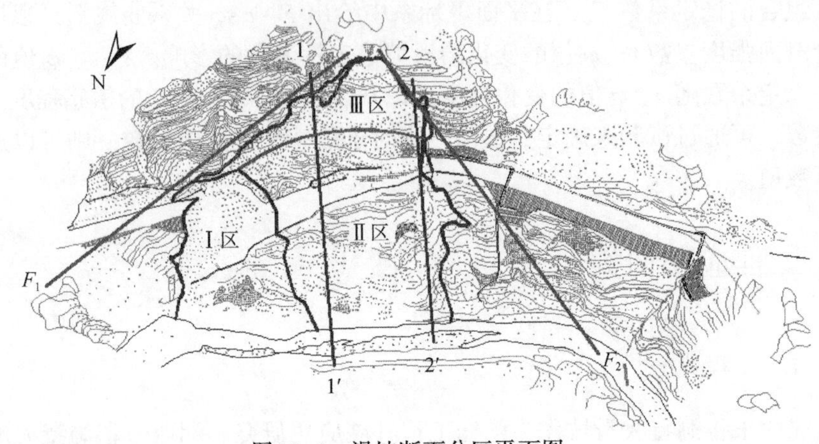

图 11-4　滑坡断面分区平面图

根据现场滑坡的形态特征、勘探的地质资料及目前滑坡的稳定情况，选取Ⅱ区滑体 1–1′、2–2′两个典型断面计算滑动面的抗剪强度参数。采用极限分析上限法，建立折线型滑面计算模型，不考虑外荷载作用的影响，联立朱雀洞特大滑坡的 1–1′与 2–2′两个断面反算滑动面抗剪强度参数。

11. 2. 4. 2　计算模型

通过大量勘察已掌握清楚朱雀洞滑面形态，滑动前的坡面情况也能确定，基于极限分析方法进行参数反演，以确定滑坡沿滑面的综合强度参数 c 和 φ 值。

依据相关规范，在滑坡区域选取 1–1′断面、2–2′断面两个具有代表性的典型断面，这两个断面的稳定性足以代表整个滑坡体的稳定性。因此，本节以这两个断面为计算模型，首先用极限分析法建立折线形滑面力学结构模型，然后反演相应滑动面的 c、φ 值。计算时把整个 1–1′断面上的滑坡体适当划分成 16 个条块，把 2–2′断面上的滑坡体划分成 9 个条块，条块主要依据钻孔勘探确定的滑面位置进行划分，计算模型如图 11-5 和图 11-6 所示。

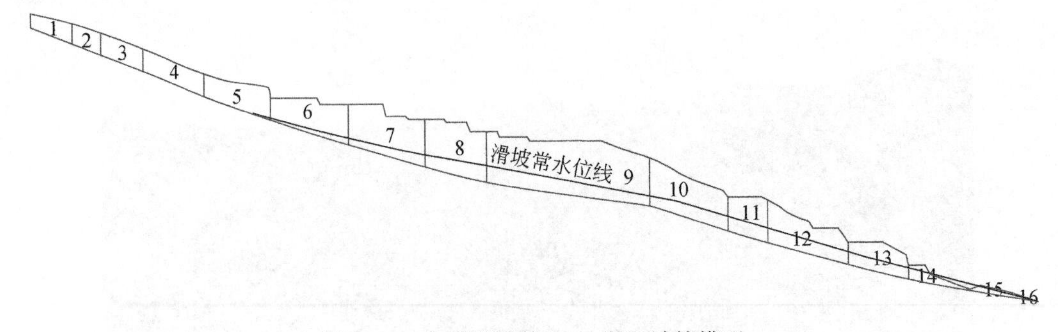

图 11-5　朱雀洞滑坡 1–1′ 断面计算模型

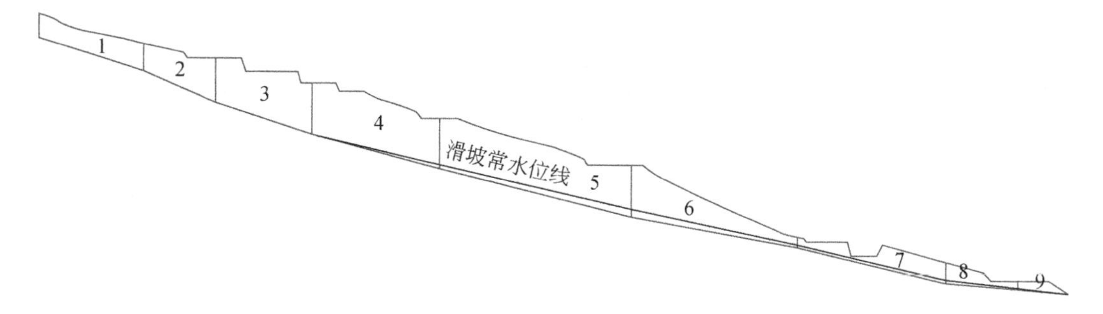

图 11-6　朱雀洞滑坡 2–2′ 断面计算模型

11.2.4.3　计算参数

滑体天然容重取 18.2kN/m³，饱和容重取 21.6kN/m³。计算中考虑土体自重和孔隙水压力，地下水位以上土体的自重采用天然容重，地下水位以下土体的自重采用饱和容重。分条的物理力学指标见表 11-2 和表 11-3。

表 11-2　1–1′ 断面传递系数法计算基本数据

滑体单元编号	1–1′断面滑体单元参数			
	W_i/(kN/m)	l_i/m	α_i/(°)	$[z]_{i-1,i}$/m
1	1268.46	14.5	20	0
2	1130.45	10.3	19	0
3	1702.92	15.0	20	0
4	2612.52	22.2	21	0
5	3336.54	23.5	18	0
6	4754.67	27.3	16	0.53
7	6618.21	26.6	15	1.91
8	5983.02	20.7	14	3.92
9	16235.03	54.5	7	5.22
10	6351.88	27.1	17	2.54
11	3160.50	13.9	15	4.33
12	5207.94	27.5	14	4.32
13	3203.83	20.3	13	3.88
14	1158.37	19.4	10	3.43
15	557.12	18.2	9	0.8
16	62.05	6.7	7	0.52

表 11-3　2–2′ 断面传递系数法计算基本数据

滑体单元编号	2–2′断面滑体单元参数			
	W_i/(kN/m)	l_i/m	α_i/(°)	$[z]_{i-1,i}$/m
1	4113.18	33.3	18	0
2	4091.49	23.6	23	0

续表

滑体单元编号	2-2′断面滑体单元参数			
	W_i/(kN/m)	l_i/m	α_i/(°)	$[z]_{i-1,i}$/m
3	7859.43	30.7	18	0
4	11343.38	40.4	15	0
5	16032.08	59.4	14	1.28
6	8660.93	51.1	10	2.28
7	4160.82	46.9	13	0.79
8	1681.06	22.1	5	0.96
9	758.72	15.5	3	0.80

11.2.4.4　敏感性分析

选用滑坡主轴断面2-2′作为计算断面，采用极限分析法边坡稳定分析程序进行参数敏感性分析。依据勘测资料提供的 c、φ 取值范围，形成不同的组合系列，代入编制的边坡稳定分析程序，计算对应的稳定系数 F_s，计算结果如图11-7所示。

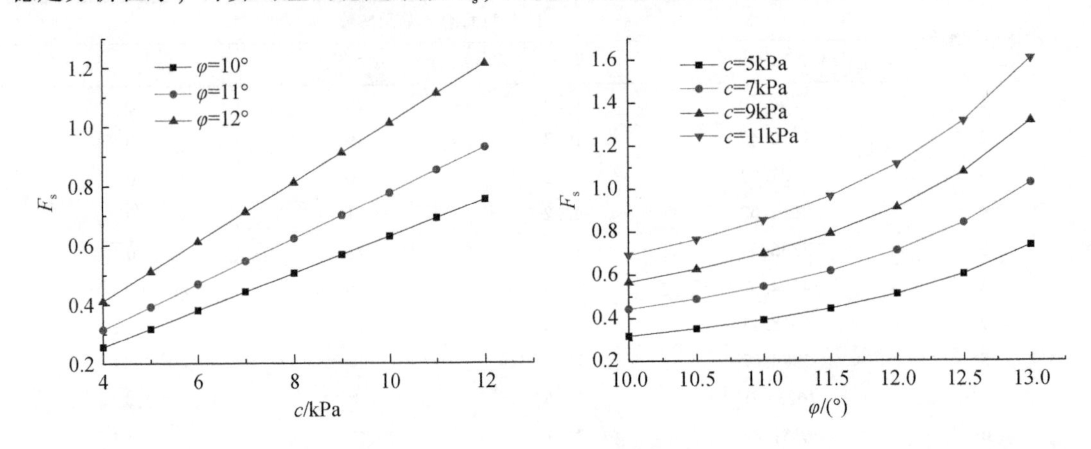

图11-7　F_s-c-φ 关系曲线图

由图11-7可知，无论是 c 值改变还是 φ 值改变，F_s的值都有明显变化，这也正好证明前文中说到的影响边坡稳定性的所有因素中，c 和 φ 属于影响最大的几个因素。虽然二者对安全系数的影响均比较显著，但是从图中曲线的斜率可以看出，φ 值对安全系数的影响比 c 值对安全系数的影响更加显著，即 φ 是影响边坡稳定性的较敏感因素。因此，在参数反分析中，可以先选定 c 值，然后再利用编写的程序反算出 φ 值。

11.2.4.5　反算结果

根据边坡稳定性极限分析法稳定系数计算公式，编写了较稳定性分析程序，考虑“自重+水”的工况，进行 c、φ 值的反演计算。由上节的边坡参数敏感性分析可知 c 值的敏感度较低，根据朱雀洞特大滑坡勘察资料可确定 c 值的范围，将 c 值进行区间分段，其中选

取 c 值分别为 5kPa、6kPa、7kPa、8kPa、9kPa 和 10kPa，在滑坡的极限平衡状态及边界条件下，运用传递系数法反算 φ 值。当 $F_s=1.0$ 时，根据滑体断面 1-1′与 2-2′反演得到的一系列抗剪强度参数（c，φ），得出滑坡断面 1-1′、2-2′的 c、φ 值的关系曲线，如图 11-8 所示。

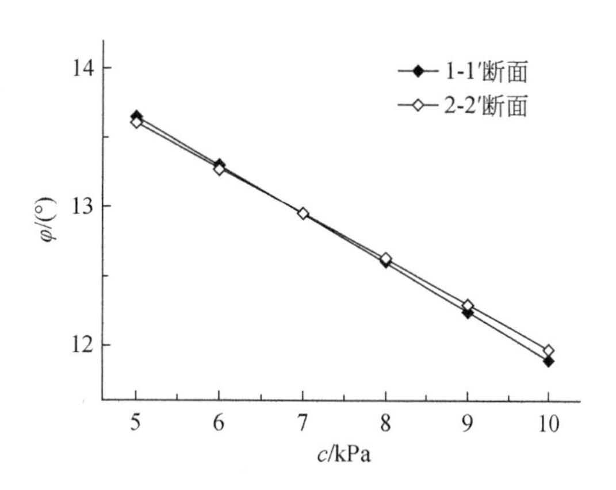

图 11-8　利用 c-φ 关系曲线进行反演分析

图 11-8 中两条曲线的交点坐标 $c=7$kPa，$\varphi=12.95°$即边坡滑动面抗剪强度参数反演计算值。现场勘测试验的强度参数为 $c=5\sim9$kPa，$\varphi=10°\sim16°$。由两者结果的对比分析发现（表 11-4），极限分析法反演的强度参数位于现场勘测试验值的中位数附近，说明本书反演结果是比较可靠的。

表 11-4　滑面计算 c、φ 值

项目	c/kPa	φ/(°)
反算值	7	12.95
试验推荐值	7	14

基于极限分析法的边坡滑面强度参数反算结果代表了滑面岩土体的综合抗剪强度，而试验结果在很大程度上代表了岩土试样本身的抗剪强度。在滑坡稳定性评价及工程处治设计中，c、φ 的取值应将两者结合，合理地取值。

11.2.4.6　关于水位变化与计算断面选择的讨论

考虑到降雨后地下水迅速升高工况是朱雀洞滑坡的最危险工况，可选用坡面处于洪水位的工况，采用极限分析上限法构建折线型滑面计算模型，如图 11-9 和图 11-10 所示。

计算时，把 1-1′断面上的滑体划分为 16 个条块，把 2-2′断面上的滑体划分为 9 个条块，划分条块主要依据钻探确定的滑面位置，计算模型如图 11-9 和图 11-10 所示。滑体天然容重为 18.2kN/m^3，饱和容重为 21.6kN/m^3，分条数据和物理力学指标见表 11-5 和表 11-6。

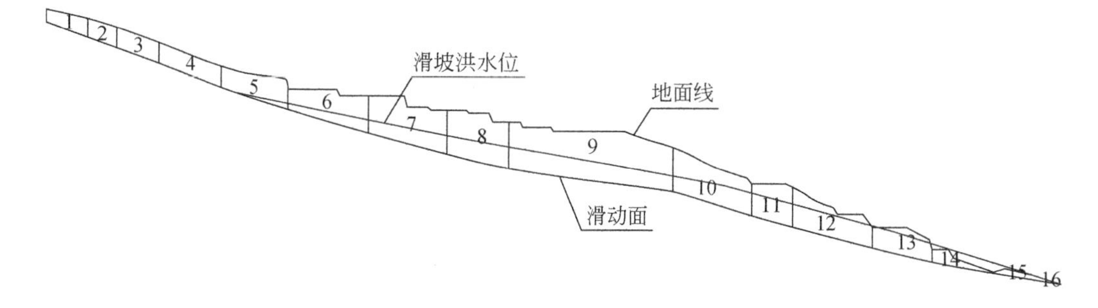

图 11-9　朱雀洞滑坡 1-1′断面计算模型

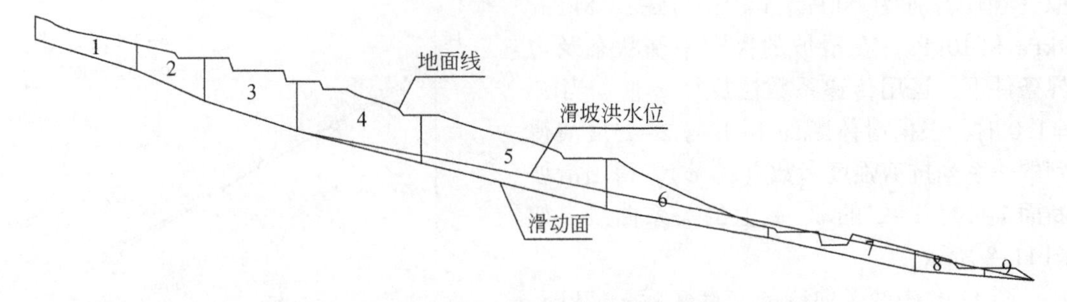

图 11-10　朱雀洞滑坡 2-2′断面计算模型

表 11-5　1-1′ 断面极限分析上限法反演参数

1-1′断面滑体单元参数							
滑体单元编号	不同水位情况单元重度 W_i/(kN/m³)		l_i/m	α_i/m	$[h]_{i-1,i}$/m	不同水位情况单元地下水位 $[z]_{i-1,i}$/m	
	常水位	高水位				常水位	高水位
1	1268.46	1268.46	14.5	20	/	0	0
2	1130.45	1130.45	10.3	19	6.1	0	0
3	1702.92	1702.92	15.0	20	6.6	0	0
4	2612.52	2612.52	22.2	21	6.7	0	0
5	3336.54	3391.88	23.5	18	7.3	0	0
6	4754.67	4936.69	27.3	16	7.2	0.53	2.10
7	6618.21	6829.22	26.6	15	12.2	1.91	4.41
8	5983.02	6133.38	20.7	14	14.6	3.92	6.25
9	16235.03	16626.03	54.5	7	15.5	5.22	7.28
10	6351.88	6591.67	27.1	17	14.5	2.54	4.77
11	3160.50	3312.59	13.9	15	10.5	4.33	7.41
12	5207.94	5511.51	27.5	14	12.9	4.32	7.52
13	3203.83	3414.50	20.3	13	6.9	3.88	6.91
14	1158.37	1174.12	17.9	10	5.3	3.43	5.35
15	557.12	615.13	19.7	9	1.0	0.8	1.04
16	62.05	64.65	6.7	7	1.0	0.52	0.85

表 11-6　2-2′ 断面极限分析上限法反演参数

2-2′断面滑体单元参数							
滑体单元编号	不同水位情况单元重度 W_i/(kN/m³)		l_i/m	α_i/m	$[h]_{i-1,i}$/m	不同水位情况单元地下水位 $[z]_{i-1,i}$/m	
	常水位	高水位				常水位	高水位
1	4113.18	4113.18	33.3	18	/	0	0

续表

滑体单元编号	2-2′断面滑体单元参数						
	不同水位情况单元重度 $W_i/(\mathrm{kN/m^3})$		l_i/m	α_i/m	$[h]_{i-1,i}$/m	不同水位情况单元地下水位 $[z]_{i-1,i}$/m	
	常水位	高水位				常水位	高水位
2	4091.49	4091.49	23.6	23	8.2	0	0
3	7859.43	7859.43	30.7	18	13.3	0	0
4	11343.38	11415.09	40.4	15	15.8	0	0
5	16032.08	16650.42	59.4	14	15.1	1.28	2.51
6	8660.93	9272.61	51.1	10	15.7	2.28	5.62
7	4160.82	4675.62	46.9	13	3.3	0.79	3.29
8	1681.06	1883.24	22.1	5	6.3	0.96	5.19
9	758.72	802.68	15.5	3	2.8	0.80	2.54

计算得到的滑坡断面 1-1′、2-2′在洪水位下的 c、φ 值的关系曲线如图 11-11 所示。

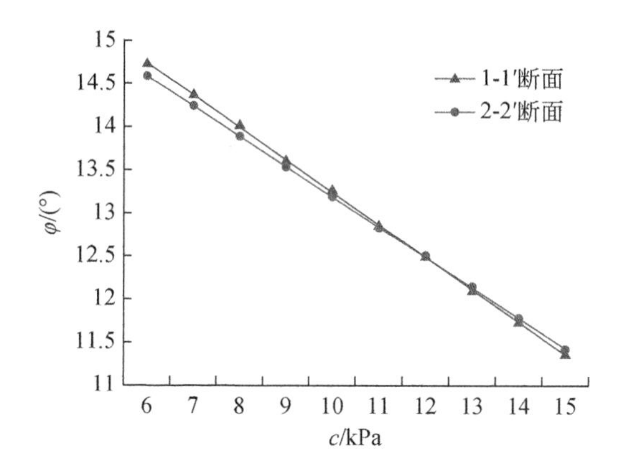

图 11-11　利用 c-φ 关系曲线进行反演分析

当 1-1′断面的安全系数 $F_s=1.0$ 时，c、φ 值满足：

$$\varphi=-0.3785c+17.041 \tag{11-1}$$

当 2-2′断面的安全系数 $F_s=1.0$ 时，c、φ 值满足：

$$\varphi=-0.3510c+16.708 \tag{11-2}$$

联立式（11-1）和式（11-2）可得同时满足要求的滑动面抗剪强度参数为 $c=12.11\mathrm{kPa}$，$\varphi=12.46°$，对比上节常水位条件下的反演结果，可以看出不同水位条件对滑坡参数反演结果的影响非常显著，应重视实际工程应用中合理水位条件的选取。

11.2.4.7　不同计算断面对参数反演计算结果的影响

为了分析不同计算断面对参数反演计算结果的影响，本节对湘西朱雀洞滑坡典型断面按如图 11-12 所示进行划分，后文章节可靠度计算同样依据该区域的划分形式。

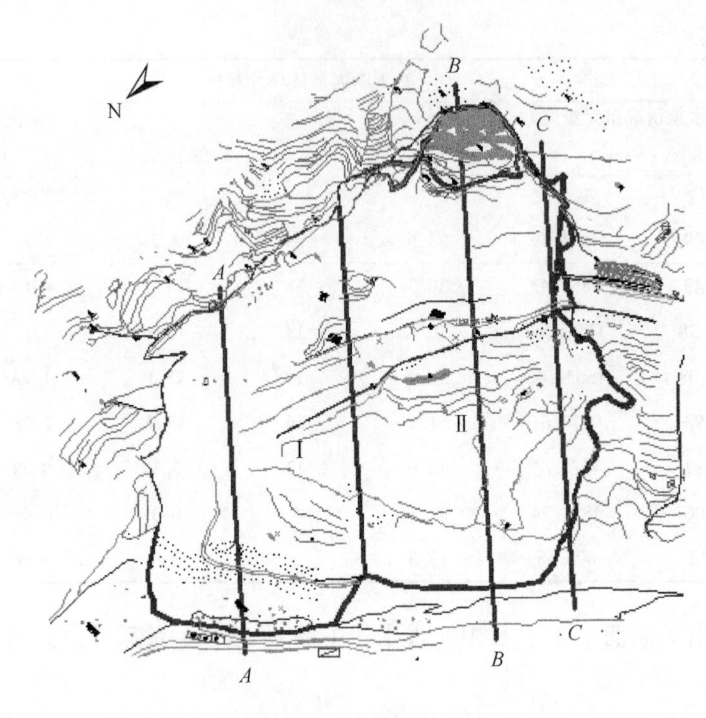

图 11-12　滑坡平面图

在朱雀洞特大滑坡内选取典型断面 B、C 进行抗剪强度参数反演，其条块划分与计算模型如图 11-13 和图 11-14 所示。

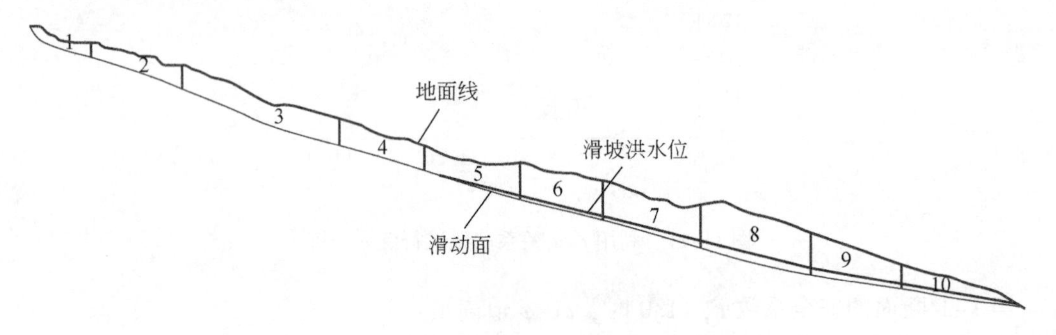

图 11-13　朱雀洞滑坡 B–B 断面计算模型

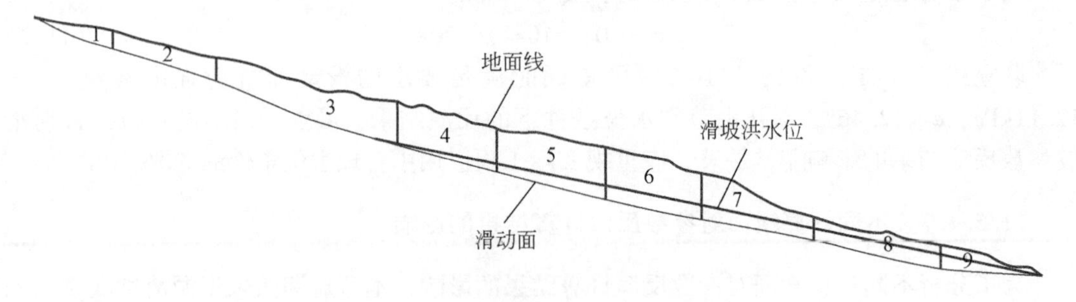

图 11-14　朱雀洞滑坡 C–C 断面计算模型

根据传统反演方法计算结果绘制出图 11-15。从图中可以看出，B、C 断面得到的两条曲线的交点为（8.22，13.53），与前文根据 1-1、2-2 断面得到的交点（7，12.95）并不一致。

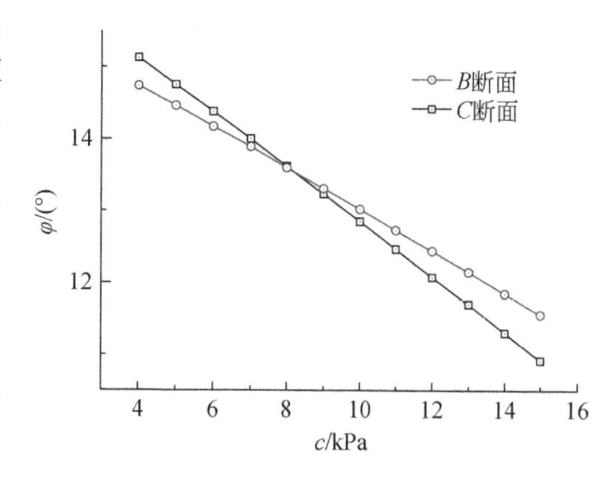

图 11-15　利用 c-φ 关系曲线进行反演分析

可以看出，采用传统的反演方法，反演结果受滑坡断面选取的影响较大。一般而言，小型滑坡可以选择最危险滑面作为反演分析的计算模型，将其反演结果作为抗剪强度参数设计值。对于大、中型滑坡，如果只选取一个最危险滑面进行反演，并将该断面的反演值作为整个滑坡的设计值，那么对于地质条件较好的滑坡区域而言该结果将过于保守，往往造成过高的滑坡治理代价。因此，对于传统的二维分析模型，如何选取合理的反演断面，并依据反演参数值开展滑坡工程治理非常重要。是否可以根据滑坡的地质条件进行区域划分，在地质条件相似的区域内选取最危险滑面进行抗剪强度参数反演，并将该反演值作为该区域的设计值是值得深入探讨的问题。

11.3　基于可靠度理论的抗剪强度参数反演分析方法

岩土工程中存在大量的不确定性因素，岩土体的性质复杂多变，传统方法学者对于未能考虑的岩土参数不确定性通过选取“足够高”的安全系数来弥补。这种传统的确定性安全系数法在一定程度上考虑了数据的离散性和计算中存在的不确定性带来的风险。但是，安全系数的确定基于工程师的经验判据，所以不可避免地带有主观性，得出的结论可能会相差甚远。在岩土工程领域，基于可靠度理论的极限状态分析方法能够考虑设计参数的随机性和不确定性，而且比安全系数法包含更多的岩土体性质方面的信息，能更加客观地评价岩土结构的真实状态。

目前，边坡稳定性分析方法主要分为三类：极限平衡法、概率法和数值分析法，这三类方法的耦合是边坡稳定性分析的发展方向。在基于可靠度理论的边坡稳定性研究中，许多学者做了大量工作并积累了重要的经验。这些概率方法将 F_s 当作随机变量，而将可靠度指标 β 或失效概率 P_f 则作为定量指标，来评估各种不确定性因素对边坡稳定性的影响。Zhang 等（2009）提出了两种边坡概率反演分析方法，应用数据表法中的优化程序来获得不确定参数的值，当边坡稳定性模型近似线性时，可运用敏感性分析方法进行反算，其文献中通过基于 Spencer 法和 Bishop 法的两个算例验证了该法的实用性。Wang 等（2013）提出了两种边坡概率反分析的程序——马尔可夫链蒙特卡罗模拟（MCMC）和最大似然法（ML），应用于台北 3 号高速公路岩质边坡反演分析中，其中内摩擦角 φ 和锚固力 T 为该文献的基本参数，反演结果与调查结果基本吻合，验证了所提方法的有效性。吴刚等（2003）将可靠度理论与反分析方法相结合，提出了一种基于有限统计信息的可用于边坡反演计算中选择岩土体参数的实用计算方法。李早和赵树德（2006）根据建筑物的设计要求或安全等级确定出目标可靠度指标 β^*，应用最优化算法反推出刚性桩复合地基的面积置换率 m，对基于可靠度理论的土性参数选取方法进行了说明。Griffith 等（2011）和李典庆等（2013）进一步讨论了考虑土体参数随深度变化的空间变异性对边坡稳定性的影响，提出了抗剪强度参数均值随深度变化的无限边坡稳定性概率分析方法。韩孝峰等（2013）考虑岩体破坏的非线性，结合 Hoek-Brown 准则下衍生的等效 Mohr-Coulomb 参数 c'和 φ'，采用概率密度函数联合分布法进行无限岩坡稳定性的概率可靠度分析研究。

要进行边坡稳定性评价和加固处治，关键是准确地确定影响边坡稳定性的各个参数。不考虑容重 γ 和其他参数，一个滑动面的静力平衡方程还有 c、φ 两个不确定参数。因此，基于极限平衡法或极限分析上限法的边坡强度参数反演均需要建立两个及以上的平衡方程。而将极限平衡法或极限分析上限法与可靠度分析方法结合的反演分析方法只需要一个平衡方程即可获得优化的 c、φ 值，可解决单一滑动面的强度参数反演计算问题。基于可靠度理论的反演分析方法在机械设计和结构设计中应用较多，而在岩土工程设计中应用较少。本书依据现有成果和统计数据，提出了基于概率可靠度理论的边坡抗剪强度参数反演分析方法，并讨论了该法在工程实践中的有效性。

11.3.1 边坡稳定性可靠度分析方法

11.3.1.1 边坡工程可靠度研究的必要性

边坡工程中岩土介质的随机性很大，经历着各种自然条件和人类活动引起的变化。岩土体性质在时间和空间上的可变性决定了边坡稳定性问题在本质上具有不确定性，代表客观不确定性。此外，还可能在室内外试验、样本数据的统计分析和参数计算中引入不确定性。因此，边坡稳定性问题实为不确定性问题。

岩土工程的不确定性分为三种类型，具体如下：

（1）模型不确定性（model uncertainty）

边坡稳定性分析模型是在实际问题理想化下构造的，包含许多简化的假定条件、理想化的理论公式和误认为真值的试验数据，这样进行的设计计算有一定程度的局限性，引入了模型不确定性。

（2）参数不确定性（parameter uncertainty）

边坡岩土材料参数存在着空间变异性，这是由历史和现代的地质作用所决定的不确定性，反映了岩土参数固有的空间变化性。参数不确定性取决于样本数据的定量化分析，而样本容量的限制将会导致统计的不确定性。

（3）统计不确定性（statistical uncertainty）

根据有限的样本数据进行统计分析，得出随机变量的概率分布特征。样本和样本容量不同，估计得到的概率分布参数值也不同，只能从统计上推断出真值，这种统计不确定性归因于信息误差和信息缺乏。因此，对于一组已知的样本数据，分布参数的不确定性取决于样本数据总和及已有的知识。

造成岩土工程不确定性的因素极其复杂，要准确地、定量地分析各种因素的影响也很困难。在边坡工程的稳定性分析中，确定性方法实际上只考虑了各材料参数的均值，而可靠度分析方法还考虑了参数的方差。因此，利用可靠度分析方法对边坡稳定性进行评价更加合理，而且是有必要的。

11.3.1.2　边坡可靠度分析所面临的问题

岩土介质各基本状态变量具有明显的不确定性和随机性，因此，其均值具有不可预知性，而基本状态变量又是可靠度分析的依据。在有限的统计信息下，通常只能确定出各基本状态变量均值的取值范围，这将给边坡可靠度反演分析带来困难。

岩土体是一种高度非线性材料，在可靠度分析中，其相应的极限状态方程往往也是非线性的。当考虑的因素比较多时，或遇到某些变量的三角函数（如内摩擦角）时，如果可靠度分析采用导数计算方法，如中心点法、JC 法等，极限状态方程的微分往往难以处理。数值分析方法和蒙特卡罗法虽然不涉及函数求导，但前者推导复杂，编制的计算机程序通用性差，后者生成的大量随机数占用计算机较大内存。

11.3.1.3　边坡岩土体随机变量特征值的处理

由反演分析求得的滑坡抗剪强度参数值，反映了边坡岩土体的总体特性，可理解为该边坡岩土体的“综合参数值”，而采用的岩土体参数均值是以边坡各部位的参数值为样本考虑的，因此，参数均值是最能体现样本特性的一个代表值，其应在极限状态曲线附近。假定参数均值点在极限状态曲线上变动，即均值点 μ_{X1}，μ_{X2}，…，μ_{Xn} 为极限状态曲线上的点，只有处于极限平衡状态下的边坡工程才能做出上述假设，而处于非极限平衡状态下的边坡工程，其参数均值点的变动轨迹一般难以找到。

影响边坡稳定性的因素有很多，如黏聚力 c、内摩擦角 φ、容重 γ 和压缩模量 E 等，这些因素都可以作为基本随机变量来考虑。但以往做的大量土工试验发现容重 γ 和压缩模量 E 的随机性较小，对可靠度指标的影响较小，而黏聚力 c、内摩擦角 φ 的随机性较大，对可靠度指标的影响较显著，因此，本章把抗剪强度参数 c、φ 当作随机变量，而把容重 γ 等视为确定值。

11.3.2　边坡稳定性分析的极限状态方程

在边坡工程的可靠度分析中，极限状态方程通常由功能函数加以描述。当有 n 个随机变量（如土的黏聚力、摩擦角、水压力、重力等）影响边坡工程的可靠度时，其功能函数为

$$Z=g(X_1,\ X_2,\ \cdots,\ X_n) \tag{11-3}$$

式中，X_1，X_2，…，X_n 为随机变量。

当 $Z>0$ 时，边坡工程处于可靠状态；当 $Z<0$ 时，边坡工程处于失稳状态；当 $Z=0$ 时，边坡工程达到极限状态，此时，功能函数称为边坡工程的极限状态方程。

岩土边坡工程中习惯用 F_s 来反映其功能要求，即 $F_s>1$ 表示边坡工程可靠，$F_s=1$ 表

示边坡工程处于极限状态，F_s<1 表示边坡工程失稳。则极限状态方程为：

$$Z=g(X_1, X_2, \cdots, X_n)=F_s-1=0 \tag{11-4}$$

此时，可靠度指标：

$$\beta=\frac{\mu_Z}{\sigma_Z} \tag{11-5}$$

其中，Hasofer-Lind 可靠度指标表达式为：

$$\beta=\min_{x\in F}\sqrt{(\theta-\mu_\theta)^{\mathrm{T}}C_\theta^{-1}(\theta-\mu_\theta)} \tag{11-6}$$

将边坡工程处于失稳状态的概率称为失效概率，以 p_f 表示。假设 Z 符合正态分布，则：

$$p_f=P(Z<0)=\Phi\left(\frac{0-\mu_Z}{\sigma_Z}\right)=\Phi(-\beta)=1-\Phi(\beta) \tag{11-7}$$

式中，Φ 为正态分布函数。

可靠度指标 β 与失效概率 p_f 之间存在一一对应的关系，β 越大，p_f 越小；β 越小，p_f 越大。因此，β 和 p_f 均可以作为衡量边坡可靠度的指标。表示 β 与 p_f 关系的图形如图 11-16 所示。

此外，根据式（12-15）求解可靠度指标时，在随机变量空间中，可以根据 $\beta=1$ 定义一个单位离散椭圆。此时，认为与极限状态曲线相切的最小椭圆与根据 $\beta=1$ 得到的单位离散椭圆的轴比即为可靠度值（图 11-17）。

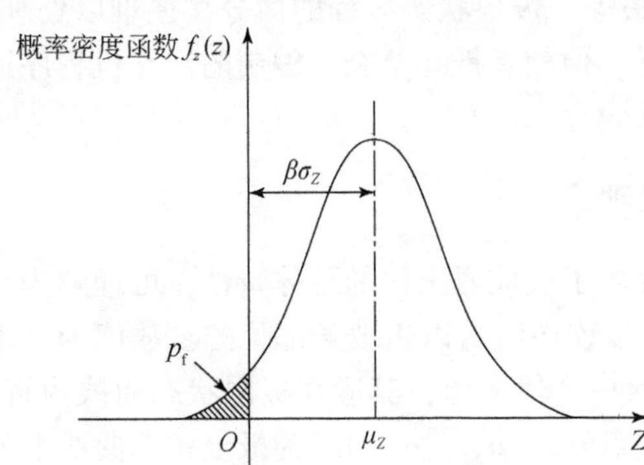

图 11-16　可靠度指标 β 与失效概率 p_f 的关系图

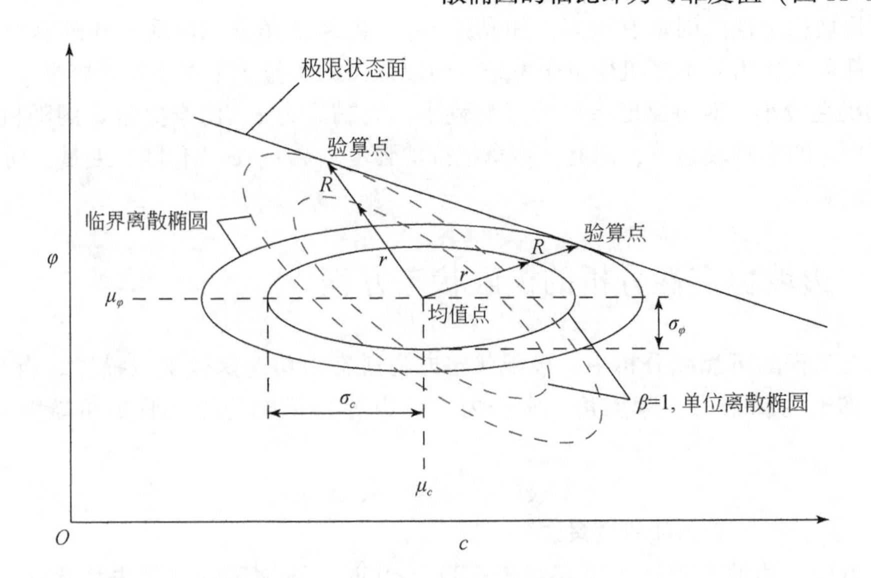

图 11-17　离散椭圆图

在不考虑参数的相关性时，单位离散椭圆为一个以均值点为中心，标准差为长短轴且平行于坐标轴的椭圆图形，若参数相关，则该椭圆会相应倾斜：

$$\beta = \frac{R}{r} \tag{11-8}$$

11.3.3　可靠度理论在滑坡抗剪强度参数反演中的运用

岩土工程领域中常用的可靠度分析方法主要有矩法和数值方法。矩法根据基本随机变量的统计参数（均值、方差等）及概率分布函数来估计可靠度指标或失效概率，包括中心点法、验算点法和 JC 法等；数值方法是随着计算机技术发展而发展起来的方法，如蒙特卡罗法、响应面法和随机有限元法等。

中心点法（MFOSM）对功能函数 Z 在基本随机变量的均值点做 Taylor 级数展开，并取线性项，利用基本随机变量的均值和方差求解可靠度指标，计算简便，被广泛应用于岩土工程可靠度分析中。但中心点法不能考虑基本随机变量的实际分布，针对相同意义不同形式的功能函数可能会得到不同的可靠度指标，当功能函数 Z 的非线性程度较高时，可能会产生较大误差。

验算点法（AFOSM）赋予了可靠度指标 β 明确的几何意义：β 为标准化正态空间中坐标原点 O 到极限状态面的最短距离，也即坐标原点 O 到极限状态面最可能失效点（设计验算点）P^* 的距离，如图 11-18 所示。验算点法将功能函数 Z 在验算点 P^* 处做 Taylor 级数展开，并取线性项计算可靠度指标，考虑了基本随机变量的实际分布，计算结果具有不变性，精度较中心点法有显著提高，但其迭代计算较繁琐，计算工作量较大，这一缺点制约了验算点法在岩土工程领域中的广泛应用。

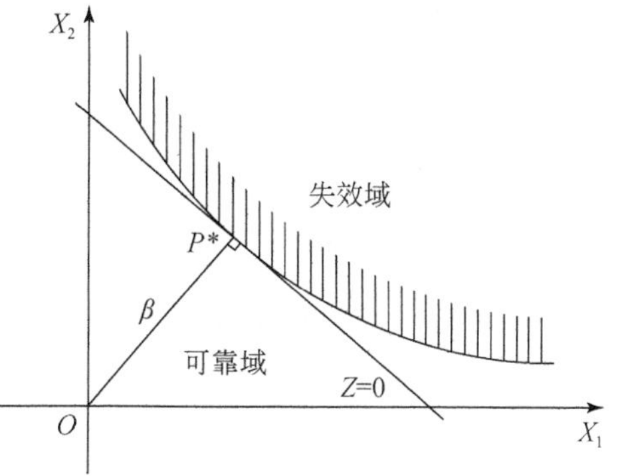

图 11-18　可靠度指标 β 的几何意义及验算点 P^*

根据现场勘察资料对边坡工程的强度参数进行反演分析，可对边坡的稳定性做出合理的评价，为失稳边坡的加固处治设计提供科学依据。目前边坡的可靠度分析绝大多数属于正分析问题，即在给定的基本随机变量统计特性的情况下，对边坡进行可靠度分析，并校核边坡工程的可靠度。边坡可靠度分析是基于确定性的稳定分析理论进行的，选择的稳定分析方法不同，得出的可靠度分析结果将会有差异。无限边坡模型是边坡稳定分析模型中较为简单的一种，特别适用于简单、快捷地验证本章提出的概率可靠度反演分析方法的正确性和可行性。经无限边坡模型验证过的可靠度反演分析方法可进一步应用于更为复杂的边坡稳定性分析模型中。本章将可靠度理论分别与无限边坡模型和极限分析上限法相结合，为极限平衡状态下的边坡强度参数的确定提供了一种新的科学合理而又简单易行的方法。

11.4　基于 Excel 数据表法的抗剪强度参数反演分析

11.4.1　数据表法在滑坡抗剪强度参数反演中的运用

数据表法（spreadsheet method）是由 Low 和 Tang 提出的，采用 Microsoft Excel 数据表软件，实现相关非正态变量可靠度的计算。

Low（1997，2003）、Low 等（1998）基于垂直条分法，提出了应用 Microsoft Excel 数据表和 Solver 规划求解器搜索临界滑动面的方法——数据表法。谭文辉等（2003）采用可任意条分的 Sarma 法，利用 Microsoft Excel 数据表及其非线性规划求解工具，对数值模拟得出的初始滑动面进一步优化，确定边坡的最危险滑动面，可用于评价各类型滑坡的稳定性。Zhang 等（2009）分别将 Spencer 法、Bishop 法与数据表法相结合，通过优化获得了抗剪强度参数 c、φ 值和孔隙水压力系数 r_u。

数据表法具有较强的迭代运算功能，计算过程直观，避免了繁重的编程工作，适用于平面、圆弧形、非圆弧形或组合形状的边坡滑面分析，便于掌握和实际应用。数据表法不仅可用于 Sarma 法，还可用于其他的边坡稳定性分析法。本书将基于最大似然法的简化公式应用于 Excel 数据表，结合概率法和无限边坡稳定性分析法及极限分析上限法进行边坡强度参数反演优化计算，并将结果与下文的约束优化法及基于最优化原理的蒙特卡罗法计算结果进行对比分析。

11.4.1.1　数据表法的基本理论

$g(\theta, r)$ 代表边坡稳定性模型（如基于极限平衡法或极限分析法的模型），其中向量 θ 表示不确定的随机变量，可能包含土体强度参数和孔隙水压力参数，而向量 r 则表示确定的输入参数。为了简化计算，在下文中 r 将作为确定值而忽略对边坡稳定性模型的影响。实际上，无论是通过岩土试验还是工程经验来确定岩土参数，都必须掌握 θ 的先验知识。为简单起见，假设 θ 的先验知识可以用一个多元正态分布描述，其中多元正态分布 θ 的均值为 μ_θ，协方差矩阵为 C_θ，然后根据观测到的边坡失稳信息来改善 θ 的概率分布。如果这种假设无法满足，可以应用 Nataf 转换技术或 JC 法中的当量正态化方法将 θ 的先验分布转换成多元正态分布，再运用上述方法进行反演计算。

反演计算结果的可信度取决于地质土层识别的准确性（包括准确的滑动面位置），以及对破坏机理的认识。如果反演分析是基于不真实的地层信息或者错误的破坏机理，那么反演结果将会失去意义。因此，在进行反演计算之前，必须勘察清楚地质土层信息和边坡滑动面位置。此外，边坡稳定性模型 $g(\theta)$ 能够正确地反映边坡失效机理。

边坡稳定性模型 $g(\theta)$ 的预测可能会受到模型误差的影响，这是反演分析中的一个普遍存在的问题。在这种情况下，即使计算的安全系数为 1，边坡的实际安全系数也可能不为 1。为了定量地分析模型缺陷的影响，可将模型不确定性定义为随机变量：

$$\varepsilon = y - g(\theta) \tag{11-9}$$

式中，y 表示实际的安全系数；ε 为描述模型不确定性的随机变量。为简单起见，假设 ε 服从正态分布，均值为 μ_ε，标准差为 σ_ε，其概率密度函数在反演分析中保持不变。

Christian 等（1994）提出了 Bishop 简化法的模型不确定性均值 $\mu_\varepsilon = 0.05$，标准差 $\sigma_\varepsilon = 0.07$。假定本书工程实例的模型不确定性也可以模拟为正态分布随机变量，其均值为 0.05，标准差为 0.07，即 $\mu_\varepsilon = 0.05$，$\sigma_\varepsilon = 0.07$。

由于试验不确定性会引入额外的土体强度参数不确定性，因此，随机变量的统计数据不考虑试验不确定性的影响。此外，同样不考虑土壤特性的空间变异性的影响。因为土壤特性沿着滑动面产生空间波动，一个点的较高值会被另一点的较低值所平衡。空间变异性的存在降低了滑动面土壤特性的不确定性。由于缺乏对试验不确定性和空间差异性信息的满意评价，因此，假定它们在很大程度上相互抵消。

基于上述假设，多元正态分布 θ 改善以后的分布也可以用多元正态分布近似表示，令 $\mu_{\theta|Y}$ 和 $C_{\theta|Y}$ 分别表示 θ 改善后的均值和协方差矩阵。多元正态分布可以由其均值和协方差矩阵充分确定，因此，反分析的任务变成确定 $\mu_{\theta|Y}$ 和 $C_{\theta|Y}$。

对于一般的边坡稳定性模型 $g(\theta)$，$\mu_{\theta|Y}$ 是观察边坡失稳的一个最优点，也是引起边坡失稳可能性最大的参数组合。通过将不拟合函数 $2S(\theta)$ 最小化，可以得到 $\mu_{\theta|Y}$：

$$2S(\theta) = \frac{[g(\theta) + \mu_\varepsilon - 1]^{\mathrm{T}}[g(\theta) + \mu_\varepsilon - 1]}{\sigma_\varepsilon^2} + (\theta - \mu_\theta)^{\mathrm{T}} C_\theta^{-1} (\theta - \mu_\theta) \tag{11-10}$$

协方差矩阵 $C_{\theta|Y}$ 描述了 θ 中各元素不确定性的大小，以及各元素间的相关性，可由下式确定：

$$C_{\theta|d} = \left(\frac{G^{\mathrm{T}}G}{\sigma_\varepsilon^2} + C_\theta^{-1}\right)^{-1} \tag{11-11}$$

$$G = \left.\frac{\partial g(\theta)}{\partial \theta}\right|_{\theta = \mu_{\theta|d}} \tag{11-12}$$

式中，G 为 $g(\theta)$ 在 $\theta = \mu_{\theta|Y}$ 处敏感性的行向量。

其中，Hasofer-Lind 可靠度指标表达式为

$$\beta = \min_{x \in F} \sqrt{(\theta - \mu_\theta)^{\mathrm{T}} C_\theta^{-1} (\theta - \mu_\theta)} \tag{11-13}$$

式（11-10）~式（11-12）显示多元正态分布 θ 的反演计算取决于 $\mu_{\theta|Y}$ 和 $C_{\theta|Y}$，即 θ 的先验信息和边坡失稳信息。先验分布的改变将导致 θ 反演结果的改变，这意味着在反演分析中，边坡稳定性的参数信息来源十分重要。

乍一看，这种方法的应用似乎不简单，因为式（11-10）的最小化与边坡稳定性模型 $g(\theta)$ 耦合在一起。但是，式（11-10）的最小化可以通过常用的 Excel 数据表自带的优化算法内置工具自动实现，这样就避免了烦琐的编程工作。该方法适用于单一土层和成层土的边坡失稳问题，而且 θ 的先验分布相关与否均适用。

利用式（11-10）进行参数反演分析的优化求解，看似很复杂，但实际上可以通过 Excel 表格自带的优化算法内置工具实现。但是也有可能在求解过程中无法找到使式（11-10）取得最小值的解，为了降低这种可能性，尽可能得到优化解，可以采用多个不同的初始值进

行式（11-10）的最小化求解。如果存在多个解能使式（11-10）得到相应的最小值，那么这几个解的后验均值及后验协方差矩阵之间的差异性与初始值的分散程度成正比。此时，应选择这些解中对应 $S(\theta)$ 最小时的解作为最终的优化解，并将该解的后验均值和后验结果协方差矩阵作为讨论的依据。

11.4.1.2　数据表法计算步骤

1）在 Excel 中创建一个新文件，输入 $g(\theta)$ 的确定值、θ 的均值 μ_θ 和 C_θ，以及模型不确定性随机变量的均值 μ_ε 和标准差 σ_ε。设置初始设计验算点在均值。

2）用公式输入行向量 $(\theta-\mu_\theta)^{\mathrm{T}}$ 和列向量 $(\theta-\mu_\theta)$。

3）求解 C_θ 的逆矩阵 C_θ^{-1}：命名 C_θ 的 $n\times n$ 阶所有单元格为“Array”，选中 $n\times n$ 个空白单元格作为逆矩阵的位置，输入“=MINVERSE（Array）”。按 Ctrl+Shift+Enter 组合键来确定为数组公式，此时公式处会显示为“= {MINVERSE（Array)}”。

4）用矩阵相乘函数 MMULT 来求 $C_\theta^{-1}(\theta-\mu_\theta)$ 和 $(\theta-\mu_\theta)^{\mathrm{T}}C_\theta^{-1}(\theta-\mu_\theta)$。在输入数组公式时，同样需要按 Ctrl+Shift+Enter 组合键。

5）输入 $g(\theta)$ 和不拟合函数 $2S(\theta)$ 的计算公式。

6）启动 Solver 规划求解器，设置规划求解参数，设计目标单元格为 $2S(\theta)$，可变单元格为 θ，约束为 $g(\theta)=0$，如图 11-19 所示。规划求解器选项（图 11-20）的参数可以调整，一般采用默认值（精度 1e−6，正切函数估计，向前差分导数，牛顿法搜索）即可。点击“求解”，计算得出 θ 的后验分布的 $\mu_{\theta|Y}$。

上述整个求解过程除了随机变量的统计值以外，只用到了由基本变量组成的极限状态函数。而通常情况下，极限状态函数是针对某一具体岩土工程问题的确定性模型，因此，采用 Excel 数据表法进行岩土工程反分析极为简便有效。本书的优化求解是针对独立随机变量进行的，对于相关的随机变量可将协方差矩阵转换为不相关变量再进行计算。

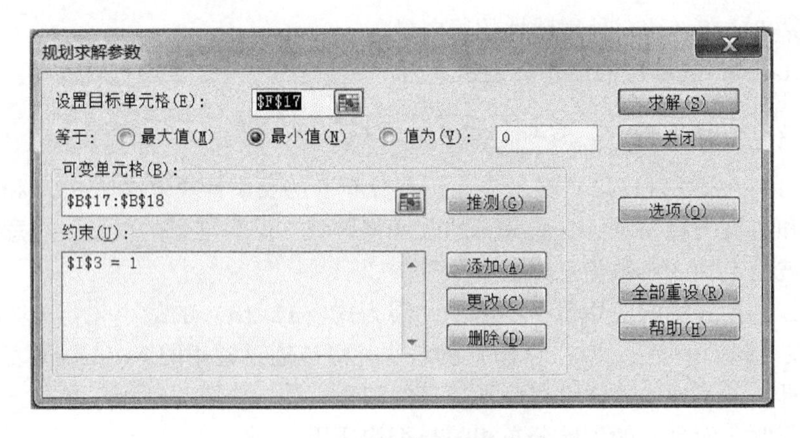

图 11-19　设置规划求解参数

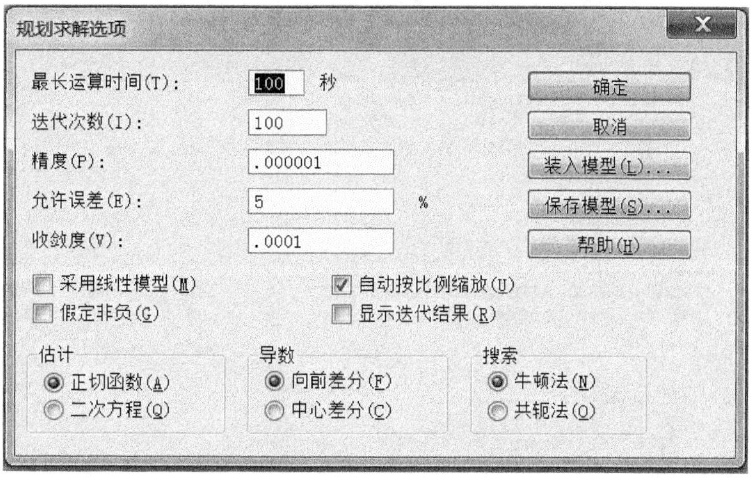

图 11-20　规划求解选项

11.4.2　工程应用分析

以朱雀洞滑坡 2-2′ 断面为计算滑动面，建立关于 c 和 φ 的安全系数表达式的边坡稳定分析模型 $g(\theta)$。构建基于极限分析上限法的 Excel 数据表，计算模型如图 11-6 所示。

由前文可知，基于极限分析上限法的均质土坡安全系数的表达式如下：

$$F_s = \frac{\sum_{i=1}^{n} l_i v_i c\cos\varphi + \sum_{i=2}^{n} [h]_{i-1,\ i}[v]_{i-1,\ i} c\cos\varphi}{\sum_{i=1}^{n} v_i [W_i \sin(\alpha_i - \varphi) + U_i \sin\varphi] + \sum_{i=2}^{n} [v]_{i-1,\ i} P_{w(i-1,\ i)} \sin\varphi} \tag{11-14}$$

则极限状态方程为

$$Z = \frac{\sum_{i=1}^{n} l_i v_i c\cos\varphi + \sum_{i=2}^{n} [h]_{i-1,\ i}[v]_{i-1,\ i} c\cos\varphi}{\sum_{i=1}^{n} v_i [W_i \sin(\alpha_i - \varphi) + U_i \sin\varphi] + \sum_{i=2}^{n} [v]_{i-1,\ i} P_{w(i-1,\ i)} \sin\varphi} - 1 = 0 \tag{11-15}$$

对滑带土样本进行饱和三轴试验得出黏聚力和内摩擦角的均值分别为 $\mu_c = 7\text{kPa}$ 和 $\mu_\varphi = 13°$，标准差分别为 $\sigma_c = 3\text{kPa}$ 和 $\sigma_\varphi = 1°$。朱雀洞特大滑坡的勘察报告中并没有记录 c 和 φ 的相关性，在本书反演分析中假定 c 和 φ 相互独立。因此，关于 c 和 φ 的先验知识可由一个多元正态分布表示，均值为 $\mu_\theta = \{7,\ 13\}^{\mathrm{T}}$，协方差矩阵如下：

$$C_\theta = \begin{bmatrix} 3^2 & 0 \\ 0 & 1^2 \end{bmatrix} \tag{11-16}$$

Solver 规划求解器设置为“通过改变单元格 B20 和 B21，使 H20 获得最小值，其中约束条件为 M3 = 1.0”。计算结果列于表 11-7 中。

表 11-7　基于极限分析上限法的反演数据表

	A	B	C	D	E	F	G	H	I	J	K	L	M
1	步骤1：建立边坡稳定性模型												
2	slice#	α	φ	v	$[v]$	l	c	h	z	U	P_w	W	F_s
3	1	18	12.92228	1		33.3	6.772329		0	0		4113.18	1.000001
4	2	23	12.92228	0.991864	-0.08726	23.6	6.772329	8.2	0	0	0	4091.49	
5	3	18	12.92228	1	0.087263	30.7	6.772329	13.3	0	0	0	7859.43	
6	4	15	12.92228	1.008655	0.053288	40.4	6.772329	15.8	0	0	0	11343.38	
7	5	14	12.92228	1.012194	0.017986	59.4	6.772329	15.1	1.28	380.16	8.192	16032.08	
8	6	10	12.92228	1.029767	0.073396	51.1	6.772329	15.7	2.28	909.58	25.992	8660.93	
9	7	13	12.92228	1.016067	-0.05528	46.9	6.772329	3.3	0.79	719.915	3.1205	4160.82	
10	8	5	12.92228	1.060021	0.151313	22.1	6.772329	6.3	0.96	193.375	4.608	1681.06	
11	9	3	12.92228	1.07496	0.040143	15.5	6.772329	2.8	0.8	136.4	3.2	758.72	
12													
13	先验均值和协方差矩阵												
14		μ_θ		C_θ									
15	c	7		9	0								
16	φ	13		0	1								
17													
18	步骤2：计算后验均值												
19		$\mu_{\theta\|Y}$		μ_ε	σ_ε		$Y(F_s)$	$2S(\theta)$					
20	c	6.772329		0.05	0.07		1	0.522006					
21	φ	12.92228											
22													

由表 11-7 可知，$2S(\theta)_{\min}=0.522$，对应的土性参数 $c=6.77\text{kPa}$，$\varphi=12.92°$，该值与前文提及的现场勘测试验的抗剪强度参数较为吻合，验证了该方法的正确性和有效性。

11.5　基于蒙特卡罗法的滑坡抗剪强度参数反演分析

11.5.1　工程概况

某隧道进口右洞边坡上部为粉质黏土，硬塑-坚硬，含碎石，厚度为 1～2m；下部为板溪群五强溪组条带状板岩，紫红色，全—强风化，为极软岩薄层状结构，岩体破碎，遇水软化，自身稳定性差。由于隧道洞口处存在明显的偏压，隧道右侧临时边坡较高，边坡坡高约为 22m，坡角约为 75°。该段需做明洞并回填，因此，边坡采取临时锚喷防护。施工期间受降雨影响，边坡在雨水等其他因素综合作用下，原有裂缝迅速发展，边坡锚喷表面龟裂成网状，继而整个边坡发生滑塌。滑塌体长约 23m，高约 22m，滑塌体基本沿坡面浅层范围滑下。

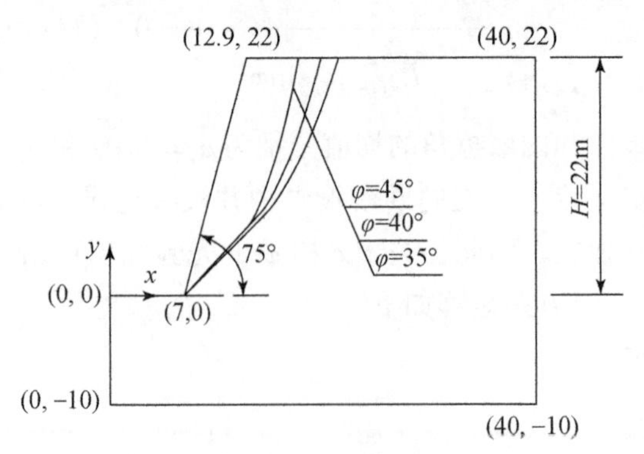

图 11-21　不同内摩擦角取值时边坡滑动面的对比（单位：m）

以该隧道口边坡滑塌为例，王超等（2011）以坡脚水平方向附近为坐标原点建立直角坐标系，边坡简化模型、各特征点坐标和反演出的破坏形态如图 11-21 所示。其中边坡高度为 22m，坡面与水平向夹角为 75°，边坡水平。边坡岩土体自重范围变化不大，取容重 22kN/m³。与之对应的抗剪强度参数反演关系曲线值见图 11-23。

11.5.2　基本原理

11.5.2.1　蒙特卡罗法可靠度分析

蒙特卡罗法也被称为随机模拟方法或者统计试验方法，是一种随着计算机的发展而兴起的数值方法，可以用来解决不确定性和确定性问题。用蒙特卡罗法进行边坡可靠度分析时，它的优点是不需要考虑边坡结构可靠度分析中存在的数学困难，回避了极限状态曲面的复杂性。此外，若基本变量不发生改变，可通过条件概率密度，将多维问题转化为一维问题，进而求解。但传统的蒙特卡罗法只能计算出可靠度指标 β，而无法得到验算点 P^* $(x_1^*, x_2^*, x_3^*, \cdots, x_n^*)$。本书采用的是基于最优化原理的蒙特卡罗法，利用 MATLAB 统计工具箱产生分布随机数，同时得到结构的验算点和可靠度指标。

采用蒙特卡罗法进行优化求解时，可通过对分布在极限状态曲面上的随机变量进行抽样，并计算各抽样点到原点的距离，其中最小距离就是要求的可靠度指标，求解的关键是对已知分布的随机变量进行抽样，得到随机数，而这可以通过 MATLAB 语言实现。利用蒙特卡罗法寻找验算点的基本思路：对于 n 个随机变量，为使抽样点均落在极限状态曲面上，只需要对其中 $n-1$ 个随机变量进行抽样，其他的可以通过极限状态方程求出。

$$g(x_1, x_2, x_3, \cdots, x_n) = 0 \tag{11-17}$$

$$x_i = g'(x_1, x_2, x_3, \cdots, x_{i-1}, x_{i+1}, \cdots, x_n) \tag{11-18}$$

其计算步骤如下。

1）对 $n-1$ 个随机变量 x_1，x_2，x_3，…，x_{i-1}，x_{i+1}，…，x_n 均产生 N 个具有已知分布的随机数；

2）由极限状态方程计算剩余随机变量 $x_i = g'(x_1, x_2, x_3, \cdots, x_{i-1}, x_{i+1}, \cdots, x_n)$；

3）做映射变换 $Y_i = \Phi^{-1}[F_i(x_i)]$，$F_i(\cdot)$ 是随机变量 x_i 的概率分布函数，$i=1, 2, 3, \cdots, n$；

4）计算 $\beta_j = \left(\sum_{i=1}^{n} Y_i^2\right)^{\frac{1}{2}}$，$j=1, 2, 3, \cdots, n$，其中 β_j 的最小值即为所求，设定精度 $|\beta_j - \beta_{j-1}| < \varepsilon$（$\varepsilon$ 可取 0.001）。

MATLAB 编程注意事项如下。

1）在产生随机数时，以矩阵形式一次性产生所有随机数，避免使用循环语句，可提高运算速度；

2）进行映射变换时，利用 MATLAB 的数组运算功能，一次性完成所有随机数的映射变换，避免使用循环语句，以提高运算速度。

11.5.2.2　基于能耗分析理论的极限状态方程建立

针对该简单均质边坡，本书对滑坡实例建立含有变量的机动容许速度场，详细分析过程见第 3 章 3.3.1 节。根据外力功率与内部耗能相等原理，求出 F_s 计算的极限状态方程

［见 3. 3. 1 节式（3-22）］，并以此为理论依据开展均质边坡的抗剪强度参数反演分析。

11. 5. 3 计算与分析

本节采用蒙特卡罗法对滑坡参数进行可靠度反分析，并与王超等（2011）的计算结果进行对比。基于可靠度理论进行参数反分析，只需要一个滑坡截面，但是需要有滑坡抗剪强度参数的先验信息，并且先验信息的准确性对分析结果的准确性影响较大。根据王超等（2011）的结论与分析成果，c、φ 的均值分别为 30kPa、40°，标准差分别为 5kPa、8°。蒙特卡罗法通过对数据进行较高次数的模拟，统计得到参数反分析值，因而每次计算结果并不完全一致。为得到较可靠的结果，本节总计进行了 100000 次统计，每次蒙特卡罗模拟次数 $N=10^5$。

由统计图 11-22 可以看出各数据的集中分布情况，根据其分布，认为抗剪强度参数反演分析值可以取为 $c=30.73\text{kPa}$，$\varphi=42.73°$，可靠度指标 $\beta=0.3830$。

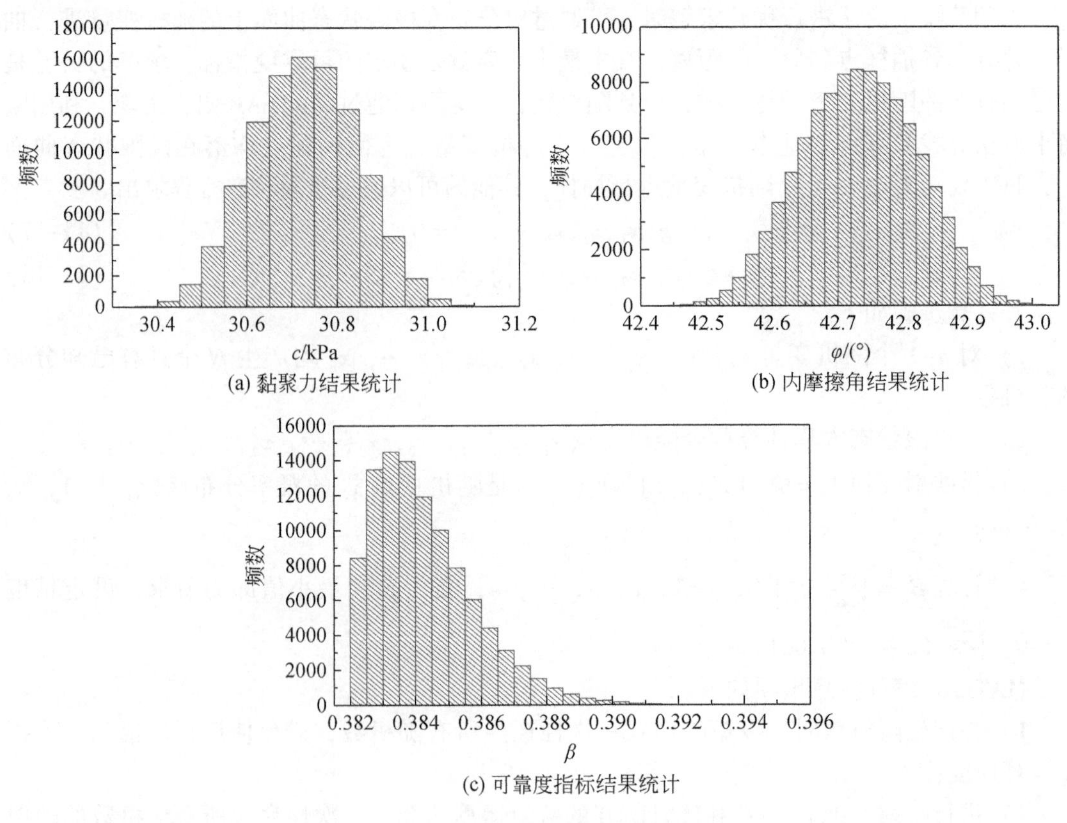

(a) 黏聚力结果统计　(b) 内摩擦角结果统计

(c) 可靠度指标结果统计

图 11-22　蒙特卡罗法反分析结果统计

为方便将本书计算结果与王超等（2011）文献的计算结果进行对比分析，在此做结果对比，如图 11-23 所示。

从图 11-23 中可以看出，采用本书计算方法得到的 c、φ 曲线位于已有文献所得结果曲线的上方，变化趋势基本一致，随着内摩擦角 φ 增加，黏聚力 c 减小。利用蒙特卡罗法

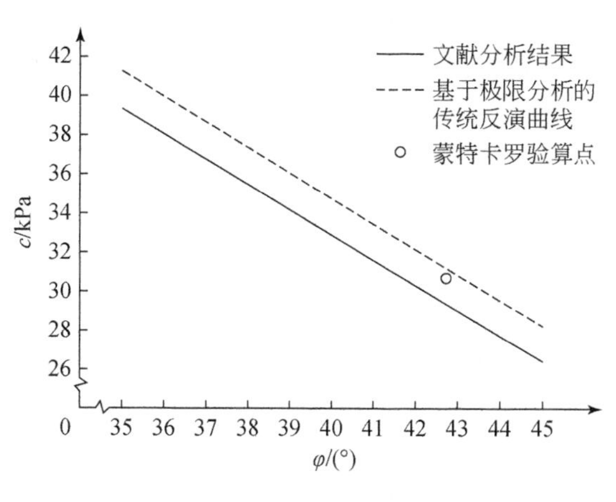

图 11-23　计算结果对比图

进行抗剪强度参数反演得到的验算点结果与 c、φ 关系曲线十分接近，可以验证本书基于蒙特卡罗法进行滑坡抗剪强度参数反演方法的可行性和有效性。

11.6　参数相关性对滑坡抗剪强度参数反演分析的影响

需要指出的是，以往对边坡可靠度的分析较少考虑抗剪强度参数之间相关性的影响，而越来越多的学者根据统计数据和实验结果分析表明抗剪强度参数之间存在着相关性。土层中任意空间位置的同一抗剪强度参数存在自相关性，同一空间位置的不同抗剪强度参数存在互相关性。c、φ 之间存在的互相关性已被广泛接受，但不同学者对参数自相关性的影响缺乏统一意见，如蒋水华等（2014）、李亮等（2004）认为参数的自相关性对可靠度指标有很大影响，而 Li 和 Lumb（1987）则认为边坡可靠度对自相关函数形式并不敏感。

基于以上考虑，本节对抗剪强度参数的互相关性是否会对参数反演结果产生影响展开讨论。通过选取不同相关系数进行参数评估分析，研究表明抗剪强度参数的相关性对参数反演结果及可靠度指标有很大影响，忽视 c、φ 的相关性会对工程设计计算造成较大误差。

11.6.1　抗剪强度参数 c、φ 的相关性

土体是在极为漫长的历史过程中形成的，其组成和性质极为复杂多变，不同空间位置的土的性质相差很大。大量研究表明，空间任意两点同一抗剪强度参数存在自相关性，而且不同抗剪强度参数之间存在相互关系。因此，对于形成于相同历史环境下的土体，抗剪强度参数之间必然存在着某种联系，将 c、φ 作为独立变量显然是不合理的，在工程设计及计算中应该考虑其相关性。土体参数的相关性分为自相关性和互相关性，自相关性随着两点距离的增大而减弱，表现为空间变异性，往往采用自相关函数进行分析。对于互相关性，则引入相关系数描述参数之间的相互关系。考虑到不同学者对参数自相关性的研究结论不一，而且本书侧重的是将 c、φ 同时视为变量进行抗剪强度参数的反演，因此，本书暂未考虑 c、φ 的自相关性，着重分析研究 c、φ 间的互相关性，下文提到的 c、φ 相关性

均指其互相关性。

为引入参数相关性影响分析，在抗剪强度参数可靠度反演分析中引入相关系数 $\rho_{c,\varphi}$，相应的相关系数矩阵为

$$\begin{bmatrix} 1 & \rho_{c,\varphi} \\ \rho_{c,\varphi} & 1 \end{bmatrix} \tag{11-19}$$

根据相关系数矩阵得到协方差矩阵，从而在可靠度分析中反映 c、φ 相关性对参数反演结果及可靠度指标的影响。利用离散椭圆进行可靠度分析时，若参数不相关，单位离散椭圆为一个以均值点为中心，标准差为长短轴且平行于坐标轴的椭圆图形，否则该椭圆会相应倾斜，如图 11-24 所示。

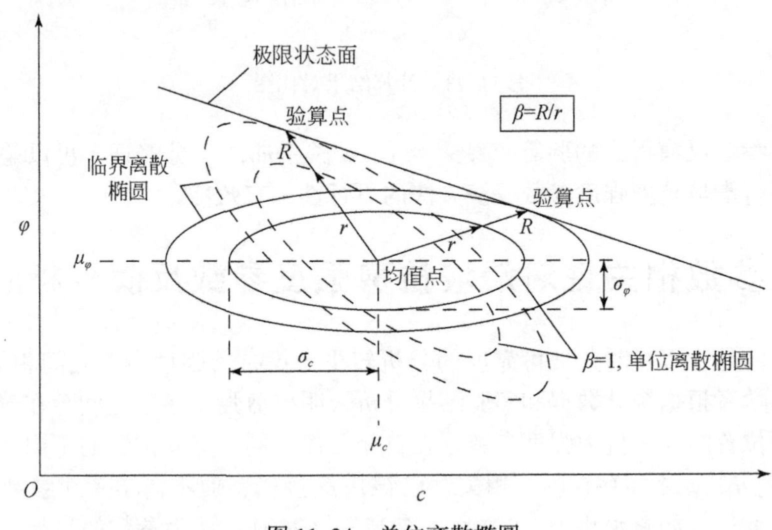

图 11-24　单位离散椭圆

11.6.2　二维滑裂面算例分析

前面的计算假定 c 和 φ 相互独立，但越来越多的研究表明 c、φ 之间存在一定的负相关性，其中一些学者认为其相关系数取值在-0.24 ~ -0.7。为了研究 c、φ 相关性对滑坡抗剪强度参数确定及可靠度分析的影响，本书选取相关系数 $\rho_{c,\varphi}$ 为-0.3、-0.5、-0.7 和-0.9，进行参数评估分析。以朱雀洞滑坡 B 断面为例，采用数据表法进行二维可靠度反分析。

经计算得到的结果汇总于表 11-8 中，先验分布与反演后验分布对比如图 11-25 所示。从中可以看出在考虑了 c、φ 相关性之后，随着负相关性的增大，得到的验算点结果与不考虑相关性得到的结果之间的差值越来越大。

表 11-8　c、φ 相关性对反演的影响

$\rho_{c,\varphi}$	0	-0.3	-0.5	-0.7	-0.9
验算点 P^*	(8.316, 13.507)	(8.223, 13.534)	(8.100, 13.569)	(7.815, 13.651)	(6.465, 14.040)
可靠度 β	0.67	0.80	0.94	1.21	2.02

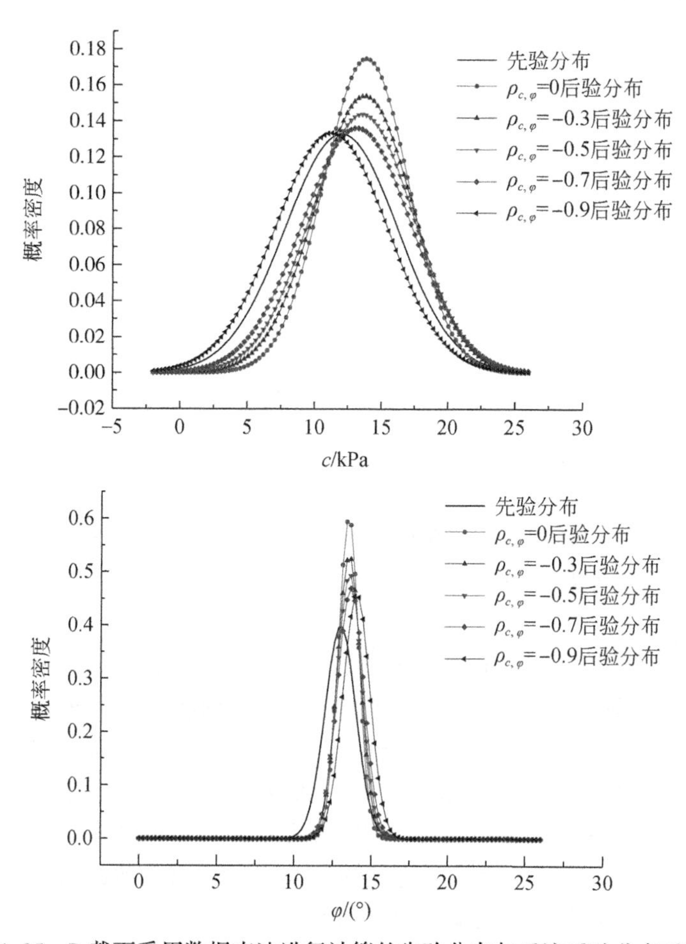

图 11-25　B 截面采用数据表法进行计算的先验分布与反演后验分布对比图

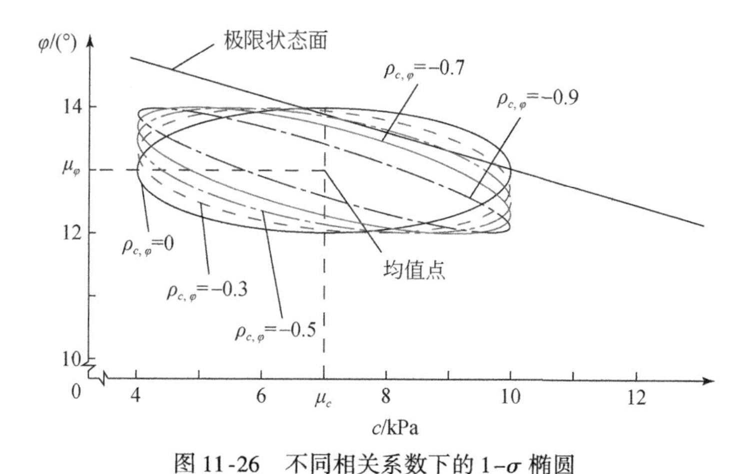

图 11-26　不同相关系数下的 1-σ 椭圆

在概率反分析过程中，所有基本随机变量的分布都得到了改善，但是不同参数的概率密度分布的变化并不是一样的。如图 11-25 所示，可知内摩擦角 φ 的先验分布和改善后的分布相差较大，而黏聚力 c 的概率密度分布未发生明显变化。这是因为不同参数对安全系

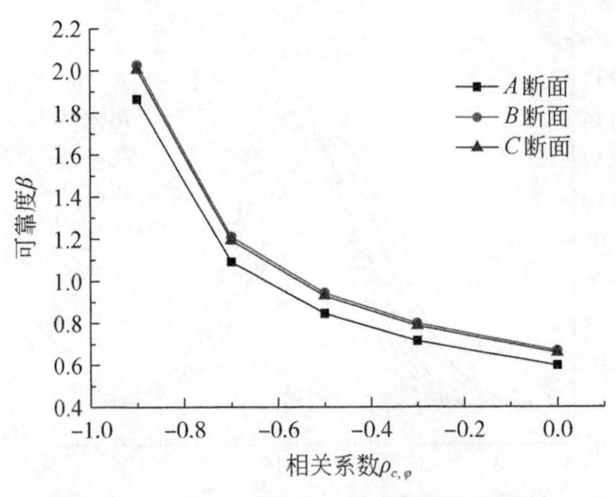

图 11-27　相关系数 $\rho_{c,\varphi}$ 对可靠度指标影响

数不确定性的影响不同，影响越大，参数的概率密度分布改变就越大。此外，从图 11-25 中可以看出，后验分布较先验分布更为集中，这是因为经过反分析后，输入参数的不确定性均有所降低。

根据不同相关系数得到的 1-σ 椭圆如图 11-26 所示，从图中可以看出，随着负相关性的增大，椭圆的倾斜程度越来越大，其达到与极限状态面相切所需要的变化也越大，即可靠度指标越来越大。如当 $\rho_{c,\varphi}=0$ 时，B 断面反演的可靠度指标为 0.67，而当 $\rho_{c,\varphi}=-0.9$ 时，可靠度指标已经增大到 2.02（图 11-27）。即便对于可靠度指标很小的整体滑坡，当 $\rho_{c,\varphi}=-0.9$ 时，其可靠度指标已达到 $\rho_{c,\varphi}=0$ 时的两倍多。从先验分布与反演后验分布对比图 11-28 中也可以看出，经参数反演后得到的参数分布随相关系数的改变有较大变化。由上述分析可知，如果不考虑抗剪强度参数之间的负相关性，对边坡进行参数可靠度反分析时，得到的可靠度指标将趋于保守，其参数反演值也可能相差较大，可见，为得到符合实际的参数反演值，掌握准确的先验分布信息尤为重要。

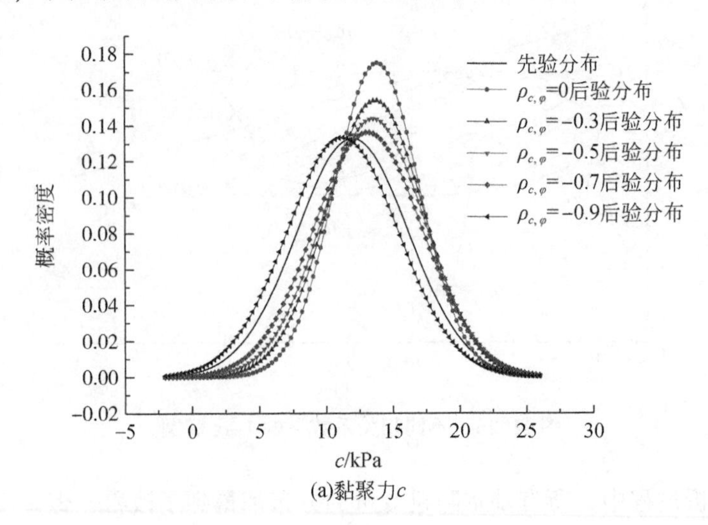

(a)黏聚力c

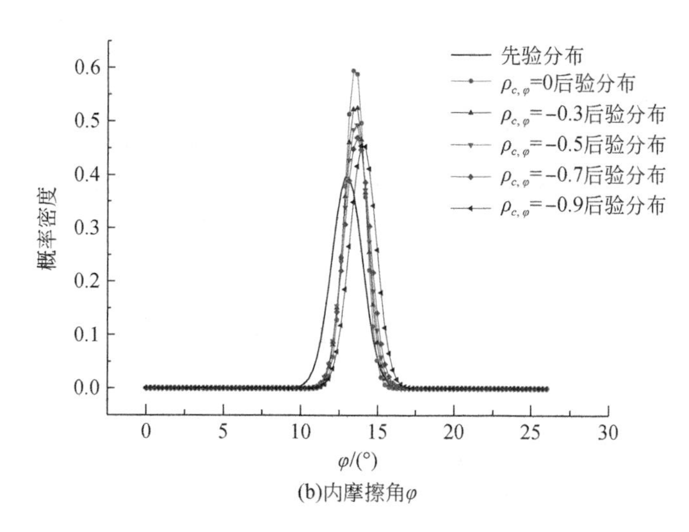

(b)内摩擦角φ

图 11-28　B 断面采用数据表法进行计算的先验分布与反演后验分布对比图

11.7　本 章 小 结

1）本章基于可靠度理论和极限分析方法提出了滑坡抗剪强度参数反演方法，通过工程实例计算分析验证了方法的有效性。

2）基于可靠度理论的滑坡抗剪强度参数反演能耗分析法能够考虑参数分布的随机性和不确定性，可以解决单一滑动面的参数反演问题，具有良好的工程应用前景。

3）抗剪强度参数反演值受所选取计算断面的影响，如何选取滑坡断面或区域建立稳定性分析模型非常重要。在不考虑其他因素对反演结果影响的条件下，对于小型滑坡可以选择最危险滑面进行二维参数反演。对于大中型滑坡，如果只选取最危险滑面一个断面进行反演，将该断面的反演值作为整个滑坡的设计值，对于地质条件较好的滑坡区域而言，该结果将偏于保守，给滑坡的防治和治理带来过高的代价。此时，可根据滑坡地质条件进行区域划分，对不同区域采用各自参数反演值作为设计值。

4）抗剪强度参数 c、φ 的互相关性对参数反演结果及可靠度指标有很大影响，忽视 c、φ 负相关性的存在会导致可靠度指标趋于保守，准确的先验分布信息对滑坡抗剪强度参数反分析极为重要。

本章基于可靠度理论提出了滑坡抗剪强度参数反演方法，相比于传统方法有较大改进，但仍存在许多需要进一步研究的问题。例如，本书在分析参数相关性对可靠度反演结果的影响时，侧重研究抗剪强度参数之间的互相关性，暂未考虑参数自相关性的影响；此外，自然界滑坡存在多种失稳模式，本书目前只考虑了单一整体失稳模式，不同失稳模式、多区域关联特性的复杂滑坡抗剪强度参数分析方面仍值得深入。

第12章　基于失稳状态能耗最小原理的边坡加固能耗分析方法

12.1　本章概述

岩土边坡在复杂环境荷载作用下，如爆破震动、施工干扰、降雨、地下水位升降、地表超载和地震偶然荷载的作用下易出现超过原有设计安全储备的失稳状态。岩土边坡失稳事故发生后，加固和修复失稳路段岩土边坡需求急迫，加固处治越及时有效，灾害造成的损失和社会影响就越小。目前广泛开展的各类加固处治设计方法主要以极限平衡法和有限单元法为主。近年来，通过引入加固效应的能耗效应，能耗分析法已经拓展至加固边坡的稳定性分析问题中来。本章基于强度折减技术和极限分析上限理论，根据失稳状态能耗最小原理完善了边坡加固方法设计的能量分析法（加筋土、锚板墙、抗滑桩、锚索杆等)，并结合工程实际，提出了岩土边坡加固设计的能耗分析方法和流程。

12.2　加筋土边坡稳定性分析与设计计算

12.2.1　概述

目前，国内外学者对基于极限分析上限法的加筋土边坡稳定分析进行了大量研究，取得了许多重要成果。其中，较多研究成果主要探讨维持加筋土边坡稳定的最小加筋强度或一定加筋强度条件下的加筋土坡临界高度两个方面。近年，已有文献通过结合强度折减技术，对加筋边坡安全系数计算方法开展了研究。最近，考虑到填土材料的非线性特性，已有文献首先结合非线性莫尔-库仑准则分析了地震拟静力效应对加筋边坡稳定性的影响。

为面向工程实际应用，并考虑岩土材料抗剪强度的非线性特性，本章通过引入多因素条件，进一步发展完善了加筋边坡稳定性能耗分析法。同时，为便于工程应用，分别给出了线性破坏准则下和砂性土通用非线性破坏准则下考虑不同外界条件影响的加筋边坡稳定性设计计算图表，并通过简单工程实例说明了设计计算图表的使用方法。

12.2.2　加筋土边坡稳定性分析模型

12.2.2.1　破坏模式

以通过坡趾的对数螺旋线旋转间断机构为例进行分析，如图 12-1 所示。其中，旋转机构破坏面为对数螺旋方程面，可表示为

$$r=r_0\cdot e^{(\theta_h-\theta_0)\cdot\tan\varphi} \tag{12-1}$$

式中，θ_0和θ_h为描述螺旋线破坏机构的角度参数；r为与θ相关的极径；r_0为$\theta=\theta_0$的极径；φ为土体内摩擦角。

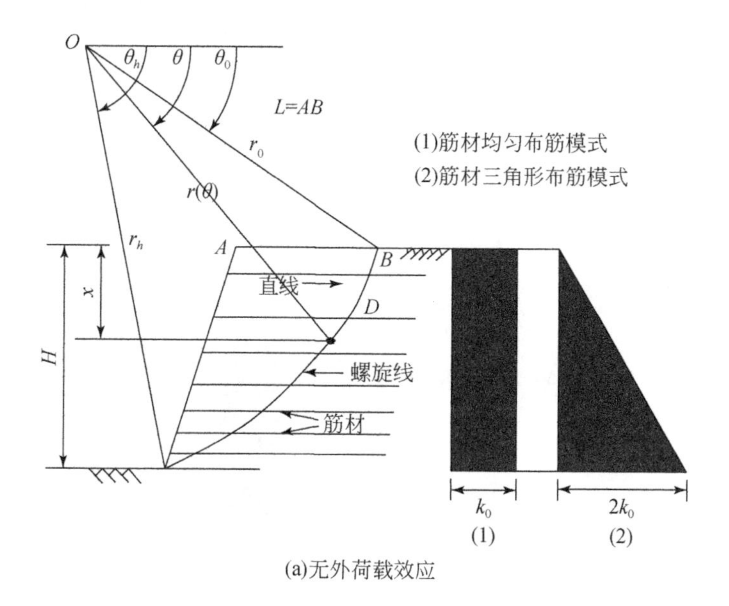

(a)无外荷载效应

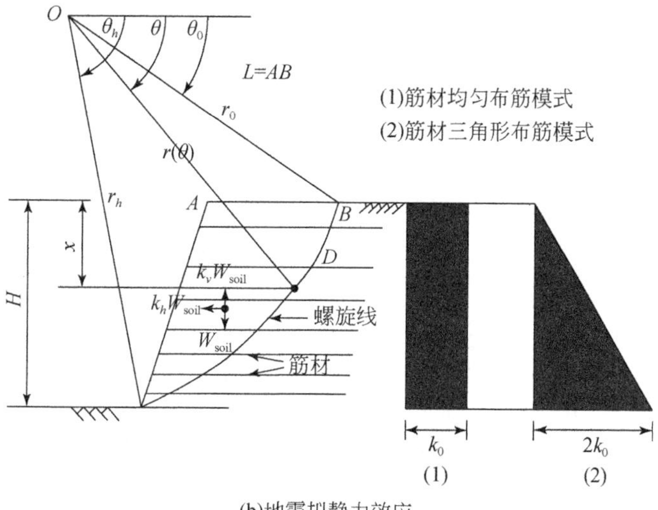

(b)地震拟静力效应

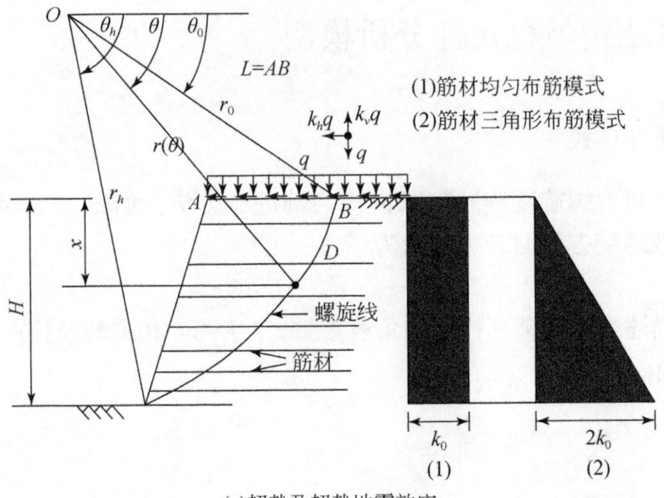

(c)超载及超载地震效应

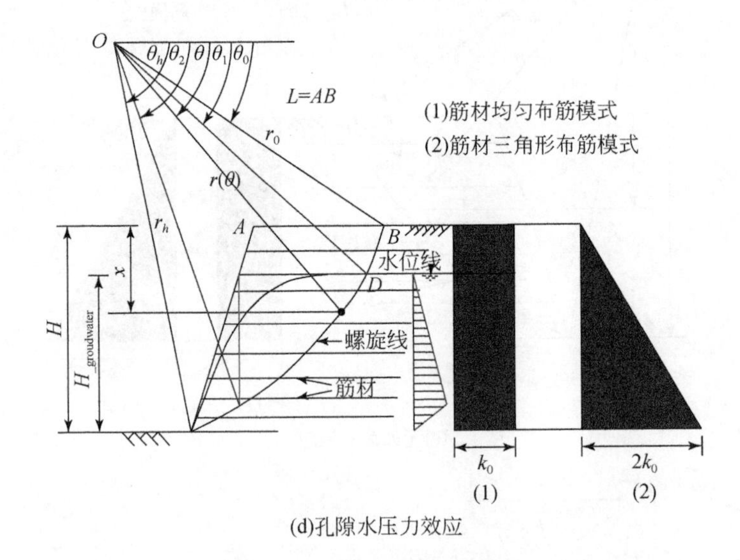

(d)孔隙水压力效应

图 12-1　破坏模式及筋材布设模式

根据螺旋线破坏面的几何关系有

$$H/r_0=\sin(\theta_h)\cdot \mathrm{e}^{(\theta_h-\theta_0)\cdot\tan\varphi}-\sin(\theta_0) \tag{12-2}$$

$$\frac{L}{r_0}=\frac{\sin(\theta_h-\theta_0)}{\sin(\theta_h)}-\frac{\sin(\theta_h+\beta)}{\sin(\theta_h)\cdot\sin(\beta)}\frac{H}{r_0} \tag{12-3}$$

式中，H 为坡高（m）；β 为加筋土坡倾斜角。

为便于稳定性分析，通常假定将分层布置的筋材连续化为均匀布筋模式或三角形布筋模式，如图 12-1 所示，图中 k_0为坡内布筋平均抗拉强度。

定义单位厚度坡体内筋材的抗拉强度为 k_t：

$$k_t=T/s \tag{12-4}$$

式中，T 为单位宽度内的筋材抗拉强度；s 为加筋的竖向间距，对于均匀布筋模式，$s=H/n$，

n 为筋材的层数。

对于均匀布筋模式：

$$k_t = k_0 \tag{12-5}$$

对于三角形布筋模式：

$$k_t = 2k_0 \cdot [\sin\theta \cdot e^{(\theta-\theta_0)\cdot\tan\varphi} - \sin\theta_0]/(H/r_0) \tag{12-6}$$

12.2.2.2　能耗计算

考虑岩土材料重度、坡顶超载、地震影响效应和孔隙水压力效应等外界影响因素的加筋边坡稳定性能耗分析包括外功率与内能耗损率两部分。

（1）外功率

1）重力做功。

如图 12-1 所示的破坏模式，重力做功：

$$W_{soil} = \gamma \cdot r_0^3 \cdot \Omega \cdot (J_1 - J_2 - J_3) \tag{12-7}$$

式中，γ 为岩土容重（kN/m^3）；Ω 为刚性块体 ABC 的角速度；函数 $J_1 \sim J_3$ 的表达式同第 3 章 3.3.1 节式（3-5）～式（3-7）：

$$J_1 = \frac{(\sin\theta_h + 3\tan\varphi\cos\theta_h)e^{3\cdot(\theta_h-\theta_0)\cdot\tan\varphi} - 3\tan\varphi\cos\theta_0 - \sin\theta_0}{3(1+9\tan^2\varphi)} \tag{12-8}$$

$$J_2 = 1/6 \cdot L/r_0 \cdot (2\cos\theta_0 - L/r_0) \cdot \sin(\theta_0) \tag{12-9}$$

$$J_3 = \frac{e^{(\theta_h-\theta_0)\cdot\tan\varphi}}{6}\left[\sin(\theta_h-\theta_0) - \frac{L}{r_0}\sin(\theta_h)\right]\left(\cos\theta_0 - \frac{L}{r_0} + \cos\theta_h e^{(\theta_h-\theta_0)\tan\varphi}\right) \tag{12-10}$$

2）拟静力地震效应

由图 12-1 所示的破坏模式可知，水平动态影响荷载和竖向动态影响荷载做功：

$$W_{k_h soil} = k_h \cdot \gamma \cdot r_0^3 \cdot \Omega \cdot (J_4 - J_5 - J_6) \tag{12-11}$$

$$W_{k_v soil} = k_v \cdot \gamma \cdot r_0^3 \cdot \Omega \cdot (J_1 - J_2 - J_3) \tag{12-12}$$

式中，函数 $J_4 \sim J_6$ 的表达式同第 9 章 9.2.2 节式（9-4）～式（9-6）：

$$J_4 = \frac{(3\tan\varphi\sin\theta_h - \cos\theta_h)e^{3(\theta_h-\theta_0)\cdot\tan\varphi} - 3\tan\varphi\sin\theta_0 + \cos\theta_0}{3(1+9\tan^2\varphi)} \tag{12-13}$$

$$J_5 = \frac{1}{3}\frac{L}{r_0}\sin^2\theta_0 \tag{12-14}$$

$$J_6 = \frac{e^{(\theta_h-\theta_0)\cdot\tan\varphi}}{6}\frac{\sin(\theta_h+\beta)}{\sin\beta}\left(\frac{H}{r_0}\right)\left(2e^{(\theta_h-\theta_0)\cdot\tan\varphi}\sin\theta_h - \frac{H}{r_0}\right) \tag{12-15}$$

3）超载及超载动力效应做功

超载功率：

$$W_q = q r_0^2 \Omega J_q \tag{12-16}$$

其中，

$$J_q = \frac{L}{r_0}\left(\cos\theta_0 - \frac{1}{2}\frac{L}{r_0}\right) \tag{12-17}$$

超载地震影响作用由两部分组成：

$$W_{q\_\ \mathrm{earthquake}}=k_v qr_0^2\Omega J_q+k_h qr_0^2\Omega J_{q\_\ kh}=\zeta k_h qr_0^2\Omega J_q+k_h qr_0^2\Omega J_{q\_\ kh} \tag{12-18}$$

其中，

$$J_{q\_\ kh}=\frac{L}{r_0}\sin\theta_0 \tag{12-19}$$

4）孔隙水压力做功

孔压分布用孔隙水压力系数 r_u 表示，孔隙水压力做功采用文献 Michalowski（1995）中的形式：

$$W_u=\gamma\cdot r_0^3\cdot\Omega\cdot r_u\cdot J_{13} \tag{12-20}$$

式中，

$$J_{13}=\tan\varphi\cdot\int_{\theta_1}^{\theta_2}\frac{k_1}{r_0}\cdot e^{2(\theta-\theta_0)\cdot\tan\varphi}d\theta+\tan\varphi\cdot\int_{\theta_2}^{\theta_h}\frac{k_2}{r_0}\cdot e^{2(\theta-\theta_0)\cdot\tan\varphi}d\theta \tag{12-21}$$

其中，

$$k_1/r_0=r/r_0\cdot\sin\theta-r_1/r_0\cdot\sin\theta_1 \tag{12-22}$$

$$\frac{k_2}{r_0}=\frac{r}{r_0}\sin\theta-\sin\theta_h e^{(\theta_h-\theta_0)\cdot\tan\varphi}+\left[\frac{r}{r_0}\cos\theta-\cos\theta_h e^{(\theta_h-\theta_0)\cdot\tan\varphi}\right]\tan\beta \tag{12-23}$$

还需要满足一定的条件，θ_1 由下式确定：

$$\sin\theta_1\cdot e^{(\theta_1-\theta_0)\cdot\tan\varphi}=\sin\theta_0+L/r_0\cdot\sin\alpha+h \tag{12-24}$$

$$\cos\theta_2\cdot e^{(\theta_2-\theta_0)\cdot\tan\varphi}=\cos\theta_0-L/r_0\cdot\cos\alpha-h/r_0\cdot\cot\beta \tag{12-25}$$

式中，L/r_0 和 H/r_0 为与 θ_h、θ_0、β、φ 相关的函数，具体表达式见式（12-2）和式（12-3）；h 为地下水位线至坡顶线的垂直距离，且 $h=H-H_{\_\ \mathrm{groundwater}}$。

将式（12-22）、式（12-23）代入式（12-21）中进行积分，得到 J_{13} 的显式表达式如下：

$$J_{13}=\tan\varphi(J_{13\_\ 1}+J_{13\_\ 2}) \tag{12-26}$$

其中，

$$\begin{aligned}J_{13-1}&=\int_{\theta 1}^{\theta_2}[\sin\theta e^{3(\theta-\theta_0)\cdot\tan\varphi}-\sin\theta_1 e^{(2\theta+\theta_1-3\theta_0)\cdot\tan\varphi}]d\theta\\&=\frac{[3\tan\varphi\sin\theta_2-\cos\theta_2]e^{3(\theta_2-\theta_0)\tan\varphi}+[\cos\theta_1-3\tan\varphi\sin\theta_1]e^{3(\theta_1-\theta_0)\tan\varphi}}{1+9\tan^2\varphi}\\&\quad-\frac{\sin(\theta_1)}{2\tan\varphi}[e^{(2\theta_2+\theta_1-3\theta_0)\cdot\tan\varphi}-e^{3(\theta_1-\theta_0)\cdot\tan\varphi}]\end{aligned} \tag{12-27}$$

$$\begin{aligned}J_{13-2}&=\int_{\theta_2}^{\theta_h}\left\{\begin{aligned}&e^{3(\theta-\theta_0)\cdot\tan\varphi}\sin\theta-\sin\theta_h e^{(2\theta+\theta_h-3\theta_0)\cdot\tan\varphi}\\&+e^{3(\theta-\theta_0)\cdot\tan\varphi}\cos\theta\cdot\tan\beta-\cos\theta_h\tan\beta\cdot e^{(2\theta+\theta_h-3\theta_0)\cdot\tan\varphi}\end{aligned}\right\}d\theta\\&=\frac{[3\tan\varphi\sin\theta_h-\cos\theta_h]e^{3(\theta_h-\theta_0)\tan\varphi}+[\cos\theta_2-3\tan\varphi\sin\theta_2]e^{3(\theta_2-\theta_0)\tan\varphi}}{1+9\tan^2\varphi}\\&\quad-\frac{(\sin\theta_h+\cos\theta_h\tan\beta)}{2\tan\varphi}[e^{3(\theta_h-\theta_0)\tan\varphi}-e^{(2\theta_2+\theta_h-3\theta_0)\cdot\tan\varphi}]\end{aligned}$$

$$+\tan\beta\frac{[3\tan\varphi\cos\theta_h+\sin\theta_h]\mathrm{e}^{3(\theta_h-\theta_0)\tan\varphi}-[3\tan\varphi\cos\theta_2+\sin\theta_2]\mathrm{e}^{3(\theta_2-\theta_0)\tan\varphi}}{1+9\tan^2\varphi}$$

(12-28)

(2) 内能耗损率

内能耗损率包括土体间断面上的能量耗损率和筋材上的能量耗损率。

1) 土体间断面上的能量耗损率

$$\dot{D}_L=1/2\cdot c_t\cdot r_0^2\cdot\Omega\cdot J_7/\tan\varphi \tag{12-29}$$

其中，

$$J_7=\mathrm{e}^{2\cdot(\theta_h-\theta_0)\cdot\tan\varphi}-1 \tag{12-30}$$

2) 筋材上的能量耗损率

考虑所有的筋材上的能量耗损率沿着速度间断面发生。如图12-2所示，由筋材拉力破坏产生的单位面积速度间断面上的能量耗损率为

$$\mathrm{d}r=\int_0^{t\cdot\sin\eta}k_t\cdot\varepsilon_x\cdot\sin\eta\cdot\mathrm{d}x=k_t\cdot v\cdot\cos(\eta-\varphi)\cdot\sin\eta \tag{12-31}$$

式中，ε_x为筋材方向上的应变率；t为筋材破裂层厚度；η为筋材倾斜角；v为速度间断面上的速度间断量；k_t为一定深度处单位截面上筋材拉伸强度，筋材沿着整个破坏面的能量耗损率为

$$D_r=\int_l\mathrm{d}r=\int_l k_t\cdot v\cdot\cos(\eta-\varphi)\cdot\sin\eta\cdot\mathrm{d}l \tag{12-32}$$

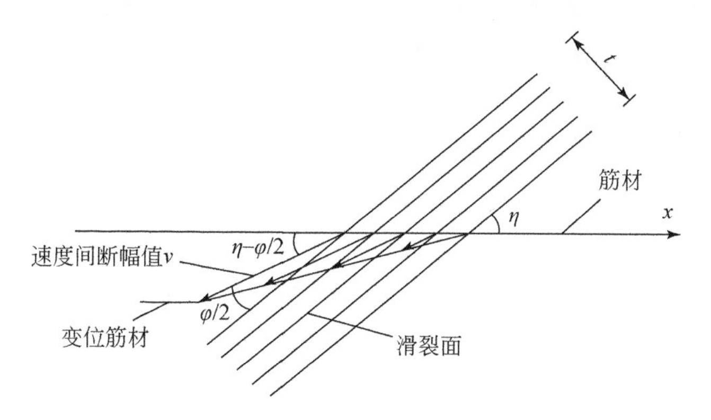

图12-2　筋材拉伸破坏能耗计算示意图

均匀加筋：

因 $r=r_0\mathrm{e}^{(\theta-\theta_0)\tan\varphi}$、$V=\Omega r_0\mathrm{e}^{(\theta-\theta_0)\tan\varphi}$、$k_t=k_0$，且 $\eta=\frac{\pi}{2}-\theta+\varphi$、$\mathrm{d}l=\frac{r\mathrm{d}\theta}{\cos\varphi}$，则：

$$D_r=\int_l\mathrm{d}r=k_t r_0^2\Omega(J_8+J_9-J_{10})/\cos\varphi \tag{12-33}$$

其中，函数$J_8\sim J_{10}$的定义是：

$$J_8=\frac{\cos\varphi}{4}\frac{(\tan\varphi\sin2\theta_h-\cos2\theta_h)\mathrm{e}^{2(\theta_h-\theta_0)\cdot\tan\varphi}-\tan\varphi\sin2\theta_0+\cos2\theta_0}{1+\tan^2\varphi} \tag{12-34}$$

$$J_9=\cos\varphi/4\cdot\left[\mathrm{e}^{2(\theta_h-\theta_0)\cdot\tan\varphi}-1\right] \tag{12-35}$$

$$J_{10}=\frac{\sin\varphi}{4}\frac{(\sin2\theta_h+\tan\varphi\cos2\theta_h)\mathrm{e}^{2(\theta_h-\theta_0)\cdot\tan\varphi}-\tan\varphi\cos2\theta_0-\sin2\theta_0}{1+\tan^2\varphi} \tag{12-36}$$

三角形加筋：

因为 $k_t=2k_0\cdot\left[\sin\theta\mathrm{e}^{(\theta-\theta_0)\cdot\tan\varphi}-\sin\theta_0\right]/(H/r_0)$，所以：

$$D_r=\frac{2k_0r_0^2\Omega}{(H/r_0)\cos\varphi}\left[\left(\frac{3\cos\varphi}{4}J_1+\frac{9\sin\varphi}{4}J_4-J_{11}-J_{12}\right)-\sin\theta_0(J_8+J_9-J_{10})\right] \tag{12-37}$$

其中，函数 $J_{11}\sim J_{12}$的定义是：

$$J_{11}=\frac{\cos\varphi}{4}\frac{(\sin3\theta_h+\tan\varphi\cos3\theta_h)\mathrm{e}^{3(\theta_h-\theta_0)\cdot\tan\varphi}-\tan\varphi\cos3\theta_0-\sin3\theta_0}{3+3\tan^2\varphi} \tag{12-38}$$

$$J_{12}=\frac{\sin\varphi}{4}\cdot\frac{(\tan\varphi\sin3\theta_h-\cos3\theta_h)\mathrm{e}^{3(\theta_h-\theta_0)\cdot\tan\varphi}-\tan\varphi\cdot\sin3\theta_0+\cos3\theta_0}{3+3\tan^2\varphi} \tag{12-39}$$

12.2.2.3　加筋参数计算与稳定性分析

根据内外能量守恒原理，通过转化便可以分别求得一定加筋强度条件下边坡的临界高度值和防止一定高度边坡出现失稳的最小加筋强度值（临界加筋强度）；结合强度折减技术，对原始抗剪强度指标和加筋强度进行折减，且令折减计算后边坡的临界自稳高度等于原始高度，便可求得一定加筋条件下路基边坡的安全系数计算式。

（1）常规无外荷载效应

1）边坡临界高度计算

均匀加筋模式：

$$H=\frac{\frac{1}{2}\frac{cJ_7}{\tan\varphi}+\frac{k_0}{\cos\varphi}(J_8+J_9-J_{10})}{\gamma(J_1-J_2-J_3)}\times\frac{H}{r_0} \tag{12-40}$$

三角形加筋模式：

$$H=\frac{\frac{cJ_7}{2\tan\varphi}\frac{H}{r_0}+\frac{2k_0}{\cos\varphi}\left[\left(\frac{3\cos\varphi}{4}J_1+\frac{9\sin\varphi}{4}J_4-J_{11}-J_{12}\right)-\sin\theta_0(J_8+J_9-J_{10})\right]}{\gamma(J_1-J_2-J_3)} \tag{12-41}$$

2）最小加筋强度计算

均匀加筋模式时，最小加筋强度无量纲形式为

$$\frac{k_0}{\gamma H}=\frac{r_0\gamma(J_1-J_2-J_3)-\frac{1}{2}\frac{cJ_7}{\tan\varphi}}{\frac{\gamma H}{\cos\varphi}(J_8+J_9-J_{10})} \tag{12-42}$$

三角形加筋模式时，最小加筋强度无量纲形式为

$$\frac{k_0}{\gamma H}=\frac{\gamma H(J_1-J_2-J_3)-\dfrac{(H/r_0)\cdot c}{2\tan\varphi}J_7}{\left[\left(\dfrac{3\cos\varphi}{4}J_1+\dfrac{9\sin\varphi}{4}J_4-J_{11}-J_{12}\right)-\sin\theta_0(J_8+J_9-J_{10})\right]}\cdot\frac{\cos\varphi}{2\cdot\gamma H}\tag{12-43}$$

3)加筋路基边坡稳定性计算

均匀加筋模式：

$$F_s=\frac{c\cdot J_7}{2\tan\varphi_f\left[r_0\gamma(J_1-J_2-J_3)-\dfrac{k_{tf}(J_8+J_9-J_{10})}{\cos\varphi_f}\right]}\tag{12-44}$$

三角形加筋模式：

$$F_s=\frac{c\cdot J_7}{2\tan\varphi_f\left\{r_0\gamma\ (J_1-J_2-J_3)\ -\dfrac{2k_{tf}}{\cos\varphi_f}\left[\begin{array}{l}\left(\dfrac{3\cos\varphi_f}{4}J_1+\dfrac{9\sin\varphi_f}{4}J_4-J_{11}-J_{12}\right)\\-\sin\theta_0\ (J_8+J_9-J_{10})\end{array}\right]\right\}}\tag{12-45}$$

式中，$\varphi_f=\arctan(\tan\varphi/F_s)$，且系数 J_1、J_2、J_3、J_4、J_7、J_8、J_9、J_{10}、J_{11}、J_{12}、H/r_0 中的内摩擦角 φ 均由 $\varphi_f=\arctan\ (\tan\varphi/F_s)$ 代替。

(2) 考虑拟静力地震效应

1) 边坡临界高度计算

均匀加筋模式：

$$H=\frac{\dfrac{1}{2}\dfrac{cJ_7}{\tan\varphi}+\dfrac{k_0}{\cos\varphi}(J_8+J_9-J_{10})}{\gamma[(1+k_v)(J_1-J_2-J_3)+k_h(J_4-J_5-J_6)]}\times\frac{H}{r_0}\tag{12-46}$$

三角形加筋模式：

$$H=\frac{\dfrac{cJ_7}{2\tan\varphi}\dfrac{H}{r_0}+\dfrac{2k_0}{\cos\varphi}\left[\begin{array}{l}\left(\dfrac{3\cos\varphi}{4}J_1+\dfrac{9\sin\varphi}{4}J_4-J_{11}-J_{12}\right)\\-\sin\theta_0(J_8+J_9-J_{10})\end{array}\right]}{\gamma\cdot[(1+k_v)(J_1-J_2-J_3)+k_h(J_4-J_5-J_6)]}\tag{12-47}$$

2) 最小加筋强度计算

均匀加筋模式时，最小加筋强度无量纲形式为

$$\frac{k_0}{\gamma H}=\frac{r_0\gamma[(1+k_v)(J_1-J_2-J_3)+k_h(J_4-J_5-J_6)]-\dfrac{1}{2}\dfrac{cJ_7}{\tan\varphi}}{\dfrac{\gamma H}{\cos\varphi}(J_8+J_9-J_{10})}\tag{12-48}$$

三角形加筋模式时，最小加筋强度无量纲形式为

$$\frac{k_0}{\gamma H}=\frac{\gamma H[(1+k_v)(J_1-J_2-J_3)+k_h(J_4-J_5-J_6)]-\dfrac{(H/r_0)\cdot c}{2\tan\varphi}J_7}{\left[\left(\dfrac{3\cos\varphi}{4}J_1+\dfrac{9\sin\varphi}{4}J_4-J_{11}-J_{12}\right)-\sin\theta_0(J_8+J_9-J_{10})\right]}\cdot\frac{\cos\varphi}{2\cdot\gamma H}\tag{12-49}$$

3）加筋路基边坡稳定性计算

均匀加筋模式：

$$F_s=\frac{c\cdot J_7}{2\tan\varphi_f\left\{r_0\gamma\begin{bmatrix}(1+\zeta k_h)(J_1-J_2-J_3)\\+k_h(J_4-J_5-J_6)\end{bmatrix}-\frac{k_{tf}(J_8+J_9-J_{10})}{\cos\varphi_f}\right\}}\tag{12-50}$$

三角形加筋模式：

$$F_s=\frac{c\cdot J_7}{2\tan\varphi_f\left\{\begin{array}{l}r_0\gamma[(1+\zeta k_h)(J_1-J_2-J_3)+k_h(J_4-J_5-J_6)]\\-\frac{2k_{tf}}{\cos\varphi_f}\left[\left(\frac{3\cos\varphi_f}{4}J_1+\frac{9\sin\varphi_f}{4}J_4-J_{11}-J_{12}\right)-\sin\theta_0(J_8+J_9-J_{10})\right]\end{array}\right\}}\tag{12-51}$$

式中，$\varphi_f=\arctan(\tan\varphi/F_s)$，且系数 J_1、J_2、J_3、J_4、J_5、J_6、J_7、J_8、J_9、J_{10}、J_{11}、J_{12}、H/r_0 中的内摩擦角 φ 均由 $\varphi_f=\arctan(\tan\varphi/F_s)$ 代替。

（3）*考虑坡顶超载和超载动力效应*

1）边坡临界高度计算

均匀加筋模式：

$$H=\frac{\frac{c}{2\tan\varphi}J_7+\frac{k_0}{\cos\varphi}(J_8+J_9-J_{10})-q[(1+k_v)J_q+k_hJ_{q\_kh}]}{\gamma(J_1-J_2-J_3)}\times\frac{H}{r_0}\tag{12-52}$$

三角形加筋模式：

$$H=\frac{\left\{\frac{cJ_7}{2\tan\varphi}-q[(1+k_v)J_q+k_hJ_{q\_kh}]\right\}\frac{H}{r_0}+\frac{2k_0}{\cos\varphi}\left[\left(\frac{3J_1}{4}\cos\varphi+\frac{9J_4}{4}\sin\varphi-J_{11}-J_{12}\right)-\sin\theta_0(J_8+J_9-J_{10})\right]}{\gamma(J_1-J_2-J_3)}\tag{12-53}$$

2）最小加筋强度计算

均匀加筋模式时，最小加筋强度无量纲形式为

$$\frac{k_0}{\gamma H}=\frac{\frac{H\gamma}{(H/r_0)}(J_1-J_2-J_3)+q[(1+k_v)J_q+k_hJ_{q\_kh}]-\frac{c\cdot J_7}{2\tan\varphi}}{\frac{\gamma H}{\cos\varphi}(J_8+J_9-J_{10})}\tag{12-54}$$

三角形加筋模式时，最小加筋强度无量纲形式为

$$\frac{k_0}{\gamma H}=\frac{\gamma H(J_1-J_2-J_3)+\frac{H}{r_0}\left\{q[(1+k_v)J_q+k_hJ_{q\_kh}]-\frac{cJ_7}{2\tan\varphi}\right\}}{\left[\left(\frac{3J_1}{4}\cos\varphi+\frac{9J_4}{4}\sin\varphi-J_{11}-J_{12}\right)-\sin\theta_0(J_8+J_9-J_{10})\right]}\frac{\cos\varphi}{2\cdot\gamma H}\tag{12-55}$$

3）加筋路基边坡稳定性计算

均匀加筋模式：

$$F_s=\frac{c\cdot\left[e^{2\cdot(\theta_h-\theta_0)\cdot\tan\varphi_f}-1\right]}{2\tan\varphi_f\{\gamma r_0(J_1-J_2-J_3)+q[(1+\zeta k_h)J_q+k_hJ_{q\_kh}]-\frac{k_0}{\cos\varphi_f}(J_8+J_9-J_{10})\}}\tag{12-56}$$

三角形加筋模式：

$$F_s=\frac{c\cdot\left[e^{2\cdot(\theta_h-\theta_0)\cdot\tan\varphi_f}-1\right]}{2\tan\varphi_f\left\{\begin{array}{l}\gamma r_0(J_1-J_2-J_3)+q\left[(1+\zeta k_h)J_q+k_hJ_{q\_kh}\right]\\-\dfrac{2k_0}{\cos\varphi_f}\left[\left(\dfrac{3J_1}{4}\cos\varphi_f+\dfrac{9J_4}{4}\sin\varphi_f-J_{11}-J_{12}\right)-\sin\theta_0(J_8+J_9-J_{10})\right]\end{array}\right\}} \tag{12-57}$$

式中，$\varphi_f=\arctan(\tan\varphi/F_s)$，且系数 J_1、J_2、J_3、J_4、J_7、J_8、J_9、J_{10}、J_{11}、J_{12}、J_{13}、J_q、J_{q_kh}、H/r_0 中的内摩擦角 φ 均由 $\varphi_f=\arctan(\tan\varphi/F_s)$ 代替。

(4) 考虑孔隙水压力效应

1) 边坡临界高度计算

均匀加筋模式：

$$H=\frac{\dfrac{c}{2\tan\varphi}J_7+\dfrac{k_0}{\cos\varphi}(J_8+J_9-J_{10})}{\gamma\left[(J_1-J_2-J_3)+r_uJ_{13}\right]}\times\frac{H}{r_0} \tag{12-58}$$

三角形加筋模式：

$$H=\frac{\dfrac{cJ_7}{2\tan\varphi}\dfrac{H}{r_0}+\dfrac{2k_0}{\cos\varphi}\left[\begin{array}{l}\left(\dfrac{3J_1}{4}\cos\varphi+\dfrac{9J_4}{4}\sin\varphi-J_{11}-J_{12}\right)\\-\sin\theta_0(J_8+J_9-J_{10})\end{array}\right]}{\gamma\left[(J_1-J_2-J_3)+r_uJ_{13}\right]} \tag{12-59}$$

2) 最小加筋强度计算

均匀加筋模式时，最小加筋强度无量纲形式为

$$\frac{k_0}{\gamma H}=\frac{\dfrac{H\gamma}{(H/r_0)}\left[(J_1-J_2-J_3)+r_uJ_{13}\right]-\dfrac{c\cdot J_7}{2\tan\varphi}}{\dfrac{\gamma H}{\cos\varphi}(J_8+J_9-J_{10})} \tag{12-60}$$

三角形加筋模式时，最小加筋强度无量纲形式为

$$\frac{k_0}{\gamma H}=\frac{\gamma H\left[(J_1-J_2-J_3)+r_uJ_{13}\right]+\dfrac{cJ_7}{2\tan\varphi}\dfrac{H}{r_0}}{\left[\left(\dfrac{3J_1}{4}\cos\varphi+\dfrac{9J_4}{4}\sin\varphi-J_{11}-J_{12}\right)-\sin\theta_0(J_8+J_9-J_{10})\right]}\frac{\cos\varphi}{2\cdot\gamma H} \tag{12-61}$$

3) 加筋路基边坡稳定性计算

均匀加筋模式：

$$F_s=\frac{c\cdot\left[e^{2\cdot(\theta_h-\theta_0)\cdot\tan\varphi_f}-1\right]}{2\tan\varphi_f\left\{\gamma r_0\left[(J_1-J_2-J_3)+r_uJ_{13}\right]-\dfrac{k_0}{\cos\varphi_f}(J_8+J_9-J_{10})\right\}} \tag{12-62}$$

三角形加筋模式：

$$F_s=\frac{c\cdot\left[e^{2\cdot(\theta_h-\theta_0)\cdot\tan\varphi_f}-1\right]}{2\tan\varphi_f\left\{\begin{array}{l}\gamma r_0\left[(J_1-J_2-J_3)+r_uJ_{13}\right]\\-\dfrac{2k_0}{\cos\varphi_f}\left[\left(\dfrac{3J_1}{4}\cos\varphi_f+\dfrac{9J_4}{4}\sin\varphi_f-J_{11}-J_{12}\right)-\sin\theta_0(J_8+J_9-J_{10})\right]\end{array}\right\}} \tag{12-63}$$

式中，$\varphi_f = \arctan(\tan\varphi/F_s)$，且系数 J_1、J_2、J_3、J_4、J_5、J_6、J_7、J_8、J_9、J_{10}、J_{11}、J_{12}、J_{13}、J_q、J_{q_kh}、H/r_0 中的内摩擦角 φ 均由 $\varphi_f = \arctan(\tan\varphi/F_s)$ 代替。

12.2.3 对比计算与分析

12.2.3.1 加筋边坡临界高度对比计算

为验证所导公式的正确性，在静态和均匀加筋条件下，将本书计算结果同 Porbaha 等（2000）的加筋土坡离心试验结果和崔新壮等（2007）的边坡临界高度上限计算结果进行对比，如表 12-1 所示。Porbaha 等（2000）模型试验中，H_c为边坡出现裂缝时的高度，H_f为边坡发生倒塌破坏时的高度。

表 12-1　加筋土坡静态临界高度对比

β /(°)	γ /(kN/m³)	φ /(°)	c /kPa	k_t /kPa	Porbaha 等(2000)		崔新壮等(2007)	本书 H/m	
					H_c/m	H_f/m	H/m	螺旋线	直线
90.0	17.679	21.3	16.3	0.000	5.2	5.3	5.2	5.201	5.396
90.0	17.824	20.8	20.2	2.804	6.1	8.2	6.9	6.953	7.232
80.5	17.698	21.7	17.8	0.000	6.5	7.2	7.0	6.997	7.649
80.5	17.853	20.6	23.8	2.796	7.3	11.1	9.5	9.763	10.705

由表 12-1 可知，本书计算结果介于试验结果 H_c和 H_f之间，与已有同类方法的结果也非常吻合，说明静态条件下本书方法具有颇好的正确性。

12.2.3.2 临界加筋强度对比计算

不考虑竖向地震影响的动态条件下，Ausilio 等（2000）、Michalowski（1997）、Ling 和 Leshchinsky（1998）研究了边坡坡脚分别为 60°和 90°、$H=5$m 时的无黏性土坡临界加筋强度。将本书计算结果同已有计算结果进行对比如图 12-3 所示。其中 Ling 和 Leshchinsky（1998）为采用极限平衡法在均匀加筋模式条件下的计算结果；Michalowski 1998-1 和 Michalowski 1998-2 分别为采用上限法在均匀加筋模式条件下和三角形加筋模式条件下的计算结果；Ausilio 等（2000）为采用上限法在均匀加筋模式条件下的计算结果；本文方法-1 为采用直线破坏面的上限计算结果；本文方法-2 为基于螺旋线破坏面，采用上限法在均匀加筋模式条件下的计算结果；本文方法-3 为基于螺旋线破坏面，采用上限法在三角形加筋模式条件下的计算结果。

由图 12-3 可知，直线破坏机构（本文方法-1）、螺旋线破坏面和三角形加筋模式条件下（本文方法-3），本书计算结果与 Ling 和 Leshchinsky（1998）、Michalowski 1998-2 和 Ausilio 等（2000）的计算结果均非常接近，误差不超过 5%；而螺旋线破坏面和均匀加筋模式条件下（本文方法-2），本书计算结果与 Michalowski 1998-1 的计算结果同样非常接

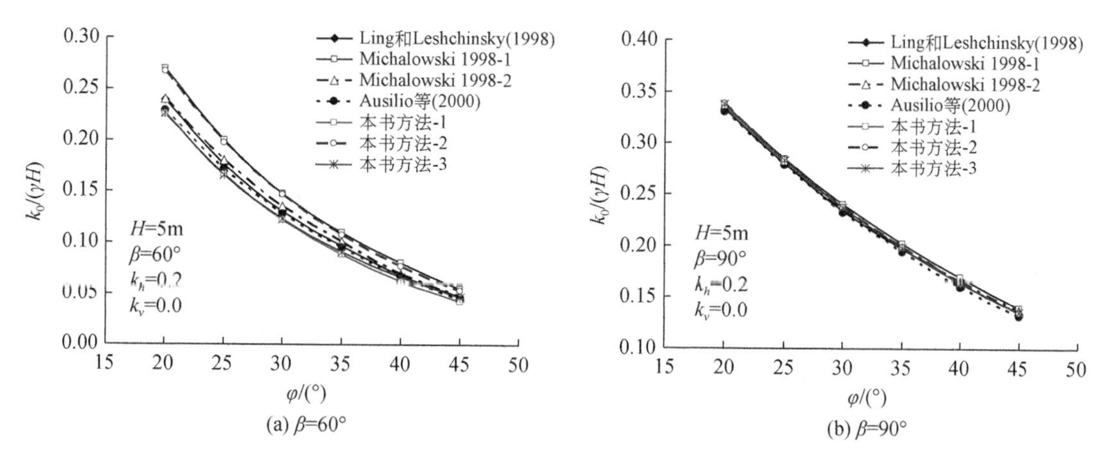

图 12-3　临界加筋强度计算对比

近；可见螺旋线破坏面条件下，均匀加筋模式条件下较三角形加筋模式条件下的计算结果大，说明均匀加筋模式条件下需要铺设更多的加筋材料，同时随着边坡角度的增大，这种差别将变得不明显。

12.2.3.3　加筋边坡安全系数对比计算

阙云等（2008）结合传统条分法，采用极限分析上限对一加筋路堤边坡的稳定性进行了分析，并进行了较为详细的参数分析。该路堤加筋边坡的高度为 12m，边坡坡率为 1∶0.75，筋材竖向每隔 1.0m 铺设一层，其设计参数表如表 12-2 所示。

表 12-2　加筋土路堤设计参数表

填料			筋材设计	汽车荷载	边坡高度 /m	边坡坡率
重度 /(kN/m³)	黏聚力 /kPa	内摩擦角 /(°)	抗拉强度 /(kN/m²)	超 20 级 /m		
18.9	8	30	30	0.78	12	1∶0.75

本书上限法计算结果与阙云竖直条分上限法计算结果进行对比如图 12-4 所示。

加筋材料参与边坡稳定性分析时，也与加筋材料上部所承受的土压力相关，并不完全适合与岩土材料的强度参数（c，φ）同时进行折减。本章仅对岩土强度参数（c，φ）进行折减其获得的计算结果如表 12-2 所示。

由图 12-4 可知，在分析岩土重度、筋材抗拉强度和岩土黏聚力对加筋土坡安全系数的影响时，本章边坡安全系数计算结果与瑞典法、荷兰法和竖直条分上限法的计算结果相当接近；而在分析路堤高度、岩土内摩擦角对加筋土坡安全系数的影响时，本章边坡安全系数计算结果与瑞典法、荷兰法和竖直条分上限法的计算结果则有一定的差异，所求安全系数偏大，在一定范围内是已有计算结果的上限，对工程实践而言略偏于不安全。

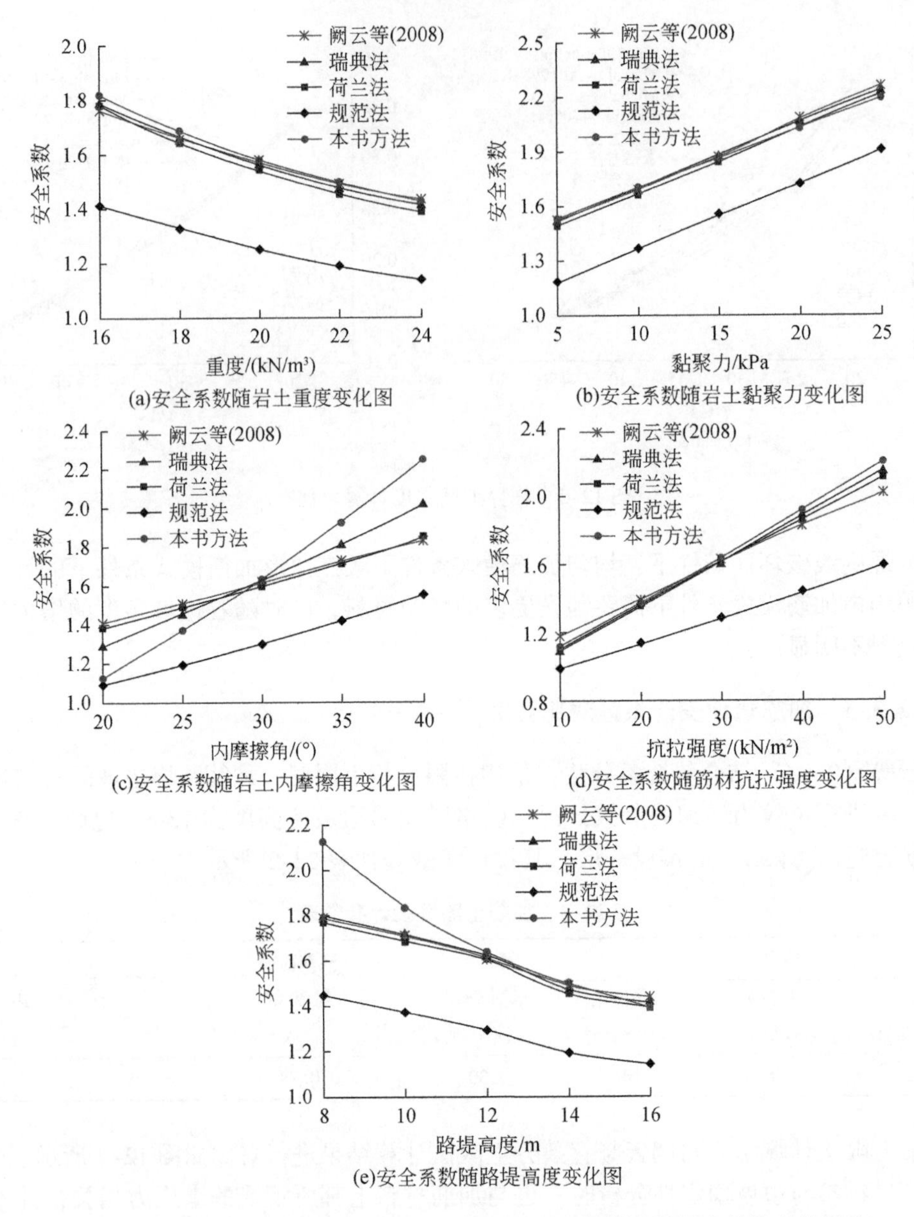

图 12-4　加筋土坡稳定性参数分析（上图部分对比数据是根据文献整理获得的）

12.3　锚索加固边坡稳定性分析与设计计算

12.3.1　锚索加固边坡概述

锚索是通过对锚索施加张拉应力以加固岩土体，使其达到稳定状态或改善内部应力状态的支挡结构。锚索技术的最大特点是能够充分利用岩土体自身强度和自承能力，大大减轻结构的自重，节省工程材料，是高效和经济的加固技术。随着锚固技术的拓宽和发展，锚索加固技术几乎涉及土木建筑工程的各个领域，广泛应用于边坡、基坑、地下工程、坝基、码头、海岸、船坞等的加固、支挡、抗浮抗倾。其在铁路、公路、水电、矿山、建筑、国防等行业也得到了大规模推广应用。

目前在边坡领域，按照锚索的使用目的也可将边坡分为两类：加固已滑边坡或有明显滑动面的边坡；预加固尚未失稳的边坡和支挡构筑物。加固已滑边坡或有明显滑动面的边坡，由于滑坡面已知，一般首先利用不平衡推力传递系数法确定加载在锚索上的滑坡推力进行设计；而对于预加固尚未失稳的边坡和支挡构筑物，潜在滑动面尚未形成，加载在锚索上的有效作用力必须依据不同潜在滑动面进行计算。

目前采用能量方法分析土钉、锚杆、锚索加固边坡稳定性问题的学者较少，Juran 等（1990）、Byrne（1990）、庄心善等（1999）、詹永祥（2004）、梁仕华等（2005）、古小初（2006）、黄希来（2008）等对采用能量方法进行土钉墙设计的计算做了有益的贡献，李新坡等（2006）、王根龙等（2007a）则采用能量方法对锚索加固边坡的稳定性问题做了有益研究。

12.3.2 单锚普通边坡稳定性上限分析

12.3.2.1 破坏模式

简单边坡的破坏面更接近对数螺旋面，因而在简单边坡上限分析中也较常采用这种旋转破坏机构。以通过坡趾的对数螺旋线旋转间断机构为例进行分析，如图 12-5 所示。

12.3.2.2 能耗计算

在仅考虑自重条件下，如图 12-5 所示的破坏机构能耗计算包括 3 个方面：重力做功、锚索拉力做功和滑动面内能耗散。其中重力做功计算式同式（3-14），滑动面内能耗散计算式同式（3-19）。

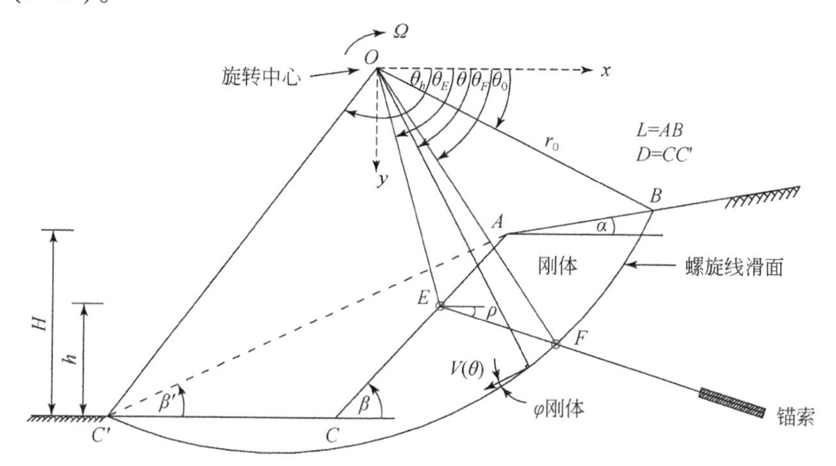

图 12-5 单锚加固边坡稳定性上限分析的破坏机构

假设 T 为单位宽度土体上锚索的锚固力值；ρ 为锚索与水平面的夹角；θ_F 为确定锚索位置的角。假定锚索外露锚头距离坡趾的垂直距离为 h，其与坡面的交点为 E，锚索与滑裂面的交点为 F；E 点在直角坐标系的坐标为（x_E，y_E），在极坐标中对应的角度为 θ_E；相应地，F 点在直角坐标系的坐标为（x_F，y_F），在极坐标中对应的角度为 θ_F；根据简单的几何关系求得参数（x_E，y_E）、（x_F，y_F）、θ_E 和 θ_F：

$$\left.\begin{aligned} x_E &= r_0\cos\theta_0 - L\cos\alpha - (H-h)\cot\beta \\ y_E &= r_0\sin\theta_0 + L\sin\alpha + (H-h) = r_h\sin\theta_h - h \end{aligned}\right\} \tag{12-64}$$

$$\theta_E = \arctan(y_E/x_E) \tag{12-65}$$

令 $OE=\sqrt{x_E^2+y_E^2}$，并假定 EF 为 E、F 点之间的长度：

$$\left.\begin{aligned} x_F &= OE\cos\theta_E + EF\cos\rho \\ y_F &= OE\sin\theta_E + EF\sin\rho \end{aligned}\right\} \tag{12-66}$$

联立式（12-65）和式（12-66）可得

$$\frac{x_F - OE\cos\theta_E}{y_F - OE\sin\theta_E} = \cot\rho \tag{12-67}$$

在极坐标系中有

$$\left.\begin{aligned} x_F &= r_0 e^{(\theta_F-\theta_0)\tan\varphi}\cos\theta_F \\ y_F &= r_0 e^{(\theta_F-\theta_0)\tan\varphi}\sin\theta_F \end{aligned}\right\} \tag{12-68}$$

将式(12-68)带入式(12-67)有下式成立：

$$r_0 e^{(\theta_F-\theta_0)\tan\varphi}\sin(\rho-\theta_F) - OE\sin(\rho-\theta_E) = 0 \tag{12-69}$$

在极坐标系中，E 点对应的速度为

$$v_E = OE\Omega \tag{12-70}$$

在极坐标系中，F 点对应的速度为

$$v_F = OF\Omega = r_0 e^{(\theta_F-\theta_0)\tan\varphi}\Omega \tag{12-71}$$

则在构建的上限破坏模式中，由锚索拉力 T 所做的外力功可以计算如下。

当锚索拉力作用点位于 F 点时：

$$W_T = T\cdot r_0 e^{(\theta_F-\theta_0)\tan\varphi}\cdot\Omega\cdot\cos(\pi/2-\theta_F+\rho) \tag{12-72}$$

当锚索拉力作用点位于 E 点时：

$$W_T = T\cdot OE\cdot\Omega\cdot\cos(\pi/2-\theta_E+\rho) \tag{12-73}$$

后续结果表明，上述两种计算方法实际上是一致的。这里取式（12-73）进行能耗计算。

12.3.2.3 稳定性分析

（1）锚索设计抗拉力上限解答

为使边坡的稳定性安全系数达到某个安全系数值 F_s，将原始抗剪强度指标 c、φ 按式（3-1）折减，根据上限法能耗计算过程，使外荷载所做的功率等于内能耗散率，可以确定锚索的设计抗拉力计算式：

$$T = \frac{\gamma\cdot r_0^3\cdot[f_1-f_2-f_3-f_4] - c_f r_0^2[e^{2\cdot(\theta_h-\theta_0)\cdot\tan\varphi}-1]/(2\tan\varphi_f)}{OE\cdot\cos(\pi/2-\theta_E+\rho)} \tag{12-74}$$

（2）安全系数 F_s 的计算

根据上限法基本原理，使外荷载所做功率等于内能耗散率，将原始抗剪强度参数 c、φ 按式（3-1）折减，且令折减计算后边坡的临界自稳高度等于原始高度（$H_{cr}=H$），可以求得提供一定有效抗抗力 T 锚索加固边坡的安全系数计算式：

$$F_s=\frac{c\cdot r_0^2\cdot[\mathrm{e}^{2\cdot(\theta_h-\theta_0)\cdot\tan\varphi}-1]}{2\tan\varphi_f[\gamma r_0^3(f_1-f_2-f_3-f_4)-T\cdot OE\cdot\cos(\pi/2-\theta_E+\rho)]} \tag{12-75}$$

式中，$\varphi_f=\arctan(\tan\varphi/F_s)$，且系数 f_1、f_2、f_3、f_4、H/r_0 中的内摩擦角 φ 均由 $\varphi_f=\arctan(\tan\varphi/F_s)$ 代替。

根据极限分析上限定理，式（12-75）即为给定实际边坡考虑锚索加固效应的安全系数求解的上限方法表达式，F_s 是 θ_h、θ_0、β' 3 个未知参数的函数。

12.3.2.4　对比计算与分析

为验证本书方法和所编优化迭代程序的正确性，对已有的典型算例进行对比计算，对比计算结果列于表12-3中。对比算例来源参见文献。

表12-3　典型算例安全系数计算结果对比

算例	c /kPa	φ /(°)	γ /(kN/m³)	α /(°)	β /(°)	H /m	l_E /m	ρ /(°)	T /kN	F_s 已有解答	F_s 本书
1	12.00	20	20.00	0	45	8.0	4.0	15	40	Cai，1.200；Bishop，1.197	1.254
2	23.94	10	19.63	0	30	13.7				Hassiotis，1.080；Hull，1.120；李新坡等，1.110	1.109
3	23.94	10	19.63	0	30	13.7	2.0	15	500	李新坡等，1.660	1.567

注：算例2为未锚索加固的均质边坡。

由上述两个算例的对比可知，本书计算与已有解答均非常接近，且本书方法解答是同类方法解答的较优结果。表12-3中算例2和算例3边坡锚固前后潜在最危险滑裂面变化情况如图12-6所示。

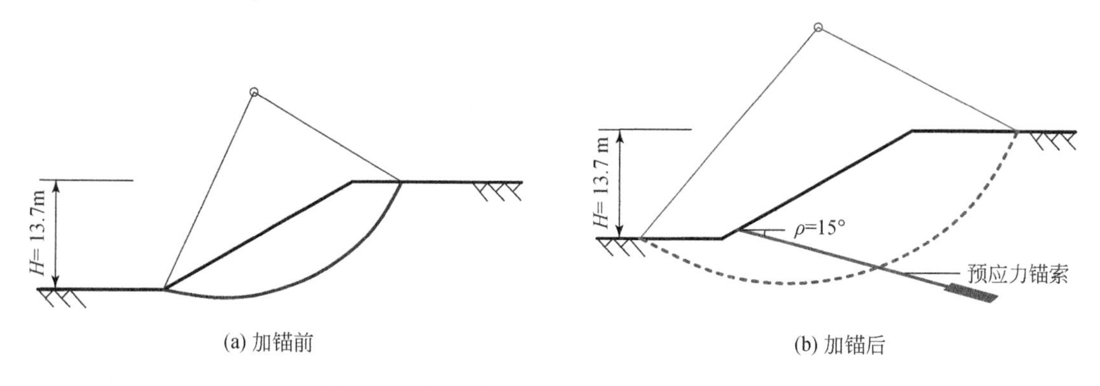

图12-6　加锚前后边坡潜在滑裂面变化情况

12.3.2.5　整体稳定性参数优化分析

预应力锚索的设置位置对岩土边坡的稳定性有显著影响。为使预应力锚索加固效果达到最优，可基于失稳状态耗能最小原理对边坡的预应力锚索加固设置位置进行优化。其基本原理为，在给定预应力锚索设计情况下，预应力锚索最佳设置位置应使边坡稳定性安全系数达到最大，或者在给定设计安全系数条件下，使预应力锚索提供最小的有效加固力。

假定边坡高度 $H=13.7\text{m}$，边坡坡顶角 $\alpha=0°$，边坡坡趾角 $\beta=30°$，岩土材料的重度 $\gamma=19.63\text{kN/m}^3$，岩土材料黏聚力 $c=23.94\text{kPa}$，内摩擦角 $\varphi=10°$。采用单排锚索对该边坡进行预加固，并假定单排锚索有效拉力 $T=500\text{kN/m}$。

以下首先不考虑可能出现的局部稳定性问题，分析单排锚索设置位置不同对边坡安全系数（图 12-7）、临界滑裂面位置（图 12-8）和边坡临界滑裂面以上锚索自由段长度 EF（图 12-9）的影响。

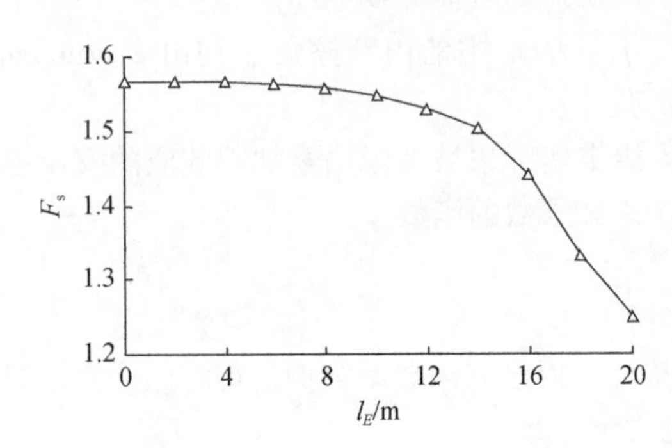

图 12-7　单锚设置位置对边坡安全系数的影响（整体失稳）

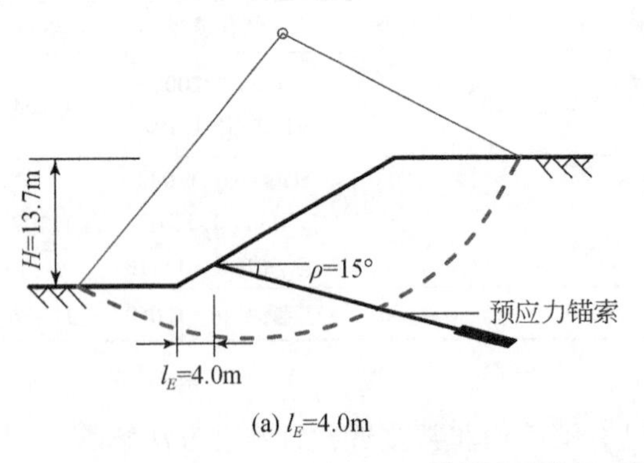

(a) l_E=4.0m

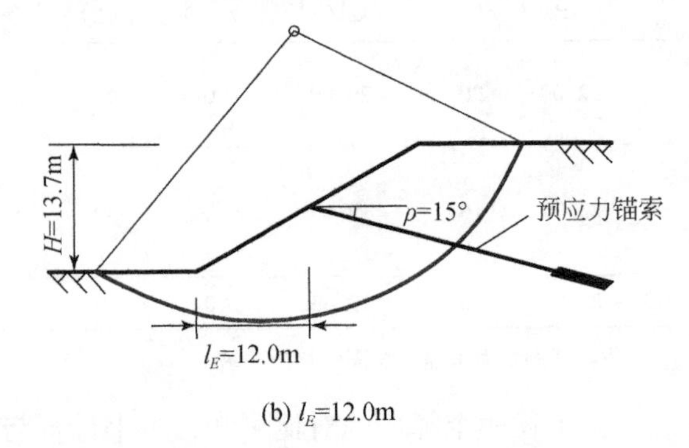

(b) l_E=12.0m

图 12-8　单锚设置位置对潜在滑裂面的影响（整体失稳）

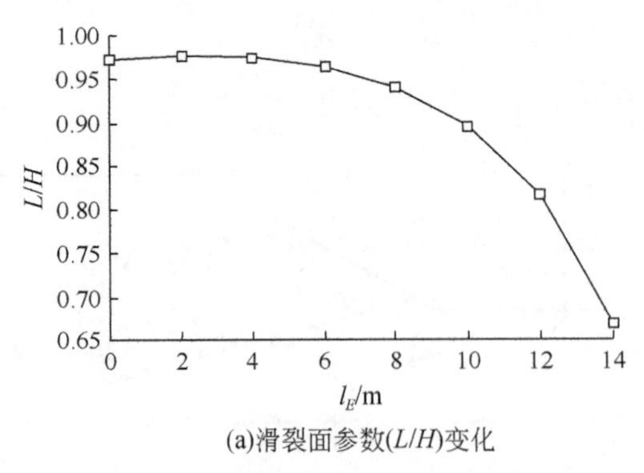

(a)滑裂面参数(L/H)变化

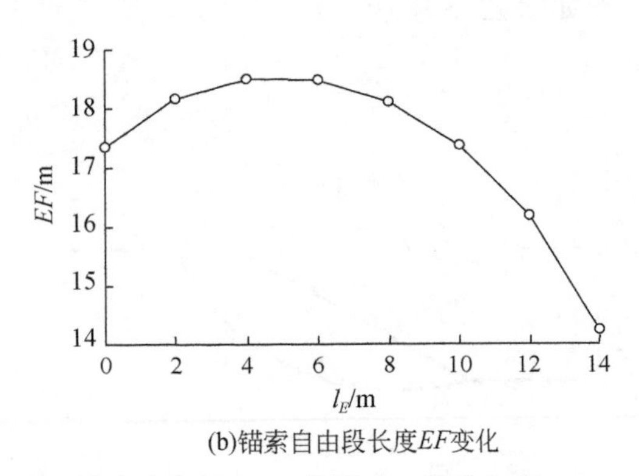

(b)锚索自由段长度EF变化

图 12-9　单锚设置位置对滑裂面参数（L/H）和锚索自由段长度 EF 的影响（整体失稳）

对于锚固边坡而言，潜在滑裂面将直接决定锚索的设置长度。由图 12-6 ~ 图 12-9 可知，岩体边坡采用单根锚索加固且只考虑整体稳定性时，锚索设置位置的改变对锚索自由段长度 EF、边坡稳定性安全系数和边坡潜在破坏形态均有显著影响，进而影响整根锚索的设置长度，最终将直接反映在工程造价上。显然，综合考虑锚索设置位置对边坡安全系数和锚索长度的影响，锚索的最优设置位置应位于边坡中下部区域。

12.3.2.6　单锚加固边坡局部稳定性探讨

实际工程中采用单排锚索进行边坡加固，当锚索位于坡趾或坡顶附近时，边坡最危险滑裂面可能上移或下移，从而出现局部稳定性问题，如图 12-10 所示，此时边坡的安全系数也发生显著改变。

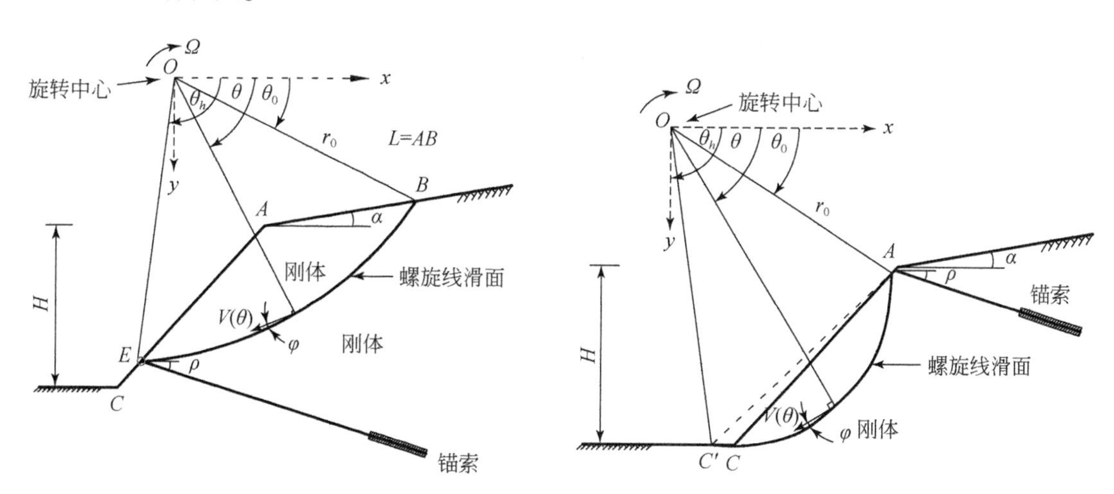

图 12-10　单锚设置位置对边坡局部稳定性的影响

假定边坡高度 $H=15\text{m}$，边坡坡顶角 $\alpha=5°$，边坡坡趾角 $\beta=35°$，岩土材料的重度 $\gamma=20\text{kN/m}^3$，岩土材料黏聚力 $c=24\text{kPa}$，内摩擦角 $\varphi=12°$。采用单排锚索对该边坡进行加固，预应力锚索承受有效拉力 $T=600\text{kN/m}$，锚索锚头距离坡趾的水平距离 l_E 为 2m。考虑局部稳定性问题的滑裂面和安全系数优化结果如图 12-11 所示。

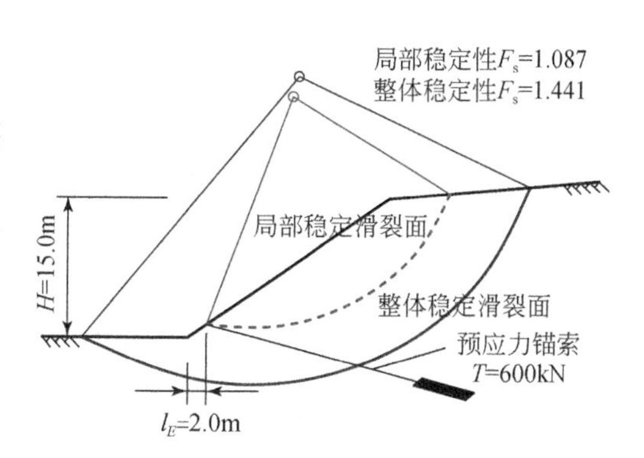

图 12-11　边坡潜在最危险滑裂面对比

由安全系数结果对比可知，边坡未加固区域的局部失稳显然更容易发生。由失稳状态系统耗能最小原理可知，当局部失稳机构为能耗最小机构时，通过锚索加固区域的整体耗能机构由于耗能非最小而不会先于局部失稳机构发生不通过锚索加固区的滑裂面上移或下移。

参数分析表明，采用单锚索加固边坡且只考虑整体稳定性时，锚索设置位置的改变对边坡安全系数、临界滑裂面位置和边坡临界滑裂面以上锚索自由段长度均有显著影响。随着抗滑桩设置位置由坡趾位置移向坡顶角位置，边坡安全系数显著下降，而临界滑裂面位置逐渐变浅、潜在滑动体范围逐渐变小。综合考虑锚索设置位置对边坡安全系数和锚索长度的影响，锚索的最优设置位置应位于边坡中、下部区域。

12.3.3　复杂条件下多锚路基边坡稳定性上限分析

鉴于问题的复杂性，且综合考虑各种因素影响下锚索加固边坡设计计算时的最不利条件，本节在进行稳定性分析时同样需要基于一定的基本假设，详见第5章5.1节所述。

12.3.3.1　复杂条件下单锚索加固路基边坡安全系数计算及分析

(1) 破坏模式和能耗计算

依然假定破坏机构的破坏面为对数螺旋面，如图12-12所示。

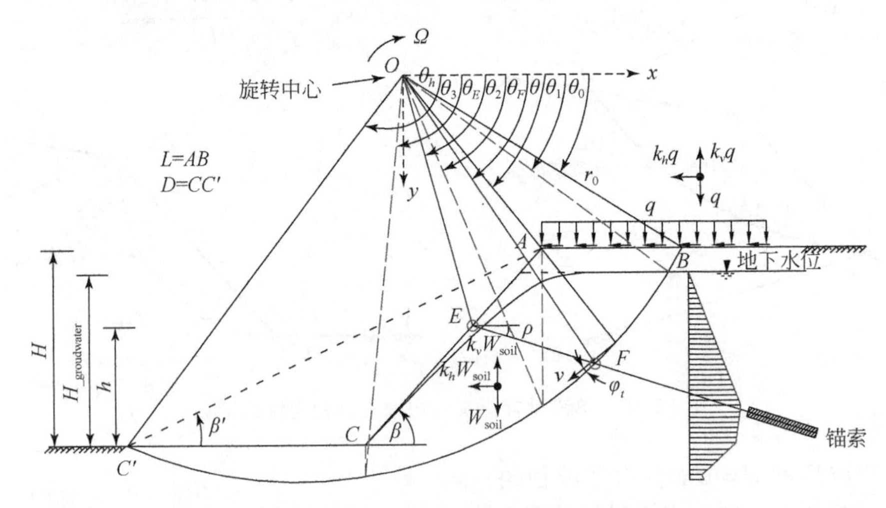

图12-12　复杂条件下单锚加固边坡稳定性的破坏机构

在考虑锚索、自重、超载和地震效应条件下，图12-12所示的破坏机构外力做功包括5个方面：重力做功、重力动力效应做功、超载及动力效应做功、孔隙水压力做功和抗滑桩有效桩侧土压力做功，而内部耗能为滑动面内能耗散。其中重力做功计算式同式（3-14），重力动力效应做功计算式同式（6-8）及式（6-13），超载及动力效应做功计算式同式（12-16）及式（12-18），孔隙水压力做功计算式同式（5-17），滑动面内能耗散计算式同式（3-19），而单锚有效加固力做功计算式同式（12-73）。

(2) 复杂条件下单锚边坡稳定性分析

1）锚索设计抗拉力上限解答

为使边坡的稳定性安全系数达到某个安全系数值 F_s，将抗剪强度指标 c、φ 按式（3-1）折减，根据上限法能耗计算过程，使外荷载所做的功率等于内能耗散率，从而可以确定锚索的设计抗拉力计算式：

$$T=\frac{\begin{aligned}&\gamma r_0^3[(1+\zeta k_h)(f_1-f_2-f_3-f_4)+r_u\cdot f_9+k_h(f_5-f_6-f_7-f_8)]\\&+qr_0^2[(1+\zeta k_h)f_q+k_hf_{q\_kh}]-c_fr_0^2\{e^{2\cdot(\theta_h-\theta_0)\cdot\tan\varphi}-1\}/(2\tan\varphi_f)\end{aligned}}{OE\cdot\Omega\cdot\cos(\pi/2-\theta_E+\rho)}\tag{12-76}$$

2）安全系数 F_s 的计算

根据上限法能耗计算过程，使外荷载所做的功率等于内能耗散率，按照上述分析过程，将原始抗剪强度参数 c、φ 按式（3-1）折减，且令折减计算后边坡的临界自稳高度等于原始高度（$H_{cr}=H$），从而可以求得提供一定有效抗抗力 T 锚索加固边坡的安全系数计算式：

$$F_s=\frac{c\cdot r_0^2[e^{2\cdot(\theta_h-\theta_0)\cdot\tan\varphi_f}-1]}{2\tan\varphi_f\left\{\begin{aligned}&\gamma r_0^3[(1+\zeta k_h)(f_1-f_2-f_3-f_4)+r_uf_9+k_h(f_5-f_6-f_7-f_8)]\\&+qr_0^2[(1+\zeta k_h)f_q+k_hf_{q\_kh}]-T\cdot OE\cdot\Omega\cdot\cos(\pi/2-\theta_E+\rho)\end{aligned}\right\}}\tag{12-77}$$

一般情况下，无须同时考虑超载、地震拟静力和孔隙水压力效应，依据工程实际情况选取相应的复杂外荷载效应计算公式即可。

12.3.3.2　复杂条件下多锚索加固路基边坡安全系数计算及问题的分析

考虑单根锚索预加固滑裂面尚不明确的边坡时，对于这种由于锚索过于靠近坡趾或坡顶而使边坡最危险滑裂面上移或下移而出现局部失稳问题的情况，或者当滑坡或潜在失稳坡体达到一定规模，单根锚索的抗滑力不足以平衡下滑推力时，可布设多根锚索进行加固，如图 12-13 所示。而对于多根锚索的情况，按照与上述相同的计算方法可以获得第 i 根锚索的能耗计算，如下所示。

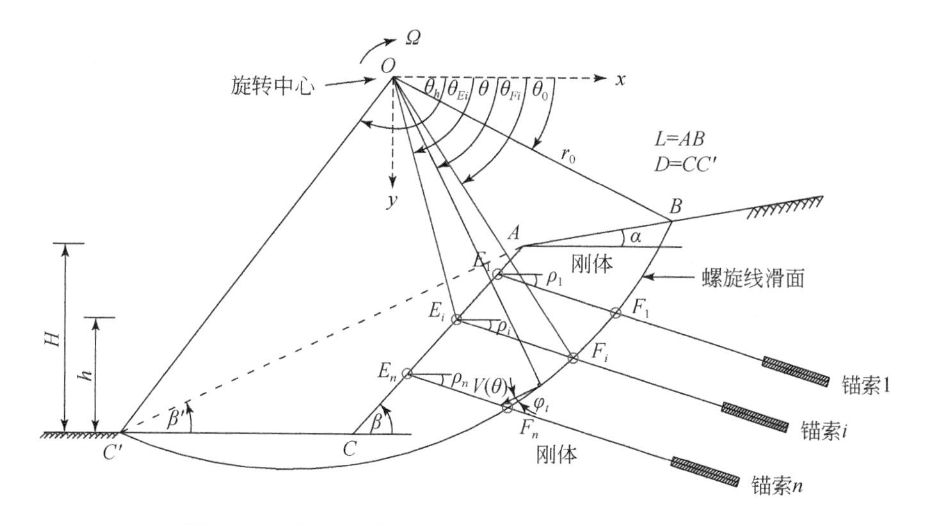

图 12-13　复杂条件下多锚加固边坡稳定性的破坏机构

当锚索拉力作用点均位于 E_i 点时，累加各根锚索拉力的外力功如下：

$$W_T=\sum_{i=1}^{n}T_i\cdot OE_i\cdot\Omega\cdot\cos(\pi/2-\theta_{E_i}+\rho_i)\tag{12-78}$$

根据上限法能耗计算过程，使外荷载所做的功率等于内能耗散率，按照上述分析过程，将原始抗剪强度指标 c、φ 按式（3-1）折减，且令折减计算后边坡的临界自稳高度等于原始高度（$H_{cr}=H$），从而可以求得复杂条件下提供一定有效抗力 T_i 的多锚索加固临河路基边坡稳定性极限平衡状态的边坡安全系数计算方程：

$$F_s=\frac{c\cdot r_0^2[e^{2\cdot(\theta_h-\theta_0)\cdot\tan\varphi_f}-1]}{2\tan\varphi_f\left\{\begin{array}{l}\gamma r_0^3[(1+\zeta k_h)(f_1-f_2-f_3-f_4)+r_u f_9+k_h(f_5-f_6-f_7-f_8)]\\+qr_0^2[(1+\zeta k_h)f_q+k_h f_{q\_kh}]-\sum\limits_{i=1}^{n}T_i\cdot OE_i\cdot\cos(\pi/2-\theta_{E_i}+\rho_i)\end{array}\right\}}\tag{12-79}$$

式中，$\varphi_f=\arctan$（$\tan\varphi/F_s$），且系数f_1、f_2、f_3、f_4、f_5、f_6、f_7、f_8、f_9、f_q、f_{q_kh}、H/r_0 中的内摩擦角 φ_t 均由 $\varphi_f=\arctan(\tan\varphi/F_s)$ 代替。

根据极限分析上限定理，式（12-79）即为给定实际边坡在复杂条件下的多锚加固时安全系数求解的上限方法表达式，式中 F_s 是 θ_h、θ_0、β' 3 个未知参数的隐函数，可采用序列二次优化迭代方法对式（12-79）进行优化迭代计算。

采用与 12.3.2.5 节相同的算例，分别采用单锚和 3 排锚索进行加固。采用单排锚索对该边坡进行加固时，预应力锚索承受有效拉力 $T=600$kN/m，锚索锚头与坡趾水平距离 l_E 分别为 5m、10m 和 15m。采用 3 排锚索对该边坡进行预加固时，锚索等距离均匀布置于坡体，锚头水平间距为 5m，并假定 3 排预应力锚索均匀承受有效拉力，即 $T=$ 200kN/m。

基于失稳状态耗能最小原理，采用内点迭代法和序列二次规划优化迭代法优化得到的 4 种加固方案安全系数计算值对比和最危险滑裂面对比分别见表 12-4 和图 12-14。

表 12-4　不同锚索加固方案对边坡安全系数的影响

加固方案	l_E/m	ρ/(°)	T/(kN/m)	F_s
未加固				1.029
单锚加固	5	15	600	1.406
	10	15	600	1.339
	15	15	600	1.249
多锚加固	5/10/15	15	200	1.345

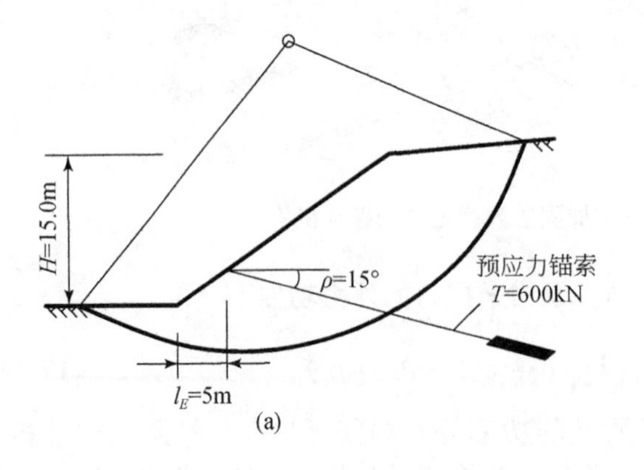

(a)

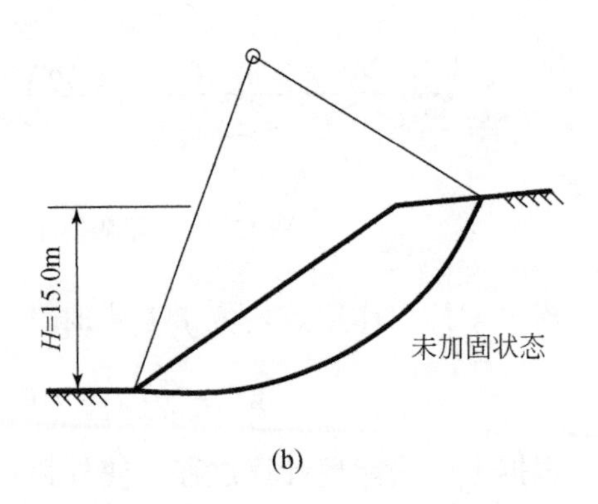

(b)

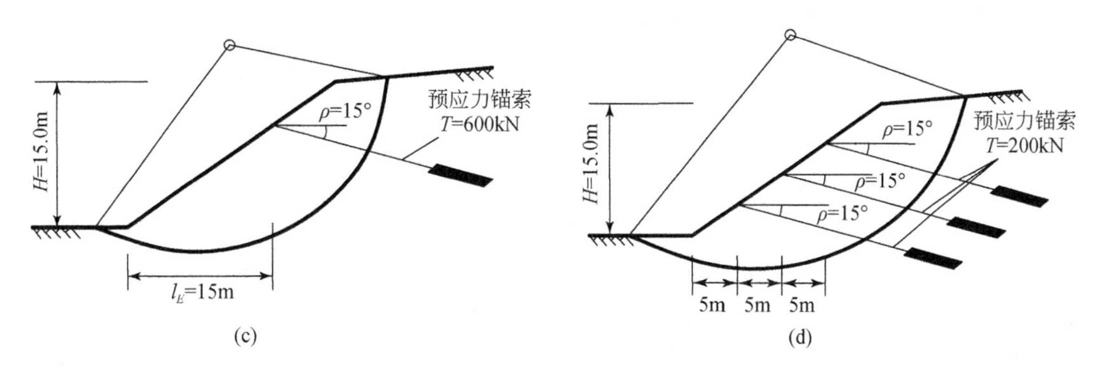

图 12-14　不同加固方案对潜在滑裂面的影响

由表 12-4 和图 12-14 可以看出，采用锚索加固边坡可显著提高边坡整体稳定性；不同加固方案对边坡安全系数、临界滑裂面有显著影响。算例分析同时表明，采用多排锚索加固边坡既可以保证边坡具有足够的安全储备，也可以有效避免由于单锚设置在坡趾位置或坡顶位置而出现的局部失稳问题。

12.4　抗滑桩加固边坡稳定性分析与设计计算

12.4.1　抗滑桩加固边坡概述

采用抗滑桩（也称锚固桩）治理滑坡，在国外始于 20 世纪 30 年代，在国内始于 20 世纪 50 年代。抗滑桩能有效地防治边坡失稳灾害，而且能够充分地利用有限的土地资源。采用其加固边坡逐渐成为岩土工程中的常用方法之一。目前，按照抗滑桩的使用目的可以将抗滑桩分为两类：加固已滑边坡或有明显滑动面的边坡；预加固尚未失稳的边坡。加固滑坡或有明显滑动面的边坡，由于滑坡面已知，一般首先利用不平衡推力传递系数法，通过假定滑坡推力的分布形式确定桩后滑坡推力；滑动面以上的桩前抗滑推力可由极限平衡时滑坡推力曲线、桩前被动土压力或桩前滑体的弹性抗力确定，设计时选用其中的最小值，再采用地基系数法进行抗滑桩的设计；而对于预加固尚未失稳的边坡，潜在滑动面尚未形成，加之抗滑桩加固边坡的作用机理、桩后滑坡推力与桩前弹性抗力的分布规律仍不明了，因而目前对其工作机理与设计方法的研究尚有待深入。

12.4.2　单抗滑桩加固简单边坡稳定性上限分析

12.4.2.1　桩侧有效土压力分布模式

目前，考虑抗滑桩预加固滑动面不明显或存在潜在失稳土坡的情况，Hassiotis 等（1997）、Hull 和 Poulos（1999）、Ausilio 等（2001）、Li 等（2006）、年廷凯等（2005a，2005b，2008）、吴永等（2009）等学者已经采用过能量方法分析了抗滑桩技术加固边坡的稳定性问题。由于桩后滑坡推力与桩前弹性抗力的分布规律仍不明了，以上分析过程中没有具体分析潜在滑动面以上桩前、桩后的受力情况，而是通过假定桩侧有效土压力（桩后与桩前土压力之差）的合理分布模式进行优化计算。其中，桩侧有效土压力分布模式是讨论的重点。目前，一般采用有效土压力平行滑面切线方向作用和沿水平方向作用两种形式，而分布图式依据边坡土层性质有梯形、矩形或三角形。其中，Ito 等（1981）、Matsui 等（1982）、Ausilio 等（2001）、Li 等（2006）、吴永等（2009）等学者采用桩侧有效土压力沿水平方向作用形式，如图 12-15（a）所示；而 Hassiotis 等（1997）、Hull 和 Poulos（1999）、年廷凯等（2005a，2005b，2008）等学者则采用桩侧有效土压力平行滑面切线方向作用形式并建议采纳有效土压力平行于切线方向的分布模式，且桩侧有效土压力分布为三角形或矩形。

12.4.2.2 破坏模式

考虑单根抗滑桩加固效应的简单边坡破坏面依然采用对数螺旋线旋转间断机构进行分析，如图 12-15 所示。

12.4.2.3 能耗计算

简单边坡，且假设抗滑桩预加固滑动面不明显或潜在失稳土坡，在仅考虑自重条件下，图 12-15 所示的破坏机构能耗包括 3 个方面：重力做功、抗滑桩抗力做功和滑动面内能耗散。其中重力做功计算式同式（3-14），滑动面内能耗散计算式同式（3-19）。而抗滑桩阻力做功需要依据桩侧有效土压力的分布模式来计算。

在同样的上限法破坏模式条件下，Ausilio 等（2001）采用了水平方向有效滑坡推力分布图式，见图 12-15（a）；年廷凯等（2005a，2005b，2008）采用了平行于滑面切线方向的有效滑坡推力分布图式，见图 12-15（b）；而 Li 等（2006）则利用 Ito 等（1979）、Ito 和 Matsui（1975）提出的水平方向有效滑坡推力分布计算公式，见图 12-15（a）和图 12-16，在不考虑桩侧有效抗力弯矩效应的假设下，研究了桩侧土压力分布图形为线性分布情况下的抗滑桩加固边坡稳定性等相关问题。

本节分别采用以上三种桩侧有效土压力的分布模式，推导了抗滑桩阻力做功的计算式，并通过计算实例分析以上各方法的有效性。假定抗滑桩距离坡趾的水平距离为 x_{p}，其与坡面的交点为 F，与滑裂面的交点为 E，E 点在极坐标中对应的角度为 θ_E；E 点与 F 点之间的长度即为抗滑桩在破裂面之内的长度，由于抗滑桩位置可以任意设置，因而根据几何关系有

$$\left.\begin{aligned}
&h=r_E\sin\theta_E-r_h\sin\theta_h && (-D\leqslant x_{\mathrm{p}}<0)\\
&h=r_E\sin\theta_E-r_h\sin\theta_h+x_{\mathrm{p}}\tan\beta && (0\leqslant x_{\mathrm{p}}\leqslant H\cot\beta)\\
&h=r_E\sin\theta_E-r_h\sin\theta_h+H+(x_{\mathrm{p}}-H\cot\beta)\tan\alpha, && (H\cot\beta<x_{\mathrm{p}})
\end{aligned}\right\}\tag{12-80}$$

且满足：$x_E=r_E\cos\theta_E-r_h\cos\theta_h-D$。

(1) 桩侧有效土压力作用于水平方向

对于桩侧有效土压力作用于水平方向的情况，由抗滑桩提供的抗滑力 F_E 和相应的弯

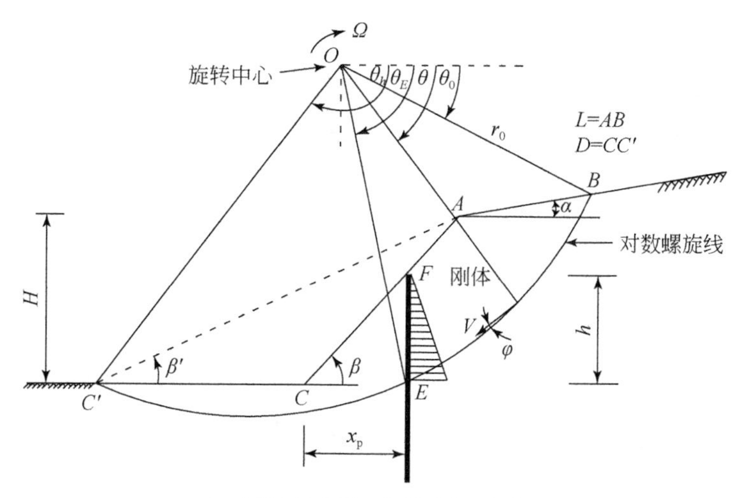

(a)桩侧有效土压力作用于水平方向

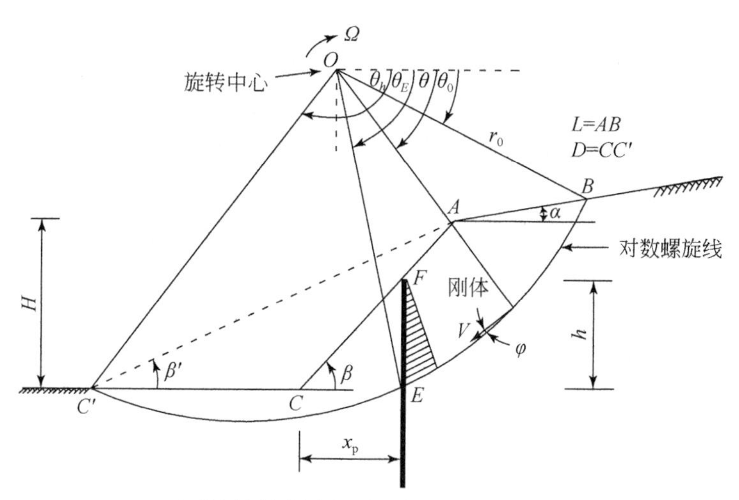

(b)桩侧有效土压力平行于滑裂面切线方向

图 12-15　单桩加固边坡稳定性的破坏机构

矩 M_E所做的外力功为

$$D_E = F_E \Omega \left[\sin\theta_E r_0 e^{(\theta_E - \theta_0)\tan\varphi} - m_E h_E \right] \tag{12-81}$$

式中，m_E为经验系数，取决于桩侧的有效土压力分布模式，线性三角形分布模式时，$m_E = 1/3$；矩形均匀分布模式时，$m_E = 1/2$；梯形线性分布时，$m_E = 7/20$；抛物线非线性分布模式时，$m_E = 11/20$；当 $m_E = 0.0$ 时，即不考虑抗滑桩与滑裂面相交处的剪力效应，也即不考虑集中有效土压力的弯矩效应，这与我国水运工程的相关规范和 Poulos（1995）方法一致。

（2）桩侧有效土压力平行于滑裂面切线方向

对于桩侧有效土压力平行于滑裂面切线方向的情况，由抗滑桩提供的抗滑力 F 和相应的弯矩 M 所做的外力功为

$$D_E = F_E \Omega [\cos\varphi \cdot r_0 e^{(\theta_E-\theta_0)\tan\varphi} - m_E h_E \cdot \sin(\theta_E - \varphi)] \tag{12-82}$$

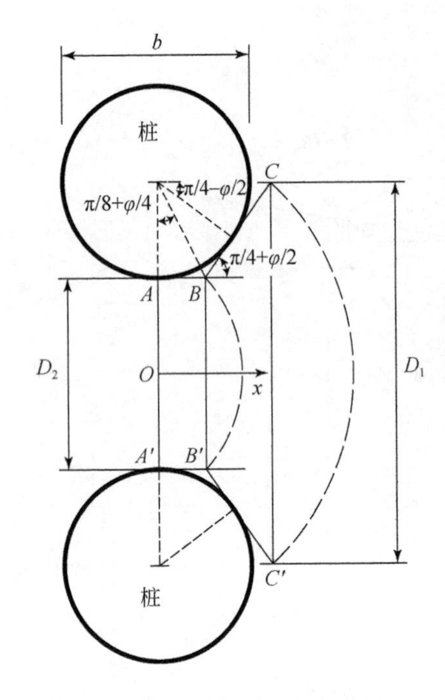

图 12-16　桩周土的塑性变形状态

(3) 基于 Ito 和 Matsui (1975) 分布模式

Ito 和 Matsui (1975) 假设 (图 12-16): ①当土层变形时, 沿 ABC 和 $A'B'C'$ 出现两个滑动面, 其中 BC 和 $B'C'$ 与 x 轴的夹角为 $\pi/4+\varphi/2$; ②土层只在桩周土区 $ABCC'B'A'$ 中变为塑性, 服从莫尔-库仑屈服准则, 此后, 土层可用内摩擦角 φ 和黏聚力 c 的塑性体表示; ③在深度方向上, 土层处于平面应变状态; ④桩为刚性; ⑤假设 AA' 面上的作用力为主动土压力; ⑥在考虑塑性区 $ABCC'B'A'$ 的应力分量时, 作用在 ABC ($A'B'C'$) 面上的剪应力忽略不计。然后根据塑性区 $ABCC'B'A'$ 力的平衡条件, 认为作用于平面 BB' 和平面 AA' 上的侧向力之差就是 x 轴方向上单位厚度土层作用在桩上的侧向力 $p(z)$:

以 E 点处的抗滑桩抗滑力为例 [图 12-15 (a)] 计算 E 点上抗滑桩抗力能量的消耗。令 $N_\varphi = \tan^2(\pi/4+\varphi/2)$, $A_E = D_{1\_E} \cdot (D_{1\_E}/D_{2\_E})^{N_\varphi^{1/2}\tan\varphi + N_\varphi - 1}$, 有

$$p(z)_E = cA_E\left\{\frac{1}{N_\varphi\tan\varphi}\left[e^{\frac{D_{1\_E}-D_{2\_E}}{D_{2\_E}}N_\varphi\tan\varphi\tan(\pi/8+\varphi/4)} - 2N_\varphi^{1/2}\tan\varphi - 1\right] + \frac{2\tan\varphi + 2N_\varphi^{1/2} + 2N_\varphi^{-1/2}}{N_\varphi^{1/2}\tan\varphi + N_\varphi - 1}\right\}$$
$$-c\left\{D_{1\_E}\frac{2\tan\varphi + 2N_\varphi^{1/2} + 2N_\varphi^{-1/2}}{N_\varphi^{1/2}\tan\varphi + N_\varphi - 1} - 2D_{2\_E}N_\varphi^{-1/2}\right\} + \frac{\gamma z_E}{N_\varphi}\left\{A_E e^{\frac{D_{1\_E}-D_{2\_E}}{D_{2\_E}}N_\varphi\tan\varphi\tan(\pi/8+\varphi/4)} - D_{2\_E}\right\} \tag{12-83}$$

式中, c 为土的内聚力; φ 为土的内摩擦角; D_{1_E}为 E 点抗滑桩桩中心距; D_{2_E}为 E 点抗滑桩桩净间距; γ 为土体容重; z_E为 E 点抗滑桩上某点到该桩与坡面交点的深度。当土体相对于桩产生移动时, 作用在桩上的侧向力由零逐渐增大到极限值 p_E, 将 $p(z)_E$沿土层深度积分, 即可得出 E 点抗滑桩桩上所受的总极限侧向力。

作用在该横断面上的抗滑桩桩侧土压力沿深度方向上的积分为

$$F_{p\_E} = \int_0^{h_E} p(z)_E \cdot dz \tag{12-84}$$

则单位厚度内抗滑桩桩侧土压力为 F_{p_E}/D_{1_E}。

假设 E 点处抗滑桩上土压力合力作用点的位置为 I_E, 表示 E 点抗滑桩上桩侧土压力合力作用点到该桩与坡面交点的深度, 则

$$I_E = \int_0^{h_E} p(z)_E \cdot z_E \cdot dz \Big/ \int_0^{h_E} p(z)_E \cdot dz \tag{12-85}$$

采用上述公式进行桩侧土压力计算时, 桩侧土压力为水平作用。在构建的上限破坏模式中, 由抗滑桩提供的抗滑力 F_{p_E}和相应的弯矩 M_{p_E}所做的外力功计算式采用 (Ausilio et al.，2001）的计算方法：

$$D_{p\_E}=F_{p\_E}\Omega[\sin\theta_E r_0 e^{(\theta_E-\theta_0)\tan\varphi}-(h_E-I_E)] \tag{12-86}$$

Li 等（2006）利用上述理论，在不考虑抗滑桩弯矩的条件下获得的抗滑桩抗力能量损耗算式为

$$D_{p\_E}=F_{p\_E}\sin\theta_E r_0 e^{(\theta_E-\theta_0)\tan\varphi}\cdot\Omega \tag{12-87}$$

12.4.2.4 抗滑桩加固边坡稳定性分析

(1) 桩侧有效土压力上限解答

为使边坡的稳定性安全系数达到某个安全系数值 F_s，将原始抗剪强度参数 c、φ 按式（3-1）折减，根据上限法能耗计算过程，使外荷载所做的功率等于内能耗散率，从而可以确定抗滑桩的桩侧有效抗力计算式。

1）桩侧有效土压力作用于水平方向。

$$F_E=\frac{\gamma\cdot r_0^3\cdot[f_1-f_2-f_3-f_4]-c_f r_0^2[e^{2\cdot(\theta_h-\theta_0)\cdot\tan\varphi}-1]/(2\tan\varphi_f)}{\sin\theta_E r_0 e^{(\theta_E-\theta_0)\tan\varphi_f}-m_E h_E} \tag{12-88}$$

2）桩侧有效土压力平行于滑裂面切线方向。

$$F_E=\frac{\gamma\cdot r_0^3\cdot[f_1-f_2-f_3-f_4]-c_f r_0^2[e^{2\cdot(\theta_h-\theta_0)\cdot\tan\varphi}-1]/(2\tan\varphi_f)}{\cos\varphi_f\cdot r_0 e^{(\theta_E-\theta_0)\tan\varphi}-m_E h_E\cdot\sin(\theta_E-\varphi_f)} \tag{12-89}$$

3）基于 Ito 和 Matsui（1975）分布模式。

不考虑弯矩效应的计算方法：

$$F_{p\_E}=\frac{\gamma\cdot r_0^3\cdot[f_1-f_2-f_3-f_4]-c_f r_0^2[e^{2\cdot(\theta_h-\theta_0)\cdot\tan\varphi}-1]/(2\tan\varphi_f)}{\sin\theta_E r_0 e^{(\theta_E-\theta_0)\tan\varphi_f}} \tag{12-90}$$

若考虑弯矩效应，则其计算方法式为

$$F_{p\_E}=\frac{\gamma\cdot r_0^3\cdot[f_1-f_2-f_3-f_4]-c_f r_0^2[e^{2\cdot(\theta_h-\theta_0)\cdot\tan\varphi}-1]/(2\tan\varphi_f)}{\sin\theta_E r_0 e^{(\theta_E-\theta_0)\tan\varphi_f}-(h_E-I_E)} \tag{12-91}$$

其中，$c_f=c/F_s$、$\varphi_f=\arctan(\tan\varphi/F_s)$，且系数 f_1、f_2、f_3、f_4、H/r_0 中的内摩擦角 φ 均由 $\varphi_f=\arctan(\tan\varphi/F_s)$ 代替。

为方便应用，通常采用无量纲形式表示抗滑桩桩侧有效压力：

$$K_P=2F_{p\_E}/(\gamma H^2) \tag{12-92}$$

上述计算式给出了为达到设计要求的边坡安全系数时，单位宽度上抗滑桩需要提供的抗滑合力 F_{p_E}。假设抗滑桩的横向距离为 D_1（桩心距），则每根抗滑桩需要提供的总抗滑合力为 $F_{p\_E}D_1$。值得注意的是，为合理确定抗滑桩所需提供的抗滑力，还应考虑桩间土的土拱效应。

(2) 安全系数 F_s 的计算

根据上限法能耗计算过程，使外荷载所做的功率等于内能耗散率，按照上述分析过程，将原始抗剪强度参数 c、φ 按式（3-1）折减，且令折减计算后边坡的临界自稳高度等于原始高度（$H_{cr}=H$），从而可以求得提供一定有效桩侧抗力 F_E 抗滑桩加固边坡的安全系数计算式。

1）桩侧有效土压力作用于水平方向。

$$F_s=\frac{cr_0^2[e^{2\cdot(\theta_h-\theta_0)\cdot\tan\varphi_f}-1]}{2\tan\varphi_f\{\gamma\cdot r_0^3\cdot[f_1-f_2-f_3-f_4]-F_E[\sin\theta_E r_0 e^{(\theta_E-\theta_0)\tan\varphi_f}-m_E h_E]\}} \tag{12-93}$$

2）桩侧有效土压力平行于滑裂面切线方向。

$$F_s=\frac{cr_0^2[e^{2\cdot(\theta_h-\theta_0)\cdot\tan\varphi_f}-1]}{2\tan\varphi_f\{\gamma r_0^3[f_1-f_2-f_3-f_4]-F_E[\cos\varphi_f r_0 e^{(\theta_E-\theta_0)\tan\varphi_f}-m_E h_E\sin(\theta_E-\varphi_f)]\}} \tag{12-94}$$

3)基于 Ito 和 Matsui(1975)分布模式。

不考虑弯矩效应的计算方法：

$$F_s=\frac{cr_0^2[e^{2\cdot(\theta_h-\theta_0)\cdot\tan\varphi_f}-1]}{2\tan\varphi_f\{\gamma\cdot r_0^3\cdot[f_1-f_2-f_3-f_4]-F_{p\_E}\sin\theta_E r_0 e^{(\theta_E-\theta_0)\tan\varphi_f}\}} \tag{12-95}$$

考虑弯矩效应的计算方法：

$$F_s=\frac{cr_0^2[e^{2\cdot(\theta_h-\theta_0)\cdot\tan\varphi_f}-1]}{2\tan\varphi_f\{\gamma r_0^3[f_1-f_2-f_3-f_4]-F_{p\_E}[\sin\theta_E r_0 e^{(\theta_E-\theta_0)\tan\varphi_f}-(h_E-I_E)]\}} \tag{12-96}$$

其中，$\varphi_f=\arctan(\tan\varphi/F_s)$，且系数 f_1、f_2、f_3、f_4、H/r_0 中的内摩擦角 φ 均由 $\varphi_f=\arctan(\tan\varphi/F_s)$ 代替。

根据极限分析上限定理，式（12-93）~式（12-96）即为抗滑桩预加固条件下边坡稳定性安全系数求解的上限方法表达式，F_s为 θ_h、θ_0、β' 3 个未知参数的函数且隐含了折减系数 F_s。由于 F_s实际上是一个隐函数，因而在进行优化计算时还需要进行迭代运算，由于直接求解具有困难性，同样可以采用序列二次优化迭代方法对式（12-93）~式（12-96）进行优化迭代计算。

12.4.2.5　对比计算与分析

与已有的典型算例进行对比的计算结果列于表 12-5 和表 12-6 中，对比算例来源于参考文献。由表 12-5 和表 12-6 3 个算例的对比可见，计算结果与已有解答均非常接近。

表 12-5　典型算例抗滑桩桩侧有效压力计算结果对比

算例	c /kPa	φ /(°)	γ /(kN/m³)	α /(°)	β /(°)	H /m	x_p /m	m	F_s	抗滑桩桩侧有效压力 F_E/(kN/m)			
										Ausilio	年廷凯	本书	
												式（7-87）	式（7-88）
1	23.94	10	19.63	0	30	13.7	13.7	1/3	1.5	515	517.5	517.12	518.34

表 12-6　典型算例安全系数计算结果对比

算例	c /kPa	φ /(°)	γ /(kN/m³)	α /(°)	β /(°)	H /m	x_p /m	b /m	D_1 /m	D_2 /m	边坡安全系数 F_s	
											已有解答	本书
2	23.94	10	19.63	0	30	13.7	13.7	0.6	1.5	0.9	Hassiotis 等（1997），1.82；Li 等（2006），1.70	1.6325
3	10	20	20	0	33.69	10	7.5	0.8	2.4	1.6	Bishop，1.49；Cai，1.55；Won 等（2005），1.55	1.4578

12.4.2.6　参数优化分析

现有研究已表明，抗滑桩的设置位置对岩土边坡稳定性有显著影响。为使抗滑桩加固效果达到最优，可基于失稳状态耗能最小原理确定抗滑桩设置的最优位置。其基本原理为，在给定桩身设计参数情况下，抗滑桩最佳设置位置应使边坡稳定性安全系数达到最大，或者在给定设计安全系数条件下，应使抗滑桩承受最小的有效抗力。

假定边坡高度 $H=13.7\text{m}$，边坡坡顶角 $\alpha=0°$，边坡坡趾角 $\beta=30°$，重度 $\gamma=19.63\text{kN/m}^3$，黏聚力 $c=23.94\text{kPa}$，内摩擦角 $\varphi=10°$。采用单根抗滑桩对该边坡进行预加固，并假定抗滑桩桩侧有效压力 $F_E=500\text{kN/m}$。以下分别考虑和不考虑可能出现的局部失稳时，抗滑桩设置位置不同对边坡安全系数、临界滑裂面位置和临界滑裂面以上桩长 EF 的影响。不考虑可能出现的局部失稳，当抗滑桩设置位置不同（x_p改变）时，抗滑桩预加固边坡的稳定性安全系数变化如图 12-17 所示。

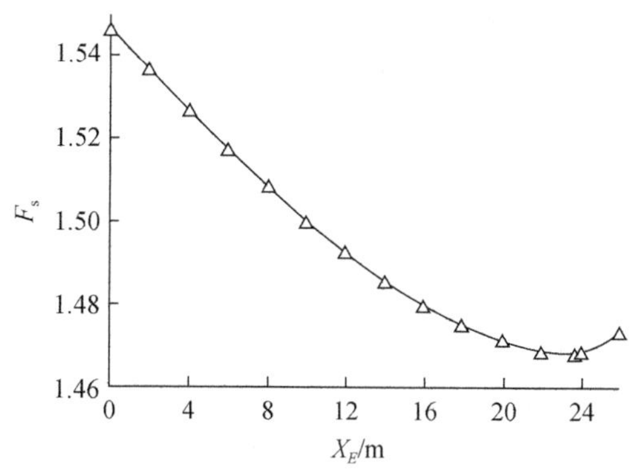

图 12-17　单桩设置位置对边坡稳定性的影响（不考虑局部失稳）

不考虑可能出现的局部失稳时，抗滑桩设置位置不同（x_p改变）对边坡临界滑裂面位置的影响如图 12-18 和图 12-19 所示。

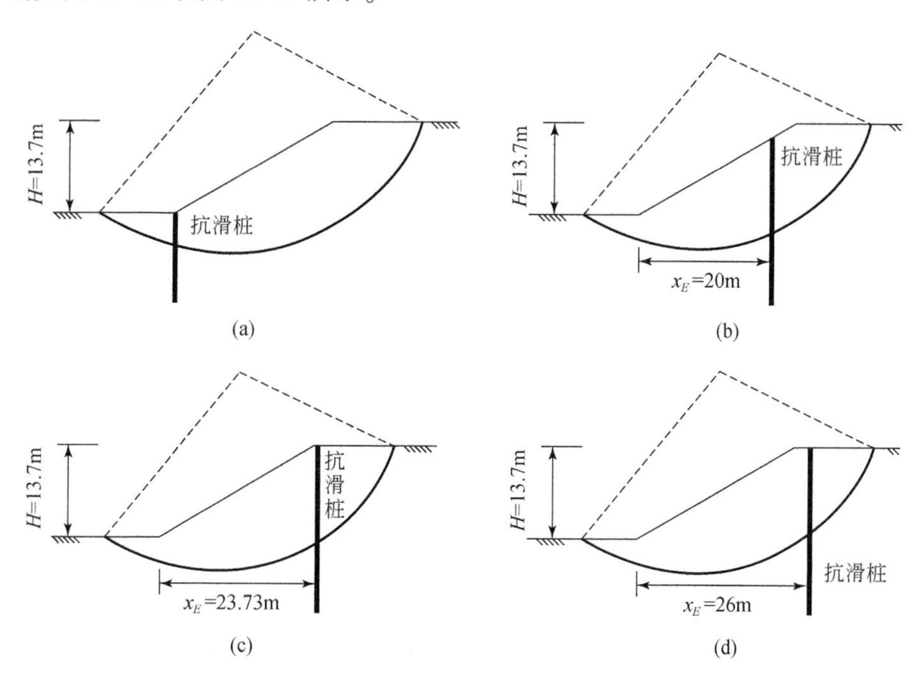

图 12-18　单桩设置位置对潜在滑裂面的影响（不考虑局部失稳）

由图 12-17 ~ 图 12-19 可知，采用单根抗滑桩加固且只考虑边坡整体稳定性时，抗滑桩设置位置改变对边坡安全系数和临界滑裂面均有显著影响。随着抗滑桩设置由坡趾角位置移向坡顶位置，边坡安全系数显著下降；随着抗滑桩设置由坡趾角位置移向坡顶角位置，临界滑裂面首先逐渐变浅，当接近坡顶位置时又有逐渐加深的趋势；相应地，潜在滑动体范围呈现与临界滑裂面对应的变化趋势。

对采用抗滑桩预加固措施而言，潜在滑裂面位置将直接决定抗滑桩设置长度。不考虑可能出现的局部失稳时，抗滑桩设置位置不同（x_p改变）对边坡临界滑裂面以上桩长 *EF* 的影响如图 12-20 所示。

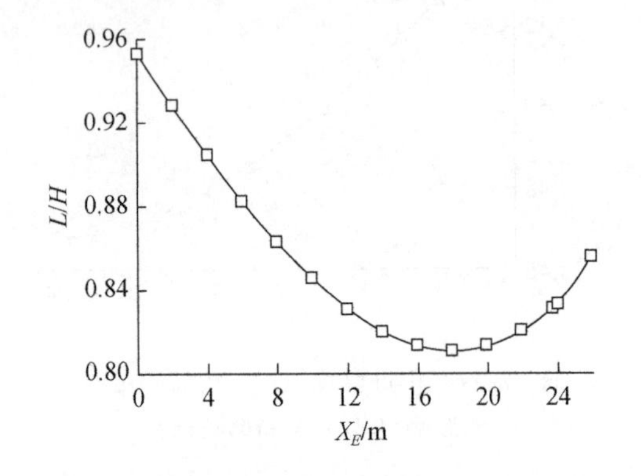

图 12-19　单桩设置位置对边坡潜在滑裂面参数（*L/H*）的影响（不考虑局部失稳）

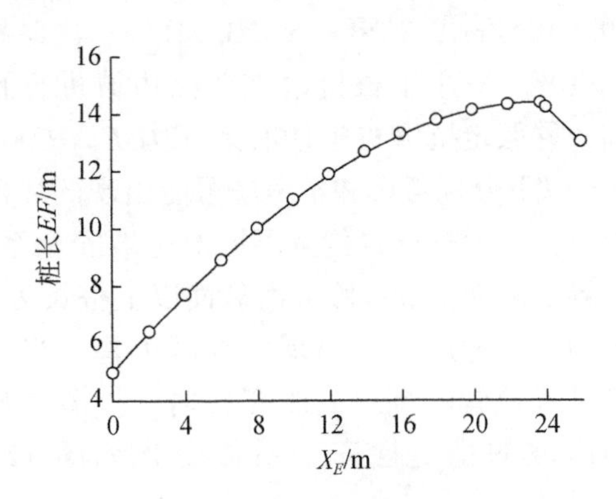

图 12-20　单桩设置位置对潜在滑裂面以上 *EF* 的影响（不考虑局部失稳）

由图 12-20 可知，采用单根抗滑桩加固且只考虑整体稳定性时，抗滑桩设置位置改变对临界滑裂面以上桩长 *EF* 有显著影响，进而影响抗滑桩的整桩设置长度，最终将直接反映在工程造价上。显然，综合考虑抗滑桩设置位置对边坡安全系数和抗滑桩桩长的影响，抗滑桩的最优设置位置应位于边坡中下部区域。

实际工程中，采用单根抗滑桩进行边坡加固时，若抗滑桩离坡趾过近，则边坡最危险滑裂面会上移从而出现局部失稳问题，此时边坡的安全系数也会发生显著改变，如图 12-21 所示。在相应条件下，可能发生的局部失稳示意图如图 12-22 所示（本书仅考虑出现在抗滑桩上部的局部失稳问题）。由图 12-21 和图 12-22 可知，单抗滑桩加固时，当抗滑桩过于靠近坡角或坡顶时，边坡最危险滑裂面可能会上移或下移从而出现局部失稳问题。原因在于，当局部失稳机构为能耗最小机构时，通过抗滑桩加固区域的整体耗能机构由于耗能非最小而不会先于局部失稳机构发生破坏。与此同时，考虑局部失稳的边坡安全系数也会发生显著改变。

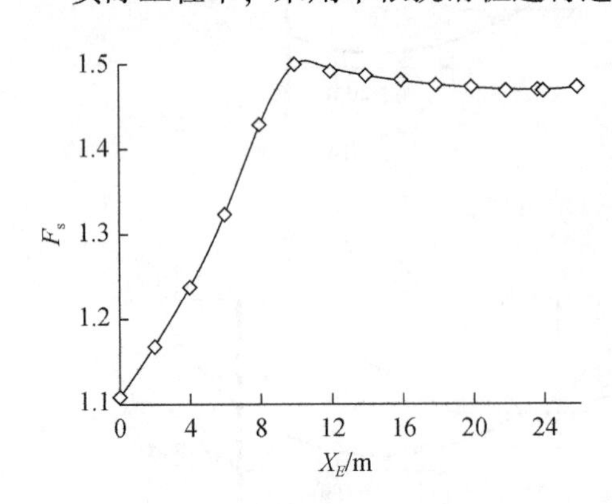

图 12-21　单桩设置位置对边坡稳定性的影响（考虑局部失稳）

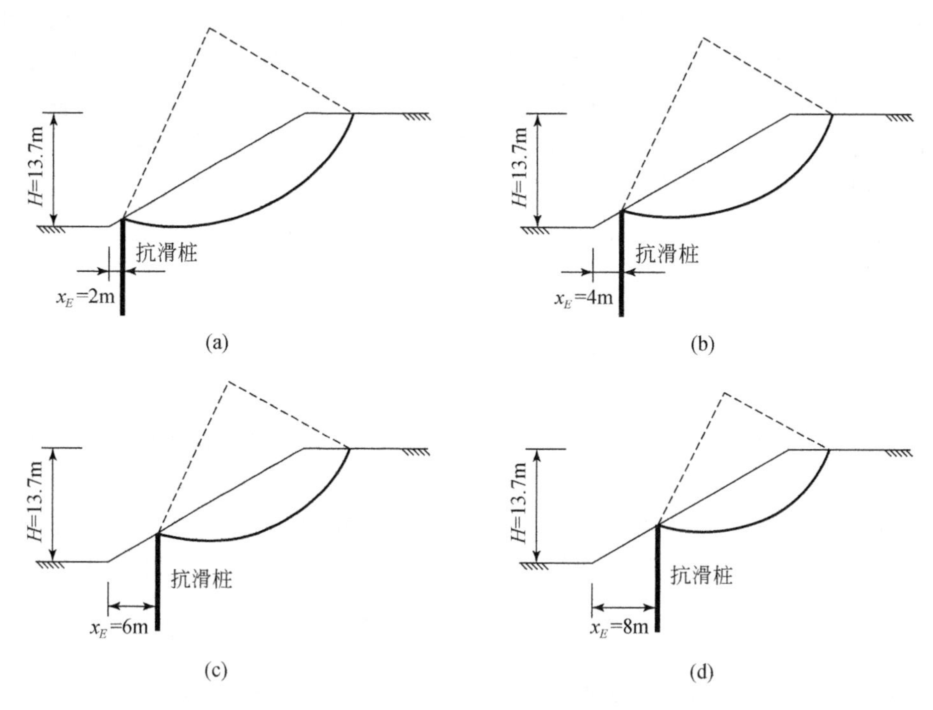

图 12-22　单桩设置位置对潜在滑裂面的影响（考虑局部失稳）

对于这种抗滑桩距坡脚或坡顶过近的情况，当边坡最危险滑裂面上移或下移而出现局部失稳问题时，或者当滑坡或潜在失稳坡体达到一定规模，单排桩设计抗滑力不足以平衡下滑推力时，可布设多排抗滑桩，如图 12-23 所示。

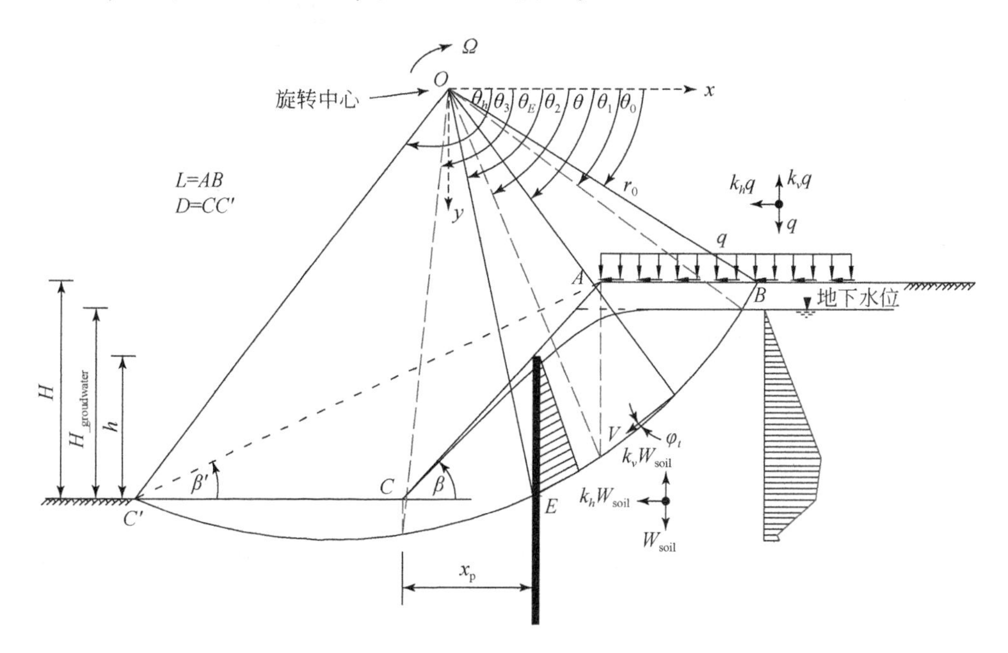

图 12-23　复杂条件下单桩加固边坡稳定性的破坏机构

上述参数分析表明，边坡采用单根抗滑桩加固且只考虑整体稳定性时，抗滑桩设置位置改变对边坡安全系数、临界滑裂面位置和临界滑裂面以上桩长均有显著影响。随着抗滑桩设置位置由坡趾角位置移向坡顶角位置，边坡安全系数显著下降。随着抗滑桩设置位置由坡趾角位置移向坡顶角位置，临界滑裂面位置首先逐渐变浅，潜在滑动体范围逐渐变小，当设置位置接近一定坡顶范围内后又有逐渐加深的趋势。抗滑桩设置位置改变对临界滑裂面以上桩长有显著影响，进而影响抗滑桩的整桩设置长度。单抗滑桩加固边坡的最优设置位置应位于边坡中下部区域。

12.4.3　复杂条件下抗滑桩路基边坡稳定性上限分析

鉴于问题的复杂性，且综合考虑各种因素影响下抗滑桩加固边坡设计计算时的最不利条件，稳定性分析时需基于一定的基本假设，详见第5章5.1节2.2节所述。同时考虑抗滑桩的影响，还需要假设有：根据12.4.2.5节的对比分析，采用桩侧有效土压力平行于滑裂面切线方向的计算方法计算抗滑桩桩侧有效压力做功，该假设物理意义更为明确。

12.4.3.1　复杂条件下单抗滑桩加固路基边坡安全系数计算及分析

假定破坏机构的破坏面为对数螺旋面，复杂条件下单抗滑桩加固土坡稳定性分析图形如图12-23所示。

在考虑抗滑桩、自重、超载和地震效应条件下，图12-23所示的破坏机构外力做功包括5个方面：重力做功、重力动力效应做功、超载及动力效应做功、孔隙水压力做功和抗滑桩有效桩侧土压力做功，而内部耗能为滑动面内能耗散。其中重力做功计算式同式（3-14），重力动力效应做功计算式同式（6-8）及式（6-13），超载及动力效应做功计算式同式（12-16）及式（12-18），孔隙水压力做功计算式同式（5-17），滑动面内能耗散计算式同式（3-19），而单抗滑桩有效桩侧土压力做功计算式依据假设条件同式（12-82）。

（1）桩侧有效土压力上限解答

为使边坡稳定性安全系数达到某个安全系数值 F_s，将抗剪强度参数 c、φ 按式（3-1）折减，根据上限法能耗计算过程，使外荷载所做的功率等于内能耗散率，从而可以确定抗滑桩的桩侧有效抗力 F_E 计算式。

$$F_E=\frac{\begin{array}{c}\gamma r_0^3[(1+\zeta k_h)(f_1-f_2-f_3-f_4)+r_u\cdot f_9+k_h(f_5-f_6-f_7-f_8)]\\+qr_0^2[(1+\zeta k_h)f_q+k_hf_{q\_kh}]-c_fr_0^2[\mathrm{e}^{2\cdot(\theta_h-\theta_0)\cdot\tan\varphi}-1]/(2\tan\varphi_f)\end{array}}{\cos\varphi_f\cdot r_0\mathrm{e}^{(\theta_E-\theta_0)\tan\varphi}-m_Eh_E\cdot\sin(\theta_E-\varphi_f)}\tag{12-97}$$

同时，式中与孔隙水压力做功相关的系数 f_9 计算表达式同式（5-3）。

（2）安全系数 F_s 的计算

根据上限法能耗计算过程，使外荷载所做的功率等于内能耗散率，按照上述分析过程，将抗剪强度参数 c、φ 按式（3-1）折减，且令折减计算后边坡的临界自稳高度等于原始高度（$H_{cr}=H$），从而可以求得提供一定有效桩侧抗力抗滑桩加固边坡的安全系数计算式：

$$F_s=\frac{c\cdot r_0^2[\mathrm{e}^{2\cdot(\theta_h-\theta_0)\cdot\tan\varphi_f}-1]}{2\tan\varphi_f\begin{Bmatrix}\gamma r_0^3[(1+\zeta k_h)(f_1-f_2-f_3-f_4)+r_u\cdot f_9+k_h(f_5-f_6-f_7-f_8)]\\+qr_0^2[(1+\zeta k_h)f_q+k_h f_{q\_kh}]\\-F_E[\cos\varphi_f\cdot r_0\mathrm{e}^{(\theta_E-\theta_0)\tan\varphi_f}-m_E h_E\cdot\sin(\theta_E-\varphi_f)]\end{Bmatrix}}\tag{12-98}$$

一般情况下，无须同时考虑超载、地震拟静力和孔隙水压力效应，依据工程实际情况选取相应的复杂外荷载效应计算公式即可。

12.4.3.2　复杂条件下多抗滑桩加固路基边坡安全系数计算及问题的分析

而对于多抗滑桩的情况，如图 12-24 所示，按照与上述相同的计算方法，可以获得第 i 根抗滑桩桩侧有效土压力的能耗计算如下。

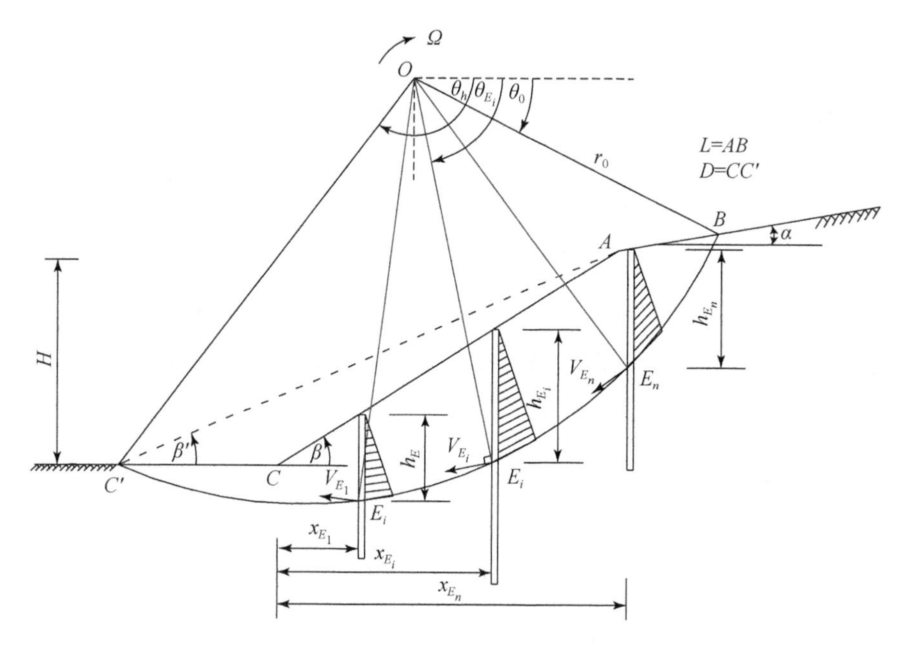

图 12-24　复杂条件下多桩加固边坡稳定性的破坏机构

假设桩侧土压力平行于滑面作用，由第 i 根抗滑桩提供的抗滑力 F_i 和相应的弯矩 M_i 所做的外力功为

$$D_{E_i}=F_{E_i}\Omega\ [\cos\varphi\cdot r_0\mathrm{e}^{(\theta_{E_i}-\theta_0)\tan\varphi}-m_{E_i}h_{E_i}\cdot\sin\ (\theta_{E_i}-\varphi)]\tag{12-99}$$

对于其他抗滑桩，计算的基本步骤同上。累加各根抗滑桩桩侧有效力土压力的外力功，有

$$D_E=\sum_{i=1}^{n}F_{E_i}\Omega[\cos\varphi\cdot r_0\mathrm{e}^{(\theta_{E_i}-\theta_0)\tan\varphi}-m_{E_i}h_{E_i}\cdot\sin(\theta_{E_i}-\varphi)]\tag{12-100}$$

根据虚功原理，使得外荷载所做的功率等于内能耗散率，即有复杂条件下多抗滑桩加固临河路基边坡稳定性极限平衡状态的边坡安全系数计算方程：

$$F_s = \frac{c \cdot r_0^2[\mathrm{e}^{2\cdot(\theta_h-\theta_0)\cdot\tan\varphi_f} - 1]}{2\tan\varphi_f\left\{\begin{aligned}&\gamma r_0^3[(1+\zeta k_h)(f_1-f_2-f_3-f_4)+r_u f_9+k_h(f_5-f_6-f_7-f_8)]\\&+qr_0^2[(1+\zeta k_h)f_q+k_h f_{q\_kh}]\\&-\sum_{i=1}^{n}F_{E_i}[\cos\varphi_f\cdot r_0\mathrm{e}^{(\theta_{E_i}-\theta_0)\tan\varphi_f}-m_{E_i}h_{E_i}\cdot\sin(\theta_{E_i}-\varphi_f)]\end{aligned}\right\}} \tag{12-101}$$

式中，$\varphi_f=\arctan(\tan\varphi/F_s)$，且系数 f_1、f_2、f_3、f_4、f_5、f_6、f_7、f_8、f_9、f_q、f_{q_kh}、H/r_0 中的内摩擦角 φ 均由 $\varphi_f=\arctan$（$\tan\varphi/F_s$）代替。

根据极限分析上限定理，式（12-101）为复杂条件下多抗滑桩加固边坡的安全系数求解上限表达式，F_s 为 θ_h、θ_0、β' 3 个未知参数的隐函数，可以采用序列二次优化迭代方法对式（12-101）进行优化迭代计算。

12.5　锚定板挡土墙稳定性上限分析模型及简化设计方法

12.5.1　锚定板挡土墙概述

锚定板挡土墙由墙面系、拉杆及锚定板和填料共同组成，如图 12-25 所示。作为一种适用于填土的轻型挡土结构，锚定板挡土墙在工程中得到了广泛应用。其设计计算的基本原理为，拉杆外端与墙面系连接，内端与锚定板连接，通过拉杆，依靠埋置在填料中的锚定板所提供的抗拔力来维持挡土板的稳定。因而设计计算中锚定板的抗拔力是一个极为重要的设计参数。

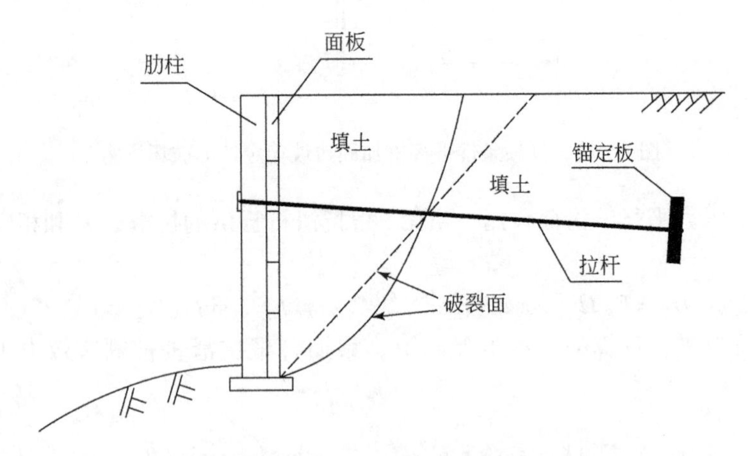

图 12-25　锚定板挡土墙断面图

锚定板属于法向受力锚板中的一类。针对锚定板抗拔力为锚定板挡土墙设计计算的关键参数，本节首先分析了岩土材料在服从非线性破坏准则条件下的锚定板抗拔力上限计算方法，然后依据锚定板挡土墙的结构形式对给定安全系数的复杂条件下锚定板挡土墙的极限抗拔力进行了上限分析，最后给出了基于上限分析方法的锚定板挡土墙简化设计方法。

12.5.2　法向受力锚定板抗拔力上限分析

12.5.2.1　锚定板抗拔力分析概述

作为一种提供抗拔力的基础形式，锚定板在实际工程中被广泛应用。按锚定板在土中的埋设方式及受力方向来划分，有水平埋设垂直受力的水平锚板、垂直埋设水平受力的竖向锚板和倾斜埋设倾斜受力的锚板（一般上拔力垂直于锚板平面）。按锚板的几何特征，一般可将长宽比 $L/B\geqslant5$ 的锚定板视作条形锚板，多数设计理论均从条形锚板入手，再引进形状系数推广到其他锚定板。按锚定板在极限上拔荷载的作用下土体的破坏形态分类，可以将其分为浅埋锚定板、深埋锚定板。以临界深度为界，松散岩土体中临界埋深率 $H/B\leqslant5$ 的为浅埋锚定板（H 为埋置深度，B 为锚定板宽度，H/B 表示埋深率），而密实岩土体中锚定板 $H/B\leqslant8$ 为浅埋锚定板，锚定板上部岩土体出现整体剪切破坏，浅锚的极限抗拔力一般根据破坏形态提出。

12.5.2.2　破坏模式及基本假设

（1）破坏模式

Murray 和 Geddes（1989）针对浅埋法向受力倾斜锚板，结合模型试验结果建立了包含对数螺旋线受剪区 bcf 的破坏模式，所构建的破坏机构和速度场如图 12-26 和图 12-27 所示。

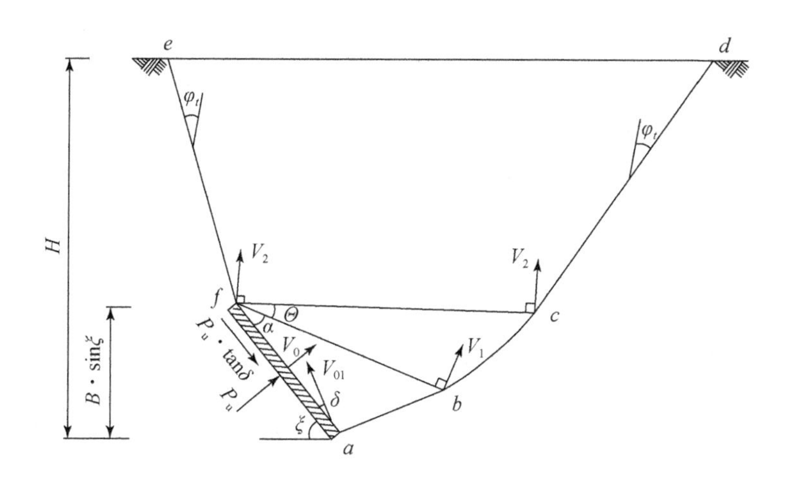

图 12-26　法向受力倾斜条锚平动破坏机制

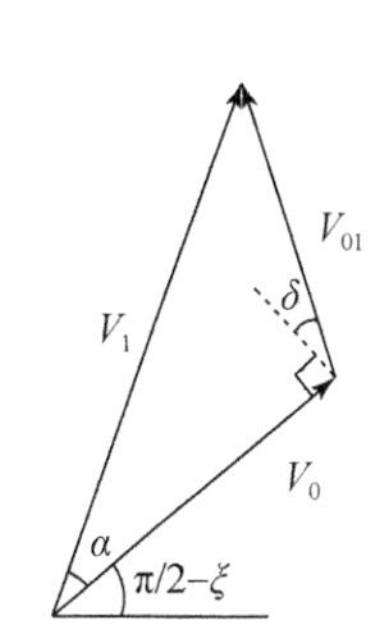

图 12-27　速度相容三角形

但同时需要指出的是，尽管 Murray 和 Geddes（1989）构建了合适的机动破坏模式，但在极限抗拔力计算时仅仅带入了砂性土的单一抗剪强度参数 φ（砂土内摩擦角），因而其抗拔力计算式相对简单，且只适用于砂土。现有研究也表明，岩土体密实度、岩土体抗剪强度参数、锚定板表面粗糙程度、锚定板埋深率和锚定板几何形状均对锚定板承载能力和锚定板抗拔破坏区域有较大的影响，因而本节将考虑以上几种影响因素对非线性破坏准则条件下倾斜锚定板极限抗拔力计算式进行了重新推导。

根据图 12-26，根据简单的几何关系，可分别求得各刚性块边长 ab、bc、cd、de、ef、bf、cf 和面积 S_{abf}、S_{bcf}、S_{cdef}。令 $V_0=1$，由图 12-26 和图 12-27，根据速度三角形关系和对数螺旋线受剪区速度场性质（Chen，1975），可求得各速度间断线上的间断速度 V_{01}、V_1、V_2：

$$V_{01}=V_0/\sin(\pi/2-\alpha-\delta)\cdot\sin\alpha \tag{12-102}$$

$$V_1=V_0/\sin(\pi/2-\alpha-\delta)\cdot\sin(\pi/2+\delta) \tag{12-103}$$

$$V_2=V_1\cdot e^{\Theta\cdot\tan\varphi_t} \tag{12-104}$$

（2）基本假设

对于法向受力的倾斜浅埋条形锚定板，在构建平动破坏机构时，应用了如下假设：①锚定板上填土为理想刚塑性体，破坏时服从非线性莫尔−库仑破坏准则，破坏面上某一点对应的抗剪强度参数为 c_t、φ_t；②锚定板上填土服从相关联流动法则；③倾斜浅埋条形锚定板为刚性结构，锚定板与板上填土出现相对滑动且滑动摩擦角（δ）为常数，锚定板与土体之间的黏附力为 $P_u\cdot\tan\delta$；④以临界深度为界，锚定板临界埋深率 $H/B\leqslant 8$，假设为浅埋锚定板，锚定板上部岩土体出现整体破坏，其中 B 为锚定板宽度，H 表示锚定板埋置深度。

12.5.2.3 能耗分析与抗拔力计算

能耗计算包括外力做功和内部耗能两个方面。

（1）外力做功

由图 12-26 可知，在假定的破坏模式中，外力的功率包括极限抗拔荷载 P_u 功率 W_{P_u}、地基表面超载 q 的功率 W_q、破坏区域 $abcdef$ 土重力功率 W_{soil}：

$$W_{P_u}=B\cdot P_u\cdot V_0 \tag{12-105}$$

$$W_q=q\cdot V_2\cdot de\cdot\cos(\pi-\xi+\alpha+\Theta) \tag{12-106}$$

重力做功包括 3 个部分：楔形体 abf 土重力做功 W_{abf}、多边形 $cdef$ 土重力做功 W_{cdef}、对数螺旋线受剪区 bcf 处土重力做功 W_{bcf}：

$$W_{abf}=S_{abf}\cdot\gamma\cdot V_1\cdot\cos(\pi-\xi+\alpha) \tag{12-107}$$

$$W_{cdef}=S_{cdef}\cdot\gamma\cdot V_2\cdot\cos(\pi-\xi+\alpha+\Theta) \tag{12-108}$$

式中，γ 为土体容重。（$\pi-\xi+\alpha$）和（$\pi-\xi+\alpha+\Theta$）分别为 abf、$cdef$ 刚性块重力方向与其运动方向的夹角。

对数螺旋线受剪区 W_{bcf} 计算如下。

该区土重做的外功率可沿整个区域 Θ 把不同微元的垂直速度分量与其重量乘积相加算得。

如图 12-28 所示，作用在不同微元上的重力是 dF，因而微元的外功率是：

$$[V\cos(\pi-\xi+\theta+\alpha)]\cdot[1/2\cdot\gamma r^2\mathrm{d}\theta] \tag{12-109}$$

又有 $V=V_1\mathrm{e}^{\theta\tan\varphi}$，$r=bf\mathrm{e}^{\theta\tan\varphi}$，积分得到 bcf 区域土重做的外功率：

$$W_{bcf}=\frac{\gamma\cdot bf^2\cdot V_1}{2(1+9\tan^2\varphi)}h(\alpha,\ \Theta,\ \xi,\ \varphi) \tag{12-110}$$

其中，

$$h(\alpha,\ \Theta,\ \xi,\varphi)=[3\cos(\xi-\alpha)\tan\varphi-\sin(\xi-\alpha)]+[\sin(\xi-\alpha-\Theta)-3\tan\varphi\cos(\xi-\alpha-\Theta)]\mathrm{e}^{3\Theta\tan\varphi} \tag{12-111}$$

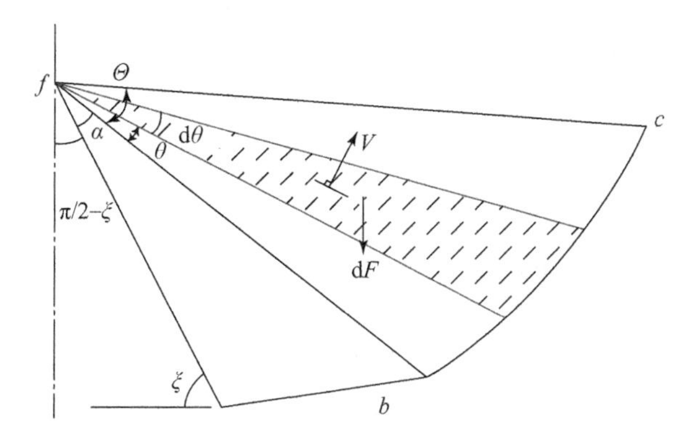

图12-28　辐射受剪区 bcf 的功率计算示意图

(2) 内部耗能

根据假设，条形锚定板为刚性基础，锚定板上滑动土体为理想刚体，无塑性变形，内部耗能仅发生在破坏区域的速度间断线 ab、bc、cd、ef、锚定板表面 fa 的能量耗散和对数螺旋线受剪区域 bcf，各个部分耗能计算式为：$G_{ab}=c(V_1\cos\varphi)\ ab$，$G_{ab}=c(V_2\cos\varphi)cd$，$G_{ef}=c(V_2\cos\varphi)ef$，$G_{af}=P_u\cdot\tan\delta\cdot(V_{01}\cdot\cos\delta)\cdot af$。

根据文献 Chen（1975），对数螺旋线受剪区域 bcf 的能量耗散计算式为

$$G_{bcf}=\int_0^{\Theta}c(bf)\mathrm{e}^{(\omega)\cdot\tan\varphi}V_1\mathrm{e}^{(\omega)\cdot\tan\varphi}\mathrm{d}\omega=1/2\cdot cV_1(bf)[\mathrm{e}^{(2\cdot\Theta)\cdot\tan\varphi}-1]/\tan\varphi \tag{12-112}$$

同时根据文献 Chen（1975），速度间断线 bc 上消耗的能量与受剪区 bcf 消耗的能量一样，同式（12-110）。则除锚定板表面（fa）能量耗散外的内部耗能为

$$G=G_{ab}+G_{bcf}+G_{bc}+G_{cd}+G_{ef} \tag{12-113}$$

(3) 极限抗拔力计算及问题的分析

利用虚功率原理，根据破坏模式中外力做功与内部耗能的能量相等，考虑边界上的外力，建立浅埋法向承力倾斜条形锚板极限抗拔荷载 P_u 表达式：

$$P_u=(G-W_{soil}-W_q)/[V_0\cdot B-af\cdot\tan\delta\cdot(V_{01}\cdot\cos\delta)] \tag{12-114}$$

式中，除 B、H、γ、q、ξ、c、φ 为已知量以外，极限抗拔荷载 P_u 还将与参数变量 α、Θ 有关。显然，这些变量应满足平动机制的速度场约束条件和物理意义要求的几何约束条件。

12.5.3　复杂条件下锚定板挡土墙稳定性分析

12.5.3.1　锚定板挡土墙稳定性分析思路

与加筋土坡上限分析的原理相同，同样把路基和锚定板当成不同的隔离体考虑，在进行稳定性分析时，假定锚板提供的为维持锚定板挡土墙稳定的有效抗拔力直接作用于路基刚体之上，在考虑失稳状态下两者的相互作用时，锚定板挡土墙稳定性问题实际可以转化为：为了使锚定板挡土墙达到设计的安全系数 F_s，需求解提供多大的锚定板有效抗拔力计算问题。

同时鉴于问题的复杂性，且考虑临河土质路基支挡设计计算时的最不利条件，还需要基于一定的基本假设，见 12.5.2.2 小节所述。

12.5.3.2　计算模型与稳定性分析

假定破坏机构的破坏面为对数螺旋面，复杂条件下锚定板支挡加固路基边坡稳定性分析图形如图 12-29 所示。

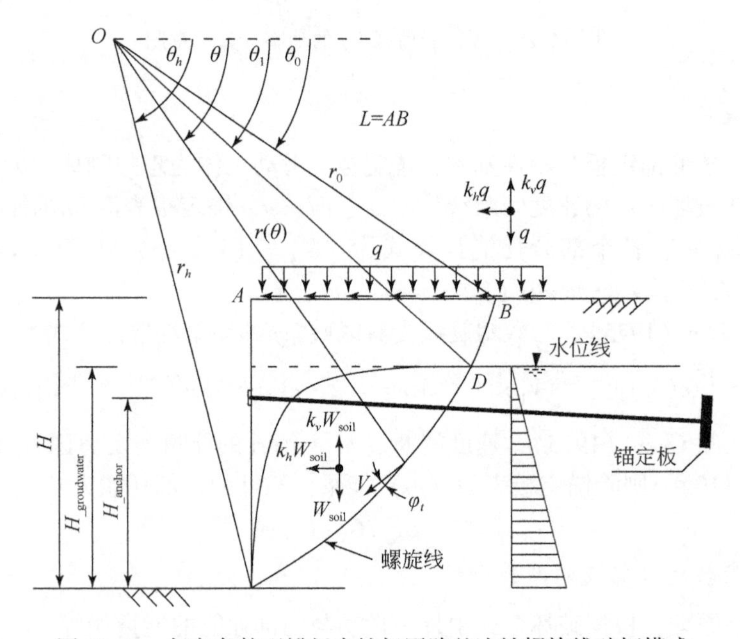

图 12-29　复杂条件下锚板支挡加固路基边坡螺旋线破坏模式

12.5.3.3　能耗计算

在考虑自重、超载和地震效应条件下，图 12-29 所示的破坏机构外力做功包括 4 个方面：重力做功、重力动力效应做功、超载及动力效应做功和孔隙水压力做功，而内部耗能包括滑动面内能耗散和锚定板提供拉力能量耗散。

其中重力做功同式（12-7），重力动力效应做功计算式同式（12-11）及式（12-12）、超载及动力效应做功计算式同式（12-16）及式（12-18）、孔隙水压力做功计算式同式（12-20）、滑动面内能耗散计算式同式（12-29）。

假定 T 为单位宽度土体上锚定板能够提供的有效抗力值；θ_F 为确定锚定板拉杆位置的角。对于单个锚定板的情况，为了保证肋柱受力的均匀，一般把锚定板拉杆作用点位置设置于与坡趾的垂直距离为 $H_{\_anchor}=2/3H$ 处，其与坡面的交点为 E，拉杆与滑裂面的交点为 F；E 点在直角坐标系的坐标为（x_E，y_E），在极坐标中对应的角度为 θ_E；相应地，F 点在直角坐标系的坐标为（x_F，y_F），在极坐标中对应的角度为 θ_F；根据简单的几何关系求得参数（x_E，y_E）、（x_F，y_F）、θ_E 和 θ_F，则在构建的上限破坏模式中，由锚定板有效抗拔力 T 所做的外力功如下。

当锚定板有效抗拔力作用点位于 F 点时：

$$W_T=Tv_F\cos(\pi/2-\theta_F)=T\cdot r_0\mathrm{e}^{(\theta_F-\theta_0)\tan\varphi}\cdot\Omega\cdot\cos(\pi/2-\theta_F) \tag{12-115}$$

当锚定板有效抗拔力作用点位于 E 点时：

$$W_T=Tv_E\cos(\pi/2-\theta_E)=T\cdot OE\cdot\Omega\cdot\cos(\pi/2-\theta_E) \tag{12-116}$$

计算表明上述两种能量计算式实际是一致的。这里取式（12-116）进行能耗计算。

12.5.3.4　锚定板支挡加固路基边坡稳定性分析

（1）锚定板设计抗拉力上限解答

为使边坡的稳定性安全系数达到某个安全系数值 F_s，将原始抗剪强度参数 c、φ 按式（3-1）折减，根据上限法能耗计算过程，使外荷载所做的功率等于内能耗散率，从而可以确定锚定板的有效抗拔力计算式：

$$T=\frac{\begin{array}{c}\gamma r_0^3[(1+\zeta k_h)(J_1-J_2-J_3)+r_uJ_{13}+k_h(J_4-J_5-J_6)]\\+qr_0^2[(1+\zeta k_h)J_q+k_hJ_{q\_kh}]-c_fr_0^2J_7/(2\tan\varphi_f)\end{array}}{OE\cdot\cos(\pi/2-\theta_E)} \tag{12-117}$$

式中，$c_f=c/F_s$、$\varphi_f=\arctan(\tan\varphi/F_s)$，且系数 J_1、J_2、J_3、J_4、J_5、J_6、J_7、J_{13}、J_q、J_{q_kh}、H/r_0 中的内摩擦角 φ 均由 $\varphi_f=\arctan(\tan\varphi/F_s)$ 代替。

（2）安全系数 F_s 的计算

根据上限法能耗计算过程，使外荷载所做的功率等于内能耗散率，按照上述分析过程，将原始抗剪强度参数 c、φ 按式（3-1）折减，且令折减计算后边坡的临界自稳高度等于原始高度（$H_{cr}=H$），从而可以求得提供一定有效抗拔力 T 锚定板加固路基边坡的安全系数计算式：

$$F_s=\frac{c\cdot r_0^2J_7}{2\tan\varphi_f\left\{\begin{array}{l}\gamma r_0^3[(1+\zeta k_h)(J_1-J_2-J_3)+r_u\cdot J_{13}+k_h(J_4-J_5-J_6)]\\+qr_0^2[(1+\zeta k_h)J_q+k_hJ_{q\_kh}]-T\cdot OE\cdot\cos(\pi/2-\theta_E)\end{array}\right\}} \tag{12-118}$$

式中，$\varphi_f=\arctan(\tan\varphi/F_s)$，且系数 J_1、J_2、J_3、J_4、J_5、J_6、J_7、J_{13}、J_q、J_{q_kh}、H/r_0 中的内摩擦角 φ 均由 $\varphi_f=\arctan(\tan\varphi/F_s)$ 替换。

一般情况下，无须同时考虑超载、地震拟静力和孔隙水压力效应，依据工程实际情况选取相应的复杂外荷载效应计算公式即可。

12.5.3.5 锚定板设置位置分析

对于单个锚定板的情况，为了保证肋柱受力的均匀，一般把锚定板拉杆作用点位置设置在到坡趾的垂直距离为 $H_{\_anchor}=2/3H$ 处，其与坡面的交点为 E。通过上述锚定板挡墙稳定性分析，可以求得几何参数以确定锚定板加固条件下路基的潜在滑裂面，并求得拉杆与滑裂面的交点 F 的位置。为保证在拉力 T 作用下，锚定板不被拔出，还需要利用前文的计算方法求得锚定板与 F 点之间的安全距离，即可确定锚定板设置位置。

12.6 路基边坡加固设计简化计算方法和流程

12.6.1 概述

在复杂条件下，以上几节采用不同措施加固路基边坡的稳定性能量分析方法具有一个显著的共同特点：即将加固措施效应在破坏机构中的耗能直接代入边坡极限平衡系统的能耗分析中，根据内外能耗守恒原理获得最小能耗意义上的加固措施参数（如维持一定条件下边坡稳定的最小加固措施效应、最优的加固措施设置位置、最佳的加固措施设置方式等）的计算方法。在各种不同外界条件组合的复杂情况下，这种计算方法实际包含了设计计算参数选择的最优化过程，通过优化计算便能针对不同的不利外界因素获得最优的设计参数，因而对选择最优的预加固方法比较有利。此外，与以往基于极限平衡理论的计算方法的不同之处还在于：预加固措施的效力均采用极限状态下的有效效力，因而不再具体分析潜在滑裂面以上滑体和作用于加固措施之上滑体的具体受力情况，引入的一些假设使采用本书方法的计算得以简化。

12.6.2 路基边坡加固设计简化计算方法和流程

12.6.2.1 加筋路基边坡的简化设计方法

通常作用于加筋构筑物上的荷载主要为侧向土压力和加固作用力。在采用本书的简化设计方法时，不具体分析潜在滑动体的受力情况，而是针对给定的安全系数，直接把求得的达到路基边坡设计安全系数的最小加筋强度、最佳布置方式用于加筋路基的简化设计。基于上限分析理论的加筋路基简化设计方法基本步骤和流程如下。

1）收集相关工程材料（包括边坡几何尺寸、岩土材料参数特性、各种复杂因素如超载、动载、地下水位变化等外荷载效应）进行路基边坡稳定性分析；

2）根据稳定性分析结果，并在给定的设计安全系数条件下计算最小加筋强度的大小；

3）根据临界滑裂面计算结果确定加筋材料的自由段长度、锚固段长度；

4）拟订加筋的间距、加筋材料类型；

5）附件结构设计；

6）加筋路基施工设计与技术要求；

7）试验与监测设计。

相关具体计算方式可参照 12. 2 节及相关的设计计算规范。

12. 6. 2. 2　锚定板挡土墙简化设计计算方法

通常作用在锚定板挡土墙构筑物上的荷载主要为滑坡或边坡失稳的下滑力、侧向土压力和加固作用力。以往采用传递系数法或极限平衡法得到的下滑力为锚索的设计荷载。在采用本书的简化设计方法时，不具体分析潜在滑动面以上滑动体的受力情况，而是针对给定的安全系数直接把求得的作用于锚定板拉杆上的有效锚定板抗拉力、锚定板设置位置和拉杆长度等参数用于锚定板挡土墙的简化设计。基于上限分析理论的锚定板挡土墙简化设计基本步骤和流程如下。

1）收集相关工程材料（包括边坡几何尺寸、岩土材料参数特性、各种复杂因素如超载、动载、地下水位变化等外荷载效应）进行路基边坡稳定性分析；

2）根据稳定性分析结果，并在给定的设计安全系数条件下计算有效锚定板抗拉力大小；

3）根据临界滑裂面计算结果确定锚定板拉杆的自由段长度、拉杆总长度，依据锚定板抗力计算锚定板放置位置；

4）拟订锚定板的间距、锚定板的抗拔力；

5）确定锚定板、拉杆、肋柱、挡土板结构及连接件设计；

6）锚定板挡土墙施工设计与技术要求；

7）试验与监测设计。

相关具体计算方式可以参照 12. 3 节及相关的设计计算规范而定。

12. 6. 2. 3　抗滑桩加固路基边坡的简化设计方法

这里采用与年廷凯（2005）类似的设计计算方法，即不具体分析潜在滑动面以上桩前、桩后的受力，而是针对给定的安全系数直接把求得的作用于临界滑动面以上的极限桩侧有效土压力用于抗滑桩的简化设计。值得注意的是，按照年廷凯（2005）的简化设计方法，滑动面以上桩侧的有效土压力强度为三角形线性分布模式，但往往实际上依据滑体的性质和厚度等工程实际因素来确定的抗滑桩上外力分布模式，一般可简化为三角形、矩形和梯形三种形式。对于液限指数较小、刚度较大和较密实的滑体，顶层和底层的滑动速度大致是一致的，抗滑桩上滑坡推力的分布图形为矩形；对于液限指数较大、刚度较小和密实度不均匀的塑性滑体，其靠近滑面的滑动速度较大而滑体表层的滑动速度则较小，滑坡推力的分布图形为三角形；对于介于上述两者之间的情况可假定分布图形为梯形，详见图 12-30。

在进行临界滑面以上抗滑桩桩身变位和内力计算时应依据外力的分布形式而定。具体的计算方式可以参照相关的设计计算规范，这里不详细叙述。

根据上述滑裂面以上桩身的内力和变位计算结果，接下来可按照弹性地基梁计算方法通过“m”法或“K”法求得临界滑裂面以下桩身内力和变位的情况。其中抗滑桩锚固深

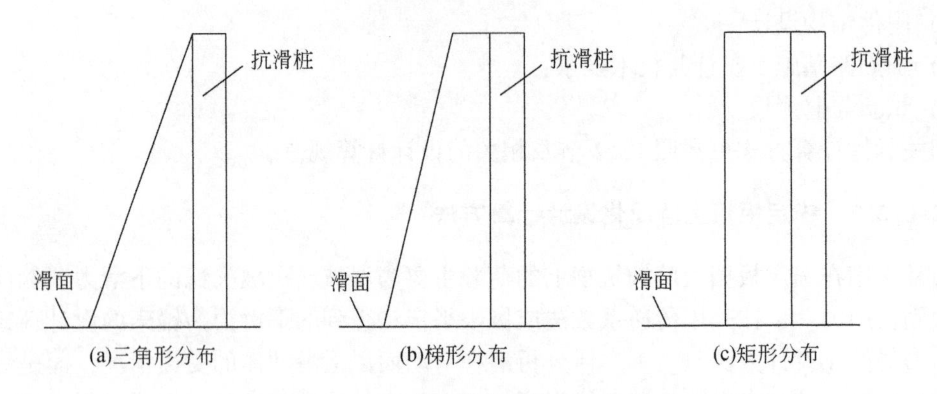

图 12-30　滑坡推力在桩上的分布

度的计算除了满足强度校核外，还需要考虑桩的最大变位不超过容许值。通常可以直接根据已有的工程经验值取值，一般深度为总桩长的 1/2 ~ 1/3，对于完整的基岩则可取为总桩长的 1/4。在满足相关规范其他的条款下，便可进行抗滑桩的结构设计和配筋计算等。基于上限分析理论的抗滑桩简化设计方法基本步骤和流程如下。

1）收集相关工程材料（包括边坡几何尺寸、岩土材料参数特性、各种复杂因素（如超载、动载、地下水位变化等外荷载效应））进行边坡稳定性分析；

2）根据稳定性分析结果，并在给定的设计安全系数条件下选择布桩位置和计算桩侧有效土压力值大小；

3）根据临界滑裂面计算结果确定抗滑桩的自由段长度、抗滑桩锚固长度和总长度；

4）拟订桩的间距、截面形状与尺寸和埋入深度；

5）进行临界滑裂面以上桩身的内力和变位计算；

6）按照弹性地基梁计算方法计算临界滑裂面以下桩身内力和变位；

7）校核地基强度；

8）桩身结构和配筋设计；

9）抗滑桩施工设计与技术要求。

相关具体计算方式可以参照 12. 4 节及相关的设计计算规范。

12. 6. 2. 4　锚索加固路基边坡的简化设计方法

通常作用在锚索构筑物上的荷载主要为滑坡或边坡失稳的下滑力、侧向土压力和加固作用力。以往的设计方法常常以采用传递系数法得到的下滑力为锚索的设计荷载。在采用本书的简化设计方法时，不具体分析潜在滑动面以上滑动体的受力情况，而是针对给定的安全系数直接把求得的作用于锚索上的有效锚索加固拉力用于锚索的简化设计。

基于上限分析理论的锚索桩简化设计方法基本步骤和流程如下。

1）收集相关工程材料（包括边坡几何尺寸、岩土材料参数特性、各种复杂因素如超载、动载、地下水位变化等外荷载效应）进行边坡稳定性分析；

2）根据稳定性分析结果，并在给定的设计安全系数条件下计算有效锚索加固拉力大小；

3）选择布索位置和确定锚固角，并根据临界滑裂面计算结果确定锚索的自由段长度、锚固段长度；

4）拟订锚索的间距、锚索的锚固力及预应力；

5）确定锚索体材料、截面面积；

6）锚索锚固设计和附件结构设计；

7）锚索施工设计与技术要求；

8）试验与监测设计。

相关具体计算方式可以参照 12.5 节及相关的设计计算规范。

12.6.3　路基边坡加固设计计算简化流程

由 12.6.2 节中采用不同措施加固边坡设计的基本步骤和内容可以看出，所列前三项基本步骤均可归于加固路基边坡的稳定性能量分析法当中；而后列各项则必须随着不同加固措施而不同，主要包括结构和附件设计、施工设计、试验与检测或监测设计等几个方面。将以上各种加固设计方法的流程进行总结，如图 12-31 所示。

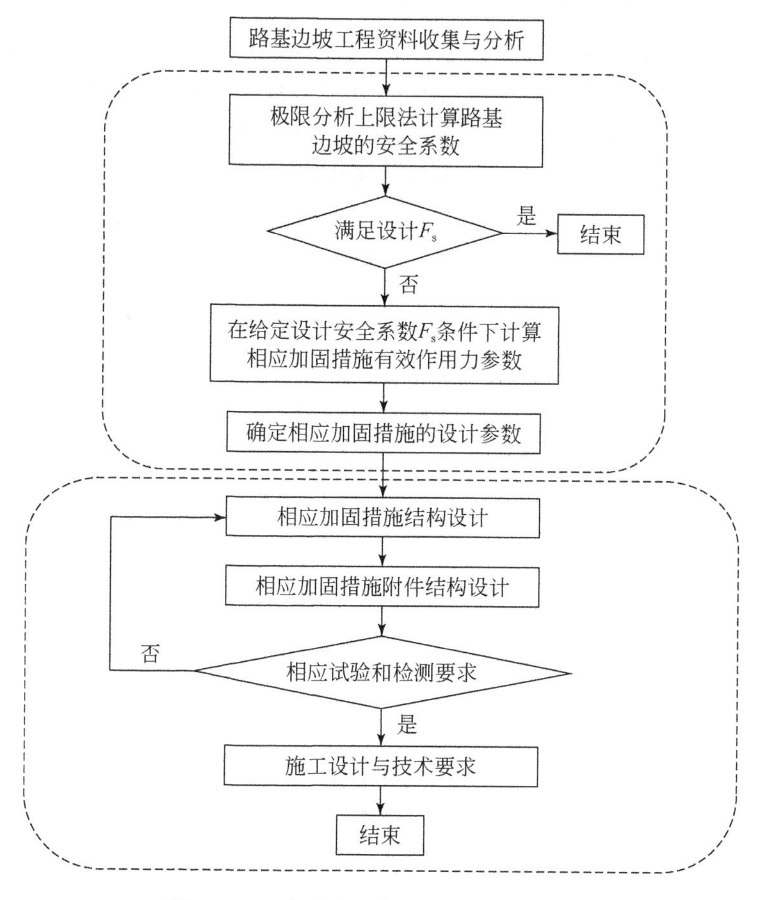

图 12-31　路基边坡加固简化设计流程图

12.7　本 章 小 结

本章基于能量分析法和强度折减技术，把不同加固方法提供的加固力当成内力进行耗能计算，根据虚功原理获得了加固措施作用下边坡稳定性的上限目标函数的解析解答；通过与多个算例进行对比计算，验证了方法的有效性。

结合工程实际，根据内外能耗守恒原理，推导了几种常见措施加固边坡的最小能耗意义上的稳定性分析及最优加固措施参数（如维持一定条件下边坡稳定的最小加固措施效力、最优的加固措施设置位置和最佳的加固措施设置方式等）的解析解答，并在此基础上结合工程实际，初步提出了路基边坡加固设计计算的简化方法和流程。

这种简化设计计算方式是建立在边坡处于极限平衡状态条件之上的，是一种理想状态下的假设，实际上因为岩土材料的复杂性、边坡及加固措施之间存在的各种相互作用、复杂条件下边坡的变形与破坏机理等，采用本书方法并不能对这些问题都进行完整的真实反映。但作为一种简化分析方法，相较于以往的极限平衡法，它包含了对计算参数的优化计算过程，且能够避免复杂的边坡体内力计算，所以可为工程设计提供一定的参考和借鉴价值。

本章均假定岩土材料破坏时服从线性莫尔-库仑破坏准则，考虑到岩土材料破坏准则的真实非线性特性，可以假定岩土材料破坏时分别服从非线性莫尔-库仑破坏准则、广义Hoek-Brown强度准则、通用三参数非线性破坏准则或非相关联流动准则，通过“外切线技术”引入瞬时抗剪强度参数或修正抗剪强度参数进行能耗计算（详见第8章）。

本章均以简单外形边坡的对数螺旋线破坏机构假定为例进行推导分析，有关复杂坡表形态和岩质边坡的支护加固设计能量分析法可参见王根龙（2013）的著作。

第13章　边坡安全系数计算策略的讨论与分析

13.1　本 章 概 述

实际工程中，自然或人工边坡往往是具有一定安全储备的岩土构筑物，但其会随着外界和内部条件的改变而发生失稳破坏。诱发岩土边坡失稳的原因可能为超载（卸载）、容重变化、地下水效应变化（孔隙水压力改变和地下水位升降）、地震效应、机械潜蚀、化学潜蚀、蠕变等一类或几类共同作用。岩土边坡在自身或以上因素的影响下，岩土体物理力学特性逐渐发生改变，当材料本身所能提供的极限抗力不足以抵抗失稳发生时，岩土边坡发生失稳破坏，即潘家铮（1980）极大极小原理：滑坡体如果能沿许多个滑面滑动，则失稳时它将沿抵抗力最小的一个滑面破坏（极小值原理）；滑坡体的滑面确定时，则滑面上的反力及滑坡体内的内力能自行调整，以发挥最大的抗滑能力（极大值原理）。

边坡安全系数的计算策略可分为两类，改变外界或内部条件（对于第一类，常常归于因超载（卸载）、容重变化、地下水效应变化（孔隙水压力改变和地下水位升降）、地震效应等影响因素；对于第二类，通常通过折减土体自身抗剪强度（c 和 φ），即强度折减技术。

本章基于极限分析上限理论，通过引入不同的安全系数评价策略，在重点分析岩土材料抗剪强度线性、非线性特征的基础上，对不同评价策略获得的边坡安全系数进行讨论与分析，以期为岩土边坡防灾减灾提供参考。

13.2　不同边坡安全系数定义方法的差异分析

目前，为了评价岩土边坡的稳定性，获得评价岩土边坡安全储备的分析指标，通常采用以下三种处理方案：基于强度储备的安全系数（即通过降低岩土体强度来体现安全系数）、超载储备安全系数（即通过增大荷载来体现安全系数）、下滑力超载储备安全系数（即通过增大下滑力但不增大抗滑力来计算滑坡推力设计值）（陈祖煜，2002；陈祖煜等，2005；郑宏等，2005；郑颖人和赵尚毅，2006；郑颖人等，2002，2004，2007；唐芬等，2007；宋东日等，2013）。

总体上说，诱发岩土边坡失稳的因素可分为外界和内部条件两种，因而以上分类方法具有一定的合理性。引起边坡出现失稳的因素繁多，虽然确定不同条件下由哪些因素主导、又有怎样的影响程度非常复杂，但如果能在边坡稳定性分析过程中，根据实际情况（重点分析主要诱发因素）进行稳定性评价显得更有针对性。线性莫尔-库仑破坏准则下，郑颖人等（2007）指出：采用目前国际上常用的强度储备安全系数是较合理的，且能够符合边（滑）坡受损坏的实际情况；但同时，对另一类特殊情况采用超载储备安全系数更能符合实际情况。

线性莫尔-库仑破坏准则下，通过强度储备折减和应力状态改变（超载储备折减属于其中一种）两种策略获得边坡安全系数的简单示意图，如图 13-1 所示。

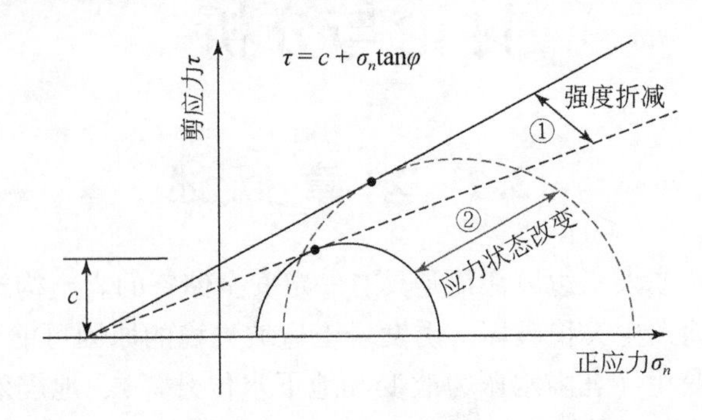

图 13-1　线性破坏准则下边坡安全系数计算策略示意图

（1）强度储备安全系数

线性破坏准则条件下，强度折减技术被广泛应用于边坡稳定性安全系数的计算分析中。Zienkiewicz 等（1975）、Duncan（1996）、Ugai（1989）、Griffiths 和 Lane（1999）、Dawson 等（1999）、Liu 和 Evett（2008）、Das（2010）、Steward 等（2011）认为采用强度折减技术比较符合工程实际情况，即许多边（滑）坡的发生常常是由外界因素引起岩土体强度降低从而导致岩土边坡失稳破坏。

线性破坏准则条件下，假定岩土边坡某一滑裂面上材料抗剪强度指标满足线性莫尔-库仑准则：

$$\tau=c+\sigma\tan\varphi \tag{13-1}$$

式中，τ 为滑裂面上原始剪切应力状态；σ 为滑裂面上原始正应力状态；c 和 φ 为原始抗剪强度参数。强度折减技术的物理意义为，把潜在滑动土体的抗剪强度参数折减 F_{s_1} 倍，边坡恰好过渡到临界极限平衡状态。经过折减后，岩土边坡沿着此滑裂面达到极限平衡状态：

$$F_{s_1}=\frac{\tau}{\tau'} \tag{13-2}$$

式中，F_{s_1} 定义为由剪切强度折减技术获得的边坡安全系数；τ'为滑裂面上折减后的剪切应力状态；c'和 φ'为折减后的抗剪强度参数。

$$\tau'=c'+\sigma\tan\varphi' \tag{13-3}$$

式中，c'和 φ'为折减后的抗剪强度参数。

工程实际中，通常还假定黏聚力和内摩擦角的强度折减系数相等：

$$F_{s_1}=\frac{c}{c'}=\frac{\tan\varphi}{\tan\varphi'} \tag{13-4}$$

经过折减的剪切强度参数 c'和 φ'变为

$$\begin{cases} c' = c/F_{s_1} \\ \varphi' = \arctan(\tan\varphi / F_{s_1}) \end{cases} \tag{13-5}$$

(2) 应力状态改变安全系数

工程实际中诱发岩土边坡失稳的原因可能为超载（卸载）、容重变化、地下水效应变化（孔隙水压力改变和地下水位升降）、地震效应、机械潜蚀、化学潜蚀、蠕变等一类或几类共同作用。在以上外部条件的影响下，岩土边坡内部应力状态出现变化，某一潜在滑裂面上应力状态达到破坏状态，进而出现失稳破坏。

应力状态改变安全系数是某一潜在滑裂面上应力状态（目前一般采用自重）变化 F_{s_2} 倍后（增大或减小），坡体达到极限平衡状态，有下式成立：

$$1 = \frac{\int_0^l (c + F_{s_2}\sigma\tan\varphi)\mathrm{d}l}{F_{s_2}\int_0^l \tau\mathrm{d}l} = \frac{\int_0^l \left(\frac{c}{F_{s_2}} + \sigma\tan\varphi\right)\mathrm{d}l}{\int_0^l \tau\mathrm{d}l} = \frac{\int_0^l (c' + \sigma\tan\varphi)\mathrm{d}l}{\int_0^l \tau\mathrm{d}l} \tag{13-6}$$

其中，

$$c' = \frac{c}{F_{s_2}} \tag{13-7}$$

式（13-6）要求将某一潜在滑裂面上的应力状态 σ_n、τ 同时进行 F_{s_2} 倍的变化（增大或减小）。

必须指出的是，岩土边坡外部条件影响与内部条件改变是关联发生的，以上两类方法常用的假设（外部条件影响不改变内部条件，如抗剪强度特性，或反之）实际上可能并不完全成立。同时，以上相互关联关系的影响机制是复杂的，现有研究尚未完全解释这种影响机制。更多的研究仍然基于上述假定，且以单一因素为例进行分析为主。尽管如此，这种研究依然能够为正确揭示岩土边坡的失稳破坏机制提供有益参考。

13.3　线性破坏准则下强度折减技术的讨论

现有针对该问题的研究多采用极限平衡理论和数值计算方法，两类方法各具有优势也各有不足；极限分析法可以绕过岩土材料复杂的应力应变关系，但目前鲜见采用作为极限状态理论重要分支之一的极限分析理论进行该问题的讨论。同时，现有研究已经表明，虽然极限分析上限法和极限平衡法属于不同的理论体系，前者注重功率能耗平衡，后者注重静力平衡，但二者计算得到的边坡安全系数具有相同效应，因而采用极限分析上限理论对该问题进行分析将完善岩土塑性力学的理论体系，能为工程实际应用提供一种可选手段。

对于极限分析上限理论而言，基于线性破坏准则，对滑动土体的抗剪强度进行折减，实际上就是对滑动土体的强度参数进行折减，使潜在滑面上的内部耗能和外力功率同时减小，并达到做功相等的临界状态；而对于应力状态改变策略，实际上是改变滑裂面以上滑体外力功率，使其达到做功相等的临界状态；以上两个过程的基本依据为虚功原理和虚功率方程，即在许多可能的滑动机构中寻找一个使强度折减系数或应力状态改变系数最小的临界滑动机构。

根据功能守恒原理，这个临界滑动机构也是所有滑动机构中内部内耗能最小的滑动机构。因而，基于上限定理的稳定性分析方法最终形成了一个求解目标函数（极限荷载、临界坡高或安全系数）的极值问题。于是，在理想状态下，这个极值问题就将以下概念都联系起来了：临界滑动机构、内部耗能最小和边坡安全系数、极限荷载、临界坡高或稳定性系数求得极值。能量分析法求解边坡稳定性问题的最终目的就是寻找这个内部耗能最小的滑动机构，继而获得边坡安全系数、极限荷载、临界坡高或稳定性系数的极值。

13.3.1 不同安全系数计算策略

对于服从线性破坏准则的均质简单岩土边坡，表 13-1 为影响边坡稳定性的常见参数及其物理意义。

表 13-1 线性破坏准则条件下影响边坡稳定性的参数及其物理意义

序号	影响参数	物理意义	参数变化对边坡稳定性的影响描述
1	c	黏聚力	改变潜在滑裂面抗剪强度参数
2	φ	内摩擦角	改变潜在滑裂面抗剪强度参数
3	γ	岩土材料容重	改变潜在滑裂面应力状态
4	r_u	孔隙水压力系数	改变潜在滑裂面应力状态
5	k_h	水平拟静力地震影响系数	改变潜在滑裂面应力状态
6	H	边坡高度	改变潜在滑裂面应力状态
7	H_w	地下水位高度	改变潜在滑裂面应力状态
8	q	坡顶超载	改变潜在滑裂面应力状态

注：本表仅示意了潜在滑裂面抗剪强度参数与应力状态相互独立的情况。

按照强度储备安全系数和应力状态改变安全系数的定义方式，线性破坏准则条件下边坡安全系数不同计算策略如表 13-2 所示。考虑到地下水位变化与孔隙水压力系数影响的差异，本书在分析地下水位变化时，假定 r_u 保持不变，而在分析孔隙水压力系数时，假定为满水位。基于极限分析理论，各类不同情况的推导过程详见本书相关章节。

表 13-2 线性破坏准则条件下边坡安全系数不同计算策略

序号	参数	安全系数计算策略	备注
1	c，$\tan\varphi$	c/F_{s_1} 且 $\tan\varphi/F_{s_1}$	c 和 $\tan\varphi$ 同时折减（或增大）（含纯黏土 $\varphi=0$）
2	c	c/F_{s_2}	仅 c 折减（或增大）
3	$\tan\varphi$	$\tan\varphi/F_{s_3}$	仅 $\tan\varphi$ 折减（或增大）

续表

序号	参数	安全系数计算策略	备注
4	γ	γF_{s_γ}	容重增大（或减小）（F_{s_4}示意）
5	r_u	$r_u F_{s_{ru}}$	孔隙水压力系数增大（或减小）（F_{s_5}示意）
6	k_h	$k_h F_{s_{kh}}$	水平拟静力地震影响系数增大（或减小）（F_{s_6}示意）
7	H	$H F_{s_H}$	边坡高度增大（或减小）（F_{s_7}示意）
8	H_w	$H_w F_{s_{Hw}}$	地下水位高度升高（或下降）（F_{s_8}示意）
9	q	$q F_{s_q}$	坡顶超载增大（或减小）（F_{s_9}示意）

注：采用极限分析上限理论进行分析时，本表示意的潜在滑裂面上强度储备安全系数或应力状态改变安全系数为优化变量参数，根据边坡计算模型，其计算结果值可为小于、等于或大于 1.0 的数值。

13.3.2　算例分析

为了说明线性破坏准则条件下岩土边坡安全系数不同计算策略的差异，以下通过算例进行对比分析，破坏机构为第 3.3 节中的简单对数螺旋破坏机构。

算例 1：假定某简单土坡，边坡坡高 $H=6$m，坡顶倾角 $\alpha=5°$，坡趾倾角 $\beta=60°$，土的容重 $\gamma=18.6$kN/m^3，岩土体黏聚力 $c=22$kPa，岩土体内摩擦角 $\varphi=15°$，孔隙水压力系数 $r_u=0.1$，水平拟静力地震影响系数 $k_h=0.1$ 和 0.15，坡顶超载 $q=10$kPa 和 15kPa。

采用不同安全系数计算策略获得的边坡安全系数和潜在滑动面对比如表 13-3 和图 13-2 所示。

表 13-3　不同安全系数计算策略获得的边坡安全系数

参数组合		不同安全系数计算策略对应的安全系数							
k_h	q/kPa	F_{s_1}	F_{s_2}	F_{s_3}	F_{s_γ}	$F_{s_{ru}}$	$F_{s_{kh}}$	F_{s_H}	F_{s_q}
0.1	10	1.1024	1.1428	1.5186	1.1627	3.2258	1.7901	1.1627	2.1475
0.1	15	1.0548	1.0762	1.2320	1.0924	2.2784	1.4354	1.0924	1.4317
0.15	10	1.0365	1.0501	1.1509	1.0570	1.8432	1.1934	1.0570	1.4017
0.15	15	0.9921	0.9892	0.9715	0.9869	0.8038	0.9569	0.9869	0.9381

算例 2：假定某简单土坡，边坡坡高 $H=8$m，坡顶倾角 $\alpha=5°$，坡趾倾角 $\beta=45°$，土的容重 $\gamma=20$kN/m^3，岩土体黏聚力 $c=22$kPa，岩土体内摩擦角 $\varphi=15°$，地下水位高度 $H_w=1.5$m（令孔隙水压力系数 $r_u=10/20=0.5$），水平拟静力地震影响系数 $k_h=0.1$ 和 0.15，坡顶超载 $q=10$kPa 和 15kPa。

采用不同安全系数计算策略获得的边坡安全系数和潜在滑动面对比如表 13-4 和图 13-3 所示。

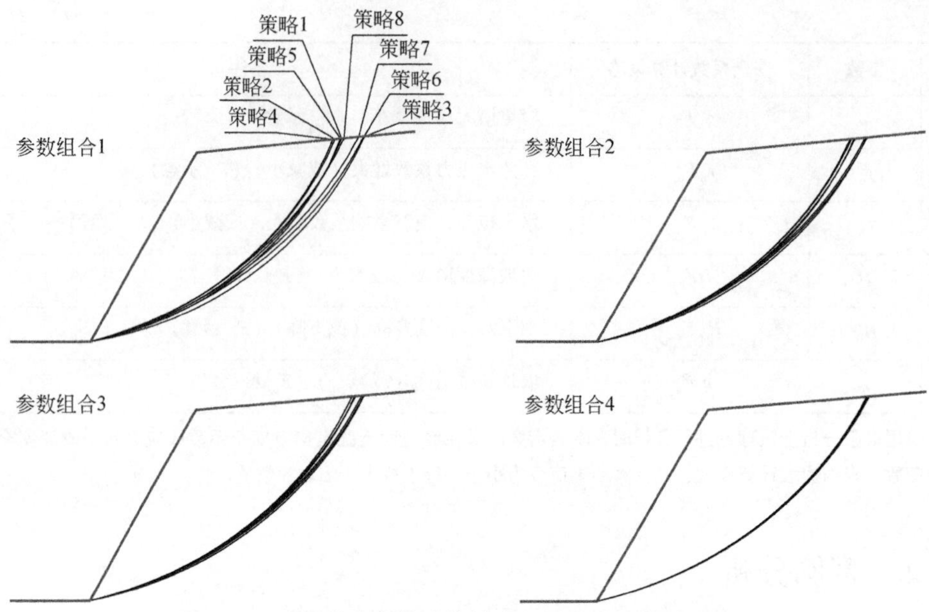

图 13-2　不同安全系数计算策略获得的边坡潜在滑裂面

表 13-4　不同安全系数计算策略获得的边坡安全系数

参数组合		不同安全系数计算策略对应的安全系数						
k_h	q/kPa	F_{s_1}	F_{s_2}	F_{s_3}	F_{s_γ}	$F_{s_{kh}}$	F_{s_H}	F_{s_q}
0. 1	10	1. 0579	1. 0949	1. 1693	1. 1039	1. 3917	1. 0788	2. 0691
0. 1	15	1. 0298	1. 0487	1. 0822	1. 0558	1. 2056	1. 0422	1. 3794
0. 15	10	0. 9847	0. 9756	0. 9733	0. 9733	0. 9278	0. 9813	0. 7152
0. 15	15	0. 9591	0. 9351	0. 9257	0. 9257	0. 8037	0. 9434	0. 4768

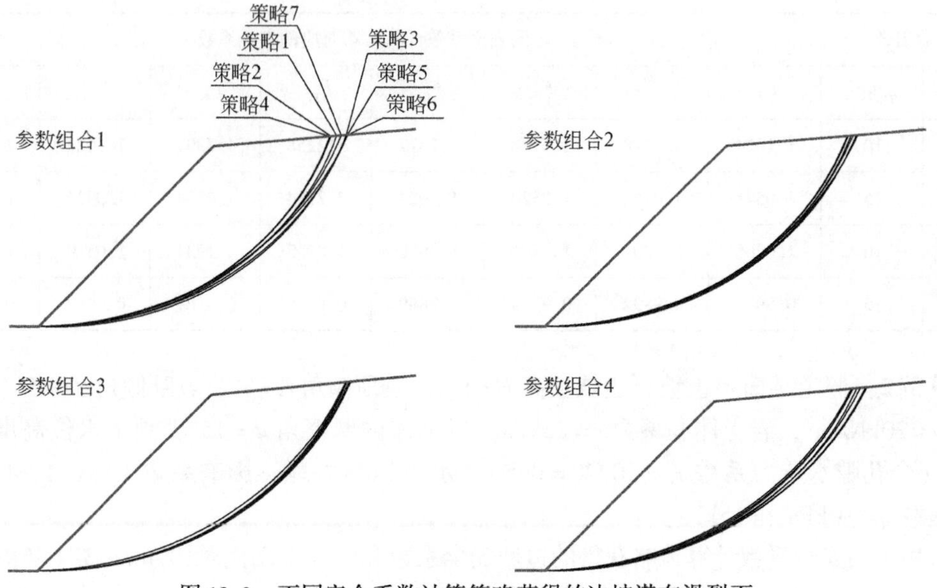

图 13-3　不同安全系数计算策略获得的边坡潜在滑裂面

由表 13-3、表 13-4、图 13-2、图 13-3 可知，采用不同安全系数计算策略获得的边坡安全系数均存在一定差异，相较于传统的强度折减技术策略，其他计算策略获得的安全系数计算值可能大于也可能小于传统策略的安全系数计算值，与之对应的最危险潜在滑裂面也有一定的差异；而随着安全系数均越来越接近 1.0，不同策略获得的安全系数计算值则非常接近。事实上可以证明，对于某一特定条件下恰好处于临界平衡状态的岩土边坡，所有计算策略获得的安全系数计算值均为 1.0。因为该状态内外能耗恰好处于平衡状态，无须内外部能耗的任意微小改变，也即所有计算策略只需要对应参数维持原状即可，即所有安全系数均等于 1.0。与本书从内外能耗的角度进行分析不同，Steward 等（2011）也采用有限元数值分析法获得了类似的研究结论。

此外，几乎现有所有的设计计算方法均基于传统的强度折减策略（黏聚力 c 和内摩擦角 φ 均同时按同一折减系数进行折减）。尽管采用各种不同的安全系数计算策略均可获得相应的边坡安全系数，但这些计算策略能否应用到工程实际中还需要进一步深入研究，有关双强度折减策略的讨论详见唐芬和郑颖人（2007，2008，2009）、赵炼恒（2014）等。

13.4　非线性破坏准则下强度折减技术的讨论

以上讨论与分析中，进行极限状态分析时，对于假定成立的线性破坏准则而言，黏聚力 c 和内摩擦角 φ 在应力坐标轴中具有唯一性；而工程实际中，大量试验表明，几乎所有土类的破坏包络线呈曲线状（Chen and Liu，1990；Maksimovic，1989；Baker，2004；Collins et al.，1988；Goodman，1989；Hoek et al.，1992，2002；Hoek and Brown，1980；Baker，2003；Jiang et al.，2003；Cai et al.，2007a），尤其是边坡稳定性分析所涉及的低应力范围内，岩土材料强度非线性特征更加明显，如图 13-1 所示［以非线性莫尔-库仑准则为例，式（13-8）所示，其他代表性非线性破坏准则详见第 8 章］。

$$\tau = c_0 \cdot \left(1+\frac{\sigma}{\sigma_t}\right)^{1/m} \tag{13-8}$$

式中，c_0和 σ_t分别为土体的初始黏聚力和抗拉强度，二者均可由试验确定。如图 13-1 所示，在摩尔平面 σ-τ 内，其分别为强度包络曲线与纵轴、横轴的截距；m 为无量纲的与土体性质有关的非线性强度系数，它描述了强度包络曲线的弯曲程度，且满足 $m \geqslant 1$，当 $m=1$ 时，曲线退化为直线，非线性强度准则变为线性莫尔-库仑准则。

对于真实存在的非线性破坏准则，类似上述线性破坏准则唯一的剪切应力-法向应力的线性关系是其理想化的特例。因此，结合工程实际，正确分析非线性破坏准则条件下岩土边坡的稳定性，将能够为岩土边坡防灾减灾领域提供有益参考。

与线性破坏准则条件一样，对于极限分析上限理论而言，基于非线性破坏准则，对滑动土体的抗剪强度进行折减，也是对滑动土体的强度参数进行折减，使潜在滑面的内部耗能和外力功率同时减小，并达到做功相等的临界状态；而对于应力状态改变策略，同样是改变滑裂面以上滑体外力功率，使其达到做功相等的临界状态；同样，以上两个过程的基本依据为虚功原理和虚功率方程，即在许多可能的滑动机构中寻找一个使强度折减系数或应力状态改变系数最小的临界滑动机构。根据功能守恒原理，基于非线性破坏准则，上述临界滑动机构同样也是所有滑动机构中内部耗能最小的滑动机构。基于能耗分析理论，线性破坏准则和非线性破坏准则条件下不同边坡安全系数计算策略可以方便统一起来。

13.4.1 不同安全系数计算策略

对于服从非线性破坏准则（以非线性莫尔–库仑破坏准则为例）的均质简单岩土边坡，表 13-5 为影响边坡稳定性的常见参数及物理意义。

表 13-5　非线性莫尔–库仑破坏准则条件下影响边坡稳定性的常见参数及其物理意义

序号	影响参数	物理意义	参数变化对边坡稳定性的影响描述
1	c_0	黏聚力	改变潜在滑裂面抗剪强度参数
2	σ_t	内摩擦角	改变潜在滑裂面抗剪强度参数
3	m	非线性参数	改变潜在滑裂面抗剪强度参数
4	γ	岩土材料容重	改变潜在滑裂面应力状态
5	H	边坡高度	改变潜在滑裂面应力状态
6	r_{u}	孔隙水压力系数	改变潜在滑裂面应力状态
7	H_{w}	地下水位高度	改变潜在滑裂面应力状态
8	k_h	水平拟静力地震影响系数	改变潜在滑裂面应力状态
9	q	坡顶超载	改变潜在滑裂面应力状态

注：本表仅示意了潜在滑裂面抗剪强度参数与应力状态相互独立的情况。

按照强度储备安全系数和应力状态改变安全系数的定义形式［式 13-2］，非线性莫尔–库仑破坏准则条件下边坡安全系数不同计算策略见表 13-6。

表 13-6　非线性破坏准则条件下边坡安全系数不同计算策略

序号	参数	安全系数计算策略	备注
1	c_t，$\tan\varphi_t$	c_t/F_{s} 且 $\tan\varphi_t/F_{\mathrm{s}}$	c_t和 $\tan\varphi_t$同时折减（或增大）
2	c_0，σ_t，m 3 个参数组合	c_0和 σ_t；c_0； σ_t；m；m 和 c_0； m 和 σ_t；m、c_0和 σ_t	m、c_0和 σ_t单独或同时折减（或增大），后续将仅选用其中两种策略进行分析说明［由 Li（2007）提出］
3	γ	$\gamma F_{\mathrm{s}_\gamma}$	容重增加（或减小）
4	r_{u}	$r_{\mathrm{u}} F_{\mathrm{s}_{\mathrm{ru}}}$	孔隙水压力系数增大（或减小）
5	k_h	$k_h F_{\mathrm{s}_{kh}}$	水平拟静力地震影响系数增大（或减小）
6	H	$H F_{\mathrm{s}_H}$	边坡高度增大（或减小）
7	H_{w}	$H_{\mathrm{w}} F_{\mathrm{s}_{H_{\mathrm{w}}}}$	地下水位高度升高（或下降）
8	q	$q F_{\mathrm{s}_q}$	坡顶超载增大（或减小）

注：采用极限分析上限理论进行分析时，本表示意的潜在滑裂面上强度储备安全系数或应力状态改变安全系数为优化变量参数，根据边坡计算模型，其计算结果值可为小于、等于或大于 1.0 的数值。

需要说明的是，依据强度储备安全系数的定义形式［式（13-2）］，共有 7 种组合

(c_0；c_0和σ_t；σ_t；m；m 和 c_0；m 和 σ_t；m、c_0和 σ_t）均能达到改变潜在滑裂面抗剪强度参数的目的，见表 13-6。作为示例分析，仅重点选取其中两种组合［由 Li（2007）提出］进行分析；同时，为进行对比，与 Zhao（2010）提出的外切线瞬时强度指标 c_t、$\tan\varphi_t$折减策略进行比较分析，详见 8.2 节的分析。

与线性破坏准则类似，本节同样考虑到地下水位变化与孔隙水压力系数影响的差异。在分析地下水位变化时，假定 r_u保持不变，而在分析孔隙水压力系数时，假定为满水位。基于极限分析理论，各类不同情况的推导过程详见本书第 5 章。

13.4.2　非线性破坏准则下边坡安全系数计算策略

13.4.2.1　边坡安全系数计算策略

对于服从非线性破坏准则的岩土边坡而言，采用强度折减技术将遇到如下问题（Fu and Liao，2010）：由于用非线性破坏准则表述的强度参数具有极强的非线性特性（潜在滑裂面任意点上抗剪强度参数将随应力状态变化而改变），采用强度折减后将不能用原始的非线性破坏准则表达式表述折减后的非线性破坏准则表达式。因而，对于非线性破坏准则而言将不能使用现有适用于线性破坏准则的强度折减技术（如线性莫尔-库仑破坏准则，强度折减技术通过直接折减抗剪强度参数 c 和 φ 达到改变潜在滑裂面抗剪强度参数的目的）。

为了获得非线性破坏准则下（以非线性莫尔-库仑准则为例）岩土边坡的安全系数（F_s），Li（2007）采用数值分析法，通过定义两种边坡安全系数分析了非线性参数对边坡稳定性安全系数的影响。结合以上分析，对于非线性莫尔-库仑破坏准则，可以提出如下类似的 8 种计算策略定义强度储备系数：

$$\tau_{F_{s_1}}=\frac{c_0}{F_{s1}}\cdot\left(1+\frac{\sigma_n}{\sigma_t}\right)^{1/m} \tag{13-9}$$

$$\tau_{F_{s_2}}=c_0\cdot\left(1+\frac{\sigma_n}{\sigma_t\cdot F_{s3}}\right)^{1/m} \tag{13-10}$$

$$\tau_{F_{s_3}}=\frac{c_0}{F_{s3}}\cdot\left(1+\frac{\sigma_n}{\sigma_t/F_{s3}}\right)^{1/m} \tag{13-11}$$

$$\tau_{F_{s_4}}=c_0\cdot\left[1+\frac{\sigma_n}{(\sigma_t/F_{s4})}\right]^{1/m} \tag{13-12}$$

$$\tau_{F_{s_5}}=c_0\cdot\left(1+\frac{\sigma_n}{\sigma_t}\right)^{1/(m\cdot F_{s_5})} \tag{13-13}$$

$$\tau_{F_{s_6}}=\frac{c_0}{F_{s6}}\cdot\left(1+\frac{\sigma_n}{\sigma_t}\right)^{1/(m\cdot F_{s_6})} \tag{13-14}$$

$$\tau_{F_{s_7}}=c_0\cdot\left[1+\frac{\sigma_n}{(\sigma_t/F_{s7})}\right]^{1/(m\cdot F_{s_7})} \tag{13-15}$$

$$\tau_{F_{s_8}}=\frac{c_0}{F_{s8}}\cdot\left[1+\frac{\sigma_n}{(\sigma_t/F_{s8})}\right]^{1/(m\cdot F_{s_8})} \tag{13-16}$$

前三种折减方案为类似 Li（2007）提出的定义方法。然而，根据强度折减技术的基本定义表达式式（13-2），对于非线性莫尔-库仑破坏准则，仅第一种安全系数计算策略符合强度折减技术定义表达式式（13-2）。作为对比，后续研究仅以前三种强度折减策略为例进行说明。特别地，当非线性莫尔-库仑破坏准则退化为线性莫尔-库仑破坏准则时（非线性参数 $m=1.0$），前三种强度折减策略退化为以下形式：

$$\begin{cases}\tau_{F_{s_1}}=\dfrac{c_0}{F_{s_1}}+\dfrac{c_0}{\sigma_t\cdot F_{s_1}}\sigma_n\\ \tau_{F_{s_2}}=c_0+\dfrac{c_0}{\sigma_t\cdot F_{s_2}}\sigma_n\\ \tau_{F_{s_3}}=\dfrac{c_0}{F_{s_3}}+\dfrac{c_0}{\sigma_t}\sigma_n\end{cases}\tag{13-17}$$

假定非线性破坏准则中，$c_0=90\text{kN/m}^2$，$\sigma_t=247.3\text{kN/m}^2$，非线性参数分别为 $m=2.0$ 和 $m=1.0$，$F_{s_1}\sim F_{s_3}$ 均等于 1.5，绘制出该计算参数下三种安全系数计算策略的破坏准则包络线，同时与原始破坏准则包络线对比，如图 13-4 所示。可以明显地区分原始强度曲线和折减强度曲线的差异。

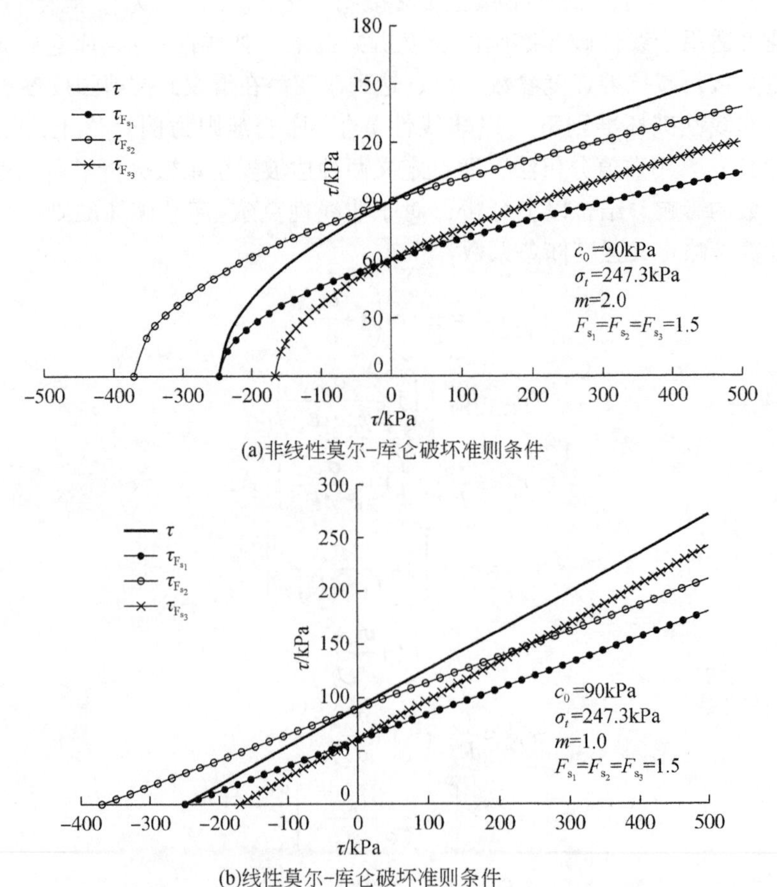

图 13-4　不同安全系数计算策略的破坏准则包络线对比

13.4.2.2　结合“外切线技术”的边坡安全系数计算

在结构上限分析时，提高材料的屈服强度不会降低结构的极限载荷，因而采用上限分析时，对非线性破坏准则下的上限分析可采用“外切线法”，通过以提高岩土材料强度为手段来分析岩土结构物承载能力的上限解。外切线直线破坏准则下的上限解一定为真实极限载荷（非线性破坏准则对应的极限载荷）的上限。通过引入“外切线法”，便可将比较复杂的非线性破坏准则条件下的岩土分析问题转变为求解瞬时线性破坏准则条件下的岩土分析问题，从而避免了复杂的应力应变分析，采用更为简洁的方法引入非线性破坏准则抗剪强度参数。基于极限分析理论，该方法最早由 Collins 等（1988）提出，近年来得到 Yang 等（2004a，2004b，2009）、Yang 和 Zou（2006）、Zhao 等（2009，2010，2011）等的广泛应用。“外切线”思想如图 13-5 所示。

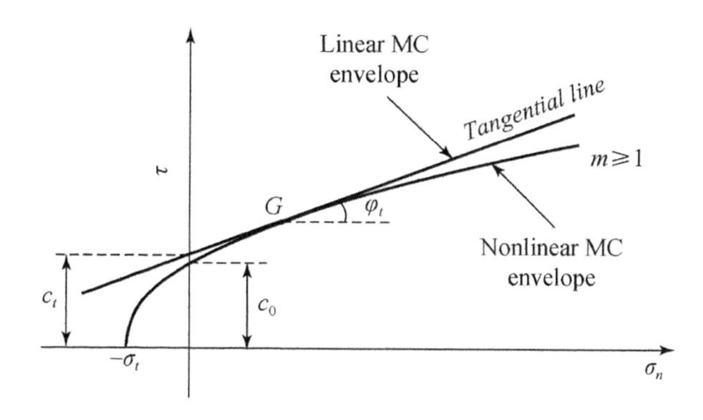

图 13-5　非线性破坏准则曲线的外切线

基于极限分析上限理论，Zhao（2010）结合“外切线技术”提出了另外一种非线性莫尔-库仑破坏准则强度折减策略：

$$\tau_{F_{s_{\text{zhao}}}}=\frac{c_t}{F_{s_{\text{zhao}}}}+\frac{\tan\varphi_t}{F_{s_{\text{zhao}}}}\sigma_n \tag{13-18}$$

其中，c_t和 $\tan\varphi_t$为通过“外切线技术”获得的瞬时抗剪强度参数，其表达式为

$$c_t=\frac{m-1}{m}c_0\left(\frac{m\sigma_t\tan\varphi_t}{c_0}\right)^{1/(1-m)}+\sigma_t\tan\varphi_t \tag{13-19}$$

$$\tan\varphi_t=\frac{\partial\tau}{\partial\sigma_n}=\frac{c_0}{m\sigma_t}\left(1+\frac{\sigma_n}{\sigma_t}\right)^{(1-m)/m} \tag{13-20}$$

同时，为避免求解困难，类似 Zhao（2010）提出的线性莫尔-库仑破坏准则强度折减策略，采用“外切线”技术获得前面三种定义方法的瞬时抗剪强度参数代入内外能耗计算的方法，其基本计算流程见表 13-7。

表 13-7　采用“外切线技术”的不同安全系数计算策略瞬时抗剪强度参数基本计算流程

折减参数	采用“外切线技术”的安全系数计算策略	备注说明
c_0	$\tau=c_0\cdot\left(1+\frac{\sigma_n}{\sigma_t}\right)^{1/m}$ ↓步骤① $\tau_{F_{s_1}}=\frac{c_0}{F_{s_1}}\cdot\left(1+\frac{\sigma_n}{\sigma_t}\right)^{1/m}$ ↓步骤② $\tau=c_t+\tan\varphi_t\cdot\sigma_n$ 式中， $\tan\varphi_t=\frac{\partial\tau}{\partial\sigma_n}=\frac{c_0}{m\cdot\sigma_t\cdot F_{s_1}}\cdot\left(1+\frac{\sigma_n}{\sigma_t}\right)^{(1-m)/m}$ $c_t=\frac{m-1}{m}\cdot\frac{c_0}{F_{s_1}}\cdot\left(\frac{m\cdot F_{s_1}\cdot\sigma_t\cdot\tan\varphi_t}{c_0}\right)^{1/(1-m)}+\sigma_t\cdot\tan\varphi_t$ 折减（或提高）以后的抗剪强度参数为 $\begin{cases}c_m=\frac{m-1}{m}\cdot\frac{c_0}{F_{s_1}}\cdot\left(\frac{m\cdot F_{s_1}\cdot\sigma_t\cdot\tan\varphi_t}{c_0}\right)^{1/(1-m)}+\sigma_t\cdot\tan\varphi_t\\ \varphi_m=\arctan\left[\frac{c_0}{m\cdot\sigma_t\cdot F_{s_1}}\cdot\left(1+\frac{\sigma_n}{\sigma_t}\right)^{(1-m)/m}\right]\end{cases}$	对τ折减，即先将c_0折减后（c_0/F_{s_1} 即 τ/F_{s_1}），再采用“外切线技术”获得瞬时抗剪强度参数
σ_t	$\tau=c_0\cdot\left(1+\frac{\sigma_n}{\sigma_t}\right)^{1/m}$ ↓步骤① $\tau_{F_{s_2}}=c_0\cdot\left(1+\frac{\sigma_n}{\sigma_t\cdot F_{s_2}}\right)^{1/m}$ ↓步骤② $\tau=c_t+\tan\varphi_t\cdot\sigma_n$ 式中， $\tan\varphi_t=\frac{\partial\tau}{\partial\sigma_n}=\frac{c_0}{F_{s_2}\cdot m\cdot\sigma_t}\cdot\left(1+\frac{\sigma_n}{\sigma_t\cdot F_{s_2}}\right)^{(1-m)/m}$ $c_t=\frac{m-1}{m}\cdot c_0\cdot\left(\frac{F_{s_2}\cdot m\cdot\sigma_t\cdot\tan\varphi_t}{c_0}\right)^{1/(1-m)}+\sigma_t\cdot F_{s_2}\cdot\tan\varphi_t$ 折减（或提高）以后的抗剪强度参数为 $\begin{cases}c_m=\frac{m-1}{m}\cdot c_0\cdot\left(\frac{F_{s_2}\cdot m\cdot\sigma_t\cdot\tan\varphi_t}{c_0}\right)^{1/(1-m)}+\sigma_t\cdot F_{s_2}\cdot\tan\varphi_t\\ \varphi_m=\arctan\left[\frac{c_0}{F_{s_2}\cdot m\sigma_t}\cdot\left(1+\frac{\sigma_n}{\sigma_t\cdot F_{s_2}}\right)^{(1-m)/m}\right]\end{cases}$	先将σ_t提高（或折减）后（$\sigma_t F_{s_2}$），再采用“外切线技术”获得瞬时抗剪强度参数
c_0和σ_t	$\tau=c_0\cdot\left(1+\frac{\sigma_n}{\sigma_t}\right)^{1/m}$ ↓步骤① $\tau_{F_{s_3}}=\frac{c_0}{F_{s_3}}\cdot\left(1+\frac{\sigma_n}{\sigma_t/F_{s_3}}\right)^{1/m}$ ↓步骤② $\tau=c_t+\tan\varphi_t\cdot\sigma_n$	将c_0和σ_t同时折减后（c_0/F_{s_3}且σ_t/F_{s_3}），再采用“外切线技术”获得瞬时抗剪强度参数

续表

折减参数	采用“外切线技术”的安全系数计算策略	备注说明
c_0 和 σ_t	式中， $$\tan\varphi_t=\frac{\partial\tau}{\partial\sigma_n}=\frac{c_0}{m\sigma_t}\cdot\left(1+\frac{\sigma_n}{\sigma_t/F_{s_3}}\right)^{(1-m)/m}$$ $$c_t=\frac{m-1}{m}\cdot\frac{c_0}{F_{s_3}}\cdot\left(\frac{m\cdot\sigma_t\cdot\tan\varphi_t}{c_0}\right)^{1/(1-m)}+\frac{\sigma_t}{F_{s_3}}\cdot\tan\varphi_t$$ 折减（或提高）以后的抗剪强度参数为 $$\begin{cases}c_m=\frac{m-1}{m}\cdot\frac{c_0}{F_{s_3}}\cdot\left(\frac{m\cdot\sigma_t\cdot\tan\varphi_t}{c_0}\right)^{1/(1-m)}+\frac{\sigma_t}{F_{s_3}}\cdot\tan\varphi_t\\ \varphi_m=\arctan\left[\frac{c_0}{m\sigma_t}\cdot\left(1+\frac{\sigma_n}{\sigma_t/F_{s_3}}\right)^{(1-m)/m}\right]\end{cases}$$	将 c_0 和 σ_t 同时折减后（c_0/F_{s_3} 且 σ_t/F_{s_3}），再采用“外切线技术”获得瞬时抗剪强度参数
c_t 和 $\tan\varphi_t$	$$\tau=c_0\cdot\left(1+\frac{\sigma_n}{\sigma_t}\right)^{1/m}$$ ↓步骤① $$\tau=c_t+\tan\varphi_t\cdot\sigma_n$$ 式中， $$\tan\varphi_t=\frac{c_0}{m\sigma_t}\cdot\left(1+\frac{\sigma_n}{\sigma_t}\right)^{(1-m)/m}$$ $$c_t=\frac{m-1}{m}\cdot c_0\cdot\left(\frac{m\cdot\sigma_t\cdot\tan\varphi_t}{c_0}\right)^{1/(1-m)}+\sigma_t\cdot\tan\varphi_t$$ ↓步骤② $$\tau_{F_{s_{zhao}}}=\frac{c_t}{F_{s_{zhao}}}+\frac{\tan\varphi_t}{F_{s_{zhao}}}\cdot\sigma_n$$ 折减（或提高）以后的抗剪强度参数为 $$\varphi_m=\arctan\left[\frac{c_0}{m\sigma_t F_{s_{zhao}}}\cdot\left(1+\frac{\sigma_n}{\sigma_t}\right)^{(1-m)/m}\right]$$ $$c_m=\frac{m-1}{m}\cdot\frac{c_0}{F_{s_{zhao}}}\cdot\left(\frac{m\cdot\sigma_t\cdot\tan\varphi_t}{c_0}\right)^{1/(1-m)}+\frac{\sigma_t}{F_{s_{zhao}}}\cdot\tan\varphi_t$$	Zhao（2010）提出的折减策略：采用“外切线技术”获得瞬时抗剪强度参数后，再将 c_t 和 $\tan\varphi_t$ 同时折减（$c_t/F_{s_{zhao}}$ 且 $\tan\varphi_t/F_{s_{zhao}}$）。

围绕非线性破坏准则表达式本身，参照线性破坏准则引入强度折减技术的思路，对非线性破坏准则表达式中两个主要参数（c_0 和 σ_t）的不同组合进行强度折减，以达到体现不同强度折减策略的目的。从直观意义上看，折减 c_0 和 σ_t 不同组合体现了不同的物理意义，结合具体算例（某简单边坡坡高 $H=25\text{m}$，坡顶倾角 $\alpha=5°$，土的容重 $\gamma=20\text{kN/m}^3$，坡趾倾角 $\beta=60°$，非线性参数 $m=1.6$，$c_0=90\text{kN/m}^2$，$\sigma_t=247.3\text{kN/m}^2$），各折减策略的实现流程如图 13-6 ~ 图 13-9 所示。

当 $m=1.0$，非线性破坏准则退化为线性破坏准则时，这 4 种计算策略的强度折减定义可以退化为分别对黏聚力、内摩擦角、黏聚力和内摩擦角同时进行折减。后续算例表明，折减策略 1 和 Zhao（2010）的折减策略实际上是一致的，其细小差别在于折减策略与外切线技术实施的时间步骤问题，后续算例分析仅对前三种折减策略进行详细说明。

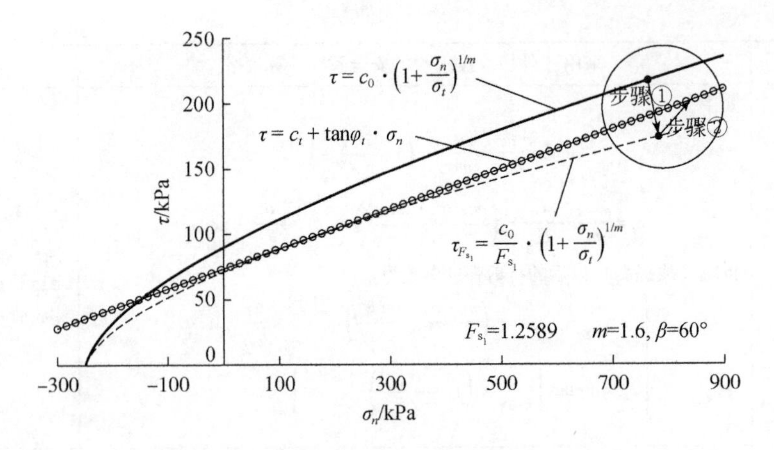

图 13-6　第一种安全系数计算策略的计算流程

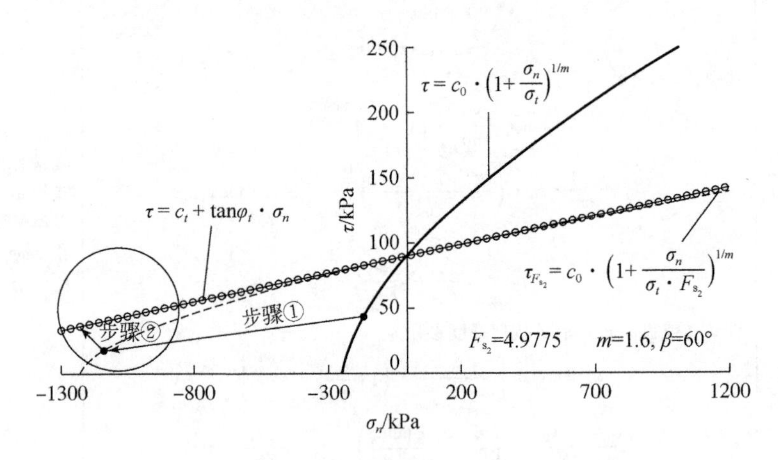

图 13-7　第二种安全系数计算策略的计算流程

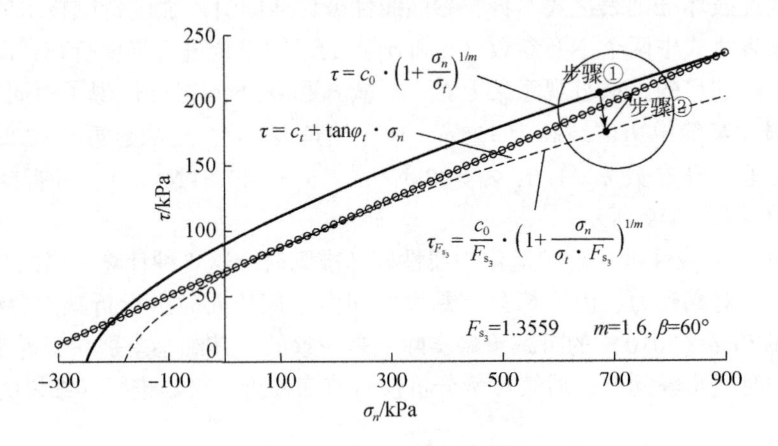

图 13-8　第三种安全系数计算策略的计算流程

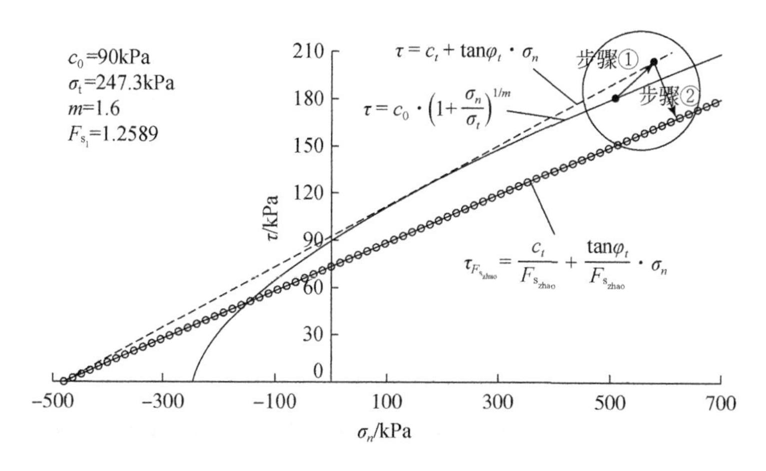

图 13-9　Zhao（2010）折减策略的计算流程

同时需要说明的是，实际上上述 4 种折减计算策略与传统的强度折减技术一样，是工程技术人员为方便获得边坡安全储备程度的一种分析方式，工程实际中很难明确其对应的真实物理意义。

13.4.3　算例分析

以下采用算例进行分析，以分析上述 4 种不同强度折减策略引入非线性破坏准则对边坡稳定性的影响，破坏机构为第 3 章 3.3 节中的简单对数螺旋线破坏机构。

假定某简单边坡，边坡坡高 $H=25\text{m}$，坡顶倾角 $\alpha=5°$，土的容重 $\gamma=20\text{kN/m}^3$，孔隙水压力系数 $r_u=0.0$，水平拟静力地震影响系数 $k_h=0.0$，坡顶超载 $q=0$，$c_0=90\text{kN/m}^2$，$\sigma_t=247.3\text{kN/m}^2$，非线性参数 $m=1.0\sim3.0$，边坡倾角 $\beta=45°\sim90°$。分别采用上述前 3 种安全系数计算策略进行边坡安全系数计算。表 13-8 为用 4 种安全系数计算策略所得的边坡安全系数（非线性参数 $m=1.0$、2.0 和 3.0），表 13-9 为用 4 种安全系数计算策略所得的边坡安全系数对应的瞬时黏聚力值（非线性参数 $m=1.0$、2.0、3.0），表 13-10 为用 4 种安全系数计算策略所得的边坡安全系数对应的瞬时内摩擦角值（非线性参数 $m=1.0$、2.0、3.0）。

表 13-8　不同安全系数计算策略所得的边坡安全系数

折减策略	m	β/(°)									
		45	50	55	60	65	70	75	80	85	90
策略 1	1.0	1.7825	1.6697	1.5674	1.4728	1.3839	1.2993	1.2179	1.1391	1.0622	0.9868
	2.0	1.3863	1.3174	1.2519	1.1888	1.1275	1.0675	1.0083	0.9498	0.8917	0.8339
	3.0	1.2600	1.2047	1.1500	1.0966	1.0439	0.9914	0.9391	0.8868	0.8345	0.7821
策略 2	1.0	—	63.9505	16.3116	8.1656	4.9585	3.3081	2.3317	1.7007	1.2661	0.9509
	2.0	—	35.3312	8.8917	4.3875	2.6234	1.7216	1.1925	0.8542	0.6774	0.5846
	3.0	—	21.0223	5.1841	2.5017	1.4600	0.9331	0.6311	0.4787	0.3829	0.3123

续表

折减策略	m	β/(°)									
		45	50	55	60	65	70	75	80	85	90
策略3	1.0	2.8846	2.4309	2.1034	1.8514	1.6481	1.4780	1.3315	1.2026	1.0871	0.9822
	2.0	1.5326	1.4248	1.3285	1.2407	1.1593	1.0827	1.0100	0.9404	0.8733	0.8084
	3.0	1.3164	1.2445	1.1771	1.1125	1.0505	0.9902	0.9314	0.8736	0.8169	0.7609
Zhao (2015)	1.0	1.7825	1.6697	1.5674	1.4728	1.3839	1.2993	1.2179	1.1391	1.0622	0.9868
	2.0	1.3863	1.3174	1.2519	1.1888	1.1275	1.0675	1.0083	0.9498	0.8917	0.8339
	3.0	1.2600	1.2047	1.1500	1.0966	1.0439	0.9914	0.9391	0.8868	0.8345	0.7821

表 13-9　不同安全系数计算策略所得的边坡安全系数对应的瞬时黏聚力折减值 c_m

折减策略	m	β/(°)									
		45	50	55	60	65	70	75	80	85	90
策略1	1.0	50.4906	53.9012	57.4194	61.1089	65.0354	69.2703	73.8952	79.0073	84.7263	91.2046
	2.0	67.4245	70.6416	74.0876	77.7971	81.8352	86.2686	91.1762	96.6524	102.8129	109.8030
	3.0	74.0733	77.1124	80.5531	84.2358	88.2966	92.7944	97.8077	103.4321	109.7854	117.0158
策略2	1.0	—	90.0000	90.0000	90.0000	90.0000	90.0000	90.0000	90.0000	90.0000	90.0000
	2.0	—	90.0086	90.0992	90.3034	90.6415	91.1346	91.8035	93.6688	101.2388	109.7101
	3.0	—	90.0172	90.1958	90.5947	91.2498	92.2012	94.4605	101.0813	108.4497	116.7382
策略3	1.0	31.1997	37.0238	42.7880	48.6107	54.6072	60.8936	67.5926	74.8396	82.7907	91.6318
	2.0	62.6009	66.5818	70.7504	75.2136	80.0285	85.2758	91.0488	97.4586	104.6402	112.7608
	3.0	71.9590	75.4605	79.2570	83.3684	87.8879	92.8778	98.4254	104.6368	111.6432	119.6082
Zhao (2015)	1.0	50.4906	53.9012	57.4194	61.1089	65.0354	69.2703	73.8952	79.0073	84.7263	91.2046
	2.0	67.4245	70.6416	74.0876	77.7971	81.8352	86.2686	91.1762	96.6524	102.8129	109.8030
	3.0	74.0733	77.1124	80.5531	84.2358	88.2966	92.7944	97.8077	103.4321	109.7854	117.0158

表 13-10　不同安全系数计算策略所得的边坡安全系数对应的瞬时内摩擦角折减值 φ_m

折减策略	m	β/(°)									
		45	50	55	60	65	70	75	80	85	90
策略1	1.0	11.5393	12.2958	13.0716	13.8800	14.7341	15.6479	16.6366	17.7176	18.9117	20.2441
	2.0	5.6829	6.0784	6.4807	6.9023	7.3487	7.8276	8.3477	8.9190	9.5536	10.2668
	3.0	3.7073	3.9837	4.2449	4.5323	4.8328	5.1546	5.5034	5.8860	6.3105	6.7866
策略2	1.0	—	0.3261	1.2781	2.5519	4.1977	6.2779	8.8709	12.0784	16.0371	20.9424
	2.0	—	0.3238	1.2488	2.4513	3.9616	5.8180	8.0709	10.3130	10.3130	10.3130
	3.0	—	0.3216	1.2203	2.3550	3.7391	5.3904	6.9168	6.9168	6.9168	6.9168
策略3	1.0	19.9980	19.9980	19.9980	19.9980	19.9980	19.9980	19.9980	19.9980	19.9980	19.9980
	2.0	7.2255	7.4719	7.7017	7.9017	8.0832	8.2497	8.4041	8.5486	8.6848	8.8144
	3.0	4.3171	4.5102	4.6782	4.8417	4.9869	5.1216	5.2475	5.3663	5.4789	5.5863

续表

折减策略	m	β/(°)									
		45	50	55	60	65	70	75	80	85	90
Zhao（2015）	1. 0	11. 5393	12. 2958	13. 0716	13. 8800	14. 7341	15. 6479	16. 6366	17. 7176	18. 9117	20. 2441
	2. 0	5. 6829	6. 0784	6. 4807	6. 9023	7. 3487	7. 8276	8. 3477	8. 9190	9. 5536	10. 2668
	3. 0	3. 7073	3. 9837	4. 2449	4. 5323	4. 8328	5. 1546	5. 5034	5. 8860	6. 3105	6. 7866

当 $m=1.0$、$m=1.6$ 和 $m=2.4$ 时，采用 3 种安全系数计算策略得到的边坡安全系数及其对应的瞬时黏聚力值和瞬时内摩擦角值随边坡倾角的变化趋势如图 13-10 ~ 图 13-12 所示。非线性参数 $m=1.6$，坡趾倾角 $\beta=60°$时，同时绘制出与 3 种计算策略安全系数对应的最危险滑裂面，如图 13-13 所示。

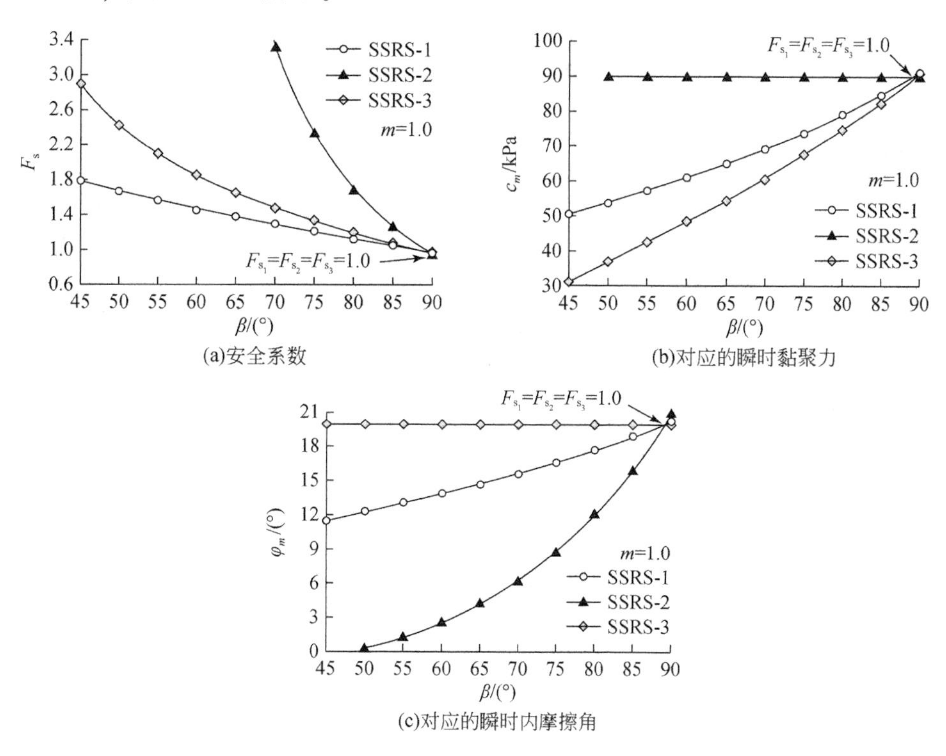

(a)安全系数

(b)对应的瞬时黏聚力

(c)对应的瞬时内摩擦角

图 13-10　$m=1.0$ 时，安全系数及其抗剪强度参数与边坡倾角的关系

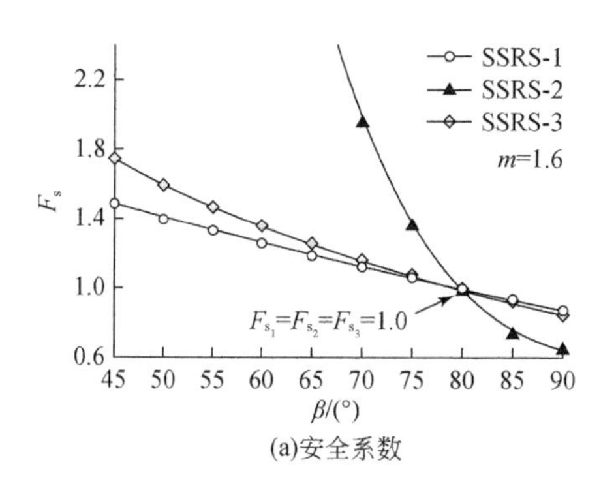

(a)安全系数

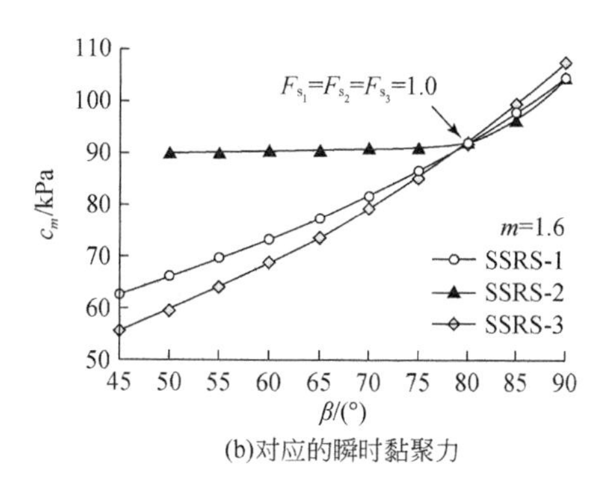

(b)对应的瞬时黏聚力

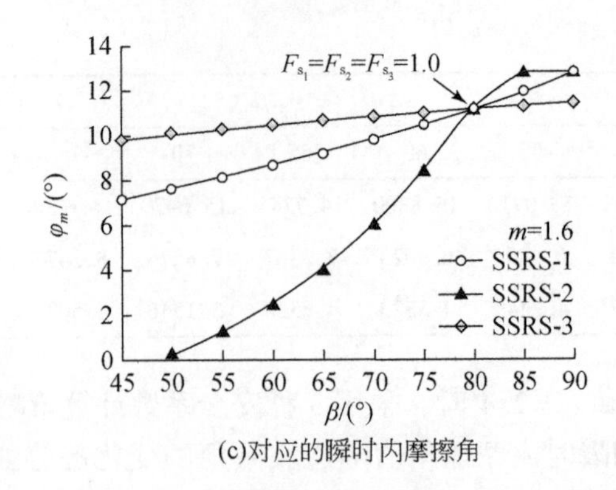

(c)对应的瞬时内摩擦角

图 13-11　$m=1.6$ 时，安全系数及其抗剪强度参数与边坡倾角的关系

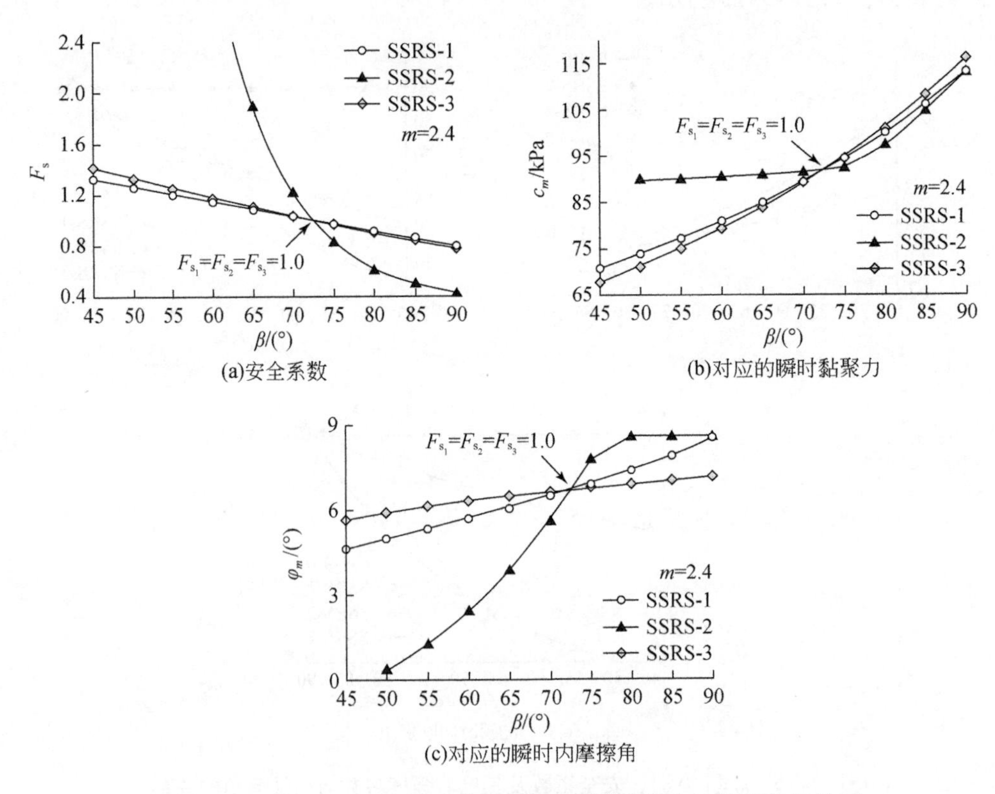

(a)安全系数　(b)对应的瞬时黏聚力

(c)对应的瞬时内摩擦角

图 13-12　$m=2.4$ 时，安全系数及其抗剪强度参数与边坡倾角的关系

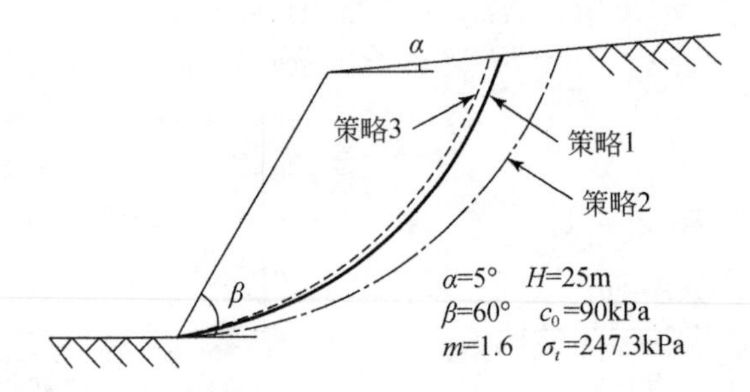

图 13-13　不同折减策略对边坡最危险潜在滑裂面的影响

采用 3 种安全系数计算策略计算得到的边坡安全系数、对应的瞬时黏聚力值和瞬时内摩擦角值随边坡倾角和非线性参数 m 的变化规律对比表明：

1）对于 3 种安全系数计算策略而言，与边坡安全系数对应的瞬时抗剪强度参数 c_t'、φ_t' 均随着边坡计算参数条件的变化而改变，直至计算得到与最危险潜在滑裂面对应的最小安全系数。

2）尽管边坡安全系数及其对应的瞬时抗剪强度参数随边坡倾角的变化趋势基本一致，即边坡安全系数随边坡倾角和非线性参数 m 的增大而减小，瞬时黏聚力随边坡倾角和非线性参数 m 的增大而增大，瞬时内摩擦角随边坡倾角的增大而增大，却随非线性参数 m 的增大而减小。仅当 3 种计算策略所得的安全系数均等于 1.0 时（$F_{s_2}=F_{s_1}=1.0$ 或 $F_{s_2}=F_{s_3}=1.0$），与边坡安全系数对应的瞬时抗剪强度参数 c_t'、φ_t' 才完全相等。

3）仅第一种计算策略遵循了传统强度折减技术的定义，其他折减策略尽管仍然可以获得一系列计算结果，但只有当这些折减系数的真实物理机理被揭示清楚时，该计算结果才能应用于实际工程中。

此外，可以推论，非线性破坏准则条件下，如果同样引入与岩土容重、孔隙水压力、地震水平拟静力效应、边坡坡高、地下水位线和坡顶超载等相关的安全系数定义方式，可以获得与在线性破坏准则条件下类似的研究结论，本节不重复该部分工作。

13.5　本 章 小 结

1）引起边坡出现失稳的因素繁多，根据工程实际情况重点分析主要诱发因素对边坡稳定性的影响更有针对性。考虑多复杂影响因素，针对岩土材料抗剪强度的线性、非线性特征，基于极限分析上限理论，尝试引入不同的安全系数计算策略（分为改变潜在滑裂面抗剪强度参数和改变潜在滑裂面应力状态两类）对边坡稳定性进行了评估，进而分析不同评价策略获得的边坡安全系数的差异。

2）无论基于线性破坏准则还是非线性破坏准则，对滑动土体的抗剪强度进行折减，实际上就是对滑动土体的强度参数进行折减，使潜在滑面上的内部耗能和外力功率同时减小，并达到做功相等的临界状态；而对于应力状态改变策略，实际上是改变滑裂面以上滑体外力功率，使其达到做功相等的临界状态。以上两个过程的基本依据为虚功原理和虚功率方程，即在许多可能的滑动机构中寻找一个使强度折减系数或应力状态改变系数最小的最危险潜在临界滑动机构。

3）上述分析中，对影响边坡稳定性影响因素的效应引入做了极简化处理，而工程实际中，某一边坡体由稳定过渡到临界失稳状态再发展至失稳状态，最后恢复稳定状态的整个变化过程中，与外界影响因素和内部力学性质变化存在直接联系，但目前尚没有完整的分析理论能够准确描述该过程，因而大多是分析某类或某几类因素的影响效应，这本身给该问题的准确描述和分析带来了莫大困难。此外，上述探讨均依据经典土力学理论，即压剪岩土力学理论，仅适用于土体完全受到压剪应力作用，不存在拉张应力分量条件。面向边坡工程，有关该理论的适用性问题值得深入探讨和分析。

参考文献

曹平，Gussm P. 1999. 运动单元法与边坡稳定性分析. 岩石力学与工程学报，8（6）：663-666.

曹平. 2001. 边坡最危险滑动面的自动搜索. 铜业工程，（3）：8-12.

陈祖煜. 1994. 边坡稳定的极限平衡法和极限分析法. 海峡两岸土力学及基础工程地工技术学术研讨会论文集.

陈祖煜. 1994. 边坡稳定的塑性力学上限解. 中国土木工程学会第七届土力学及基础工程学术会议论文集.

陈祖煜. 1997. 论边坡稳定分析Sarma法中条块间作用力方向的两种可能性. 中国水利水电科学研究院学报，9-26.

陈祖煜. 2002. 土力学经典问题的极限分析上、下限解. 岩土工程学报，24（1）：1-11.

陈祖煜. 2003. 土质边坡稳定分析——原理·方法·程序. 北京：中国水利水电出版社.

陈祖煜，Donald I B. 1994. 边坡稳定分析的塑性力学上限解. 论能量法和静力法的等效性（第二部分）. 北京：水利水电科学研究院.

陈祖煜，张广文. 1995. 关于“土坡稳定可靠度分析”一文的讨论. 岩土工程学报，17（6）：126-128.

陈祖煜，高锋. 1997. 地基承载力的数值分析方法. 岩土工程学报，19（5）：8-15.

陈祖煜，弥宏亮，汪小刚. 2001. 边坡稳定三维分析的极限平衡方法. 岩土工程学报，23（5）：524-529.

陈祖煜，汪小刚，王剑，等. 2000. 小湾高拱坝拱座稳定三维极限分析. 云南水力发电，16（1）：22-25.

陈祖煜，汪小刚，王玉杰，等. 2001. 拱座稳定的三维极限分析. 水利学报，32（8）：1-6.

陈祖煜，汪小刚，杨健，等. 2005. 岩质边坡稳定分析——原理. 方法. 程序. 北京：中国水利水电出版社.

崔新壮，姚占勇，商庆森，等. 2007. 加筋土坡临界高度的极限分析. 中国公路学报，20（1）：1-6.

董正筑，黄平. 1992. 土力学极限分析的滑移单元最优化计算法及侧土压力计算. 岩土工程学报，14（2）：28-36.

古小初. 2006. 基于能量理论的土钉支护设计研究. 长沙：中南大学硕士学位论文.

郭明伟，葛修润，李春光，等. 2010. 边坡和坝基抗滑稳定分析的三维矢量和法及其工程应用. 岩石力学与工程学报，29（1）：8-20.

韩考峰，孙树林，阮晓波，等. 2013. 基于Hoek-Brown准则的无限岩坡稳定性概率可靠度分析研究. 科学技术与工程，13（8）：2318-2141.

胡卫东，张国祥. 2007. 非线性破坏准则下的边坡稳定塑性极限分析. 岩土力学，28（9）：1909-1913.

黄希来. 2008. 土钉支护技术的工作机理和工程应用研究. 上海：同济大学硕士学位论文.

黄建梁，王威中，薛宏交. 1997. 坡体地震稳定性的动态分析. 地震工程与工程振动，7（4）：113-122.

黄茂松，王浩然，刘怡林. 2012. 基于转动-平动组合破坏机构的含软弱夹层土坡降雨入渗稳定上限分析. 岩土工程学报，34（9）：1561-1567.

蒋水华，李典庆，周创兵，等. 2014. 考虑自相关函数影响的边坡可靠度分析. 岩土工程学报，3：508-518.

李典庆，祁小辉，周创兵，等. 2013. 考虑参数空间变异性的无限长边坡可靠度分析. 岩土工程学报，35（10）：799-806.

李红军，迟世春，林皋. 2006. 基于动强度模式和时程应力分析的 Newmark 滑块位移法. 岩土力学，27（增刊）：1063-1068.

李亮，张丙强 . 2004. c，φ 相关性对边坡整体稳定性的影响 . 铁道科学与工程学报，1（1）：62-68.

李新坡，何思明，徐骏，等. 2006. 预应力锚索加固土质边坡的稳定性极限分析. 四川大学学报（工程科学版），38（5）：82-85.

李新坡，张正波，吴永，等. 2009. 非线性破坏准则的竖直边坡稳定性分析. 四川大学学报（工程科学版），41（s1）：80-83.

李早，赵树德. 2006. 基于可靠性理论的岩土工程反分析设计. 西安建筑科技大学学报（自然科学版），38（2）：159-162.

李湛，栾茂田. 2004. 考虑强度退化效应的堤坝抗震稳定性评价方法. 岩土力学，25（增 2）：409-413.

梁仕华，应宏伟，谢康和，等. 2005. 能量法在土钉支护结构分析中的应用. 岩石力学与工程学报，24（4）：721-728.

刘小丽，周德培. 2002. 有软弱夹层岩体边坡的稳定性评价. 西南交通大学学报，37（4）：382-386.

栾茂田，金崇磐，林皋. 1990. 非均布地震荷载作用下土坡的稳定性. 水利学报，（1）：65-72.

栾茂田，李湛，范庆来. 2007. 土石坝拟静力抗震稳定性分析与坝坡地震滑移量估算. 岩土力学，28（2）：224-230.

马崇武，武生智，苗天德. 1999. 对非线性破坏准则下边坡稳定性分析的线性简化. 兰州大学学报（自然科学版），35（1）：49-52.

年廷凯. 2005. 桩-土-边坡相互作用数值分析及阻滑桩简化设计方法研究. 大连：大连理工大学博士学位论文.

年廷凯，栾茂田，杨庆. 2005a. 抗滑桩加固土坡稳定性分析与桩基的简化设计. 岩石力学与工程学报，24（9）：3427-3433.

年廷凯，栾茂田，杨庆. 2005b. 考虑各向异性效应的阻滑桩加固土坡稳定性研究. 大连理工大学学报，45（6）：858-865.

年廷凯，栾茂田，郑德凤，等. 2008. 考虑边坡内孔隙水压力效应的抗滑桩简化分析方法. 岩土力学，29（4）：1067-1071.

潘家铮. 1980. 建筑物的抗滑稳定和滑坡分析. 北京：中国水利水电出版社.

钱令希，钟万勰. 1963. 论固体力学中的极限分析并建议一个一般变分原理. 力学学报，6（4）：287-303.

钱令希，张雄. 1991. 结构分析中的刚体有限元法. 计算力学学报，8（1）：1-14.

阙云，凌建明，袁燕. 2008. 加筋土路堤稳定的极限分析. 同济大学学报（自然科学版），36（8）：1079-1084.

宋东日，任伟中，黄诚，等. 2013. 节理分量式剪切本构模型及岩质边坡双安全系数研究. 岩土力学，34（8）：2143-2150.

孙栋梁，杨春燕，侯克鹏. 2005. 基于正交设计的边坡稳定性影响因素敏感性分析. 昆明冶金高等专科学院学报，21（5）：10-13.

谭文辉，蔡美峰，王鹏. 2003. 确定边坡临界滑面的电子表法. 岩土工程学报，25（4）：414-417.

谭晓慧，王建国，刘新荣，等. 2007. 边坡稳定的有限元可靠度计算及敏感性分析. 岩石力学与工程学报, 26 (1): 115-122.
汤祖平, 李亮, 赵炼恒, 等. 2014. 含软弱夹层边坡稳定性的极限分析上限解析. 铁道科学与工程学报, 11 (2): 60-64.
唐芬, 郑颖人. 2007. 边坡稳定安全储备的双折减系数推导. 重庆交通大学学报 (自然科学版), 26 (4): 95-100.
唐芬, 郑颖人, 赵尚毅. 2007. 土坡渐进破坏的双安全系数讨论. 岩石力学与工程学报, 26 (7): 1402-1407.
唐芬, 郑颖人. 2008. 边坡渐进破坏双折减系数法的机理分析. 地下空间与工程学报, 4 (3): 436-444, 464.
唐芬, 郑颖人. 2008. 基于双安全系数的边坡稳定性分析. 公路交通科技, 25 (11): 39-44.
唐芬, 郑颖人. 2009. 强度储备安全系数不同定义对稳定系数的影响. 土木建筑与环境工程, 31 (3): 61-65.
王超, 蒋宏兴, 杨峰. 2011. 基于滑塌实例的边坡力学参数反算与破坏模式分析. 公路工程, 36 (3): 63-65.
王根龙. 2013. 崩滑地质灾害稳定性评价方法研究. 上海: 上海交通大学出版社.
王根龙, 伍法权, 祁生文, 等. 2007a. 加锚岩质边坡稳定性评价的极限分析上限法研究. 岩石力学与工程学报, 26 (2): 2556-2563.
王根龙, 伍法权, 李巨文. 2007b. 折线型滑面边坡稳定系数计算的极限分析上限解. 水文地质工程地质, 34 (1): 62-65.
王建锋. 2005. 非线性强度下的边坡稳定性. 岩石力学与工程学报, 24 (s2): 5897-5900.
吴刚, 夏艳华, 陈静曦, 等. 2003. 可靠性理论在边坡反分析中的应用. 岩石力学, 24 (5): 809-816.
吴振君, 王水林, 汤华, 等. 2010. 一种新的边坡稳定性因素敏感性分析方法——可靠度分析方法. 岩石力学与工程学报, 29 (10): 2050-2055.
杨峰. 2009. 浅埋隧道围岩稳定性的极限分析上限法研究. 长沙: 中南大学博士学位论文.
杨峰, 阳军生. 2013. 一种二阶锥线性化方法在上限有限元中的应用研究. 岩土力学, 34 (2): 000593-599.
杨峰, 阳军生, 付黎龙. 2008. 地基承载力系数 Nγ 确定的刚性滑块极限分析上限法研究. 武汉: 第7届全国结构工程学术会议论文集, 第Ⅱ册: 356-361.
杨峰, 阳军生, 赵炼恒. 2010. 浅埋隧道工作面破坏模式与支护反力研究. 岩土工程学报, 32 (2): 279-284.
杨峰, 赵炼恒, 阳军生. 2010. 各向异性和非均质黏土粗糙地基承载力上限计算. 岩土力学, 31 (9): 2958-2966.
杨峰, 赵炼恒, 张箭, 等. 2014. 基于刚体平动运动单元的上限有限元研究. 岩土力学, 35 (6): 782-787, 808.
杨峰, 郑响凑, 赵炼恒, 等. 2015. 地表超载作用下隧道失稳破坏的上限有限元分析. 岩土力学, 36 (s2): 695-701.
杨峰, 阳军生, 赵炼恒, 等. 2015. 隧道围岩稳定性极限分析上限有限元法与应用. 北京: 科学出版社.
杨萍, 陈洪. 2010. 对强度折减法中折减系数的讨论. 四川建筑科学研究, 36 (4): 142-145.
姚爱军, 易武, 王尚庆. 2004. 杨家岭#滑坡稳定性影响因素及敏感性分析. 工程地质学报, 2 (4): 390-395.
詹永祥. 2004. 土钉支护机理与稳定性分析. 成都: 西南交通大学硕士学位论文.
张强, 葛修润, 王水林, 等. 2011. 考虑材料变形和破坏特性的强度折减方法研究. 岩石力学与工程学报, 30 (s1): 2764-2769.

张雄. 1992. 岩体稳定性的极限分析方法—刚体—弹塑性. 岩土力学, (1): 66-73.

张雄. 1994. 边坡稳定性的刚性有限元评价. 成都科技大学学报, (6): 47-52.

赵炼恒, 曹景源, 唐高明, 等. 2014. 基于双强度折减策略的边坡稳定性分析方法探讨. 岩土力学, 35 (10): 2977-2984.

赵尚毅, 郑颖人, 时卫民, 等. 2002. 用有限元强度折减法求边坡稳定安全系数. 岩土工程学报, 24 (3): 343-346.

郑宏, 田斌, 刘德富. 2005. 关于有限元边坡稳定性分析中安全系数的定义问题. 岩石力学与工程学报, 24 (3): 2225-2230.

郑颖人, 赵尚毅. 2006. 边 (滑) 坡工程设计中安全系数的讨论. 岩石力学与工程学报, 25 (9): 937-940.

郑颖人, 赵尚毅, 张鲁渝. 2002. 用有限元强度折减法进行边坡稳定分析. 中国工程科学, 4 (10): 52-56.

郑颖人, 时卫民, 杨明成. 2004. 不平衡推力法与 Sarma 法的讨论. 岩石力学与工程学报, 23 (7): 3030-3036.

郑颖人, 陈祖煜, 王恭先, 等. 2007. 边坡与滑坡工程治理. 北京: 人民交通出版社.

庄心善, 何世秀, 杨雪强. 1999. 土钉支护深基坑竖直边坡能量安全系数设计法分析. 城市勘测, 4 (3): 8-11.

Anderheggen E, Knopefl H. 1972. Finite element limit analysis using linear programming. International Journal of Solids and Structures, 8 (12): 1413-1431.

Andersen K D, Christiansen E, Overton M L. 1998. Computing limit loads by minimizing a sum of norms. Siam Journal on Scientific Computing, 19 (3): 1046-1062.

Ausilio E, Conte E, Dente G. 2000. Seismic stability analysis of reinforced slopes. Soil Dynamics and Earthquake Engineering, 19 (3): 159-172.

Ausilio E, Conte E, Dente G. 2001. Stability analysis of slopes reinforced with piles. Computers and Geotechnics, 28 (8): 591-611.

Baker R. 2003a. Inter-relations between experimental and computational aspects of slope stability analysis. International Journal for Numerical Analytical Methods in Geomechanics, 27 (5): 379-401.

Baker R. 2003b. Sufficient conditions for existence of physically significant solutions in limiting equilibrium slope stability analysis. International Journal of Solids and Structures. 40 (13-14): 3717-3735.

Baker R. 2004. Nonlinear Mohr envelopes based on triaxial data. Journal of Geotechnical Geoenvironmental Engineering, 130 (5): 498-506.

Baker R, Tanaka Y. 1999. A convenient alternative representation of Taylor's stability charts. Proc., Int. Symposium on Slope Stability Engineering, Balkema, Rotterdam, 1: 253-257.

Baker R, Shukha R, Operstein V, et al. 2006. Stability charts for pseudo- static slope stability analysis. Soil Dynamics and Earthquake Engineering, 26 (9): 813-823.

Bell J M. 1966. Dimensionless parameters for homogeneous earth slopes. Journal of the Soil Mechanics and Foundations Division, 92 (5) : 51-65.

Biondi G, Cascone E, Maugeri M, et al. 2000. Seismic response of saturated cohesionless slopes. Soil Dynamics and Earthquake Engineering, 20 (1): 209-215.

Biondi G, Cascone E, Maugeri M. 2002. Flow and deformation failure of sandy slopes. Soil Dynamics and Earthquake Engineering, 22 (12): 1103-1114.

Bishop A W. 1955. The Use of the slip circle in the stability analysis of slopes. Géotechique, 5 (1): 7-17.

Bishop A W, Morgenstern N. 1960. Stability coefficients for earth slopes. Géotechnique, 10 (4): 129-150.

Byrne R J. 1990. Soil nailing: a simplified kinematical analysis// Performance of Reinforced Soil Structure. British Geotechnical Society.

Cai M, Kaiser P K, Tasaka Y, et al. 2007a. Determination of residual strength parameters of jointed rock masses using the GSI system. International Journal of Rock Mechanics and Mining Sciences, 44 (2): 247-265.

Cai M, Morioka H, Kaiser P K, et al. 2007b. Back-analysis of rock mass strength parameters using AE monitoring data. International Journal of Rock Mechanics and Mining Sciences, 44 (4): 538-549.

Charles J A, Soares M M. 1984. The stability of slopes in soils with nonlinear failure envelopes. Canadian Geotechnical Journal, 21 (3): 397-406.

Chen W F. 1975. Limit Analysis and Soil Plasticity. Amsterdam: Elsevier.

Chen W F. 1990. Limit Analysis in Soil Mechanics. Amsterdam : Elsevier.

Chen W F, Giger M W. 1971. Limit analysis of stability of slopes. Journal of Soil Mechanics and Foundations Div, 97 (SM1): 19-26.

Chen W F, Liu X L. 1990. Limit Analysis in Soil Mechanic. Amsterdam: Elsevier Science.

Chen W F, Giger M W, Fang H Y. 1969. On the limit analysis of stability of slopes. Soils and Foundation, 9 (4): 23-32.

Chen W F, Snitbhan N, Fang H Y. 1975. Stability of slopes in anisotropic, nonhomogeneous soils. Revue Canadienne De Géotechnique, 12 (1): 146-152.

Christian J T, Ladd C C, Baecher G B. 1994. Reliability applied to slope stability analysis. Journal of Geotechnical Engineering, 120 (12): 2180-2207.

Christiansen E, Andersen K D. 1999. Computation of collapse states with von Mises type yield condition. International Journal for Numerical Methods in Engineering, 46 (8): 1185-1202.

Collins I F. 1969. The upper- bound theorem for rigid/plastic solids generalized to include Coulomb friction. Journal of the Mechanics & Physics of Solids, 17 (5): 323-338.

Collins I F, Gunn CIM, Pender MJ, et al. 1988. Slope stability analyses for materials with nonlinear failure envelope. International Journal for Numerical Analytical Methods in Geomechanics, 12 (5): 533-550.

Cousins B F. 1978. Stability charts for simple earth slopes. Journal of the Geotechnical Engineering Division, 104 (2): 267-279.

Das B M. 2010. Principles of Geotechnical Engineering. 7th ed. Cenage Learning, Stamford, CT,

Davis E H. 1968. Theories of plasticity and the failure of soil masses//LeeI K. Soil mechanics: Selected topics. London: Butterworth, 341-380.

Dawson E M, Roth W H, Drescher A. 1999. Slope stability analysis by strength reduction. Géotechnique, 49 (6): 835-840.

Donald I B, Chen Z Y. 1997. Slope stability analysis by the upper bound approach: fundamentals and methods. Canadian Geotechnical Journal, 34 (6): 853-862

Drescher A. 1983. Limit plasticity approach to piping in bins. Journal of Applied Mechanics, 50 (3): 519-553.

Drescher A, Christopoulos C. 1988. Limit analysis slope stability with nonlinear yield condition. International Journal for Numerical and Analytical Methods in Geomechanics, 12 (3): 341-345.

Drescher A, Detournay E. 1993. Limit load in translational failure mechanisms for associative and non- associative materials . Géotechnique, 43 (3): 443-456.

Duncan J M. 1996. State of the art: limit equilibrium and finite-element analysis of slopes. Journal of Geotechnical Engineering, 122 (7): 577-596.

Duncan J M, Wright S G. 1980. The accuracy of equilibrium methods of slope stability analysis. Engineering Geology, 16 (1-2): 5-17.

Farzaneh O, Askari F. 2003. Three-dimensional analysis of nonhomogeneous slopes. Journal of Geotechnical & Geoenvironmental Engineering, 29 (2): 137-145.

Fenton G A, Griffiths D V. 2008. Risk Assessment in Geotechnical Engineering. New Jersey: John Wiley & Sons.

Fu W, Liao Y. 2010. Non-linear shear strength reduction technique in slope stability calculation. Computers & Geotechnics, 37 (3): 288-298.

Giam P S K, Donald I B. 1989. Equivalence of limit equilibrium and upper bound plasticity methods in soil stability analysis. No. 4/1989.

Goodman R E. 1989. Introduction to Rock Mechanics. 2nd ed. New York: Wiley.

Greco V R. 1996. Efficient Monte Carlo technique for locating critical slip surface. Journal of Geotechnical Engineering, 122 (7): 517-525.

Griffiths D V, Lane P A. 1999. Slope stability analysis by finite elements . Géotechnique, 49 (3): 387-403.

Griffiths D V, Huang J S, Fenton G A. 2011. Probabilistic infinite slope analysis. Computers and Geotechnics, 38 (4): 577-584.

Gussmann P. 1982. Kinematical elements for soil and rocks// Eisenstein Z. Proceedings of the 4th Int. Conf. on Num. Mech. in Geomech. Edmonton: University of Alberta Printing Services, 327-339.

Gussmann P. 1982. Application of the kinematical element method to collapse problem of earth structures// Vermeer P A. Proceedings of the Deformation and Failure of Granular Materials Delft. A. A. Belkema, 673-682.

Gussmann P. 1986. Die Methode der Kinematische Element. Mitteilung 25, Baugrundinst, Sturttgart,: 10-50.

Gussmann P. 1992. Die methode der kinematischen element und adaptive optimierung. Bauingenieur, (67): 409-417.

Hassiotis S, Chameau J L, Gunaratne M. 1997. Design method for stabilization of slopes with piles. Journal of Geotechnical and Geoenvironmental Engineering, 123 (10): 314-323.

Hoek E, Brown E T. 1980. Empirical strength criterion for rock masses. Journal of the Geotechnical Engineering Division, 106 (GT9): 1013-1036.

Hoek E, Bray J W. 1981. Rock Slope Engineering. 3rd ed. London, UK: The Institution of Mining and Metallurgy.

Hoek E, Wood D, Shah S. 1992. A modified Hoek- Brown criterion for jointed rock masses, Proc. rock characterization, symp. //HudsonJ. Int. Soc. Rock Mech. : Eurock '92' . London: British Geotechnical Society,: 209-214.

Hoek E, Carranze-Torres C, Corkum B. 2002. Hoek-Brown failure criterion-2002 edition// Proceedings of the North American Rock Mechanics Society Meeting.

Huang M S, Wang H R, Sheng D C, et al. 2013. Rotational-translational mechanism for the upper bound stability analysis of slopes with weak interlayer. Computers and Geotechnics, 53 (13) : 133-141.

Hull T S, Poulos H G. 1999. Design method for stabilization of slopes with piles (discussion) . Journal of Geotechnical and Geoenvironmental Engineering, 125 (10): 911-913.

Isakov A, Korneyev D A, Moryachkov Y. 2013. Two-parameter criterion of road bed stability. Proc. Conf. of Engineering geology, Soil mechanics and Foundations, Novosibirsk, Russia, 200.

Ito T, Matsui T, Hong W P. 1979. Design method for the stability analysis of the slope with landing pier. Soils and Foundations, 19 (4): 43-57.

Ito T, Matsui T, Hong W P. 1981. Design method for stabilizing piles against landslide-one row of piles. Soils and Foundations, 21 (1): 21-37.

Izbicki R J. 1981. Limit plasticity approach to slope stability problems. Journal of Geotechnical & Geoenvironmental Engineering, 107 (2): 228-233.

Jacques I. 2006. Effects of the vertical component of ground shaking on earthquake-induced landslide displacement using generalized Newmark analysis. Engineering Geology, 86 (s2-3): 134-147.

Jiang G L, Magnan J P. 1997. Stability analysis of embankments: comparison of limit analysis with methods of slices. Géotechnique, 47 (4): 857-872.

Jiang J C, Yamagami T. 2006. Charts for estimating strength parameters from slips in homogeneous slopes . Computers and Geotechnics, 33 (6): 294-304.

Jiang J C, Yamagami T. 2008. A new back analysis of strength parameters from single slips. Computers & Geotechnics, 35 (2): 286-291.

Jiang J C, Baker R, Yamagami T. 2003. The effect of strength envelope nonlinearity on slope stability computations. Canadian Geotechnical Journal, 40 (2): 308-325.

Jiang X Y, Wang Z G, Liu L Y. 2013. The determination of reduction ratio factor in homogeneous soil-slope with finite element double strength reduction method. The Open Civil Engineering Journal, 7: 205-209.

Juran I, Baudrand G, Farrag K. 1990. Kinematical limit analysis for design of soil nailed structures. International Journal of Rock Mechanics and Mining Sciences & Geomechanics Abstracts, 116 (1): 54-73.

Karal K. 1977. Lateral stability of submarine pipelines // Offshore Technology Conference.

Kavazanjian E. 1995. Hanshin earthquake- reply. California: Geotechnical Bulletin Board, NSF Earthquake Hazard Mitigation Program.

Kawai T. 1978. New discrete models and their application to seismic response analysis of structures. Nuclear Engrg. & Desisn, 48, 207-229.

Kim J M, Salgado R, Lee J H. 2002. Stability analysis of complex soil slopes using limit analysis. Journal of Geotechnical and Geoenvironmental Engineering, 128 (7): 546-557.

Krabbenhoft K, Damkilde L. 2003. A general nolinear optimization algorithm for lower bound limit analysis. International Journal for Numerical Methods in Engineering, 56: 165-184.

Krabbenhoft K, Lyamin AV, Hjiaj M, et al. 2005. A new discontinuous upper bound limit analysis formulation. International Journal for Numerical Methods in Engineering, 63 (7): 1069-1083.

Kumar J. 2004. Stability factors for slopes with nonassociated flow rule using energy consideration. International Journal of Geomechanics, 4 (4): 264-272.

Lee C H. 2013. Study on the deformation behavior of slope by considering cohesion degradation and friction mobilization. Master Dissertation of Taipei's Tamkanguniversity.

Leshchinsky D, Ling H I, Wang J P, et al. 2009. Equivalent seismic coefficient in geocell retention systems. Geotextiles and Geomembranes, 27 (1): 9-18.

Li A J, Merifield R S, Lyamin A V. 2008. Stability charts for rock slopes based on the Hoek- Brown failure criterion . International Journal of Rock Mechanics & Mining Sciences, 45 (5): 689-700.

Li A J, Lyamin A V, Merifield R S. 2009a. Seismic rock slope stability charts based on limit analysis methods. Computers & Geotechnics, 36 (1): 135-148

Li A J, Merifield R S, Lyamin A V. 2009b. Limit analysis solutions for three dimensional undrained slopes.

Computers and Geotechnics, 36 (8): 1330-1351.

Li A J, Cassidy M J, Wang Y, et al. 2012. Parametric Monte Carlo studies of rock slopes based on the Hoek-Brown failure criterion. Computers & Geotechnics, 45: 11-18.

Li D, Zhou C, Lu W, et al. 2009c. A system reliability approach for evaluating stability of rock wedges with correlated failure modes. Computers and Geotechnics, 36 (8): 1298-1307.

Li K S, Lumb P. 1987. Probabilistic design of slopes. Canadian Geotechnical Journal, 24 (4): 520-535.

Li X. 2007. Finite element analysis of slope stability using a nonlinear failure criterion . Computers and Geotechnics, 34 (3): 27-136.

Li X P, He S M, Wang C H. 2006. Stability analysis of slopes reinforced with piles using limit analysis method. Geo-Shanghai International Conference, Geotechnical Special Publication.

Ling H I, Leshchinsky D, Mohri Y. 1997. Soil slopes under combined horizontal and vertical seismic accelerations. Earthquake Engineering and Structural Dynamics, 26 (12): 1231-1241.

Ling H I, Leshchinsky D. 1998. Effects of vertical acceleration on seismic design of geosynthetic-reinforced soil structures. Géotechnique, 48 (3): 347-373.

Liu C, Evett J B. 2008. Soils and Foundations. 7th ed. Upper Saddle River, NJ: Pearson Prentice Hall.

Liu F T, Zhao J D. 2013. Limit analysis of slope stability by rigid finite-element method and linear programming considering rotational failure. International Journal of Geomechanics, 13 (6):

Low B K. 1997. Reliability analysis of rock wedges. Journal of Geotechnical and Geoenvironmental Engineering, 123 (6): 498-505.

Low B K. 2003. Practical probabilistic slope stability analysis. Proceedings, Soil and Rock America, 2: 2777-2784.

Low B K, Gilbert R B, Wright S G. 1998. Slope reliability analysis using generalized method of slices. Journal of Geotechnical and Geoenvironmental Engineering, 124 (4): 350-362.

Lyamin A V. 1999. Three-dimensional lower-bound limit analysis using nonlinear programming. Australia: PhD thesis, Univ. of Newcastle.

Lyamin A V, Sloan S W. 2002. Lower bound limit analysis using nonlinear programming. International Journal for Numerical Methods in Engineering, 55 (5): 573-611.

Lyamin A V, Krabbenhoft K, Abbo A J, et al. 2005. General approach for modelling discontinuities in limit analysis. Proc. 1th Int. Conf. Int. Assoc. Computer Methods Adv. Geomech. , Torino 1: 95-102.

Lyamin A V, Sloan S W, Krabbenhøft C, et al. 2005. Lower bound limit analysis with adaptive remeshing. International Journal for Numerical Methods, 63 (14): 1961-1974.

Lysmer J. 1970. Limit analysis of plane problems in soil mechanics. Journal of the Soil Mechanics and Foundations Division, 96 (4): 1311-1334.

Maksimovic M. 1996. A family of nonlinear failure envelopes for non-cemented soils and rock discontinuities. The Electronic Journal of Geotechnical Engineering, 24 (1): 1-15.

Maksimovic M. 1989. Nonlinear failure envelope for soils. Journal of Geotechnical Engineering, 115 (4): 581-586.

Matsui T , San K C. 1992. Finite element slope stability analysis by shear strength reduction technique. Soils and Foundations, 32 (1): 59-70.

Matsui T, Hong W P, Ito T. 1982. Earth pressure on piles in a row due to lateral soil movements. Soils and Foundations, 22 (2): 71-81.

Michalowski R L, Drescher A. 2009. Three-dimensional stability of slopes and excavations. Géotechnique,

59 (10): 839-850.

Michalowski R L, You L. 2000. Displacements of reinforced slopes subjected to seismic loads. Journal of Geotechnical Geoenvironmental Engineering, 26 (8): 685-694.

Michalowski R L. 1984. A differential slice approach to the problem of retaining wall loading. International Journal for Numerical and Analytical Methods in Geomechanics, 8 (4): 493-502.

Michalowski R L. 1989. Three-dimensional analysis of locally loaded slopes. Géotechnique, 39 (1): 27-38.

Michalowski R L, Mayz J T. 1990. Three-dimensional analysis of mine dump point stability. 9th international conference on ground control in mining.

Michalowski R L. 1994. Limit analysis of slopes subjected to pore pressure . Balkema, Rotterdam: Proceedings of the 9th International Computer Methods and Advances in Geomechanics, 2477-2482.

Michalowski R L. 1995. Slope stability analysis: a kinematical approach. Géotechnique, 45 (2): 283-293.

Michalowski R L. 1997. An estimate of the influence of soil weight on bearing capacity using limit analysis . Soils and Foundations, 37 (4): 57-64

Michalowski R L. 1997. Stability of uniformly reinforced slopes . Journal of Geotechnical and Geoenvironmental Engineering, 123 (6): 546-556.

Michalowski R L. 1998. Limit analysis in stability calculations of reinforced soil structure . Geotextiles and Geomembranes, 16 (6) : 311-331.

Michalowski R L. 1999. Closure to ' Stability of uniformly reinforced slopes. Journal of Geotechnical & Geoenvironmental Engineering, 125 (1): 84-86.

Michalowski R L. 2000. Secondary reinforcement for slopes . Journal of Geotechnical and Geoenvironmental Engineering, 26 (12): 1166-1173

Michalowski R L, You L. 2000. Displacements of reinforced slopes subjected to seismic loads. Journal of Geotechnical and Geoenvironmental Engineering, 26 (8): 685-694.

Michalowski R L. 2002. Stability charts for uniform slopes . Journal of Geotechnical and Geoenvironmental Engineering, 28 (4): 351-355.

Michalowski R L. 2005. Limit analysis in geotechnical engineering. International society of soil mechanics and geotechnical engineering (ISSMGE), technical committee 34 on prediction and simulation methods in geomechanics.

Michalowski R L. 2007. Displacements of Multiblock Geotechnical Structures Subjected to Seismic Excitation. Journal of Geotechnical and Geoenvironmental Engineering, 33: 1432-1439.

Michalowski R L. 2009. Critical pool level and stability of slopes in granular soils . Journal of Geotechnical and Geoenvironmental Engineering, 35 (3): 444-448.

Michalowski R L. 2010. Limit analysis and stability charts for 3D slope failures. Journal of Geotechnical and Geoenvironmental Engineering, 136 (4) : 583-593.

Michalowski R L, Martel T. 2011. Stability charts for 3D failures of steep slopes subjected to seismic excitation. Journal of Geotechnical and Geoenvironmental Engineering, 137 (2) : 183-189.

Miller T W, Hamilton J H. 1989. A new analysis procedure to explain a slope failure at the Martin Lake mine. Géotechnique, 39 (1): 107-123.

Miller T W, Hamilton J H. 1990. Discussion on a new analysis procedure to explain a slope failure at the Martin Lake mine. Géotechnique, 40 (1): 145-147.

Mróz Z, Drescher A. 1969. Limit plasticity approach to some cases of flow of bulk solids. Journal of Manufacturing Science & Engineering, 51: 357-364.

Munoz J, Bonet J, Huerta A, et al. 2008. Bounds and adaptivity for 3D limit analysis. 8th. World Congress on Computational Mechanics (WCCM8). Venice, Italy: 5th European Congress on Computational Methods in Applied Sciences and Engineering (ECCOMAS 2008).

Murray E J, Geddes J D. 1989. Resistance of passive inclined anchors in cohesionless medium. Géotechnique, 39 (3): 417-431.

Nimbalkar S S, Choudhury D, Mandal J N. 2006. Seismic stability of reinforced-soil wall by pseudo-dynamic method. Geosynthetics International, 3 (3): 111-119.

Nouri H, Fakher A, Jones C. 2006. Development of Horizontal Slice Method for seismic stability analysis of reinforced slopes and walls. Geotextiles and Geomembranes, 24 (3): 175-187.

Nouri H, Fakher A, Jones C. 2008. Evaluating the effects of the magnitude and amplification of pseudo-static acceleration on reinforced soil slopes and walls using the limit equilibrium horizontal slices method. Geotextiles & Geomembranes, 26 (3): 263-278.

Pantelidis L, Psaltou E. 2012. Stability tables for homogeneous earth slopes with benches. International Journal of Geotechnical Engineering, 6 (3): 381-394.

Porbaha A, Zhao A, Kobayashi M, et al. 2000. Upper bound estimate of scaled reinforced soil retaining walls. Geotextiles and Geomembranes, 18 (6): 403-413.

Poulos H G. 1995. Design of reinforcing piles to increase slope stability. Canadian Geotechnical Journal, 32 (5): 808-818.

Radenkovic D. 1961. Théorie des charges limites extension a la mécanique des sols. Séminairede Plasticité. École Polytechnique, 129-141.

Rocscience Inc. 2010. Slope Stability Verification Manual Part Ⅲ: 2D limit equilibrium slope stability for soil and rock slopes. Toronto: Rocscience Inc.

Sarma S K, Chowdhury R N. 1996. Simulation of pore pressures in earth structures during earthquakes. Proceedings of the 1th World Conference on Earthquake Engineering.

Silva M V D, Antão A N. 2010. A non-linear programming method approach for upper bound limit analysis. International Journal for Numerical Methods in Engineering, 72 (10): 1192-1218.

Simonelli A L, Stefano P D. 2001. Effects of vertical seismic accelerations on slope displacements. Proceedings of Fourth International Conference on Recent Advance in Geotechnical Earthquake Engineering and Soil Dynamics and Symposium in Honor of Professor W. D. LiamFinn. University of Missouri-Rolla, San Diego, California, 34-39.

Singh A. 1970. Shear strength and stability of man-made slopes. Journal of Soil Mechanics & Foundations Division, 96 (6): 1879-1892.

Sloan S W. 1988. A steepest edge active set algorithm for solving sparse linear programming problems. International Journal for Numerical Methods in Engineering, 26 (12): 2671-2685.

Sloan S W. 1988. Lower bound limit analysis using finite elements and linear programming. International Journal for Numerical and Analytical Methods in Geomechanics, 12 (3): 61-77.

Sloan S W. 1989. Upper bound limit analysis using finite elements and linear programming. International Journal for Numerical and Analytical Methods in Geomechanics, 13 (3): 263-282.

Sloan S W, Kleeman P W. 1995. Upper bound limit analysis using discontinuous velocity fields. Computer Methods in Applied Mechanics & Engineering, 127 (1): 293-314.

Steward T, Sivakugan N, Shukla S K, et al. 2011. Taylor' sslope stability charts revisited. International Journal of Geomechanics, 11 (4): 348-352.

Stewart J P, Bray J D, Seed R B, et al. 1994. Preliminary report on the principal geotechnical aspects of the January 7, 1994. Northridge earthquake. Report UCB/EERC-94/08. Earthquake Engineering Research Center, University of California at Berkeley.

Tabarroki M. 2012. Computer Aided Slope Stability Analysis Using Optimization and Parallel Computing Techniques. M. Sc. thesis, University of Science Malaysia.

Taylor D W. 1937. Stability of Earth Slopes. Boston: Soc. Civ. Eng.

Taylor D W. 1948. Fundamentals of Soil Mechanics. New York: John Wiley and Sons.

Timothy D S, Choi H, Sean M C. 2005. Drained shear strength parameters for analysis of landslides. Journal of Geotechnical and Geoenvironmental Engineering, 3 (5): 575-588.

Ucar R. 1986. Determination of shear failure envelope in rock masses. Journal of Geotechnical Engineering Division, 112 (3): 303-315.

Ugai K. 1989. A method of calculation of total factor of safety of slope by elasto- plastic FEM. Soils and Foundations, 29 (2): 190-195.

Utili S. 2013. Investigation by limit analysis on the stability of slopes with cracks. Géotechnique, 63 (2): 140-154.

Viratjandr C, Michalowski R L. 2006. Limit analysis of submerged slopes subjected to water drawdown. Candian Geotechnical Journal, 43 (8): 802-814.

Wang L, Huang J H, Luo Z, et al. 2013. Probabilistic back analysis of slope failure- a case study in Taiwan. Computers and Geotechnics, 51: 12-23.

Wang Y J, Yin Y H. 2002. Wedge stability analysis considering dilatancy of discontinuities . Rock Mechanics and Rock Engineering, 35 (2): 127-137.

Wang Y J, Yin J H, Lee C F. 2001. The influence of a non-associated flow rule on the calculation of the factor of safety of soil slopes. International Journal for Numerical and Analytical Methods in Geomechanics, 25 (13): 1351-1359.

Wartman J, Bray J D, Seed R B. 2001. Shaking table experimental of a model slope subjected to a pair of repeated ground motions. Proceedings of Fourth international Conference on Recent Advance in geotechnical Earthquake Engineering and Soil dynamics. California: San Diego, 5 (14): 6-12.

Won J, You K, Jeong S, et al. 2005. Coupled effects in stability analysis of pile- slope systems. Computers and Geotechnics, 32 (4): 304-315.

Yang X L, Zou J F. 2006. Stability factors for rock slopes subjected to pore water pressure based on the Hoek-Brown failure criterion. International Journal of Rock Mechanics & Mining Sciences, 43 (7): 1146-1152.

Yang X L, Huang F. 2009. Slope stability analysis considering joined influences of nonlinearity and dilation. Journal of Central South University, 16 (2): 292-296.

Yang X L, Li L, Yin J H. 2004a. Seismic and static stability analysis of rock slopes by a kinematical approach. Géotechnique, 54 (8): 543-549.

Yang X L, Li L, Yin J H. 2004b. Stability analysis of rock slopes with a modified Hoek- Brown failure criterion . International Journal for Numerical and Analytical Methods in Geomechanics, 28 (2): 181-190.

Yang X L, Yin J H. 2004c. Slope stability analysis with honlinear failare criterion. Journal of Engineering Mechanics. ASCE, 130 (3): 267-273.

Yang X L, Wang Z B, Zou J F, et al. 2007b. Bearing capacity of foundation on slope determined by energy dissipation method and model experiments . Journal of Central South University of Technology, 14 (1): 125-128.

Yang X L, Guo N Z, Zhao L H, et al. 2007a. Influences of nonassociated flow rules on seismic bearing capacity factors of strip footing on soil slope by energy dissipation method. Journal of Central South University of Technology, 4 (6): 842-847.

Yang X L, Huang F, Zhao LH, et al. 2009. Failure Mechanisms and Corresponding Stability Charts of Homogenous Rock Slopes. Liaqat A, et al. Geotechnical special publication No. 92: Recent advancement in soil behavior, in situ test methods, pile foundations, and tunneling. American: ASCE Geo-institute, 204-210.

You L, Michalowski R L. 1999. Displacement charts for slopes subjected to seismic loads. Computers & Geotechnics, 25 (1): 45-55.

Yuan W, Bai B, Li X C, et al. 2013. A strength reduction method based on double reduction parameters and its application. Journal of Central South University, 20: 2555-2562.

Zeng S, Liang R. 2002. Stability analysis of drilled shafts reinforced slope. Soil and Foundations, 42 (2): 93-102.

Zhang J, Tang W H, Zhang L M. 2009. Efficient probabilistic back-analysis of slope stability model parameters. Journal of Geotechnical and Geoenvironmental Engineering, 136 (1): 99-109.

Zhang X J, Chen W F. 1987. Stability analysis of slopes with general nonlinear failure criterion. International Journal for Numerical and Analytical Methods in Geomechanics, 11 (1): 33-50.

Zhang Y, Chen G, Zheng L, et al. 2013. Effects of near-fault seismic loadings on run-out of large-scale landslide: a case study. Engineering Geology, 166 (8): 216-236.

Zhao L H. 2010. Seismic stability quasi- static analysis of homogeneous rock slopes with Hoek- Brown failure criterion . China Civil Engineering Journal, 43 (s): 541-547.

Zhao L H, Li L, Yang F, et al. 2010. Upper bound analysis of slope stability with nonlinear failure criterion based on strength reduction technique. Journal of Central South University of Technology, 17 (4): 836-844.

Zhao L H, Li L, Yang F, et al. 2009. Study on the ultimate pullout capacity and shape modification factors of horizontal plate anchors based on nonlinear Mohr-Coulomb failure criterion. Liaqat A, et al. Geotechnical special publication No. 192: Recent advancement in soil behavior, in situ test methods, pile foundations, and tunneling. American: ASCE Geo-institute, 95-101.

Zhao L H, Yang F, Li L, et al. 2010. Upper bound multi-rigid-body limit analysis on positive soil pressure based on the slip- line field theory. Hong Kong: 2010 International Conference on Modeling and Computation in Engineering (CMCE 2010), Balkema: CRC Press.

Zhao L H, Li L, Yang F, et al. 2011. Joined influences of nonlinearity and dilation on the ultimate pullout capacity of horizontal shallow plate anchors by energy dissipation method. International Journal of Geomechanics, 11 (3): 195-201.

Zheng H, Sun G H, Liu D F. 2009. A practical procedure for searching critical slip surfaces of slopes based on the strength reduction technique. Computers and Geotechnics, 36 (1-2): 1-5.

Zienkiewicz O C, Humpeson C, Lewis R W. 1975. Associated and nonassociated visco-plasticity in soil mechanics. Géotechnique, 25 (4): 671- 689.

Zolfaghari A R, Heath A C, Mccombie P F. 2005. Simple genetic algorithm search for critical non-circular failure surface in slope stability analysis. Computers and Geotechnics, 32 (3): 139-152.

Zouain N, Herskovits J, Borges L A, et al. 1993. An iterative algorithm for limit analysis with nonlinear yield functions. International Journal of Solids and Structures, 30 (10): 1397-1417.